新工科·普通高等教育机电类系列教材

微纳制造与半导体器件

主　编　周圣军
参　编　施　浪　廖喆夫　孙　珂
　　　　孙月昌　周千禧

机械工业出版社

本书基于编者在微纳制造领域的实践经验与研究成果，并结合近年来国际上的最新进展，综合介绍了微纳制造技术与半导体器件工艺。全书分为 3 篇，共 12 章，包括半导体基本原理（半导体材料、能带和 PN 结）、微纳制造工艺（掺杂、外延生长技术、光刻工艺、纳米压印光刻技术、刻蚀、沉积技术）、半导体器件（器件测试分析与表征技术、Ⅲ族氮化物发光二极管、SiC 压阻式压力传感器、器件仿真软件）等内容，对微纳制造和器件加工中涉及的技术与工艺进行了详细的介绍。

　　本书内容丰富，注重理论与实践相结合，适合作为机械、微电子、光学等相关专业的教材，供本科生和研究生学习使用，也可作为半导体行业研发人员的参考书。

图书在版编目（CIP）数据

微纳制造与半导体器件/周圣军主编. —北京：机械工业出版社，2024.9

新工科·普通高等教育机电类系列教材

ISBN 978-7-111-75922-5

Ⅰ. ①微⋯　Ⅱ. ①周⋯　Ⅲ. ①半导体器件 – 高等学校 – 教材　Ⅳ. ①TN303

中国国家版本馆 CIP 数据核字（2024）第 105937 号

机械工业出版社（北京市百万庄大街22号　邮政编码100037）
策划编辑：余　皞　　　　责任编辑：余　皞　丁昕祯
责任校对：杜丹丹　陈　越　　封面设计：张　静
责任印制：邰　敏
三河市航远印刷有限公司印刷
2024年9月第1版第1次印刷
184mm×260mm · 18.5印张 · 459千字
标准书号：ISBN 978-7-111-75922-5
定价：69.00 元

电话服务　　　　　　　　　　网络服务
客服电话：010-88361066　　机 工 官 网：www.cmpbook.com
　　　　　010-88379833　　机 工 官 博：weibo.com/cmp1952
　　　　　010-68326294　　金 书 网：www.golden-book.com
封底无防伪标均为盗版　　机工教育服务网：www.cmpedu.com

前　言

　　在半导体技术迅速发展和智能制造需求持续增长的背景下，微纳制造成为现代科学研究和工程领域的关键技术。微纳制造是一种致力于在微米和纳米尺度上对材料进行加工的制造技术，它不仅能够满足现代电子和光电行业对更小尺寸、更高性能产品的需求，还能够为医疗、能源和环境等领域提供创新解决方案。通过精密控制和先进工艺，微纳制造在材料性能、器件性能和生产效率等方面取得了巨大突破，为现代科技的进步提供了强大的支撑。

　　本书基于编者在微纳制造领域的实践经验与研究成果，对半导体基本原理和常用的微纳制造工艺进行了论述，结合 GaN 基 LED、SiC 压阻式压力传感器等半导体器件阐述了微纳制造工艺的应用。全书共 12 章，分为 3 篇。第一篇包括第 1、2 章，分别介绍了半导体材料、能带和 PN 结等半导体相关的基本原理；第二篇包括第 3~8 章，分别介绍了掺杂、外延生长技术、光刻工艺、纳米压印光刻技术、刻蚀、沉积技术等微纳制造工艺；第三篇包括第 9~12 章，分别介绍了器件测试分析与表征技术、Ⅲ 族氮化物发光二极管、SiC 压阻式压力传感器、器件仿真软件等与半导体器件相关的技术方法与应用。

　　本书的编写旨在给读者提供微纳制造与半导体器件相关的知识，引领读者深入了解和应用这些知识，为他们在科研、工程和创新工作中提供一定帮助。在本书的阅读过程中，读者可以掌握微纳制造和半导体器件的最新进展和研究趋势，了解相关领域的前沿技术和挑战，探索创新思路和解决方案。此外，本书还提供实践案例和课后习题，帮助读者将理论知识应用于实际问题中，提升思考和实践能力。

　　本书的编写得到了丁星火、杜鹏、高艺霖、胡锦风、蓝树玉、刘梦玲、刘鹏飞、刘星童、吕家将、缪佳豪、钱胤佐、徐浩浩、唐斌、陶国裔、郑晨居、赵杰等人的帮助与支持，在此向他们表示衷心的感谢。

　　由于编者水平有限，书中难免存在不足和欠妥之处，恳请广大读者批评指正。

编　者

目　录

第三篇　半导体器件

第一篇

半导体基本原理

第1章　半导体材料

1.1　半导体材料晶体结构

半导体是一种导电性能介于金属和绝缘体之间的材料。半导体材料基本上可分为两类：元素半导体材料和化合物半导体材料。元素半导体材料是位于元素周期表Ⅳ族的元素组成的材料，而大部分化合物半导体材料则是由Ⅲ族和Ⅴ族元素组成的。下面通过表 1.1 和表 1.2 介绍目前常见的半导体材料及其特性。表 1.1 为几种常见的半导体材料；表 1.2 为 Si、Ge、GaAs、GaN 单晶半导体材料的电学性质以及理化性质。

表 1.1　几种常见的半导体材料

元素半导体材料	化合物半导体材料
Si 硅	GaN 氮化镓
Ge 锗	SiC 碳化硅
	GaAs 砷化镓
	InP 磷化铟

表 1.2　Si、Ge、GaAs、GaN 单晶半导体材料的电学性质以及理化性质

材料	Si	Ge	GaAs	GaN
晶格常数/nm	0.543	0.566	0.565	0.319（a） 0.519（c）
热膨胀系数/（10^{-6}/K）	2.5	5.8	5.9	5.6（a） 3.2（c）
热导率/[W/（cm·K）]	1.50	0.6	0.8	4.1
禁带宽度/eV	1.12	0.67	1.43	3.39
熔点/K	1690	1210	1511	3487

1.1.1　非晶、多晶和单晶

固体材料具有三种基本类型：非晶、多晶和单晶。这种分类方法的依据主要取决于材料中原子或分子有序化区域的大小。所谓有序化区域，是指原子或分子呈现规则或周期性几何

排列的空间范围。非晶材料在微观尺度上仅几个原子或分子范围内呈现出有序性；多晶材料则在微观尺度上许多个原子或分子范围内呈现出有序性；而单晶材料其内部的原子或分子都呈现出高度的周期性几何排列。在多晶材料中，有序化区域被定义为单晶区域，这些区域彼此大小不同且方向各异。这些单晶区域被晶界分隔开来，称为晶粒。图 1.1 所示为固体材料的三种基本类型的微观结构。

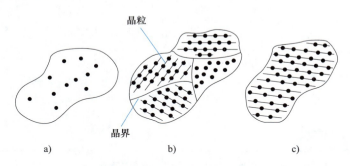

图 1.1　固体材料的三种基本类型的微观结构

a）非晶　b）多晶　c）单晶

1.1.2　晶胞和晶格

在三维空间中，一个典型单元或原子团在每一个方向上按某种间隔规则排列就形成了所谓的单晶。在晶体结构中，这种原子的周期性排列称为晶格。图 1.2 所示为用格点来描述原子排列，从而展示了一种无限二维格点阵列。在图 1.2 中，矢量 a_1、b_1 构成二维晶胞。通过合适的平移，一个晶胞可以构建出整个二维晶格。而原胞则是指可以重复形成晶格的最小单元，如图 1.2b 所示的二维原胞 C 和 D。

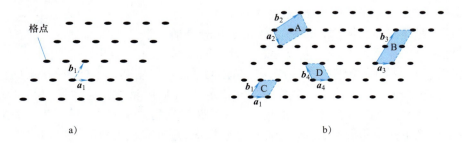

图 1.2　晶胞和晶格

a）单晶晶格的二维表示　b）各种不同晶胞的单晶晶格的二维表示

图 1.3 所示为一个广义的三维晶胞。晶胞可以用矢量 a、b、c 表示，它们不必是垂直的，同时长度也可能不相等。三维晶胞中的每一个等效格点都可以用矢量表示：

$$r = pa + qb + sc \tag{1-1}$$

式中，p、q、s 都是整数，由于原点的位置可以是任意的，为简单起见，可使 p、q、s 都是正整数。矢量 a、b、c 的大小为晶胞的三个晶格常数。在介绍半导体材料晶体结构之前，先介绍三种基本的晶体结构，以便更好地了解晶体的一些基本特征。图 1.4 所示为简立方、体心立方、面心立方三种晶体结构。在这三种结构中，晶胞矢量 a、b、c 彼此垂直且长度相等。在简立方结构中，每个顶角有一个原子；在体心立方结构中，除顶角外，在立方体的中心还有一个原子；在面心立方结构中，每个面心均有一个原子。

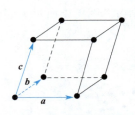

图1.3　广义的三维晶胞

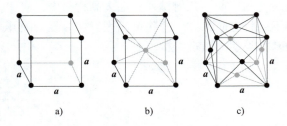

图1.4　三种晶体结构
a）简立方　b）体心立方　c）面心立方

1.1.3　晶向和晶面

任何一种晶体，其原子可以视为位于一系列方向相同的平行直线系上，这种平行直线系称为晶列。在同一种晶体中存在许多取向不同的晶列，原子在不同取向的晶列上的排列一般是不同的，晶体的许多物理和化学性质也与晶列取向（简称晶向）有关。因此，对晶列的取向进行标记是必要的。通常用"晶向指数"来标记某一取向的晶列。以晶格中任一格点作为原点，取过原点的3个晶列作为坐标轴 x、y、z，沿坐标轴方向的单位矢量（a、b、c）称为基矢，其长度等于沿 a、b、c 相邻两格点之间的距离，如图1.5所示，任何晶列的取向都可以由下面的矢量给出：

$$R = m_1 a + m_2 b + m_3 c \qquad (1\text{-}2)$$

式中，m_1，m_2，m_3 为互质的整数。对于任一确定的晶格来说，基矢是确定的，实际上只用3个互质的整数 m_1，m_2，m_3 来标记晶向，记为 $[m_1 m_2 m_3]$，这就是晶向指数。

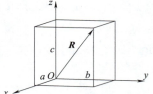

图1.5　晶向的表示方法

由于实际晶体并非无限大，最终会终止于某一表面。半导体器件通常制备在衬底的表面上或近表面处，因此衬底表面属性可能会影响器件的特性。表面或通过晶体的平面可以用其在坐标轴 xyz 上的截距来表示，即 x/h_1、y/h_2、z/h_3 来表示，其中 h_1、h_2、h_3 为互质的整数。通常采用 h_1、h_2、h_3 来标记晶面，记作（$h_1 h_2 h_3$），称为晶面指数，又称为米勒指数。图1.6所示为立方晶系的几种主要晶面。图1.6中阴影所示的3个晶面分别标识为（100）、（110）和（111）晶面。由于晶格的对称性，有些晶面是彼此等效的，如晶面（100）有6种等效晶面，即（$\bar{1}$00）、（010）、（0$\bar{1}$0）、（001）和（00$\bar{1}$），记为 {100} 晶面族；晶面（110）有12种等效晶面，记为 {110} 晶面族；晶面（111）有8种等效晶面，记为 {111} 晶面族。实际上，[100] 晶向就是（100）晶面的发现方向，也可以用 [100] 晶向来表示（100）晶面。在半导体工艺中，硅片常采用的晶向分别为 [111]、[110]、[100] 晶向，常采用的晶面为（111）、（110）、（100）晶面。

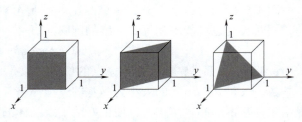

图1.6　立方晶系的几种主要晶面

1.2　单　晶　硅

单晶硅中，每个原子都与 4 个最邻近原子形成共价键，组成一个正四面体，相连的 4 个原子正好位于正四面体的顶角处，如图 1.7a 所示。同时，4 个顶角原子又可以通过四个共价键与其他临近原子组成 4 个正四面体，如此就形成了如图 1.7b 所示的金刚石型结构。金刚石型结构的晶胞如图 1.7c 所示，可以看作是两个面心立方晶体沿立方体的空间对角线互相位移了四分之一的空间对角线长度套构而成。在金刚石型结构的晶胞中，原子的排列情况为：8 个原子位于立方体的 8 个顶角上，6 个原子位于 6 个面中心上，晶胞内部有 4 个原子。

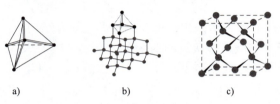

a)　　　　　　b)　　　　　　c)

图 1.7　单晶硅的晶体结构
a）正四面体结构　b）金刚石型结构　c）金刚石型结构晶胞的原子排列

图 1.8 所示为单晶硅中（100）、（110）和（111）晶面上的原子分布示意图。金刚石型结构的（100）面的密堆积和面心立方结构的密堆积类似，面心立方晶格的正四面体中心没有原子，而金刚石型结构的正四面体中心有一个原子，如图 1.8a 所示。定义晶体中某个晶面上单位面积的原子个数为原子面密度。（100）晶面中，每个晶胞中顶角的原子为 4 个相邻晶胞所共用，而位于面心上的原子只为这一个晶胞所有，即整个晶胞中包含 2 个原子，假设晶胞的晶格常数为 a，那么在单个晶胞中，（100）晶面的原子面密度为 $2/a^2$。同理可得，在（110）晶面的原子面密度为 $4/(\sqrt{2}a^2)$，（111）晶面的原子面密度为 $4/(\sqrt{3}a^2)$。

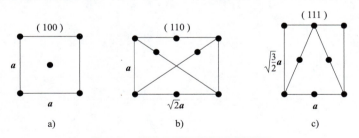

a)　　　　　　　b)　　　　　　　c)

图 1.8　单晶硅的原子分布示意图
a）（100）晶面　b）（110）晶面　c）（111）晶面

1.3　Ⅲ族氮化物

Ⅲ族氮化物半导体材料是由元素周期表Ⅲ族和Ⅴ族元素中依靠共价键结合而成的化合物，主要包括二元合金如 GaN、AlN、InN 及其三元合金如 AlGaN、GaInN、AlInN 以及四元合金如 AlGaInN 等，这些材料的带隙（0.7～6.03eV）可以覆盖整个可见光谱。二元Ⅲ族氮化物材料 GaN、AlN 和 InN 的基本晶体特性见表 1.3。Ⅲ族氮化物材料有三种类型的晶体结构：纤锌矿（Wurtzite），闪锌矿（Zincblende）和岩盐矿结构（Rocksalt）。三种类型晶体结构中的原子空间排布如图 1.9 所示。尽管纤锌矿结构和闪锌矿结构分别属于六方晶系和立方晶系，但其晶胞中都具有相似的四面体状原子排布，只是在原子堆叠顺序上有所变化。纤锌矿结构是最常见的结构，其热力学性质稳定。相比之下闪锌矿结构属于热力学亚稳态结构，在高温下晶体结构和物理性质容易发生改变，因此多在低温下制备。岩盐矿结构通常在极高压状态下由纤锌矿结构转变而成，其生长和制备较为困难因此比较少见。纤锌矿结构是由两个六角形密集堆叠晶格沿 c 轴平移 3/8 晶胞高度形成的六角形对称结构，属于六方最密堆积，具有一个中心对称轴（c 轴），也称为 c 平面。在纤锌矿结构中，每个晶胞中有 6 个Ⅲ族原子，6 个 V 族原子，共 12 个原子组成。闪锌矿结构是由两个面心立方晶格结构的 1/4 对角线沿对角线嵌套而成的立方密堆积结构，属于面心立方结构。纤锌矿和闪锌矿这两种结构每个Ⅲ（V）族原子都与彼此最接近的四个 V（Ⅲ）族原子键合，形成四面体结构，不同之处在于两者晶胞中原子的堆叠顺序，纤锌矿结构沿 c 轴 [0001] 方向的原子堆叠顺序为 ABABAB…，闪锌矿结构沿 [111] 方向的原子堆叠顺序为 ABCABC…。纤锌矿结构属于空间点群，完美纤锌矿结构的面外晶格常数 c 与面内晶格常数 a 的比值应为 1.633。但实际上，Ⅲ族氮化物材料的纤锌矿结构的实际晶格常数比（c/a）都要小于这一数值。这是由于Ⅲ族氮化物材料的纤锌矿结构中，邻近金属原子和氮原子间存在静电吸引作用，如图 1.9 中虚线所示。这种静电吸引作用是Ⅲ族氮化物材料的纤锌矿结构比闪锌矿结构和岩盐矿结构更加稳定的原因。目前各种Ⅲ族氮化物材料的光电子器件和微电子器件都是基于纤锌矿结构的Ⅲ族氮化物材料所构建的。因此，在本书中如无特殊标注，所有提及的Ⅲ族氮化物材料都属于纤锌矿结构。

表 1.3 二元Ⅲ族氮化物材料 GaN、AlN、InN 的基本晶体特性

材料	GaN	AlN	InN
晶格常数/nm	0.3189（a） 0.5186（c）	0.3112（a） 0.4982（c）	0.3545（a） 0.5703（c）
禁带宽度/eV	3.39	6.026	0.641
热导率/[W/(cm·K)]	1.3	2	0.45
密度/(g/cm^3)	6.15	6.81	3.23
熔点/K	2791	3487	2146
折射率	2.5	2.15	2.8
介电常数	$\varepsilon_0 = 10$ $\varepsilon_\infty = 5.5$	$\varepsilon_0 = 8.5$ $\varepsilon_\infty = 4.68$	$\varepsilon_0 = 15.3$ $\varepsilon_\infty = 8.4$

Ⅲ族氮化物半导体材料的六方纤锌矿结构中，每一个金属原子可以与周围最近的四个 N 原子构成四面体结构，同样每一个 N 原子也能与周围最近的四个金属原子构成四面体结构，因此，六方纤锌矿结构具有两个晶格常数，分别为面内晶格常数 a 和法向晶格常数 c。在六方纤锌矿结构中，通常将（0001）面称为 c 面，（1-100）面称为 m 面，（11-20）面称为 a 面，（1-102）面称为 r 面，如图 1.10 所示。

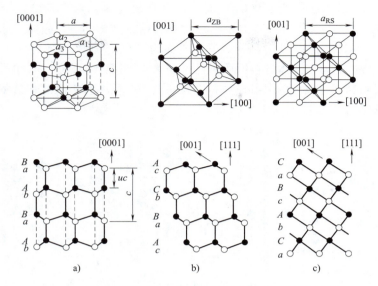

图 1.9 不同晶体结构的Ⅲ族氮化物材料中原子的空间排布

a）纤锌矿结构 b）闪锌矿结构 c）岩盐矿结构

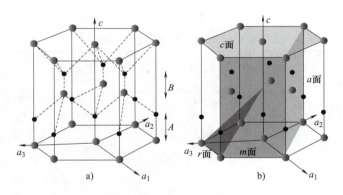

图 1.10 六方纤锌矿结构

a）六方纤锌矿结构晶胞图 b）六方纤锌矿结构的主要平面示意图

1.4 碳 化 硅

碳化硅（SiC）是Ⅳ-Ⅳ族化合物半导体材料，分子中的 Si 原子和 C 原子的杂化方式为 sp^3 杂化。每个 Si 原子和 C 原子均被 4 个相异原子包围，两者之间通过共价键形成定向强四面体结构，如图 1.11a 所示。SiC 晶体就是由这些四面体单元密排堆垛而成，不同堆垛周期及不同的晶格常数 c 形成了不同的 SiC 多型体，目前已有 200 多种不同晶体结构的 SiC。SiC 晶体在 c 轴方向具有明显的层状结构，层间距为 2.517Å。通常将图 1.11a 中的中心 Si 原子与其上方 C 原子结合在一起计为一层。根据晶体结构类型，可将 SiC 多型体分为 α-SiC 和 β-SiC。α-SiC 的原胞为六角密排结构或菱形结构，最常见类型为 4H-SiC 和 6H-SiC，如

图 1.11b 和 c 所示。其密排面为（0001）面，晶格常数为 $a=b=3.076$Å，$c=n\times2.517$Å，n 为每个堆垛周期内 Si-C 层数。β-SiC 是唯一一种具有立方结构的 SiC 晶体，原胞为面心立方结构，也称为 3C-SiC，如图 1.11d 所示。其密排面为（111）面，密排方向为［110］方向，晶格常数为 4.36Å。不同半导体材料性质对比见表 1.4。由于目前 3C-SiC 单晶的制备技术相对不够成熟，而 4H-SiC 相对于 6H-SiC 具有更高的电子迁移率和略高的禁带宽度，因此一般采用 4H-SiC 材料制造 SiC 高温压力传感器。

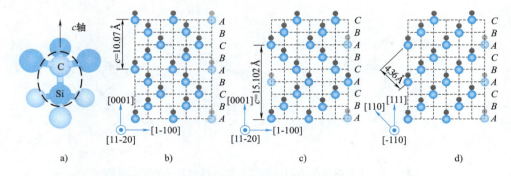

图 1.11 SiC 晶体结构
a) SiC 四面体结构示意图　b) 4H-SiC 的 Si-C 原子层堆垛周期示意图　c) 6H-SiC 的 Si-C 原子层堆垛周期示意图
d) 3C-SiC 的 Si-C 原子层堆垛周期示意图

表 1.4 不同半导体材料性质对比

材料	3C-SiC	4H-SiC	6H-SiC
禁带宽度/eV	2.2	3.2	3.0
电子迁移率/($cm^2 \cdot V^{-1} \cdot s^{-1}$)	1000	947	380
饱和电子漂移速率/(cm/s)	2.5×10^7	2×10^7	2×10^7
击穿电场强度/(V/cm)	3×10^6	3×10^6	4×10^6
熔点/K	>2000	>2000	>2000
热导率/[W/(cm·K)]	4.9	5	5

1.5 晶体缺陷

前面讨论的是理想状态下的晶体，而在实际的半导体产品中，晶体的晶格并不是完美的，其内部存在缺陷或者杂质。这些缺陷或者杂质将会改变半导体材料的电学特性，有时候，半导体材料的一些电学参数取决于这些缺陷或杂质。

1.5.1 点缺陷

所有的晶体都存在的一类缺陷是原子的热振动。在理想的单晶中，原子位于晶格的特定位置，这些原子之间有一定的距离并与其他原子彼此分开，通过这个距离来推断和计算晶格常数。然而，晶体中的原子具有一定的热能，其为温度的函数。这个热能会引起原子在晶格的平衡位置处随机振动，这种随机振动又会引起原子之间距离的随机波动，从而破坏原子的完美排列。

在一定温度下，晶格原子不仅会在平衡位置附近振动，而且部分原子会获得足够的能量克服周围原子对它的束缚，从而挤入晶格原子间的间隙，形成间隙原子，同时，在原来的位置形成空位。这种原子核-空位是成对出现的，称为弗仑克尔（Frenkel）缺陷。由弗仑克尔缺陷产生的间隙原子（又称自填隙原子）和空位并不总是停留在它们产生时的位置，其可以在晶体中运动，尤其是在高温条件下。自填隙原子和空位是半导体材料的本征缺陷，材料的温度在绝对零度以上就会产生。自填隙原子和空位一方面不断地产生着，同时又不断地复合，在一定温度下，最终会达到一平衡浓度值。空位的平衡浓度可以由阿伦尼乌斯（Arrhenius）函数计算得出：

$$N_V^0 = N_0 e^{-\frac{E_a}{kT}} \tag{1-3}$$

式中，N_V^0 为空位浓度；N_0 为晶格中原子密度；E_a 为空位的激活能；k 为玻尔兹曼常数；T 为热力学温度。硅晶体的空位激活能 E_a 为 2.6eV，室温时，在不考虑其他缺陷的情况下，完整晶体在 10^{44} 个晶格位置中会产生一个空位；在 1000℃ 时，空位浓度上升至每 10^{10} 个晶格中具有一个空位。

若只形成空位而不产生间隙原子，则称为肖特基缺陷。在肖特基缺陷中，晶格内存在阳离子和阴离子的组合空位。由于同时丢失阳离子和阴离子，晶体的整体电中性保持不变。肖特基缺陷和弗仑克尔缺陷的示意图如图 1.12 所示。

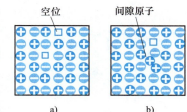

图 1.12　晶体中的点缺陷
a）肖特基缺陷　b）弗仑克尔缺陷

1.5.2　线缺陷

晶体材料的线缺陷中最常见的就是位错，位错会对半导体材料和器件的性能产生严重的影响。位错主要包括刃型位错（Edge Dislocation）和螺型位错（Screw Dislocation），以及两者混合的混合位错。刃型位错可以看成是在晶体中额外插入了一列原子或者一个原子面，如图 1.13a 所示；螺型位错可以看作是原来一簇平行晶面变成单个晶面所组成的螺旋阶梯，如图 1.13b 所示。

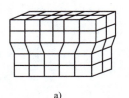 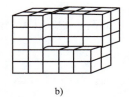

图 1.13　晶体材料中的位错示意图
a）刃型位错　b）螺型位错

位错是点缺陷的延伸，是点缺陷结团在一起形成的。晶体中每个点缺陷都与表面能相联系，缺陷的表面积越大，存储在缺陷中的能量就越高。为了达到能量最小化，点缺陷会倾向于聚集在一起形成线缺陷或其他高维缺陷，以释放多余的能量，这个过程称为结团。位错不是固定不动的，可以通过滑移和攀移的形式移动，如图 1.14 所示。对一般晶体来说，沿某些晶面容易发生滑移，这样的晶面称为滑移面。构成滑移面的条件是该面上的原子面密度大，而晶面之间的原子价键密度小，间距大。以硅晶体为例，硅的（111）晶面中，两层双层密排面之间由于价键密度最小，结合最弱，因此，滑移常常沿（111）晶面发生，线位错也就多在（111）晶面之间。

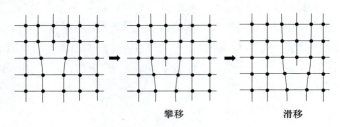

攀移　　　　　　　滑移

图 1.14　位错的两种运动形式

晶体中的缺陷是内部存在应力的标志。例如，额外的原子列或者原子面插入晶体后，产生的位错周围原子共价键分别被压缩、拉长或悬挂。在半导体外延生长过程中，应力主要来自三种类型：①在生长过程中由温度梯度导致的非均匀膨胀，在晶体内部形成热塑性应力，诱导缺陷产生；②晶体中高浓度的替位杂质，而这些杂质原子半径和晶格中原子半径大小不同，产生晶格失配，形成内部应力诱导缺陷；③晶体表面受到机械外力，如表面划伤，或者如电感耦合等离子体刻蚀过程中晶体受到其他粒子的轰击等，这些外力向晶体中传递，诱导缺陷产生。

1.5.3　面缺陷

在晶体结构中，面缺陷主要是层错。层错与晶体结构有关，经常发生在晶体生长过程中，如在一个平面上晶体沿着两个不同的方向生长产生孪生平面，或者由于堆积排列次序发生错乱形成堆垛层错。层错是一种区域性的缺陷，在层错以外或以内的原子都是规则排列的，只是在两部分交界面处的原子排列才发生错乱，所以其为一种面缺陷。

为了改变晶体材料的电学特性，常在晶体中掺入杂质（如在 GaN 中掺入 Si 形成 N 型 GaN，掺入 Mg 形成 P 型 GaN），以形成固溶体。当掺入的杂质数量超过晶体可接受的浓度时，杂质将在晶体中沉积，形成体缺陷。晶体中的空隙也是一种体缺陷。此外，当晶体中的点缺陷、线缺陷的浓度较高时，也会因结团而产生体缺陷。

习题

1. 理想晶体与实际晶体的差别主要是什么？
2. 说明Ⅲ族氮化物材料不同晶体结构各自的特点。
3. 指出纤锌矿 GaN 材料（$10\bar{1}1$）和（0002）晶面之间的关系。
4. 计算当硅晶体的空位激活能 E_a 为 2.7eV，室温时，点缺陷中空位的密度。

参 考 文 献

［1］VURGAFTMAN I，MEYER J R. Band parameters for nitrogen-containing semiconductors ［J］. Journal of Applied Physics，2003，94（6）：3675-3696.

［2］VAN ZEGHBROECK B. Principles of semiconductor devices［D］. Boulder：Colorado University，2004.

［3］MOUSTAKAS T D，PAIELLA R. Optoelectronic device physics and technology of nitride semiconductors from the UV to the terahertz［J］. Reports on Progress in Physics，2017，80（10）：106501.

［4］FRITSCH D，SCHMIDT H，GRUNDMANN M. Band-structure pseudopotential calculation of zinc-blende and wurtzite AlN，GaN，and InN［J］. Physical Review B，2003，67（23）：235205.

［5］SCHULZ H，THIEMANN K H. Crystal structure refinement of AlN and GaN［J］. Solid State Communications，1977，23（11）：815-819.

［6］王一喆. 基于气相沉积法的 SiC 薄膜制备与性能研究［D］. 济南：山东大学，2021.

［7］罗天成. SiC 电容式高温压力传感器结构设计及其失效机理研究［D］. 成都：电子科技大学，2020.

［8］杨晓云，石广元，黄和鸾. SiC 结构的多型性［J］. 辽宁大学学报（自然科学版），1998，（04）：64-67.

［9］CODREANU C，AVRAM M，CARBUNESCU E，et al. Comparison of 3C-SiC，6H-SiC and 4H-SiC MESFETs performances［J］. Materials Science in Semiconductor Processing，2000，3（1-2）：137-142.

［10］STREETMAN B G，BANERJEE S. Solid state electronic devices［M］. New Jersey：Prentice Hall，2000.

第 2 章　能带和 PN 结

2.1　能　　带

大多数半导体器件的制造材料都是单晶体。这种晶体是由原子以紧密的周期性排列形成的，相邻原子之间的距离只有零点几纳米的数量级。当由多个原子按照一定规律排列组成晶体时，原子中电子的运动状态不仅受到自身原子核和电子所形成的势场的影响，还会受到其他原子势场的影响。

在涉及大量粒子的情况下，需要关注的是这些粒子作为一个整体的统计学状态，而不是其中某一个粒子的状态。例如，在容器中的气体会对容器壁产生一定的压力，这种压力实际上是由各个气体分子撞击容器壁产生的，但这些微小的粒子撞击无法独立测量。同样，晶体的电学特性也是由大量电子的统计学状态决定的。要确定粒子的统计特征，就要了解粒子应该遵循的规律。通常用下面三种分布定律来确定粒子在有效能态中的分布。

第一种分布定律是麦克斯韦-玻尔兹曼分布函数，该分布认为粒子是可以被一一区别开的，且对每个能态所能容纳的粒子数没有限制。当容器中的气体处于相对低压时，其状态可视为这种分布。

第二种分布定律是玻色-爱因斯坦分布函数，这种分布中的粒子是不可区分的，但每个能态所能容纳的粒子数仍然没有限制。光子的状态或黑体辐射就是这种分布的例子。

第三种分布定律是费米-狄拉克分布函数，这种分布中的粒子也是不可区分的，且每个能态只允许一个粒子。晶体中的电子符合这种分布。

在这三种情况中，都假设粒子之间不存在相互影响。

2.1.1　费米-狄拉克分布函数

图 2.1 所示为具有 g_i 个量子态的第 i 个能级。根据泡利不相容原理，每个量子态都有一个粒子数量的最大值。因此，可以选择 g_i 种方式来确定第一个粒子的位置，(g_i-1) 种方式来确定第二个粒子的位置，(g_i-2) 种方式来确定第三个粒子的位置。以此类推，将 N_i 个粒子排列到第 i 个能级（其中 $N_i \leqslant g_i$）中的方式总数为：

$$(g_i)(g_i-1)\cdots[g_i-(N_i-1)] = \frac{g_i!}{(g_i-N_i)!} \tag{2-1}$$

式（2-1）涵盖了所有 N_i 个粒子的无限可能排列。然而，由于粒子的不可分辨性，不应计算粒子之间的 $N_i!$ 个排列变换。举例来说，两个电子之间的互换并不会创造出新的排列。因此，N_i 个粒子在第 i 个能级中分布量子态的实际可能性为

$$W_i = \frac{g_i!}{N_i!\,(g_i-N_i)!} \tag{2-2}$$

在式（2-2）中，揭示了 N_i 个粒子在第 i 个能级中的分布方式的数量。因此可以推断出，在所有 n 个能级中，所有粒子（$N_1, N_2, N_3, \cdots, N_n$）的排列方式的总数，实际上是所有函数的乘积：

$$W = \prod_{i=1}^{n} \frac{g_i!}{N_i!\,(g_i-N_i)!} \tag{2-3}$$

式中，W 为 N 个电子的排列方式的总数；N 为系统中的总电子数。为了获得最大的概率分布，需要求解 W 的最大值。在保持粒子总数和总能量不变的前提下，可以通过改变 E_i 能级中的 N_i 来调整粒子的分布，从而求得 W 的最大值。

将概率密度函数写为

$$\frac{N(E)}{g(E)} = f_{\mathrm{F}}(E) = \frac{1}{1+\exp\left(\dfrac{E-E_{\mathrm{F}}}{kT}\right)} \tag{2-4}$$

式中，E_{F} 被称为费米能级。密度数 $N(E)$ 代表了单位体积单位能量的粒子数量，而函数 $g(E)$ 则表示单位体积单位能量的量子状态。函数 $f_{\mathrm{F}}(E)$ 被称为费米-狄拉克分布（概率）函数，它代表了能量为 E 的量子态被电子占据的可能性。此外，该分布函数还具有另一种意义，即被电子填充的量子态占总量子态的比例。

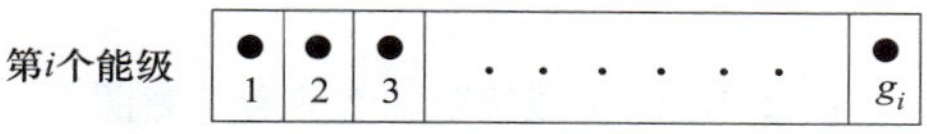

图 2.1 具有 g_i 个量子态的第 i 个能级

2.1.2 分布函数与费米能级

为了更深入地理解分布函数和费米能级的含义，下面给出了分布函数和能量的关系。首先，将温度设定为 $T=0\mathrm{K}$，并考虑能量 E 低于费米能级 E_{F} 的情况。在这种情况下，式（2-4）中的指数项 $\exp[(E-E_{\mathrm{F}})/kT]$ 变为 $\exp(-\infty)=0$，从而导致 $f_{\mathrm{F}}(E<E_{\mathrm{F}})=1$；而当温度仍为 $T=0\mathrm{K}$，但能量 E 高于费米能级 E_{F} 时，式（2-4）中的指数项 $\exp[(E-E_{\mathrm{F}})/kT]$ 变为 $\exp(+\infty)\rightarrow+\infty$，从而导致费米-狄拉克分布函数 $f_{\mathrm{F}}(E>E_{\mathrm{F}})=0$。

2.1.3 能带的形成

单个原子中电子的状态是由其与原子核和其他电子的相互作用所决定的。每个原子都构成了一个孤立的系统，这个系统包括了原子核和所有其他的电子。而固体则是由多个原子按照特定的结构组合而成的，其中电子的状态会受到所有原子的原子核和电子的共同作用。在这个系统中，电子已经不再属于某个特定的原子，而是成为了整个系统的组成部分，这个过程被称为电子共有化。在原子形成固体的过程中，电子的运动从孤立原子中的运动转变为固

体中的共有化运动。对于这种共有化现象，我们可以从以下几个角度进行解释：

1）从电子的角度来看，电子的状态会由于与其他原子的相互作用而发生改变。具体来说，电子在独立原子中的状态与在固体中的状态是不同的。

2）从电子与固体的关系来看，电子虽然属于固体，但不再完全属于某个原子。然而，这并不意味着电子在固体中可以自由运动，因为电子的运动仍然受到系统整体的约束。从系统的角度来看，固体中的所有原子构成了一个系统，而固体中的电子都处在这个系统之中。

虽然共有化运动会影响电子的运动状态，但它并不会改变系统的量子态数目。这意味着固体系统的量子态数目仍然等于单个原子的量子态数目与原子数目的乘积。那么在晶体中，电子进行公有化运动时的能量状况如何呢？首先以两个原子为例进行说明。当两个原子相距较远时，它们可以被视为孤立状态。在这种情况下，原子的能级如图 2.2a 所示，每个能级都对应两个态。然而，当两个原子相互靠近时，除了受到本身原子的势场作用外，每个原子中的电子还会受到另一个原子势场的作用。这种相互作用导致每一个能级分裂为两个非常接近的能级；而且两个原子越靠近，能级的分裂就越严重。图 2.2b 所示为 6 个原子相互靠近时的能级分裂情况。不难看出，每个能级都分裂成了 6 个非常接近的能级。

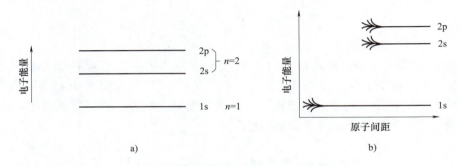

图 2.2　原子能级及能级分裂示意图
a）孤立原子的能级　b）6 个原子能级的分裂

现在考虑一个由 N 个原子构成的晶体，在每立方厘米的体积内，原子数量约为 $10^{22} \sim 10^{23}$ 个，因此 N 是一个相当大的数值。假设这些原子彼此相距很远，那么每个原子的能级与孤立原子的能级相同。然而，当这 N 个原子相互靠近结合形成晶体时，每个电子都会受到周围原子势场的作用。这种相互作用导致每一个能级分裂成 N 个非常接近的能级，这些能级组成了一个能带。每一个分裂的能带被称为允带，而相邻两个允带之间的空隙代表了晶体无法占有的能量状态，被称为禁带。在任一能带结构中，完全被电子占据的能带称为满带，未完全被占据的称为空带，被电子填充的能量最高的能带被称为价带，而未被电子填充的能量最低的能带被称为导带。需要说明的是，价带可能被电子填满也可能不被填满，当价带被电子填满时其与满带的含义完全相同。

2.1.4　导体、半导体、绝缘体的能带

固体根据其导电性能可分为导体、半导体和绝缘体。这种导电性能的差异取决于它们的材料和结构，因此，这三种类型的固体具有不同的能带结构。

固体导电的原因在于其内部的电子能在外电场作用下进行定向运动。电场力会使电子运

动速度增加，使其能量发生变化。从能带理论的角度来看，电子能量的变化就是电子从一个能带跃迁到另一个能级的过程。对于满带，其中的能级已经被电子完全占据，因此在外电场作用下，满带中的电子无法形成电流，对导电没有贡献。通常，原子中的内层电子都位于满带中，因此对导电也没有贡献。然而，对于部分被电子占据的导带，在外电场作用下，电子可以吸收外电场的能量跃迁到未被电子占据的能级，从而形成电流。

在绝缘体的能带结构中，价带中的能级被电子完全占据，而导带中的能级则是空的，如图 2.3a 所示。此外，绝缘体通常具有较高的带隙（>5eV）。因此，即使受到热能或外加电场的作用，价带顶的电子所吸收的能量也不足以将其激发到导带中。这意味着，尽管绝缘体的导带中存在许多空的能态可以接纳电子，但实际上几乎没有电子能够占据这些能态。因此，绝缘体对导电的贡献极小，表现出极高的电阻，使得电流无法传导。所以，一个晶体成为绝缘体的必要条件是每个晶胞中的电子数目为偶数。

在半导体的能带结构中，其价带全满而导带全空，然而其禁带宽度通常较窄（<5eV），如图 2.3b 所示。在常态下，由于半导体缺乏可参与导电的电子，其中的电子无法在外电场作用下运动，因此不会产生静电流，此时半导体与绝缘体的表现相似。然而，当半导体晶体处于一定温度时，其内部的热振动可能会使部分电子获得足够的能量，挣脱价键的束缚，从价带激发至导带。在这种情况下，导带中会有少量电子，这些电子能够参与导电。同时，价带内也会由于电子的逸出而出现与逸出电子数量相同的空位。这些空位也能在外电场作用下运动，进而协同电子产生静电流。

在导体的能带结构中，其导带要么部分填满，要么与价带重叠，不存在带隙，如图 2.3c 所示。对于前者，它对应于一些碱金属（如 Li、Na、K 等）和贵金属（如 Cu、Ag、Au 等），在这些金属中，每个初基晶胞中的电子数为偶数，最后一个能带是半充满状态，费米能级大约位于最后一个被填充能级的中间位置。当导带顶处的电子获得动能时（例如，在外加电场作用下，即使在 0K 条件下），它们仍可以轻松地跃迁到下一个能级。这是因为接近填满电子的能态处仍有许多未被占据的能态，因此只需要很小的外电场作用，电子就可以自由运动。这也是金属导体能够轻易传导电流的原因。这种特性使得金属导体在电子工程中具有广泛的应用。

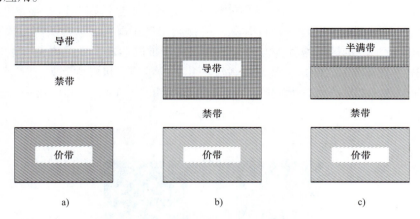

图 2.3　绝缘体、半导体、导体的能带示意图
a）绝缘体　b）半导体　c）导体

图 2.4 所示为在特定温度下半导体的能带图（本征激发情况）。在图 2.4 中，符号
"·"表示价带内的电子，这些电子在热力学温度
$T = 0K$ 时占据价带的所有能级。E_V 是价带顶的能
量，它代表着价带电子的最高能量水平。在一定的
温度下，共价键上的电子有可能通过热激发获得足
够的能量，从而脱离共价键的束缚，并在晶体中自
由运动，这些电子被称为准自由电子。获得能量并
脱离共价键的电子就是导带上的电子，在能带图中
表示为导带电子。脱离共价键所需的最低能量称为

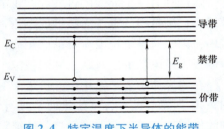

图 2.4　特定温度下半导体的能带

禁带宽度 E_g。E_C 是导带底的能量，它代表着导带电子的最低能量水平。价带上的电子被激
发成为准自由电子，即价带电子跃迁到导带成为导带电子的过程，称为本征激发。

2.2　半导体 PN 结

通过在半导体中掺入施主杂质，可以得到 N 型半导体；而掺入受主杂质，则得到 P 型
半导体。当这两种不同类型的半导体相结合时，它们的交界面处就会形成 PN 结。在实际应
用中，通常采用控制掺杂工艺，使得半导体的一部分掺入受主杂质形成 P 区，而另一部分
掺入施主杂质形成 N 区。PN 结不仅是构成复杂半导体器件的基本组成部分，同时也是最简
单的半导体器件之一。实际上，几乎所有的半导体器件都至少包含一个 PN 结。

2.2.1　平衡 PN 结

图 2.5 所示为 PN 结的示意图。在 N 型半导体中，电子较多而空穴较少；而在 P 型半导
体中，情况恰好相反。在 N 型半导体中，电离施主与少量空穴的正电荷精确地平衡了电子
电荷；在 P 型半导体中，电离受主与少量电子的负电荷精确地平衡了空穴电荷。当 N 型和 P
型半导体结合形成 PN 结时，由于载流子浓度梯度的存在，P 区的空穴会向 N 区扩散，而 N
区的电子会向 P 区移动。在此过程中，不能移动的电离受主会留在 P 区，导致在 PN 结靠近
P 区的一侧出现负电荷区。同理，靠近 N 区的一侧会出现正电荷区。这些因电离施主和电离
受主在 PN 结附近形成的区域被称为空间电荷区。由于扩散运动，空间电荷区的电子和空穴
几乎都会离开这个区域，因此这个区域的载流子几乎为零，也可以称之为耗尽区。空间电荷
区会产生一个从 N 区指向 P 区的内建电场，阻止电子和空穴的进一步扩散，最终达到动态
平衡。这样，载流子的移动会在一定程度上达到平衡状态。

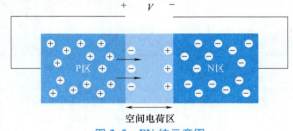

空间电荷区

图 2.5　PN 结示意图

图 2.6 所示为 P 区和 N 区在平衡独立时的能带图。其中，E_C 表示导带底，它是导带电子的最低能量；E_V 表示价带顶，它是价带电子的最高能量；E_{FP} 和 E_{FN} 分别表示 N 型和 P 型半导体的准费米能级；E_{Fi} 表示 PN 结热平衡状态的费米能级。当 PN 结达到热平衡状态时，半导体需要保持统一的费米能级，即费米能级在各处相等。因此，与 P 型半导体和 N 型半导体独立时的能带图相比，热平衡 PN 结的能带图会发生变化。为了达到统一的费米能级，可以假设 P 区的能带不动，而 N 区的能带相对 P 区下移；或者假设 N 区的能带不动，而 P 区的能带相对 N 区上移。这种调整不仅使费米能级达到统一，也是内建电场存在的结果。内建电场的方向由 N 区指向 P 区，因此 N 区的电势较高，而 P 区的电势较低。然而，由于电子带负电荷，P 区的电势能实际上比 N 区高。能带图是按电子能量高低表示的图示，因此 P 区的能带相对于 N 区上移，这表明 P 区的电势能较高，同时也实现了费米能级的统一。这样的调整确保了热平衡状态下 PN 结的费米能级的一致性，并反映了内建电场对能带图的影响。

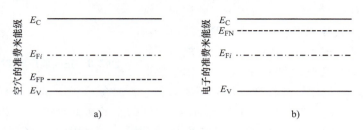

图 2.6　P 区和 N 区在平衡独立时的能带图
a) P 区　b) N 区

由于 P 区的能带相对于 N 区向上移动，导致空间电荷区的能带发生弯曲。这种弯曲形成了一个势垒，使得 N 区的电子在扩散到 P 区时必须克服这个势垒。同样地，P 区的空穴在扩散到 N 区时也会遇到相同的势垒。因此，空间电荷区也被称为势垒区，这个势垒被称为内建电势差。这个电势差的存在维持了 N 区和 P 区之间电子和空穴的平衡。平衡后的 PN 结的能带图如图 2.7 所示。

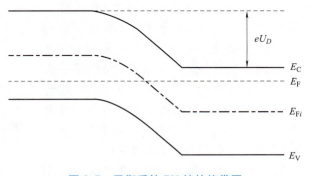

图 2.7　平衡后的 PN 结的能带图

2.2.2　正偏 PN 结

当将 PN 结的 P 区连接电源的正极，N 区连接电源的负极时，如图 2.8 所示，外加电压产生的电场方向与 PN 结的内建电场方向相反。这种状态下的 PN 结被称为正向偏置下的 PN

结。在势垒区内，载流子浓度很低，电阻很大，而势垒区外的 P 区和 N 区载流子浓度很高，电阻很小。因此，外加的正向偏压主要降落在势垒区。这个正向偏压在势垒区中产生了与内建电场方向相反的电场，从而减弱了势垒区中的电场强度。这意味着空间电荷相应减少，导致势垒区的宽度减小。同时，势垒高度从 qV_D 降低到 $q(V_D-V)$，如图 2.8 所示。这样的变化表明，在正向偏置下，PN 结的势垒区受到外加电压的影响，导致电场强度和势垒高度的降低。

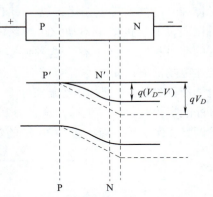

正向偏压的应用导致势垒区电场减弱，进而打破了载流子扩散运动与漂移运动之间的平衡状态。在这种情况下，扩散运动得以增强，使得扩散流超越漂移流。因此，在正向偏压的作用下，电子从 N 区向 P 区净扩散，同时空穴从 P 区向 N 区净扩散。当电子通过势垒区进入 P 区时，它们在边界 PP′处积累，成为 P 区的非平衡少数载流子。这导致 PP′处的电子浓度高于 P 区内部，形成了从 PP′向 P 区内部的电子扩散流。这些非平衡少数载流子在扩散过程中与 P 区

图 2.8　正向偏压时 PN 结势垒的变化

的空穴复合，经过一段比扩散长度更长的距离后，全部被复合掉。这个区域被称为扩散区。在特定的正向偏压下，单位时间内从 N 区到达 PP′处的非平衡少数载流子浓度是稳定的，并在扩散区内形成稳定的分布。因此，当正向偏压保持恒定时，PP′处就会有一个稳定的电子扩散流向 P 区内部。同理，边界 NN′处也会有一个稳定的空穴扩散流向 N 区内部。对于 N 区的电子和 P 区的空穴，它们都是多数载流子，但当它们分别进入 P 区和 N 区后，就变成了非平衡少数载流子。当正向偏压增加时，势垒降低得更多，导致流入 P 区的电子流和流入 N 区的空穴流增加。这种由于外部正向偏压的作用而使非平衡载流子进入半导体的过程称为非平衡载流子的电注入。

图 2.9 所示为正向偏压时 PN 结中电流的分布情况。在正向偏压的作用下，N 区的电子向边界 NN′漂移，并穿越势垒区，最终通过边界 PP′进入 P 区，形成了进入 P 区的电子扩散电流 J_N。在电子的扩散过程中，它们与从 P 区内部向边界 PP′漂移过来的空穴扩散电流 J_P 不断发生复合，导致电子电流不断转换为空穴电流 J。对于平行于 PP′的任何截面，通过的电子电流和空穴电流并不相等。然而，根据电流连续性原理，通过 PN 结中任一截面的总电流是相等的。只是在不同的截面处，电子电流和空穴电流的比例会有所变化。在假设通过势垒区的电子电流和空穴电流均保持恒定的条件下，PN 结的总电流 J 等于通过边界 PP′的电子扩散电流 J_N 与通过边界 NN′的空穴扩散电流 J_P 的总和。

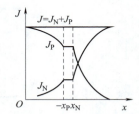

图 2.9　正向偏压时 PN 结中电流的分布

在正向偏压下，PN 结的 N 区和 P 区均会注入非平衡少数载流子。在这些非平衡少数载流子存在的区域，原本的统一费米能级 E_F 需被电子的准费米能级 E_{FN} 和空穴的准费米能级 E_{FP} 所取代。由于净电流流过 PN 结，费米能级将随位置变化。在空穴扩散区内，由于电子浓度高，电子的准费米能级 E_{FN} 变化较小，可视为恒定；而空穴浓度低，使得空穴的准费米能级 E_{FP} 变化较大。当空穴从 P 区注入 N 区时，其在边界 NN′处浓度较高，随着到 NN′距离的增加，空穴浓度逐渐降低并与电子复合，因此 E_{FP} 呈现为斜线。当到 NN′的距离比 L_P 大得

多时，非平衡空穴已衰减至零，此时 E_{FP} 与 E_{FN} 相等。由于扩散区比势垒区大，准费米能级的变化主要发生在扩散区，而势垒区内的变化可忽略不计，因此势垒区内的准费米能级保持恒定。在电子扩散区内，情况类似。综上所述，从 P 型中性区到边界 NN′处，E_{FP} 为一条水平线；在空穴扩散区内，E_{FP} 斜线上升；当注入空穴为零时，E_{FP} 与 E_{FN} 相等。而在 N 型中性区到边界 PP′处，E_{FN} 为一条水平线；在电子扩散区内，E_{FN} 斜线下降；当注入电子为零时，E_{FN} 与 E_{FP} 相等，如图 2.10 所示。

在正向偏压下，势垒降低至 $q(V_D-V)$，并且根据图 2.10，可以观察到电子的准费米能级 E_{FN} 从 N 区一直延伸至 P 区的 PP′处，而空穴的准费米能级 E_{FP} 从 P 区一直延伸至 N 区的边界 NN′处。这两者之间的差值恰好等于 qV，也就是说，E_{FN} 与 E_{FP} 之差满足 $E_{FN}-E_{FP}=qV$ 的关系。

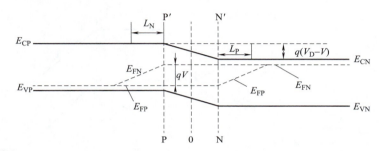

图 2.10　正向偏压下 PN 结的准费米能级

2.2.3　反偏 PN 结

当将 PN 结的 N 区连接电源的正极，P 区连接电源的负极时，该 PN 结处于反向偏压状态，如图 2.11 所示。在此情况下，外加电压产生的电场方向与 PN 结的内建电场方向一致，导致空间电荷区的电场强度增强。由于空间电荷区的电荷密度取决于半导体的掺杂浓度，为了增加空间电荷区的电荷总量，势必要使空间电荷区变宽。随着势垒高度的增加，空间电荷区的能带弯曲量也增加，从而打破了 PN 结在热平衡时扩散电流与漂移电流之间的平衡状态。在这种情况下，载流子的漂移运动占据主导地位，超过了扩散运动，导致存在净漂移流。

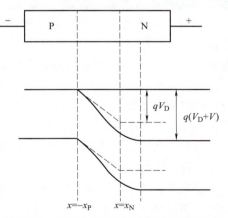

图 2.11　反向偏压时 PN 结势垒的变化

在电场的作用下，电子从 P 区向 N 区移动，而空穴则从 N 区向 P 区移动。这种运动导致在空间电荷区边缘的 $x=x_N$ 处的空穴浓度和 $x=-x_P$ 处的电子浓度降低，几乎接近于零。这种现象被称为 PN 结的反向抽取少子作用。当空间电荷区中的少子被电场抽取后，中性 P 区和 N 区的少子会在浓度梯度的作用下补充到空间电荷区中。这种由少子扩散运动产生的电流，即 $x=x_N$ 处的空穴扩散电流与 $x=-x_P$ 处的电子扩散电流的总和，构成了 PN 结的反向电流。由于少子的浓度较低，当反向偏压较大时，$x=x_N$ 附近的空穴和 $x=-x_P$ 附近的电子浓度几乎为零。在扩散长度基本保持不变且存在反向偏压的前提下，少子的浓度梯度不再随外加反向偏压的增加而发生变化。因此，PN 结的反向电流较小且不受外加反向偏压变化的影响。图 2.12 所示为 PN 结反向电流的产生示意图。

图 2.13 所示为反向偏压下 PN 结的准费米能级。与正向偏压时类似，准费米能级在势垒区、N 区（$x>x_N$）和 P 区（$x<-x_P$）内发生变化。然而，在势垒区内的准费米能级的变化可忽略不计。在 N 区内，电子的准费米能级 E_{FN} 的变化很小，可视为恒定；而空穴的准费米能级 E_{FP} 的变化则呈现为近似斜线。在 P 区内，电子的准费米能级 E_{FN} 的变化呈现为近似斜线；而空穴的准费米能级 E_{FP} 的变化很小，可视为恒定。值得注意的是，在正向偏压下，电子的准费米能级高于空穴的准费米能级；而在反向偏压下，情况恰好相反，空穴的准费米能级高于电子的准费米能级。

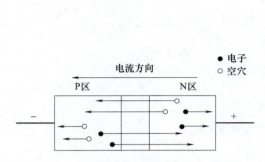

图 2.12　PN 结反向电流的产生示意图

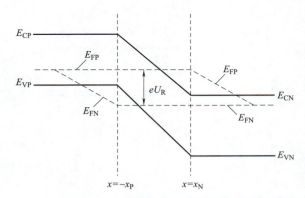

图 2.13　反向偏压下 PN 结的准费米能级

2.2.4　PN 结隧道效应

当 N 型和 P 型半导体的掺杂浓度都很大，以至于它们都可以被视为简并半导体时，这样的 PN 结被称为隧道二极管。由于高掺杂特性，隧道二极管的 I-V 曲线与普通二极管存在差异。下面，将简要介绍隧道二极管 I-V 曲线的变化规律。

首先，由隧道二极管在平衡状态下的能带图可知，N 型半导体的费米能级进入导带，而 P 型半导体的费米能级进入价带。为了达到统一的费米能级，隧道二极管的能带弯曲量相较于普通二极管更大，如图 2.14 所示。这种能带弯曲量的增加是隧道二极管与普通二极管在物理特性上的一个主要区别。

虽然严格来说，能带弯曲的函数并非为直线，但由于两边掺杂浓度极大，导致空间电荷区的宽度较窄。同时，由于空间电荷区内的能带弯曲量很大，因此可以近似地将能带弯曲的曲线视为直线。接下来，将在热平衡状态的基础上，介

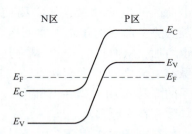

图 2.14　隧道二极管在平衡状态下的能带图

绍隧道二极管在施加电压时的电流变化规律。为了更直观地理解这一变化规律，可以参考隧道二极管在不同偏压下的能带变化，从而得出其电流变化规律。

当隧道二极管外加较小的正向偏压时，N 区的导带能级会有所提升。这使得 N 区导带中的电子占据的量子态与 P 区的空量子态相对应，进而引发隧道效应。电子会发生如图 2.15a 所示的转移，从而产生电流。随着外加正向偏压的增加，N 区的能带继续提升，使得 N 区导带中的

电子占据的量子态与 P 区的空量子态之间的重合达到最大，如图 2.15b 所示。此时，电流会进一步增加。然而，随着外加正向偏压的进一步增加，N 区的能带提升导致 N 区导带中的电子占据的量子态和 P 区的空量子态之间的重合减少，如图 2.15c 所示，与图 2.15b 的情况相比，电流会减小。最终，随着外加电压的继续增加，N 区有电子的量子态和 P 区空量子态之间的重合完全消失，此时不再产生隧道电流，只会产生 N 区导带的电子向 P 区导带的扩散电流，如图 2.15d 所示。

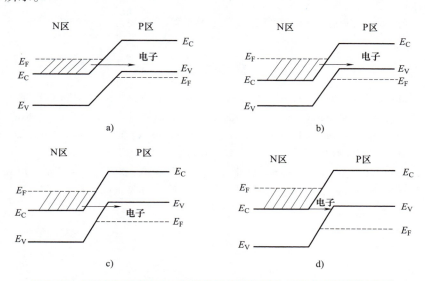

图 2.15　隧道二极管外加正向偏压时随着正偏电压增大能带图的变化

当隧道二极管外加反向偏压时，其能带图如图 2.16 所示。从图 2.16 中可以观察到，在反向偏压下，P 区价带内有电子的量子态与 N 区导带内空的量子态之间发生重合。通过隧道效应，电子发生转移，从而产生隧道电流。此外，随着反向偏压的增加，这两种量子态的重合程度也不断增加。因此，隧道电流随着反向偏压的增加而单调增加。

基于上述对隧道二极管在外加偏压下行为的讨论，绘制了隧道二极管的电流-电压特性曲线，如图 2.17 所示。通过观察图 2.17，可以发现随着电压的增加隧道电流先增加至最大值（图 2.15a 和 b），然后隧道电流开始减小至最小值（图 2.15c 和 d）。随着电压的继续增加，电流成分逐渐转变为扩散电流。此外，在图 2.17 中存在一个区域，随着电压的增加，电流逐渐减小。这个区域对应的电阻为负值，在实际应用中可以利用隧道二极管的这个特性来制作振荡器。

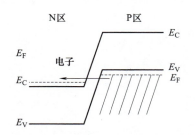

图 2.16　隧道二极管外加反向偏压的能带图

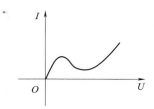

图 2.17　隧道二极管的电流-电压特性曲线

习题

1. 什么是能带?
2. 能带的主要类型有哪些?
3. 能带的结构特点是什么?
4. PN 结的形成原理与主要特性是什么?
5. 请结合 PN 结的分类谈一谈 PN 结的应用范围。
6. 在电子器件设计与制造中,如何利用 PN 结的隧道效应来提高器件的性能?

参 考 文 献

［1］KITTEL C,MCEUEN P. Introduction to solid state physics［M］. New Jersey:John Wiley & Sons,2018.

［2］MCKELVEY J P. Solid state physics for engineering and materials science［M］. Florida:Krieger,1993.

［3］SINGH J. Semiconductor devices:basic principles［M］. New Jersey:John Wiley & Sons,2000.

［4］黄昆,谢希德. 半导体物理学［M］. 北京:科学出版社,2012.

［5］刘恩科,朱秉升,罗晋生,等. 半导体物理学［M］. 8 版. 北京:电子工业出版社,2023.

［6］SHUR M. Introduction to electronic devices［M］. New Jersey:John Wiley & Sons,1996.

第二篇

微纳制造工艺

第3章 掺杂

3.1 扩 散

  杂质在半导体中的扩散是由杂质浓度梯度或温度梯度引起的，扩散是使杂质浓度趋于均匀的定向运动。扩散的发生需要两个必要的条件：一是材料之间存在浓度差；二是系统内部必须有足够的能量使浓度高的材料进入或通过另一种材料。扩散工艺的目的主要有三个：一是在晶圆上形成具有一定掺杂的表层；二是形成 PN 结；三是在晶圆表层形成特定的杂质原子（浓度）分布。

3.1.1 扩散的基本原理

  杂质在半导体中的扩散可以理解为杂质原子在晶格中以空位或间隙原子形式进行的移动。图 3.1 所示为晶体材料中杂质原子的扩散机制。在高温下，晶格原子有概率获得足够的能量脱离晶格格点而成为间隙原子，从而产生空位，这样邻近的杂质原子就可以移位到该空位上，这种扩散机制称为替位式扩散（空位扩散）。另一种扩散机制是填隙式扩散，即为杂质原子从一个间隙运动到另一个间隙而不占据晶格格点的位置。这种扩散一般为杂质原子相较于晶格原子较小的情况。

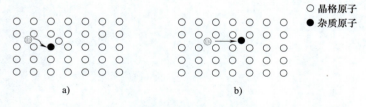

图 3.1 晶体材料中杂质原子的扩散机制
a）替位式扩散 b）填隙式扩散

  若定义扩散流密度 F 为单位时间通过单位面积的杂质原子数，C 为单位体积的杂质浓度，则

$$F = -D \frac{\partial C}{\partial x} \tag{3-1}$$

式中，D 为扩散系数。从式（3-1）可以看出，扩散的起因是体系内存在浓度梯度 $\dfrac{\partial C}{\partial x}$，杂质原子从高浓度运动到低浓度。假设半导体中没有物质的产生或者消耗，将式（3-1）代入一维连续方程，得到

$$\frac{\partial C}{\partial x} = -\frac{\partial F}{\partial x} = \frac{\partial}{\partial x}\left(D\,\frac{\partial C}{\partial x}\right) \tag{3-2}$$

当杂质浓度比较低时，扩散系数与掺杂浓度无关，则式（3-2）变为

$$\frac{\partial C}{\partial t} = D\,\frac{\partial^2 C}{\partial x^2} \tag{3-3}$$

式（3-3）一般被称为费克（Fick）扩散方程或费克法则。

大多数温度情况下，扩散系数的对数值和绝对温度的倒数有线性关系，因此扩散系数可以表示为

$$D = D_0 \exp\left(\frac{-E_a}{kT}\right) \tag{3-4}$$

式中，D_0 为温度外推到无穷大时的扩散系数，单位为 $\mathrm{cm^2/s}$；E_a 为激活能，单位为 eV。对于填隙式原子扩散机制，E_a 与杂质原子从一个间隙位置到另一个间隙位置所需要的能量有关，如硅和砷化镓的 E_a 值一般为 $0.5 \sim 2\mathrm{eV}$。对于替位式原子扩散机制，E_a 不仅与杂质原子运动所需的能量有关，还与晶格原子形成空位所需要的能量有关，如硅和砷化镓的 E_a 值一般为 $3 \sim 5\mathrm{eV}$，比填隙式原子扩散机制的 E_a 值要大。

3.1.2 扩散分布

杂质原子的扩散分布与初始条件以及边界条件均有关系，可将扩散分为恒定源扩散和有限源扩散两种扩散方式。

1. 恒定源扩散

在恒定源扩散中杂质原子从气相源运动到半导体表面，并向半导体材料内部扩散，整个扩散过程中，保持半导体表面的气相源浓度恒定。当 $t = 0$ 时，半导体内的杂质浓度为零，即初始条件为

$$C(x,0) = 0 \tag{3-5}$$

边界条件为

$$C(0,t) = C_{x=0} \tag{3-6}$$

$$C(\infty,t) = 0 \tag{3-7}$$

式中，$C_{x=0}$ 为在 $x=0$ 处的杂质浓度，即表面杂质浓度。式（3-7）表示半导体内距离表面无限远处没有杂质原子。因此满足上述初始条件和边界条件的费克扩散方程的解为

$$C(x,t) = C_x \cdot \mathrm{erfc}\left[\frac{x}{2\sqrt{Dt}}\right] \tag{3-8}$$

式中，erfc 为余误差函数；$\sqrt{Dt}$ 为扩散长度。

半导体中单位面积的杂质原子总数为

$$Q(t) = \int_0^\infty C(x,t)\,\mathrm{d}x \qquad (3\text{-}9)$$

将式（3-8）代入式（3-9）中可以得到

$$Q(t) = \frac{2}{\pi} C_x \cdot \sqrt{Dt} \cong 1.13 C_x \cdot \sqrt{Dt} \qquad (3\text{-}10)$$

2. 有限源扩散

有限源扩散是将一定量的杂质沉积在半导体的表面上，接着向半导体内扩散。在这种情况下有一固定量的杂质沉积在半导体表面的薄层内，然后杂质逐渐向半导体内扩散。其初始条件仍然为式（3-5），但是边界条件为

$$\int_0^\infty C(x,t)\,\mathrm{d}x = S \qquad (3\text{-}11)$$
$$C(\infty,t) = 0$$

式中，S 为单位面积上的杂质总量。

扩散方程满足上述条件的解为

$$C(x,t) = \frac{S}{\sqrt{\pi Dt}} \cdot \exp\left(-\frac{x^2}{4Dt}\right) \qquad (3\text{-}12)$$

式（3-12）表明杂质在半导体内的扩散为高斯分布。随着时间的增加，杂质越来越深入半导体内，而此时半导体表面的浓度在逐渐减小。取 $x=0$，由式（3-12）可得表面浓度为

$$C(x,t) = \frac{S}{\sqrt{\pi Dt}} \qquad (3\text{-}13)$$

在集成电路工艺中，通常采用两步扩散方法：首先，在恒定源扩散条件下形成预沉积扩散层，然后在有限源扩散条件下进行主扩散（或称为再分布扩散）。通常情况下，预沉积扩散长度 $\sqrt{Dt}$ 远小于再分布扩散的扩散长度，因此可以将预沉积分布视为表面处的函数，预沉积形成的扩散深度与再分布扩散后最终形成的杂质分布相比，是可以忽略不计的。

3.1.3 扩散结深的测量

扩散工艺的结果可以通过表面杂质浓度、结深以及薄层电阻来评估。其中，扩散结深即为扩散形成的 PN 结深度。结深法测量的原理如下：在半导体上刻槽，并用溶剂（如对硅用 $100\,\mathrm{cm^3}$ 的氢氟酸 HF，并加几滴硝酸 HNO_3）来刻蚀表面，使 P 区的颜色比 N 区黑，从而显示结深的轮廓，如图 3.2 所示。设 R_0 是刻槽所用工具的半径，则结深可以表示为

$$x_j = \sqrt{R_0^2 - b^2} - \sqrt{R_0^2 - a^2} \qquad (3\text{-}14)$$

式中，a 为刻蚀槽的半宽；b 为 P 区刻蚀槽的半宽。若 R_0 远大于 a 和 b，则

$$x_j = \frac{a^2 - b^2}{2R_0} \qquad (3\text{-}15)$$

结深 x_j 表示的是杂质浓度等于衬底浓度时的位置。因此若已知结深和衬底浓度，便可以根据前面的恒定源扩散和有限源扩散公式，计算得出表面浓度和杂质分布。

对于半导体薄层电阻则可以通过如图 3.3 所示的四探针法测量得到。探针等间距放置，

来自恒流源的一个小电流流过两个外部的探针，可在两个内部的探针之间测得电压 V。对于薄的半导体样品，其厚度 W 远小于直径 d，那么电阻率 ρ 为

$$\rho = \frac{V}{I} \cdot W \cdot CF \tag{3-16}$$

式中，CF 为修正因子，大小与比率 d/s 有关，s 为探针的位置。

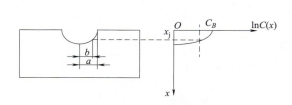

图 3.2　扩散结深的测量

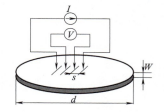

图 3.3　四探针法测量半导体薄层电阻

薄层电阻（R）与结深（x_j）、载流子迁移率（μ，其是整个杂质浓度的函数）和杂质分布 $C(x)$ 有关，即

$$R = \frac{1}{q \int_0^x \mu C(x) \, \mathrm{d}x} \tag{3-17}$$

式中，q 为电子电荷。

扩散分布也可以用电容-电压法测量。如果杂质完全电离，多数载流子分布（n）就等于杂质分布。多数载流子分布可以通过测量 PN 结或肖特基势垒二极管的反偏电容与外加电压的关系确定。这种测量是依据如下的关系：

$$n = \frac{2}{q \varepsilon_x} \left[\frac{-1}{\dfrac{\mathrm{d}\left(\dfrac{1}{C^2}\right)}{\mathrm{d}V}} \right] \tag{3-18}$$

式中，ε_x 为半导体的介电常数；C 为样品的单位面积电容；V 为外加电压。

二次离子质谱法（Secondary Ion Mass Spectrometry，SIMS）是一种更精确的测量总的杂质分布的方法。SIMS 法利用离子束将待分析的材料从半导体表面溅射出来，检出离子组分并进行质量分析。这种方法对于硼、砷等多种元素具有很高的灵敏度。对于测定高浓度或浅结扩散的杂质分布而言，是一种满足所需精度的理想手段。

3.1.4　扩散工艺步骤

杂质扩散的工艺通常为将半导体晶圆放入精确控制的高温石英炉中，并通入含有带掺入杂质的混合气体，由于半导体内、外的杂质浓度差，杂质扩散进入半导体内。硅晶圆的杂质扩散工艺温度一般为 $800 \sim 1200^\circ\mathrm{C}$，砷化镓则为 $600 \sim 1000^\circ\mathrm{C}$，同时扩散进入半导体的杂质原子数目与混合气体中杂质的分压有关。在半导体晶圆中应用固态热扩散工艺形成 PN 结需要两步，第一步称为沉积，也称为预沉积；第二步称为推进氧化。这两个步骤都是在卧式或立式炉管中进行的。

1. 沉积

沉积这一步是在炉管中进行的。半导体晶圆位于炉管的恒温区中，掺杂源则位于杂质源箱中，杂质蒸气以所需的浓度被送到炉管中，如图 3.4 所示。

在炉管中，杂质原子扩散到裸露的晶圆中。杂质原子在晶圆内部常以两种不同的机制运动：空位模式和间隙模式。在空位模式中，杂质原子以通过占据晶格空位的方式来运动。间隙模式则依赖于杂质的间隙运动，即杂质原子在晶格间隙中运动。

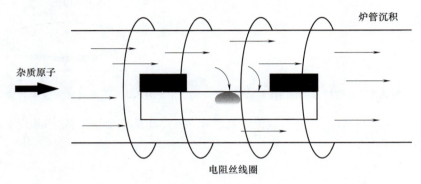

图 3.4　沉积

沉积工艺受几个因素控制或约束。其中一个因素是杂质的扩散率在特定晶圆材料中决定了杂质运动的速度。扩散率与温度紧密相关，随温度的升高而增加。因此，扩散率越高，杂质在晶圆中的渗透速率就越快。另外一个因素是杂质在晶圆材料中的最大固溶度，即为特定杂质在晶圆中所能达到的最高浓度。最大固溶度也与温度有关，最大固溶度随温度的升高而增加。

在半导体沉积步骤中，为确保晶圆达到最大掺杂量，通常会将杂质浓度设置得比晶圆材料中的最大固溶度更高。在这种情况下，进入晶圆表面的杂质数量仅仅与温度有关，沉积在所谓的固溶度允许条件下进行。

沉积分为四个步骤，分别是预清洗与刻蚀、炉管沉积、去釉和评估。

1）预清洗与刻蚀：在沉积之前，晶圆要经过预清洗工艺去除微粒与沾污。预清洗后，晶圆由氢氟酸（HF）或 HF 的水溶液进行化学刻蚀，以去除晶圆暴露表面上可能生成的氧化物。晶圆暴露在空气中或化学预清洗都可能形成晶圆表面的氧化物。为了确保杂质无法进入晶圆表面，氧化物的去除是必要的。刻蚀时间和浓度需要达到良好的平衡，以避免掩模氧化层被过度去除或变得过薄。

2）炉管沉积：沉积至少需要三个循环：第一个循环是上料循环，此过程在氮气环境中进行；第二个循环是沉积掺杂循环；第三个循环是下料循环，此过程也是在氮气环境中进行的。晶圆在石英舟上的装片模式分为垂直模式和与炉管的轴向平行模式，如图 3.5 所示。垂直模式可以达到最大的晶圆装片密度，但由于晶圆会阻碍气体流动，可能导致掺杂均匀度问题。对于均一掺杂，气体在各晶圆间必须混合均匀。平行模式可使气体无阻碍地在晶圆间流动，从而提供均匀性上的优势，缺点是装片密度低。在两种装片方式中，都用假片放置在石英舟的前、后端，以保证中间器件晶圆的均匀掺杂。

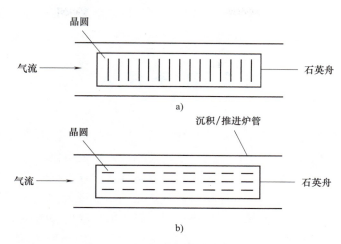

图 3.5 石英舟的装片模式

a) 垂直模式 b) 平行模式

3）去釉：在沉积循环中，暴露的晶圆表面会形成一层薄氧化物。这一氧化物薄层被掺杂，在后续的推进工序中会充当杂质源。同时，沉积产生的氧化物可能无法被完全刻蚀掉，导致后续掩模工艺中刻蚀不完全的问题。一般通过在稀释的 HF 溶剂中浸泡、水冲和干燥步骤去除氧化物薄膜。

4）评估：测试假片同器件晶圆一同放置在石英舟上，并送入到沉积炉管中。这些测试假片上没有图形，并具有与掺杂物相反的导电类型。它们被放在石英舟的不同位置上，对整批晶圆的沉积分布进行采样。去釉后，对假片进行评估。主要的在线测试包括应用四探针测试仪或采用无接触的测试设备进行方块电阻测试。由于沉积后的结深非常浅，通常不在此时对其进行测试。

2. 推进氧化

扩散工艺的第二个主要步骤是推进氧化，主要达成两个目标，即杂质在晶圆中再分布和暴露的硅表面再生长新的氧化层。

1）杂质在晶圆中再分布：在沉积过程中，高浓度但很浅的杂质薄层扩散进晶圆表面。推进过程没有杂质源，仅靠热能推动杂质原子向晶圆的更深和更广处扩散。在这一步中，沉积所引入的原子数量恒定不变，表面的浓度降低，原子形成新的形状分布。推进氧化后晶圆内部的杂质浓度如图 3.6 所示。通常，推进氧化工艺的温度高于沉积步骤的温度。

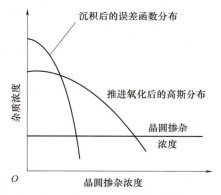

图 3.6 推进氧化后晶圆内部的杂质浓度

2）暴露的硅表面再生长新的氧化层：炉管中的气体是氧气或水蒸气，杂质向晶圆推进的同时进行氧化。推进氧化的设置、工艺步骤和设备与氧化相同。推进完成后，晶圆会再次被评估。来自沉积步骤的测试假片会再次被探针测试表面浓度，器件晶圆会被检测洁净度。测试假片可用于测量结深还有可能用于测量可移动离子的污染。

3.2 离子注入

早在 20 世纪 70 年代，离子注入就开始被广泛应用于掺杂工序中了。在这一工艺中，杂质离子通过离子束注入到半导体中，这是一个物理过程，不发生化学反应。离子注入能够实现对掺杂的浓度和深度的精确控制，在现代集成电路制造过程中有着广泛的应用。图 3.7 所示为扩散工艺与离子注入工艺对半导体材料进行掺杂的示意图及其掺杂浓度随深度的变化。相对于扩散工艺，离子注入工艺的主要优势在于可以更加精确地控制杂质的掺入量，同时具有重复性好、加工温度低等优点。离子注入能在很大范围内精确控制注入杂质的浓度从 $10^{10} \sim 10^{18} \mathrm{ions/cm^2}$（每平方厘米的离子数量），误差仅在 ±2% 之间。按加速电压范围，离子注入机可以分为低能离子注入机和高能离子注入机。低能离子注入机的电压一般为 5 ~ 10keV，高能离子注入机的电压一般为 0.2 ~ 2.5MeV。按离子束流能量的高低，离子注入机还可以分为中等束流离子注入机和高束流离子注入机。束流能量越高，入射原子就越多。被注入的原子量被称为剂量。中等束流的离子注入机可以产生 0.5 ~ 1.7mA 范围的束流，能量为 30 ~ 200keV。高束流离子注入机能产生能量高达 200keV、束流强度达 10mA 的束流。高能离子注入机在互补金属氧化物半导体（Complementary Metal Oxide Semiconductor，CMOS）掺杂中的应用包括倒掺杂阱、沟道停止和深埋层。

离子注入的缺点主要是高能杂质离子轰击半导体材料将对晶体结构产生损伤。当高能杂质离子进入晶体并与晶格原子碰撞时，能量会发生转移，一些晶格上的原子被取代，这一过程被称为辐射损伤。本节也会对离子注入产生的晶格损伤以及晶格损伤的修复进行介绍。

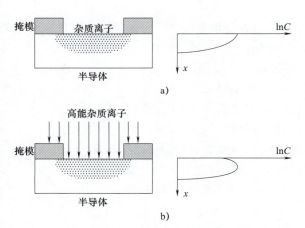

图 3.7 扩散工艺与离子注入工艺对半导体材料进行掺杂的
示意图及其掺杂浓度随深度的变化
a）扩散工艺   b）离子注入工艺

3.2.1　离子注入系统

离子注入工艺在离子注入机内进行，而一台离子注入机是由多个极为复杂精密的子系统组成的。离子注入系统主要由离子源、质谱分析仪、加速管、聚焦透镜、束流中和装置、束流扫描装置、靶室和离子注入掩模等组成，中等电流离子注入系统的示意图如图 3.8 所示。下面介绍离子注入系统的主要子系统。

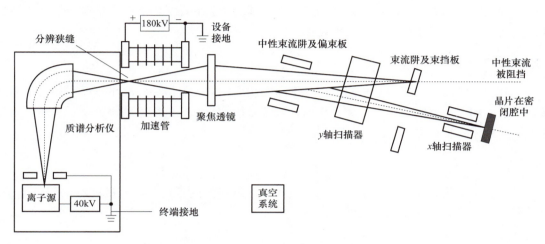

图 3.8　中等电流离子注入系统的示意图

1. 离子源

离子源决定注入离子的种类和束流强度。在硅加工工艺中，常用的气体离子源一般为砷化氢（AsH_3）、磷化氢（PH_3）以及三氟化硼（BF_3）；在砷化镓（GaAs）加工工艺中，常用的气体离子源一般为甲硅烷（SiH_4）和氢气（H_2）。这些气体源通过质量流量计连接到离子源，加上约 40kV 的电场，将待注入的元素气态粒子电离成离子，通过直流放电或者高频放电产生的电子轰击粒子，当外来电子的能量高于原子的电离电位时，通过碰撞使元素粒子发生电离。

2. 质谱分析仪

离子的选择是在质谱分析仪中完成的。以 BF_3 的离子源为例，质谱分析仪产生磁场，然后不同种类的离子以 $15 \sim 40 keV$ 的能量离开质谱分析仪，如图 3.9 所示。在磁场中，每种带正电的离子都会以特定的半径沿弧形运动。偏转弧形的半径由该种离子的质量、速度和磁场强度决定。质谱分析仪的末端是一个只能让一种离子通过的狭缝。磁场强度被调整为与硼离子能通过狭缝的要求所匹配的值，只有硼离子可以通过质谱分析子

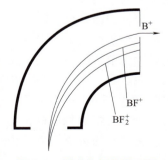

图 3.9　质谱分析仪原理图

系统。在一些系统中，离子被加速后还会再次进行质谱分析。如果注入所需粒子的种类为分子，并且在加速过程中可能分裂，则加速后必须再次进行质谱分析以确保束流没有污染。

3. 加速管

离开质谱分析仪后，离子运动到加速管中。加速管的目的是将离子加速到足够高的速度，以获取足够高的动量来穿透晶圆表面。加速管处在高真空中，以便将进入粒子束流的沾污降到最低。加速管为直线形设计，沿轴向有环形的电极。每个电极都带有负电，电荷量沿加速管方向逐渐增加。当带正电的离子进入加速管后，立刻会沿着加速管方向加速。加速管中电压的确定基于离子的质量，以及离子注入晶圆端所需的动量。加速管中电压越高，被加速离子的动量越大，速度越快，入射越深。

4. 聚焦透镜

离开加速管后，束流由于相同电荷的排斥作用而发散。发散导致离子密度不均匀和晶圆掺杂层的不均匀。要实现离子的成功注入，束流必须聚焦。静电或磁透镜被用于将离子聚焦为小尺寸束流或平行束流带。

5. 束流中和

尽管真空系统去除了系统中的大部分空气，但是束流附近还是有一些残存的气体分子。离子和剩余气体原子的碰撞导致杂质离子的中和：

$$P^+ + N_2 \rightarrow P^0(中性) + N_2^+$$

在晶圆内，这些电中性的粒子导致掺杂不均匀，同时由于它们无法被设备探测计数，还会导致晶圆掺杂量的计数不准确。抑制中性束流的方法是通过静电场电极板将离子束流弯曲，中性束流则会继续沿直线运动而远离晶圆，如图3.10所示。

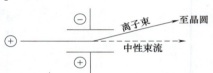

图 3.10　抑制中性束流的方法示意图

6. 束流扫描

离子束流具有比晶圆更小的直径（约为1cm）。为了均匀掺杂覆盖整个晶圆，就要求束流对晶圆进行扫描。离子束流对晶圆的扫描可分为束流扫描、机械扫描和束流快门等三种方法，或其中两种或三种组合。

束流扫描系统通过使粒子束流经过多个静电场电极板（这些电极板的正、负电性）可实现对粒子束流的吸引或排斥。通过两个方向上的电性控制，束流会以光栅扫描方式扫过整片晶圆。束流扫描方式主要用于中等束流离子注入机注入单片晶圆。其优点是过程迅速而均匀，缺点是束流需全部离开晶圆以实现转向。对于大尺寸晶圆来说，其过程会使注入时间延长30%或更多。高束流离子注入机上的另一个问题是高密度离子导致的放电（即空间电荷力）会毁坏静电场电极板。在有些系统中，每扫一次，晶圆旋转90°，以确保其均匀性。

机械扫描解决扫描问题的方式是使束流固定在一个位置，然后在其前面移动晶圆。机械扫描主要用在高束流离子注入机上。其优点之一是无需浪费时间扭转束流，同时束流速度恒定。然而，如果晶圆与束流之间存在一定角度，可能会导致不均匀的注入深度。但在某些情况下，晶圆被定向为与束流有一个角度。束流快门能够通过电场或机械调控的方式在晶圆来时接通，实现束流扫描，在晶圆离开时断开。多数系统使用束流扫描和机械扫描的组合。

7. 靶室

实际的离子注入发生在终端的靶室内，包括扫描系统与装卸片机械装置。对靶室有几点严格的要求：晶圆必须逐一放到固定器上，并对靶室内抽真空；离子注入结束后，从靶室取出晶圆装入片架盒。

目前使用的离子注入晶圆表面的束流方式有批量式和单片式两种，图 3.11 所示为两种批量式机械扫描示意图。批量式效率更高，但是对其维护和对准要求更高。对于批量式，晶圆被放置在一个圆盘上，它可以面对离子束流转动，使其被扫描，增加了剂量注入的均匀性。单片式设计由于增加了装片、抽真空、注入和卸片的时间，则注入时间更长。

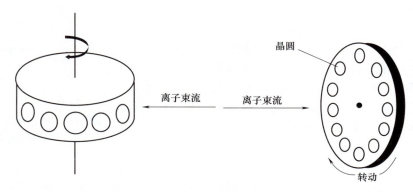

图 3.11　批量式机械扫描示意图

8. 离子注入掩模

半导体工艺所使用的大多数薄膜都可以被用来阻止束流，包括光刻胶、二氧化硅、氮化硅、铝以及其他金属薄膜。使用光刻胶薄膜而不是氧化层作为掩模提供了尺寸控制优势。光刻胶作为二氧化硅的替代物，可以将晶圆要经过的加热步骤减到最少，从而提高了整体良品率。

3.2.2　离子注入参数

离子注入是一个可以精确控制注入离子剂量和射程的工艺，因此为严格满足半导体制造和生产的需求，要探究离子注入的各项参数是很有必要的。

1. 剂量

单位面积晶圆表面注入的离子数称为剂量（Q），单位为 $ions/cm^2$。剂量可以由式（3-19）计算得到：

$$Q = \frac{It}{enA} \tag{3-19}$$

式中，I 为离子束电流，单位为 mA；t 为注入时间，单位为 s；e 为元电荷量，等于 $1.6 \times 10^{-19} C$；n 为离子电荷量（如 Si^{4+} 为 4），单位为 C；A 为离子注入的面积，单位为 cm^2。当正杂质离子形成离子束，其产生的电流称为离子束电流，单位为 mA。中低离子束电流的范围是

0.1～10mA，大离子束电流的范围是 10～25mA。根据式（3-19）可知，离子束电流的量级是定义掺杂剂量的一个关键指标。如果离子束电流增大，单位时间内注入的杂质原子数量也增大。大离子束电流有助于提高半导体掺杂工艺的速度，提高产量，但也伴随着掺杂不均匀的问题。

2. 射程

离子从进入半导体晶圆到停止所经过的总距离称为射程（R），射程在入射轴上的投影称为投影射程（R_P），如图 3.12 所示。注入离子的动能 KE，单位为 J，一般可以由式（3-20）表示：

$$KE = nV \qquad (3-20)$$

式中，n 为离子电荷量（如 Si^{4+} 为 4），单位为 C；V 为电势差，单位为 V。注入离子的动能越高，意味着杂质离子能够穿入半导体晶圆内越深，射程越大。因此，离子注入机的束流能量是一个重要的指标。高能离子注入机的束流能量大概是 200keV，甚至可以达到 2～3MeV。

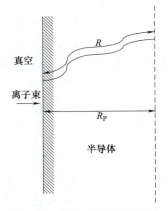

图 3.12　注入离子的射程 R 及投影射程 R_P

3. 离子分布

由于单位距离中的碰撞次数以及每次碰撞所损耗的能量均为随机变量，因此质量和初始能量相同的离子在衬底内停留的位置会有一个空间分布，投影射程的统计涨落称为投射偏差 σ_P，沿着入射轴垂直方向上的统计涨落称为横向偏差 $\sigma_\perp$。注入杂质沿入射轴的分布可以用高斯分布函数近似为

$$n(x) = \frac{s}{\sigma_P \sqrt{2\pi}} \exp\left[-\frac{(x - R_P)^2}{2\sigma_P^2} \right] \qquad (3-21)$$

式中，s 为单位面积离子注入的剂量。从式（3-22）中可以看出，对于离子注入来说最大浓度出现在投影射程 R_P 处。

3.2.3　注入离子

1. 离子驻留

高能离子注入到半导体内后，主要通过两种方式实现驻留：一种是离子将能量转移给半导体材料内的原子核；另一种是注入离子和半导体材料内原子周围的电子云相互作用。离子与原子核的相互作用会导致原子核从晶格格点处脱离。而离子通过库仑作用与电子云相互作用则会导致电子被激发到更高的能级甚至脱离原子核的束缚。假设原子核由于碰撞对注入离子的阻止能力为 $S_n(E)$，电子云通过库仑作用以及与电子的碰撞对注入离子产生的阻止能力为 $S_e(E)$，则离子能量随距离的平均损耗率可以表示为

$$\frac{dE}{dx} = S_n(E) + S_e(E) \qquad (3-22)$$

设离子从注入半导体到静止的总射程为 R，则 R 可以表示为

$$R = \int_0^R dx = \int_0^{E_0} \frac{dE}{S_n(E) + S_e(E)} \qquad (3\text{-}23)$$

式中，E_0 为离子的初始能量。

原子核对注入离子的阻止过程可以看作是一个入射的硬球与靶球之间发生弹性碰撞，如图 3.13 所示。两球碰撞时，动量沿球心发生传递。由动量守恒定律和能量守恒定律，假设碰撞后离子的偏转角为 θ，碰撞前离子的动能为 E_0，质量为 m_1，原子核的动能为 0，质量为 m_2，碰撞后离子的速度为 v_1，原子核的速度为 v_2，则碰撞后离子损失的能量（转移给原子核的能量）为

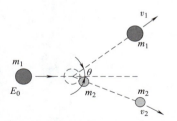

图 3. 13　注入离子和半导体材料的原子核弹性碰撞模型

$$\frac{1}{2} m_2 v_2^2 = \frac{4 m_1 m_2}{(m_1 + m_2)^2} E_0 \qquad (3\text{-}24)$$

由于注入离子与半导体材料的原子核质量相近，因此在原子核阻止注入离子的过程中，注入离子可将大部分能量转移给原子核。

电子阻止能力与注入离子的速度成正比，可以表示为

$$S_e(E) = k_e \sqrt{E} \qquad (3\text{-}25)$$

式中，k_e 为原子质量和原子序数的弱相关系数，如硅的 k_e 值约为 $10^7 (eV)^{1/2}/cm$；砷化镓的 k_e 值约为 $3 \times 10^7 (eV)^{1/2}/cm$。通过式（3-24）和式（3-25）计算出 $S_n(E)$ 和 $S_e(E)$ 后，结合式（3-20）便可以估算出投影射程 R_P 和投射偏差 σ_P 的大小：

$$R_P \cong \frac{R}{1 + \dfrac{m_2}{3 m_1}} \qquad (3\text{-}26)$$

$$\sigma_P \cong \frac{2 \sqrt{m_1 m_2}}{3(m_1 + m_2)} R_P \qquad (3\text{-}27)$$

2. 离子沟道效应

单晶材料的晶格是周期重复的，当注入离子未与晶格原子发生碰撞而减速，可能通过晶格间隙穿透晶体材料，发生沟道效应。杂质离子通过晶格通道时几乎不与电子和原子核发生碰撞，即能量损失很少，因此会穿透得更深。低能量注入重离子时，沟道效应更加明显。例如，沿单晶硅的 ［111］晶向射入的离子就极容易发生沟道效应。沿 ［111］晶向的硅晶格视图如图 3.14 所示。

减少离子注入过程中的沟道效应主要有以下三种方法。

1）倾斜硅片。这是减小沟道效应最常用的方法，如图 3.15a 所示。例如，对于（100）硅片，常用的方法是将其偏离垂直方向 7°，这样即可保证杂质离子进入硅中与硅原子发生碰撞。

2）牺牲氧化层。在某些情况下，可以在离子注入之前在晶圆表面形成一层牺牲氧化层。氧化层一般为非晶态，其原子排列是随机的，如图 3.15b 所示。注入离子与氧化层原子的碰撞导致其运动方向变为随机，有效地减少后续进入晶圆后的沟道效应。

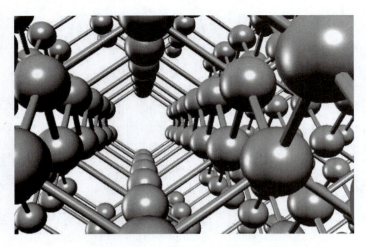

图 3.14　沿［111］晶向的硅晶格视图

3）预非晶化。减少沟道效应还可以使用电不活泼粒子（如对于硅晶圆来说，一般采取 Si^+），使得单晶材料预非晶化。预非晶化会损伤晶圆表面薄层的单晶结构，形成一个随机层，以此减少沟道效应。同时，注入离子之后需要退火修复晶格损伤，如图 3.15c 所示。

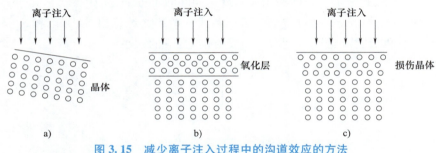

图 3.15　减少离子注入过程中的沟道效应的方法
a）倾斜硅片　b）牺牲氧化层　c）预非晶化

3. 注入损伤

当高能离子注入半导体材料时，会经历一系列与原子核和电子的碰撞以及能量损失，最终驻留在半导体内。离子与电子的碰撞可将电子激发到更高的能级或产生电子空穴对。而离子与原子核的碰撞将会导致原子离开原来的晶格格点的位置，从而造成注入损伤。被撞移位的原子会获得注入离子的大部分能量，并与邻近的原子发生碰撞，导致邻近的原子进一步移位并造成连锁反应，从而形成一个沿着离子路径的树状无序区。图 3.16 所示为轻离子和重离子分别注入半导体内引起的晶体损伤。轻离子原子一般是擦过半导体内原子，转移给晶格原子的能量很少，沿大散射角度偏转。重离子一般直接与半导体内原子进行碰撞，转移大量能量给晶格原子，并沿相对较小的散射角度偏转，同时，每个移位原子也会产生大量的位移。

4. 退火

离子注入会损伤晶体，如果注入的剂量很大，可能会导致注入层晶体变成非晶。另外，

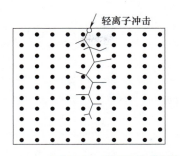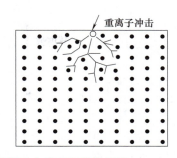

图 3.16　轻离子和重离子注入半导体内引起的晶体损伤

被注入的离子一般不占据晶体的晶格格点，而是停留在晶格间隙处，这些间隙杂质离子只有经过高温退火过程才能被激活。退火能够加热被注入的半导体材料，修复其晶格缺陷，同时能够使杂质原子移动到晶格点处并将其激活。例如，要修复注入损伤的硅晶圆，修复晶格缺陷的退火温度大约为 500℃，激活杂质原子大约需要 950℃。

退火常用的两种方式有：

1）高温炉退火。用高温炉把硅片加热至 800~1000℃ 并保持 30min。在此温度下，硅原子重新移回晶格位置，杂质原子也能替代硅原子位置进入晶格。但是，在这样的温度和时间下进行热处理，会导致杂质的扩散，这是现代集成电路（Integrated Circuit，IC）制造不希望看到的。

2）快速热退火。用极快的升温和在目标温度（一般是 1000℃）短暂的持续时间对硅片等进行退火处理。快速热退火通常在通入 Ar 或 N_2 的快速热处理机中进行。快速的升温过程和短暂的持续时间能够在晶格缺陷的修复、激活杂质和最小化杂质扩散三者之间取得优化。

习题

1. 扩散掺杂的原理是什么？
2. 扩散掺杂工艺的主要步骤有哪些？
3. 在扩散工艺中，掺杂剂的浓度分布受到温度与时间怎样的影响？
4. 离子注入过程中，为什么要选择特定的离子种类和能量？
5. 离子注入过程中，如何处理注入后表面损伤和杂质？
6. 离子注入掺杂与扩散掺杂相比，有哪些优缺点？

参 考 文 献

[1] SESHAN K. Handbook of thin film deposition techniques principles, methods, equipment and applications [M]. 2nd ed. Florida: CRC Press, 2002.

[2] SZE S M, LI Y, NG K K. Physics of semiconductor devices [M]. New Jersey: John Wiley & Sons, 2021.

[3] STREETMAN B G, BANERJEE S. Solid state electronic devices [M]. New Jersey: Prentice Hall, 2000.

[4] MAY G S, SPANOS C J. Fundamentals of semiconductor manufacturing and process control [M]. New Jersey: John Wiley & Sons, 2006.

[5] PLUMMER J D. SiliconVLSI technology: fundamentals, practice and modeling [M]. New Jersey: Prentice Hall, 2000.

［6］RIMINI E. Ion implantation: basics to device fabrication ［M］. Berlin: Springer Science & Business Media, 1994.

［7］BRODIE I, MURAY J J. The physics of microfabrication ［M］. Berlin: Springer Science & Business Media, 2013.

［8］RUBIN L, POATE J. Ion implantation in silicon technology ［J］. Industrial Physicist, 2003, 9 (3): 12-15.

［9］PELLETIER J, ANDERS A. Plasma-based ion implantation and deposition: A review of physics, technology, and applications ［J］. IEEE Transactions on Plasma Science, 2005, 33 (6): 1944-1959.

［10］RYSSEL H, GLAWISCHNIG H. Ion Implantation: Equipment and Techniques: Proceedings of the Fourth International Conference Berchtesgaden ［M］. Berlin: Springer Science & Business Media, 2012.

［11］HSWE M, PALMER R B, SHOPBELL M L, et al. Characteristics of p-channel MOS field effect transistors with ion-implanted channels ［J］. Solid-State Electronics, 1972, 15 (11): 1237-1243.

第 **4** 章　外延生长技术

4.1　晶体外延生长

同质外延是指在单晶半导体衬底上生长一层单晶半导体层，生长的半导体层与衬底是同一种材料，具有相同的晶格常数。所以，同质外延生长是晶格匹配的外延生长工艺，外延层不受到应力的影响。同时，同质外延生长工艺也是一种控制掺杂分布的重要方法，可以使得器件和电路工作得到优化。例如，在 N 型重掺杂硅衬底上外延一层掺杂浓度相对较低的 N 型硅，这种结构就大大减小了外延层和衬底的串联电阻。

异质外延是指外延层与衬底是两种不同的半导体材料，并且外延层必须保持理想化的界面。这意味着通过界面的原子键必须连续。所以，这两种半导体要么有相同的晶格间距，要么通过变形形成相同的晶格间距，这两种情况分别称为晶格匹配外延和应力层外延。

图 4.1a 所示为一种晶格匹配外延的示意图，图 4.1a 中衬底与外延层具有相同的晶格常数。一个典型的例子是在 GaAs 衬底上生长一层 $Al_xGa_{1-x}As$ 外延层，其中 $0<x<1$，外延层 $Al_xGa_{1-x}As$ 的晶格常数与衬底 GaAs 晶格常数相差小于 0.13%，可以视为晶格匹配外延。

对于晶格失配的情况，如果外延层的晶格常数大于衬底的晶格常数，它会在生长平面内被挤压，从而与衬底晶格间距保持一致，而面内的应力迫使它在垂直界面的方向上扩张，这种类型的结构称为应力层外延，如图 4.1b 所示。如果外延层的晶格常数小于衬底晶体的晶格常数，它将在生长平面内扩张而在垂直界面的方向上被挤压。对于应力层外延，随着应力层厚度的增加，处在应力下被扭曲的原子键的原子总数也在增加。当达到某一厚度时，在某处形成失配位错，以减小形变能量。图 4.1c 给出了这种结构的示意图，可以看到在界面处存在刃型位错。

一种相关的异质外延结构为应力层超晶格。超晶格是一种人工的一维周期应力外延结构，其周期厚度约为 10nm，由不同材料构成。图 4.2 所示为应力层超晶格的形成原理和构成。两种具有不同晶格常数（$a_1>a_2$）的半导体生长组成具有相同晶格常数 b 的结构，其中 $a_1>b>a_2$。对薄的膜层，晶格失配被膜层中的应变所兼容。在这种情况下，界面处不会发生失配位错，可以获得高质量的结晶材料。超晶格应力外延结构可以通过分子束外延（Molecular Beam Epitaxy，MBE）生长而成，其是半导体外延生长的研究新方向，对新结构半导体器件，特别是在高速和光电子器件中的应用前景十分广泛。

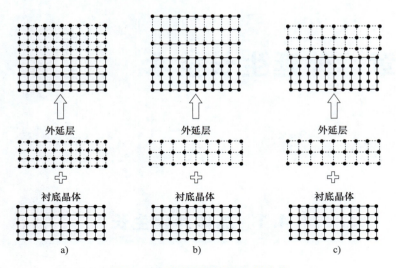

图 4.1　三种异质外延层生长方式
a）晶格匹配外延　b）应力层外延　c）无应力层外延

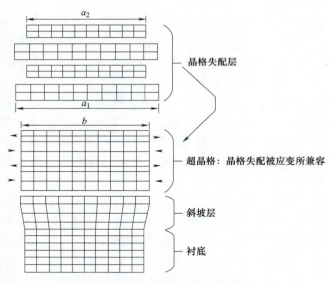

图 4.2　应力层超晶格的形成原理和构成

4.1.2　外延层中的缺陷

外延层中的缺陷会降低器件的性能，例如，导致电子或空穴迁移率的降低或漏电流的增加。外延层中的缺陷可以分为 5 类：

1）来自衬底的缺陷：衬底中的缺陷可以在生长过程中传播到外延层。为减少这类缺陷，需采用位错少的半导体衬底。

2）来自界面的缺陷：外延层与衬底界面处的氧化物或任何污染都可能引起晶向失配团或堆垛层错核的形成。这些团和堆垛层错可能与正常的晶核结合，从而生长成倒金字塔状的膜层。为避免这类缺陷，衬底表面必须彻底清洗。

3）沉积物或位错环：这些沉积物或位错环的形成是由掺杂杂质或其他杂质的过饱和导致的。含有极高浓度的掺杂杂质（有意掺入）或其他杂质（无意引入）的外延层很容易产生这类缺陷。

4）低角晶粒间界和孪晶：在生长过程中，外延层中的晶向失配区域可能相遇并结合，从而形成这类缺陷。

5）刃型位错：这类缺陷在晶格失配异质外延层中形成。如果异质外延的材料都是刚性晶格，它们将保持材料本身的晶格间距，从而导致界面处产生几排不完整的原子键，形成失配或刃型位错。当膜层厚度超过临界厚度时，刃型位错也会在应力外延层中形成。

4.1.3　外延生长模式

半导体材料在衬底上的外延生长模式主要包括 3 种（图 4.3）：

1）岛状生长模式（又称 Volmer-Weber 生长模式）：当衬底与外延层之间的晶格失配度较大时，外延材料表面自由能与界面能的总和大于衬底的表面自由能，外延层材料的生长基元会先在衬底表面形成三维小岛。随着生长的继续，这些小岛会扩大并合并成平整度较低的连续薄膜。这种岛状结构中存在较多的失配位错以释放生长过程中产生的应力。

2）层-层生长模式（又称 Frank-Van der Merwe 生长模式）：当衬底与外延层之间的晶格较为匹配或失配度较小，并且衬底与外延层之间的键合能较高时，外延材料表面自由能与界面能的总和小于衬底的表面自由能。因此，外延层材料的生长基元会先在衬底表面二维成核，然后扩展成完整的一层，之后再继续二维逐层的生长。

3）层-岛生长模式（又称 Stranski-Krdstanow 生长模式）：当衬底与外延层之间晶格失配度达到一定程度，但外延材料表面自由能与界面能的总和仍然小于衬底的表面自由能，并且外延材料的界面能较小时，外延层材料的生长基元会先在衬底表面生长成具有一定应变的二维浸润层。再继续生长原子单层，达到临界厚度后以三维岛状的模式继续生长，通过岛状生长释放应力。

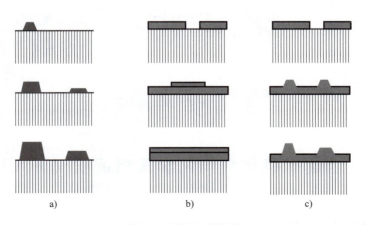

a）　　　　　　　　b）　　　　　　　　c）

图 4.3　外延生长模式

a）岛状　b）层-层　c）层-岛

4.2　氢化物气相外延（HVPE）

　　氢化物气相外延（Hydride Vapor Phase Epitaxy，HVPE）作为可快速生长大尺寸 GaN 外延片的生长技术，近年来也被用于生长 GaN 单晶。HVPE 反应器有两个温区：区域Ⅰ为低温区（850℃），装有 Ga 金属的原料区，主要用于 Ga 源与 HCl 气体的反应；区域Ⅱ为高温沉积区（1040℃），主要用于 NH_3 与 GaCl 反应生长 GaN 晶体，如图 4.4 所示。化学反应过程为 HCl 气体流过热的 Ga 金属表面发生反应：

$$2Ga(l)+2HCl(g)\rightarrow 2GaCl(g)+H_2(g)$$

GaCl 被载气运输到高温沉积区与 NH_3 发生反应生成 GaN：

$$GaCl(g)+NH_3(g)\rightarrow GaN(s)+HCl(g)+H_2(g)$$

另外，反应器中还存在副反应：

$$NH_3(g)+HCl(g)\rightarrow NH_4Cl(s)$$

$$GaCl(g)+2HCl\rightarrow GaCl_3(s)+H_2(g)$$

　　根据反应器的结构特征，HVPE 系统可以分为水平式和竖直式。水平式反应器系统比较成熟，但其衬底表面容易出现较大的温度梯度和浓度梯度，不利于外延生长的均匀性。竖直式反应器可以提高 GaN 外延生长的均匀性，但易受到上端落下的反应副产物玷污而影响外延片晶体质量。图 4.4a、b 所示分别为水平式和竖直式 HVPE 系统结构图。

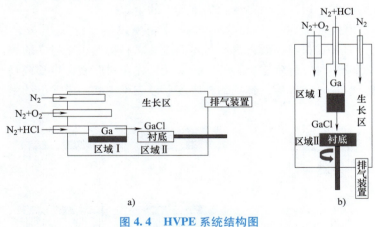

图 4.4　HVPE 系统结构图

a）水平式　b）竖直式

4.3　金属有机化合物化学气相沉积（MOCVD）

4.3.1　MOCVD 原理

　　MOCVD（Metal Organic Chemical Vapor Deposition）技术自 1968 年问世以来，经过几十年的发展，现已成为制备化合物半导体单晶薄膜和器件的关键技术之一，被广泛应用于半导体光电子器件、微电子器件和其他功能薄膜器件的制备。MOCVD 是一种在动态非平衡条件下进行的化学气相沉积技术。在 MOCVD 外延生长过程中，前驱体通过载气输送进反应腔，然后在高温衬底上经历包括吸附、表面反应、薄膜生长等在内的一系列物理化学过程。以第三代半导体 GaN 材料的外延生长为例，如图 4.5 所示，采用 MOCVD 技术进行外延生长的流程主要包括：

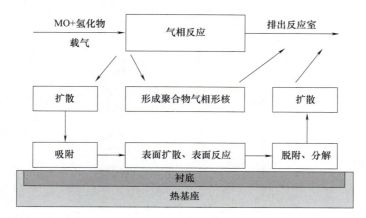

图 4.5　MOCVD 生长过程示意图

1）通过载气将金属有机物（MO）源和 V 族非金属氢化物源等反应源输送入反应腔中，随着衬底温度的逐渐升高，反应源逐渐扩散至高温衬底表面。

2）MO 源与氢化物反应源会部分形成加合物。当衬底温度升高到一定程度后，加合物、MO 源与氢化物反应源会发生高温裂解，甚至形成聚合物气相形核，气相中的反应物会吸附在高温衬底表面。

3）吸附在高温衬底表面的反应物会发生扩散迁移，在成核位点发生反应。

4）衬底表面反应生成的 III-V 族化合物会并入晶格格点，形成稳定的物理吸附。

5）衬底表面反应的副产物发生脱附或分解，通过载气被带出反应腔，进入尾气处理系统。聚合物气相形核和未参与衬底表面反应的 MO 源、氢化物反应源也会被载气带出反应腔，进入尾气处理系统。

MOCVD 外延生长过程为非平衡过程，主要是因为整个系统为开管流动系统。在外延生长过程中，需要不断地将反应源通入反应腔，反应源用于外延生长后被载气带出反应腔，进入尾气处理系统。此过程中衬底与反应区域上方产生一定的温度梯度。因此，分析 MOCVD 外延生长原理需要考虑外延生长过程中的动力学因素，如生长温度、反应源浓度、气体流速、V 族源和 III 族源的摩尔比（V／III 比）和反应腔压力等。这些因素会对 MOCVD 外延生长速率和外延层质量等产生影响，其中，生长温度是最重要的影响因素之一。通过研究生长温度与外延生长速率之间的关系，可以优化外延层的表面形貌和晶体质量。

4.3.2　MOCVD 设备

一般来说，MOCVD 系统主要包括 5 个模块：①气体输运模块；②反应腔和加热模块；③控制模块；④尾气处理和安全模块；⑤原位监测模块。图 4.6 所示为 MOCVD 系统的组成模块示意图，在该示意图中没有体现控制模块和原位监测模块。下面分别对 MOCVD 系统的各个模块进行介绍。

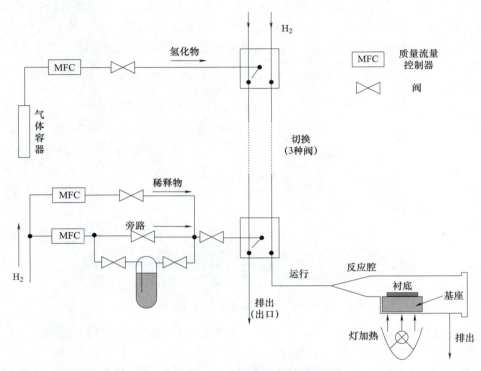

图 4.6　MOCVD 系统的组成模块示意图

1）气体输运模块。在 MOCVD 外延生长过程中，Ⅲ族氮化物材料的组分和生长速率的精确控制很大程度上依赖于前驱体流量的调控，而前驱体流量的调控则是通过气体输运模块实现的。气体输运模块包括反应物的前驱体（金属有机源、氨气）、载气、输送气体的管道和阀门，以及用于控制流量的压力控制器（Pressure Controller，PC）和质量流量控制器（Mass Flow Controller，MFC）。为确保源瓶中饱和蒸汽压稳定，装有金属有机源的源瓶被放置在水浴槽中。当载气以一定的速率通过起泡器时，就可以将源瓶中金属有机源的饱和蒸汽一并输送进入反应腔。为了避免金属有机源和氨气之间发生预反应，分别通过独立的气体输送管路将金属有机源和氨气送入到反应腔中。每条气体输送管路中都包含有一系列的质量流量控制器和阀门以保证稳定的气体流量和快速的气体切换，如图 4.6 所示。

2）反应腔和加热模块。在反应腔中，紧邻耦合式喷淋头（Close-Coupled Showerhead）的设计使得金属有机源和氨气从反应腔顶部类似喷淋头的小孔中以垂直注入的方式进入到反应腔中，如图 4.7 所示。喷淋头每平方厘米面积上的小孔数量高达 15.5 个，这可以保证金属有机源和氨气能够在到达衬底前充分混合。喷淋头与衬底之间的距离仅有十几厘米，因此金属有机源和氨气能够快速地到达衬底并发生裂解，从而减少预反应。

图 4.8 所示为 MOCVD 系统反应室的加热丝和石墨盘。加热模块采用钨丝作为电阻丝进行加热，电阻丝分布在三个同心圆区域内，如图 4.8a 所示。在生长过程中，为了补偿晶圆翘曲导致的热传导变化，三个区域的相对功率需要进行动态调整。为了实时获取石墨盘不同区域的温度信息，反应腔在不影响喷淋头结构的前提下，沿基座的半径集成了多个双波长高

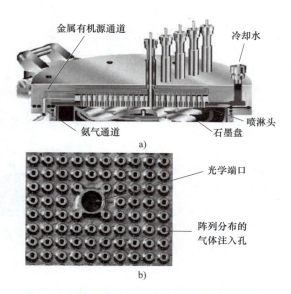

金属有机源通道

冷却水

喷淋头

氨气通道

石墨盘

a)

光学端口

阵列分布的
气体注入孔

b)

图 4.7 MOCVD 系统中的反应腔和加热模块

a）反应腔结构的剖视图 b）喷淋头结构图

温计。当石墨盘旋转时，高温计能够完成对整个石墨盘上所有衬底的温度扫描。根据收集到的温度信息，三个加热单元的功率会动态调整，从而保证温度的均匀分布。

3）控制模块。MOCVD 控制模块可以分为电路控制和计算机控制两部分，以确保 MOCVD 系统的可控性、易操作性和安全性。电路控制部分包括数字输入和输出、模拟输入和输出，而计算机控制部分包含一个主程序和一个中断程序。主程序循环执行数字输入和输出、模拟输入和输出以及状态显示操作。

4）尾气处理和安全模块。由于 MOCVD 系统中使用的金属有机源和氨气都是有毒且易燃的，因此需要对尾气进行处理以防止有害气体直接排放到空气中。通常，要先使用热解炉使尾气中的有害气体分解，然后通过活性炭吸附或酸洗后排放到大气中。

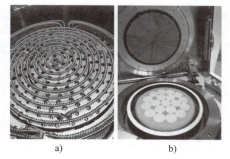

a)

b)

**图 4.8 MOCVD 系统反应室中的
加热丝和石墨盘**

a）加热丝 b）石墨盘

5）原位监测模块。MOCVD 系统集成了温度、反射率和翘曲的原位监测模块，如图 4.7b 所示，喷淋头上预留了光学端口供这些原位监测模块接入。这些原位监测模块能够在 MOCVD 外延生长过程中即时反映外延生长样品的温度、表面粗糙度、厚度、生长速率和应力等信息，对研究Ⅲ族氮化物材料生长机理和优化生长工艺具有非常重要的意义。

原位反射率监测采用的是波长为 405/633nm 的激光作为测量光源。当测量光源照射到正在进行外延生长的样品表面后，会在外延层与空气界面和衬底与外延层界面分别发生反射，如图 4.9 所示。反射光会被光纤收集并由光电二极管记录强度。在外延生长过程中，随着外延层厚度的增加，来自不同界面的反射光会周期性的发生相长干涉和相消干涉，因此根据反射率曲线的振荡周期可以估算外延层的厚度变化。反射率曲线中相长干涉和相消干涉的周期由测量光源的波长和外延生长样品的折射率决定，可以根据式（4-1）计算得到：

$$2\pi = \frac{2\pi}{\lambda} \frac{2dn}{\cos\theta} \qquad (4\text{-}1)$$

式中，d 为外延层的厚度；λ 为测量光源的波长；n 为外延层的折射率；θ 为入射角度。由于测量光源是以接近法线的角度入射的，因此入射角度 θ 可近似为零（$\cos\theta = 1$），所以外延层的厚度为

$$d = \frac{\lambda}{2n} \qquad (4\text{-}2)$$

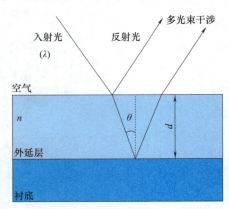

图 4.9　原位反射率监测原理示意图

MOCVD 外延生长过程中的原位翘曲监测是利用多光束光学应力传感器实现的，其原理如图 4.10 所示。激光以一定的角度入射到法布里-珀罗标准具上后，产生的二维平行光束阵列照射在样品表面。二维平行光束阵列被样品反射后的信号由高分辨率电荷耦合器件（Charge Coupled Device，CCD）收集。如果样品表面是标准的平面，CCD 上呈现的像会是一系列等间距分布的反射光束亮点。若样品的曲率发生变化，反射光束在 CCD 上呈现的亮点就会随之发生移动，导致光束间距发生变化。根据 CCD 上亮点的间距变化就可以计算出样品的曲率：

$$\frac{1}{\rho} = -\frac{\cos\alpha}{2L} \frac{\Delta d - \Delta d_0}{\Delta d_0} \qquad (4\text{-}3)$$

式中，ρ 为样品的曲率；α 为入射光束与样品法线的夹角；L 为光程；Δd 为 CCD 上亮点的平均间距；Δd_0 为标准平面时的亮点平均间距。在得到了外延生长过程中样品的曲率变化后，根据 Stoney 方程可以计算得到外延生长薄膜中的应力：

$$\sigma_f h_f = \frac{M_s h_s}{6} \rho \qquad (4\text{-}4)$$

式中，σ_f 为外延生长薄膜中的应力；h_f 为外延生长薄膜的厚度；h_s 为衬底的厚度；M_s 为衬底的双轴模量；ρ 为样品的曲率。

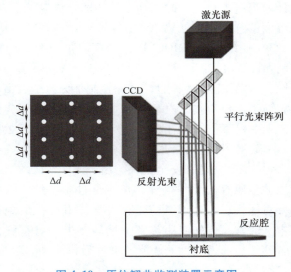

图 4.10　原位翘曲监测装置示意图

为了生长高质量的 AlN 外延层，通常需要采用 1200～1400℃ 的高温条件。一般用于 GaN 基发光二极管外延生长的 MOCVD 系统，反应腔内温度一般不超过 1100℃。若将普通生长 GaN 的 MOCVD 反应腔温度升高到 1100℃ 以上，则加热系统、冷却系统和相应的控制系统都将超出设计范围。为了使生长 GaN 的 MOCVD 系统能够用于生长 AlN 材料，需要对 MOCVD 系统进行专门的改进。

4.3.3　GaN 基发光二极管的外延生长

MOCVD 技术能够精确控制薄膜厚度，适用于 GaN 基发光二极管（LED）大规模工业化

生产。由于 GaN 单晶衬底制作困难且价格昂贵，目前 GaN 基薄膜主要采用异质衬底如蓝宝石、碳化硅和硅衬底。MOCVD 外延生长 GaN 基 LED 外延片的一般生长流程为：载气携带 MO 源进入 MOCVD 反应腔，在适宜的温度和压力条件下进行气相化学反应，生成 GaN 基化合物半导体材料并沉积在衬底表面，残留反应物在载气携带下被排出反应腔，经尾气处理装置处理后排放。MOCVD 系统使用的 MO 源包括三甲基镓（TMGa）、三甲基铝（TMAl）和三甲基铟（TMIn），采用二茂镁（Cp_2Mg）作为 Mg 掺杂源形成 P 型 GaN 材料，采用 SiH_4 或 Si_2H_6 为 Si 掺杂源形成 N 型 GaN 材料。

在 GaN 外延生长之前，首先对蓝宝石衬底进行高温清洗处理，以去除表面杂质，处理温度约为 1100℃，时间为 10min。然后降温至 530℃ 左右，进行 GaN 低温缓冲层的生长，厚度约为 30nm，以缓解 GaN 与蓝宝石衬底之间的晶格失配，为后续 GaN 外延层的生长提供成核中心。通过控制 TMGa 的剂量和生长时间可以控制低温缓冲层的生长厚度。低温缓冲层太薄会形成岛状结构，太厚则会造成表面不平坦。完成低温缓冲层生长后，升温至 1000℃ 左右，进行重结晶过程，将非晶或多晶的低温 GaN 缓冲层转变为六方纤锌矿结构的 GaN 晶核。最后在高温环境下继续通入 TMGa 进行 u-GaN 层的生长。通过控制生长压力和 V/Ⅲ 比，先进行 3D 模式的生长，然后转变为 2D 生长，直至外延表面整体趋于平整，u-GaN 层生长厚度一般为 2.5μm 左右。

n-GaN 层通常使用 SiH_4 或 Si_2H_6 进行 Si 元素掺杂，其厚度约为 3μm，生长温度控制在 1020℃ 左右。MQW 层包含多个周期的 GaN 势垒层和 InGaN 势阱层的生长，通过调节 In 含量可以调节波长。由于 H_2 存在的情况下不易实现 In 元素的掺杂，因此 InGaN 层的生长只能使用 N_2 作为载气。完成 MQW 层生长后，通常会进行 AlGaN 层的生长，它既可以作为电子阻挡层，也可以防止 In 元素扩散。由于 TMAl 化学活性高，副反应强烈，因此生长控制更具挑战性。通过降低生长压力和提高载气流量，可以缩短 TMAl 气相滞留时间，抑制副反应并提高生长速率和薄膜均匀性。为了缓解 AlGaN 层与 MQW 层之间的晶格失配，研究者采用 AlGaN 和 GaN 的超晶格来替代 AlGaN 单层。p-GaN 空穴注入层采用 Cp_2Mg 进行 Mg 元素掺杂。为了防止 MQW 层的高温分解，p-GaN 层的生长温度不能太高。为了获得质量较好的 p-GaN 层，通常采用较低的生长速率和较高的 V/Ⅲ 比。在 H_2 气氛下，Mg 更容易进入材料中，因此 p-GaN 层的生长通常使用 H_2 作为载气。然而，Mg—H—N 键使 Mg 不活跃，因此需要进行后续退火处理来激活 p-GaN 层中的 Mg。热处理活化的温度一般为 700℃，处理时间约为 20min。对于 p-GaN 材料，常压生长相对于低压生长可以获得更高的载流子浓度。若采用 Cp_2Mg 的 δ 掺杂生长方式，可以获得更高的空穴浓度和更低的电阻率。这是因为在 δ 掺杂过程中进行了周期性的生长中断，当 Ga 源供给切断时，材料表面吸附的 Mg 原子更容易替代 Ga 原子而成为受主中心，从而提高 Mg 的掺杂效率，增加 p-GaN 的空穴浓度。

在 MOCVD 外延生长过程中，温度曲线和反射率曲线是工程师观察外延生长过程的主要工具。通过观察反射率曲线，可以获得以下信息：

1）外延层厚度变化及其生长速率。通过测算反射率曲线的振荡频率，可以计算出生长速率。例如，采用波长为 633nm 的激光，每个振荡周期对应的外延层厚度大约为 132nm，再除以时间，就得到了生长速率。

2）表面形貌的变化。在 u-GaN 生长初期的 3D 生长过程中，GaN 岛状生长逐步变大的过程中，随着表面粗糙度值的提高，反射率下降到 0 左右。之后增大 V/Ⅲ 比，横向生长速度增加，外延生长从 3D 生长模式转变为 2D 生长模式，晶岛开始连接，外延层逐渐形成并变得光滑平整，反射率曲线快速提升，形成正弦振荡。

在外延生长过程中，当反射率曲线出现明显下降，表明表面变得粗糙。例如，在 MQW 层生长阶段，反射率可能相对比较低，表明外延层有明显的 V 形坑形成造成表面粗糙度值增加。在 p-GaN 生长阶段，反射率又被拉升起来，说明 V 形坑被填充，表面变平整。图 4.11 所示为某外延片 MOCVD 生长的温度和反射率曲线。

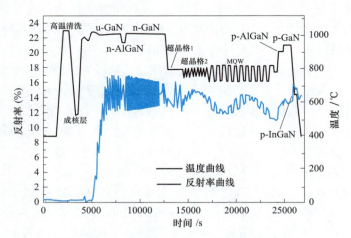

图 4.11　MOCVD 外延生长温度和反射率曲线

外延片生长完成后，需要使用光学显微镜检查外观并评估其外观等级。同时，通过光致发光（Photo Luminescence，PL）技术测量外延片的峰值波长、半峰宽、光谱强度、外延层厚度等参数，也可以利用电致发光技术进行初步测量。一般来说，相同材料和结构的外延片，PL 谱荧光峰强度越高、半宽度越窄，表明该外延片内量子效率越高。此外，高分辨 X 射线衍射仪可以用于获取外延片晶体质量、材料组分和 MQW 层周期厚度等参数。最终，通过芯片工艺完成 LED 芯片的制作，并使用光电测试系统测量其发光亮度、正向电压压降等光电性能参数，以完成对外延片的光电性能的最终评判。外延生长过程中的温度、压强、流量、载气气氛以及生长时间控制等因素均会对外延片的最终质量产生重大影响，因此需要精确控制外延生长过程中的各个因素。

4.4　分子束外延（MBE）

早期，真空蒸镀技术因其制备高质量金属薄膜方面的优秀表现，被尝试应用于 Ⅲ-Ⅴ 族化合物半导体薄膜的制备。分子束外延（Molecular Beam Epitaxy，MBE）技术则是在真空沉积法的基础上，结合 1968 年阿尔瑟（Arthur）对镓砷原子与 GaAs 表面相互作用反应动力学的深入研究，由美国贝尔实验室的卓以和在 70 年代初开创的。

分子束外延技术在过去的几十年间，经历了从基础研究到实际应用的转变，广泛应用于半导体表面和薄膜的基础研发，以及新型微波器件和光电子器件的制造。MBE 系统作为一种超高真空设备，具有生长温度低、外延层厚度精确可控等优点，可以实现外延层表面及界面原子级平整，有利于实现超薄层和复杂结构等的可控外延。此外，MBE 系统还具有材料外延过程是在超高真空下完成的特征，这使得 MBE 系统可以附加大量原位分析设备，如反射式高能电子束衍射、俄歇分析仪、光学测温仪等，能实时反应薄膜结晶质量、生长模式等信息，以便及时调控生长条件，从而增强 MBE 生长的可控性。

MBE 是一种定向的热原子和分子束照射加热基底的技术，是真空蒸镀技术的升级版。相较于传统的真空蒸镀技术，MBE 系统提供了一种更有效的控制方法，能够实现原子级的表面平整度且界面陡峭的超薄层沉积，以及合金组分或掺杂原子纵向浓度梯度可调等。此外，MBE 系统生长温度低，降低了外延薄膜与衬底材料之间的热失配，并减小了衬底杂质对外延薄膜自掺杂扩散的影响。MBE 是一个动力学过程，而非单纯的热力学过程。它是由入射的中性粒子沉积到衬底表面，经过一系列表面过程（如沉积吸附、扩散迁移、解吸附、成键并入晶格等）后最终生长成膜。因此，MBE 系统可以制备出普通热平衡方法难以制备的外延薄膜。最后，MBE 是一个超高真空下的物理沉积过程，不涉及化学反应，且不受质量传输的影响，降低了非故意掺杂的影响，提高了材料的晶体质量。

4.4.1　MBE 原理

在超高真空环境中，MBE 是通过将金属加热成金属蒸气，并经过小孔准直后喷射到晶体衬底表面，从而在衬底上生长高质量晶体薄膜的技术。晶体表面总是不可避免地存在很多的缺陷，如空位、替位原子、台阶增原子、表面增原子、台阶边，如图 4.12 所示。在晶体表面，缺陷位置的原子的悬挂键处于未饱和状态，因此更容易吸附外来原子。MBE 是一种非平衡生长技术，主要受生长动力学控制。在生长过程中，到达或吸附在衬底表面的分子束利用衬底提供的能量，以衬底的晶体结构为基础迁移到各自的能量最低点进行外延生长。

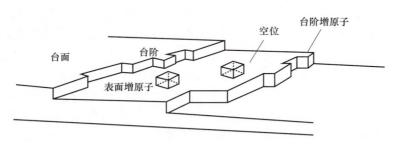

图 4.12　晶体表面缺陷类型

MBE 生长过程涉及沉积吸附、扩散迁移、解吸附、成键并入晶格等表面过程：

1）沉积吸附。源炉喷射出来的具有一定活性的分子或原子经小孔准直后，在不发生任何碰撞的情况下，沉积并吸附在衬底表面，形成吸附原子后吸附分子。

2）扩散迁移。到达衬底表面的吸附原子或吸附分子在自身或者温度较高的衬底提供的能量下向势能最低点运动的过程。

3）解吸附。没有到达势能最低点或与其他活性原子或分子成键的吸附原子或分子，在吸收能量后脱离衬底表面进入真空中的过程。

4）成键并入晶格。经过扩散迁移的吸附原子或吸附分子到达衬底表面的台阶、扭结、平台空位等表面能低的位置后，与其他活性原子或分子组合成键，最终实现外延生长。

除了以上四个比较常见的过程外，还有液滴和分解等过程是在 MBE 生长过程中要尽量避免的。

4.4.2 MBE 设备

MBE 设备通常由真空系统（由不锈钢腔体、四级联合泵系统等组成）、生长系统（包括蒸发源、反射式高能电子衍射法、石英晶体振荡膜厚仪，加热台）以及相应的外设控制器等构成。

1. 真空系统

真空系统主要为外延生长提供较高的真空度环境，使得气体的平均自由程远远超过腔体的尺寸，从源炉喷射出来的金属蒸气不会发生碰撞且能够直接沉积到衬底表面。真空区域的划分通常为四个等级，见表 4.1。

表 4.1　真空区域的划分

单位	低真空	中真空	高真空	超高真空
气压/Torr	$10 \sim 1000$	$10^{-3} \sim 10$	$10^{-9} \sim 10^{-3}$	$10^{-12} \sim 10^{-9}$
气压/Pa	$10^{3} \sim 10^{5}$	$10^{-1} \sim 10^{3}$	$10^{-7} \sim 10^{-1}$	$10^{-10} \sim 10^{-7}$

真空系统主要由真空腔室、真空阀门、真空泵、真空检测系统和液氮冷凝系统组成。MBE 的真空腔室采用超高真空，真空度对薄膜质量至关重要。为了保持真空腔室腔体内的超高真空，需要四级联合泵系统协同工作，包括机械泵、涡轮分子泵、离子泵和钛升华泵，部分设备还配备吸附泵和冷泵。真空腔室的腔体由表面经过热处理的不锈钢构成，在超高真空环境下不容易放气；法兰的连接处采用铜垫圈密封防止漏气。机械泵作为泵组的第一级泵，也叫前级泵，给后一级的分子泵提供基础真空，供分子泵起动，能达到的极限真空为 10^{-3} mbar 量级。

分子泵是泵组的第二级，通常与机械泵串联使用。它的起动需要一定的背底真空度（工作环境 $10^{-10} \sim 10^{-2}$ Torr），因此机械泵通常作为前级泵为其提供基础真空。分子泵通过高速旋转的叶片，将气体分子逐级压缩并排出，最终达到高真空状态。其极限真空可以达到 10^{-10} mbar 的量级。在一些超高真空设备中，单靠机械泵和分子泵就可以达到超高真空等级。然而，为了减少设备振动和改善腔体极限真空，溅射离子泵就派上了用场。

机械泵和分子泵依靠机械运动进行抽气，而溅射离子泵则是一种反应型泵。溅射离子泵通过溅射出活性钛原子与气体分子反应，附着在腔壁上，从而达到抽气的效果。在泵内的磁场作用下，极板被加压，导致中间的稀薄气体产生潘宁放电，部分分子被电离，产生的粒子打到极板上，溅射出高活性的钛原子。这些高活性钛原子容易与气体分子反应，从而吸附在腔壁上，实现抽气的目的。溅射离子泵能够很好地维持腔体内部的超高真空等级，达到超高真空后可以关闭前级分子泵的闸板阀，根据腔体大小选择合适的溅射离子泵规格。如果溅射离子泵使用时间较长，吸附力降低，可以通过加热烘烤让吸附在极板上的气体分子脱附，使溅射离子泵重新激活，而脱附的气体分子可以利用分子泵将其抽出腔体外。

钛升华泵通常与溅射离子泵一起使用，其原理相对简单：通过施加大约 40A 的电流，将钛丝加热至较高温度并蒸发出钛原子。这些钛原子具有高活性，容易与腔体内的气体分子反应，从而实现抽气的目的。

2. 生长系统

MBE 生长系统装置示意图如图 4.13 所示，其中包括蒸发源、反射式高能电子衍射法（Reflection Hish Energy Electron Diffraction，RHEED）电子枪及荧光屏、石英晶体振荡膜厚仪和样品台。

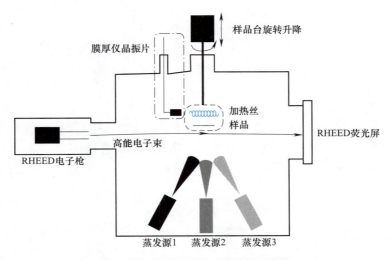

图 4.13　MBE 生长系统装置示意图

（1）蒸发源　蒸发源是 MBE 生长系统的必备部件，根据不同材料的特殊性和对蒸发温度、生长束流稳定性的要求，可以选择不同的蒸发源。常见的 MBE 生长蒸发源包括 K-Cell 蒸发源、Kudsen 蒸发源、E-Beam 电子束蒸发源和自制蒸发源。其中，K-Cell 和 Kudsen 蒸发源以及自制蒸发源通过加热丝的热辐射给材料加热。而 E-Beam 电子束蒸发源则通过高压产生电子束来轰击材料，实现加热到很高的温度，适用于蒸发温度较高的材料，如 W、Mo、Co、Nb 等。

（2）反射式高能电子衍射法　反射式高能电子衍射法是一种重要的表面分析方法，在超高真空条件下，利用高能电子束（10~30keV）以极小的角度（1°~5°）掠过样品表面并与表面原子发生很强的前冲弹性散射。经过弹性散射后，电子束会携带样品表面的信息。这些信息在荧光屏上投射出相应的衍射条纹。通过分析衍射条纹的空间维度和时间维度，可以得到样品的质量、厚度、结晶程度、表面重构以及生长动力学等信息。由于高能电子束以很小的角度掠过样品表面，其穿透深度并不高，仅能进入样品表面 1~2nm 的深度，因此它反映的是表面几个原子层的信息。

RHEED 的基本原理是布拉格衍射。当入射电子束在相邻晶面反射，其路程差值正好等于入射电子束波长的整数倍时，反射电子束才能叠加衍射增强。RHEED 主要由电子枪和荧光屏两个部分组成。在工作中，电子枪发射的电子束以小角度掠过样品表面，电子束受到晶体内部库仑场散射作用，在荧光屏上呈现出衍射图案。根据劳埃定律，入射和衍射电子束的波矢差由倒易点阵矢量决定。当样品表面光滑时，由于电子束掠过，其基本与样品或衬底表面平行，并且电子束的透入深度仅有有限的几个原子层，因此样品或衬底表面可以等效为二维平面材料。电子束受到二维晶格衍射，其倒易点阵由平行线组成，如图 4.14a 所示。当样品表面粗糙时，电子束会被更深的原子层散射，其倒易点阵由点组成，如图 4.14b 所示。因此通过衍射图案可以显示原子排布特征。电子束衍射角与波长满足布拉格定律：

$$2d_r \sin\theta = n\lambda_e \tag{4-5}$$

式中，d_r 为晶体表面二维点阵的原子排列间距；θ 为布拉格衍射角；n 为衍射级数；λ_e 为电子束的德布罗意波长，其表达式为

$$\lambda_e = \frac{h}{p} = \frac{h}{\sqrt{2m_e eV}} \approx \frac{12.25}{\sqrt{V}} \tag{4-6}$$

式中，V 为电子枪加速电压。若样品表面平整，原子排列有序，则获得的衍射图案条纹间距满足：

$$\alpha = \frac{\lambda L}{d_r} \tag{4-7}$$

式中，L 为衬底和荧光屏之间的距离。当样品表面粗糙或者原子排列无序时，衍射图案就会变成点状或者其他类型的图案，由于衍射角与样品晶格结构息息相关，通过对衍射图案的分析，可以实时判断样品表面的晶体结构、晶相、生长模式等信息，并可以分析表面重构情况。

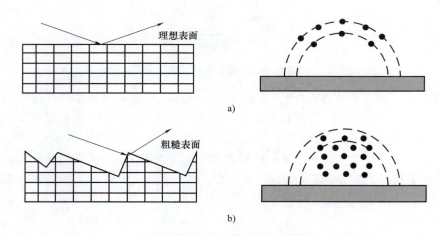

理想表面

a)

粗糙表面

b)

图 4.14　典型的 RHEED 衍射图案

a）平整样品表面　b）粗糙样品表面

（3）石英晶体振荡膜厚仪　石英晶体振荡膜厚仪用于监测蒸发材料的蒸发速率。测量时，将石英晶体传感器放置在生长样品的衬底所在位置或附近区域。当晶体上沉积材料后，质量发生变化，谐振频率也随之改变。通过精确测量谐振频率的变化，经过计算可以得到沉积速率。石英晶体振荡膜厚仪主要原理是利用石英晶体的压电效应和质量符合效应。对于不同的蒸发材料，由于密度和声阻系数的不同，使沉积相的厚度对谐振频率的影响也不同。因此，监测之前需要对不同的材料进行控制器的参数设置。膜厚仪晶振片具有一定的使用寿命，达到寿命后需要及时更换或清洗。

习题

1. 在外延生长过程中，如何控制生长速度和晶格匹配性？
2. 外延生长中的晶格失配对器件性能有什么影响？如何解决晶格失配问题？
3. MOCVD 中的载气有什么作用？常用的载气有哪些？
4. 在 MOCVD 过程中，如何控制沉积膜的厚度和均匀性？
5. 试说明 MBE 的基本工作原理。
6. MBE 中的温度和压力对沉积膜性能有什么影响？如何选择合适的温度和压力条件？

参 考 文 献

［1］AMANO H, SAWAKI N, AKASAKI I, et al. Metalorganic vapor phase epitaxial growth of a high quality GaN film using an AlN buffer layer［J］. Applied Physics Letters, 1986, 48（5）: 353-355.

［2］XU K, WANG J F, REN G Q. Progress in bulk GaN growth［J］. Chinese Physics B, 2015, 24（6）: 066105.

［3］NAKAMURA S, HARADA Y, SENO M. Novel metalorganic chemical vapor deposition system for GaN growth ［J］. Applied Physics Letters, 1991, 58（18）: 2021-2023.

［4］YANG F H. Modern metal-organic chemical vapor deposition（MOCVD）reactors and growing nitride-based materials［J］. Nitride Semiconductor Light-Emitting Diodes（LEDs）, 2014: 27-65.

［5］SCHOLZ F. MOVPE of Group-Ⅲ Heterostructures for Optoelectronic Applications［J］. Crystal Research and Technology, 2020, 55（2）: 1900027.

［6］MANFRA M J. Molecular beam epitaxy of ultra-high-quality AlGaAs/GaAs heterostructures: Enabling physics in low-dimensional electronic systems［J］. Annual Review of Condensed Matter Physics, 2014, 5（1）: 347-373.

［7］HERMAN M A, SITTER H. MBE growth physics: application to device technology［J］. Microelectronics Journal, 1996, 27（4-5）: 257-296.

［8］JOYCE B A. Molecular beam epitaxy［J］. Reports on Progress in Physics, 1985, 48（12）: 1637.

［9］LU J M, ZHELIUK O, LEERMAKERS I, et al. Evidence for two-dimensional Ising superconductivity in gated MoS2［J］. Science, 2015, 350（6266）: 1353-1357.

第5章 光刻工艺

5.1 光刻原理

光刻工艺是半导体微纳加工中最为常见的图形化工艺，其主要目的是将光刻掩模版上的图案转移到光刻胶上。光刻工艺是一种非常精细的表面加工技术，在平面器件和集成电路生产中得到广泛应用，如果把硅片的外延化扩散和沉积看成是器件结构的纵向控制，那么，器件结构的横向控制就几乎全部由光刻来实现，因此，光刻的精度和质量将直接影响器件的性能指标，同时也是影响器件成品率和可靠性的重要因素。目前，光刻工艺的核心设备光刻机成为技术含量极高的高端装备，荷兰阿斯麦（ASML）公司最新量产的极紫外光刻机 NXE：3600D，采用波长为 13.5nm 的极紫外光作为光源，可实现 3nm 芯片制程工艺。

光刻原理与照相类似，不同的是光刻工艺中的晶圆和光刻胶分别代替了照相中的底片和感光图层。在光刻工艺中，使用特定波长的光源选择性照射敏感材料，诱发被照射的敏感材料的化学性质发生变化，使得敏感材料选择性溶解于指定的溶剂中，在敏感材料表面形成预先设计的图形，然后以该图形化的敏感材料作为掩模，通过后续的刻蚀、沉积等工艺，在晶圆表面加工出预先设计的细微图形。图 5.1 所示为光刻原理示意图，首先在晶圆片上旋涂光刻胶（正胶或负胶），然后通过显微镜将光刻掩模版与晶圆片对准。光刻掩模版一般由石英板构成，其上的不透光区域多为蒸镀的铬金属，在曝光时能够遮挡紫外光使下面的光刻胶不被曝光。当紫外光透过光刻掩模版时，正胶和负胶被曝光部分的化学性质发生改变。正胶显影后留下被铬遮挡的图形，负胶显影后留下未被铬遮挡的图形，由此将光刻掩模版上的图案转移至光刻胶上。此外，光刻过程也可以不依赖掩模版，直接通过光束在光刻胶上扫描

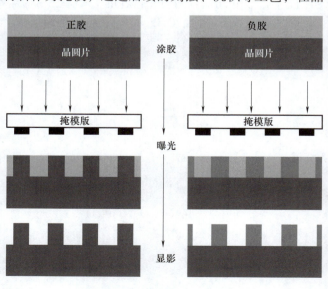

图 5.1 光刻原理示意图

出图形。光刻工艺是一个复杂的物理化学过程，整个过程涉及光学曝光技术、光刻工艺流程、光刻胶特性和光刻掩模版制作等。

5.2 光学曝光技术

光学曝光技术按照曝光过程中是否依赖掩模版可以分为有掩模曝光技术和无掩模直写式曝光技术。这里重点介绍有掩模曝光技术，有掩模曝光技术的发展经历了不同阶段，早期使用的是掩模对准式曝光，包括接触式曝光和接近式曝光，目前主流的是投影式曝光。接触式曝光、接近式曝光和投影式曝光的原理示意图如图 5.2 所示。

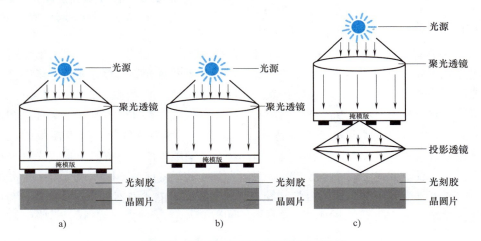

图 5.2　有掩模曝光技术的原理示意图
a）接触式曝光　b）接近式曝光　c）投影式曝光

5.2.1　接触式曝光

接触式曝光（Contact Exposure）技术是三种曝光技术中最简单的。接触式曝光顾名思义就是掩模版直接与涂有光刻胶的晶圆片接触。由于掩模版与晶圆片之间的间隙几乎为零（光刻胶有一定厚度），可以最大程度的减少光的衍射效应的影响，使得光刻分辨率比较高。在实际接触式曝光过程中，由于掩模版表面和晶圆片表面不是绝对平整的，且始终存在一些起伏，因此通常会额外施加 0.05～0.3 个大气压以增加掩模版和晶圆片的接触程度，这就是硬接触式光刻。此时，光刻分辨率主要受光在光刻胶内散射的影响。但是硬接触式光刻会造成掩模版上铬层破损和光刻胶黏附污染，导致掩模版的使用寿命大大降低。

5.2.2　接近式曝光

为了降低对掩模版的损伤，后来逐步发展出了将掩模版和晶圆片保持一定间隙的曝光技术（间隙距离通常在十微米至几十微米），即接近式曝光（Proximity Exposure）技术。接近式曝光技术虽然克服了接触式曝光技术中掩模版寿命短的问题，但造成了光的衍射效应，从而使得光刻分辨率降低。图 5.3 所示为接近式曝光技术中间隙距离（g）对光刻胶表面光强分布的影响，可以看到随着掩模版和晶圆片的间隙距离增加，光强分布发生明显的变形，导致光刻分辨率下降。在接近式曝光中，最小分辨尺寸与间隙距离成正比，间隙距离越小，最小分辨尺寸越小，即光刻分辨率越高。此外，晶圆片的翘曲会造成晶圆片表面各个位置与掩模版的间隙距离不一致，进而使透过掩模版照射到光刻胶上的光强分布不均匀，导致最后的光刻图案均匀性较差。

光刻掩模版上的图形尺寸和光刻胶表面成像的实际尺寸之差（模糊区宽度 w）可以用式（5-1）表示：

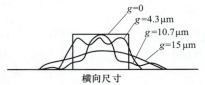

$$w = k\sqrt{\lambda g} \qquad (5\text{-}1)$$

式中，k 为与光刻胶工艺相关的参数；λ 为曝光光源波长；g 为光刻掩模版和光刻胶表面的间隙距离。假设间隙距离为 15μm，曝光光源波长为 365nm，k 值取 1，则接近式曝光技术能够分辨的最小特征尺寸约为 2.3μm。

图 5.3　接近式曝光技术中间隙距离对光刻胶表面光强分布的影响

进一步提升接近式曝光技术的分辨能力的方法是减小曝光光源波长，对于加工更加精密的器件，其曝光光源波长一般选用深紫外波段光源。尽管接近式曝光技术存在光刻分辨率低和光刻图案均匀性较差的问题，但是这项技术仍然广泛应用于小规模的微米级加工中。接近式光刻机通常由曝光光源、掩模支承架和晶圆台组成。掩模支承架可以精确地控制掩模版和晶圆片之间的间隙距离。有的接近式光刻机则是在晶圆表面设置一层纯氮气气垫，将掩模版置于气垫之上，通过控制氮气的流量大小来控制掩模版与晶圆片的间隙距离。还有的接近式光刻机集成有真空区，通过抽真空方式实现掩模版与晶圆表面光刻胶的紧密接触，以实现分辨率更高的接触式光刻。图 5.4 所示为德国 SUSS 公司的 MA/BA 8 型掩模对准式光刻机，支持接近式和接触式曝光模式，能够实现双面对准套刻，正面套刻精度为 ±0.3μm，双面套刻精度为 ±0.5μm。

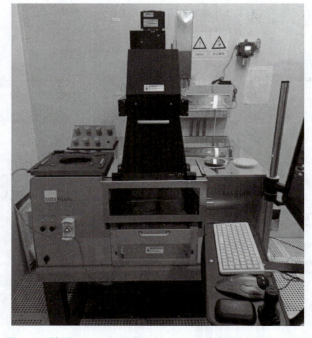

图 5.4　德国 SUSS 公司的 MA/BA 8 型掩模对准式光刻机

5.2.3　投影式曝光

为了获得接触式曝光技术的高分辨率，同时避免光刻掩模版和光刻胶接触造成掩模版寿命下降，发展出了投影式曝光（Projection Exposure）技术。图 5.5 所示为简单投影曝光系统示意图，投影式光刻机与掩模对准式光刻机最大的不同是在光刻掩模版和晶圆片之间增加了 1∶1 投影透镜或缩小投影透镜。缩小投影透镜可以将掩模图形尺寸缩小后投影至晶圆片上，通常采用的缩小比为 5∶1 或 4∶1，这大大减小了掩模版的制造难度。投影式曝光技术又分为步进扫描式和步进重复式。在步进重复式中，一般采用缩小投影透镜，掩模版固定不动，首先对一个区域进行曝光，然后晶圆片步进至下一个区域曝光，如此循环直至整个晶圆片曝光完成。在步进扫描式中，晶圆片在一个方向上做步进运动，掩模版在另一个方向上做连续扫描运动，即掩模版相对晶圆片同步完成扫描运动。当前区域曝光完成后，晶圆片步进至下一个区域进行重复曝光，直至整个晶圆片曝光完成。

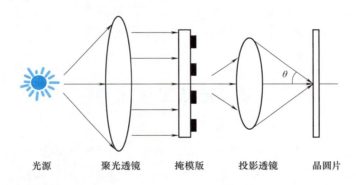

光源　　　　聚光透镜　　　掩模版　　　投影透镜　　　晶圆片

图 5.5　简单投影曝光系统示意图

众所周知，光在经过狭缝后会分解为无数的次级球面波，这些波速和频率相同的次级球面波在后续传播过程中会相互干涉，最终在接收屏上形成明暗相间的条纹，这称之为单缝衍射现象。衍射角与光的波长成正比，与单缝宽度成反比。投影式光刻机中的投影透镜的作用就是将经过光刻掩模版的不在平行准直的衍射光重新成像到晶圆片上。但是投影透镜能够接受的入射光角度范围是有限的，通常用数值孔径（Numerical Aperture，NA）表示：

$$NA = n\sin\theta \tag{5-2}$$

式中，n 为投影透镜与晶圆片之间介质的折射率；θ 为投影透镜二分之一孔径角。NA 越大说明投影透镜能够接收的入射光角度范围越大。一般光刻曝光过程都是在空气中进行的，此时 $n=1$。后来发展出了浸入式光刻技术，在投影透镜和晶圆片之间填充液体（水、磷酸、季铵盐溶液等），从而获得更大的数值孔径。

投影式曝光技术的光刻分辨率 R 的计算公式为

$$R = \frac{k_1\lambda}{NA} \tag{5-3}$$

式中，k_1 为独立于光学成像的工艺系数因子，与光学曝光工艺等有关；λ 为曝光光源波长；NA 为投影曝光系统投影透镜的数值孔径。从式（5-3）可以看出，通过降低工艺系数因子、减小曝光光源波长和增大投影曝光系统投影透镜的数值孔径可以提升光刻系统的分辨率。一般情况下，工艺系数因子为 0.7，利用相移掩模、离轴照明、空间滤波和光学邻近效应校正等技术，可以将 k_1 降至 0.3 以下。需要注意的是，光刻分辨率只能用来衡量可分辨的最小特征尺寸的能力。除了光刻分辨率外，还有聚焦深度，简称焦深（Depth of Focus，DOF），这一重要评价指标。焦深可以理解为光学系统在维持图案分辨率不会明显下降的同时，晶圆片沿着光传播方向可移动的距离。由于光刻胶是存在一定厚度的，为了使光刻胶曝光图案边缘侧壁是陡直的，焦深必须大于光刻胶的厚度。焦深 DOF 可用式（5-4）表示：

$$DOF = \frac{k_2 \lambda}{NA^2}$$

（5-4）

式中，k_2 为焦深工艺因子。从式（5-4）可以看出，焦深和数值孔径的平方成反比。尽管增大数值孔径可以使光刻分辨率线性增加，但是会以平方大小减小焦深。一味追求高分辨率会使得焦深大大降低。由于晶圆片表面本身就存在一定的形貌高度差，过小的焦深只能保证在很小的范围内聚焦，因此容易造成曝光图案的变形。除此之外，在一个器件的完整加工生产过程中会涉及多次光刻工艺，经过前道光刻工艺加工的晶圆片上本就存在起伏的电路结构，这更加剧了曝光图案的变形可能性。因此，对于大规模的生产，必须找到光刻分辨率和焦深之间的平衡点。

5.3　光刻工艺流程

光刻工艺包括晶圆清洗、涂胶、前烘、对准和曝光、后烘、显影、坚膜、镜检等步骤，其流程如图 5.6 所示。其中正性光刻胶（简称正胶）在曝光后直接进行显影步骤，负性光刻胶（简称负胶）还需要增加一道后烘步骤。若显影、坚膜后镜检通过，则可以继续进行下一步骤，如薄膜沉积或者刻蚀等；若镜检未通过，则需要去除光刻胶，重新进行光刻工艺流程。另外，如果光刻胶在曝光和显影后需要进行金属沉积并进行剥离工艺，那么可以省略坚膜步骤，以便后续更容易去除光刻胶。

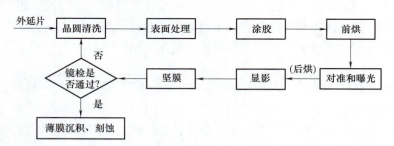

图 5.6　光刻工艺流程示意图

（1）晶圆清洗　由于晶圆表面的颗粒污染物会使得后续涂胶过程中，光刻胶分布不均匀而影响光刻分辨率，因此在涂胶之前，需要对晶圆进行清洗，以去除晶圆表面的有机物、氧化物和金属污染物。干燥洁净的晶圆表面还能维持与光刻胶良好的黏附性能。

以 4H-SiC 衬底清洗为例，一般步骤如下：

1）依次采用丙酮和乙醇清洗衬底 5min，去除表面的有机物，暴露出下面的氧化物层。

采用去离子水冲洗 30s 去除表面丙酮和乙醇等有机溶液，用氮气（N_2）吹干。

2）采用缓冲氧化物刻蚀液（Buffered Oxide Etchant，BOE）清洗 8min，以去除表面的氧化物层暴露出氧化物层下的污染物。采用去离子水冲洗 30s 去除表面 BOE 溶液，并用 N_2 吹干。

3）采用过氧化氢（H_2O_2）与浓硫酸（H_2SO_4）体积比为 1:4 的混合溶液（Piranha 溶液）在 80℃下浸泡 15min，以去除暴露出来的重有机污染物和部分金属杂质。采用去离子水浸洗 5min，然后再冲洗 30s 去除表面 Piranha 溶液，并用 N_2 吹干。

4）采用氢氧化铵（NH_4OH）、H_2O_2 和水体积比为 1:1:5 的混合溶液（SC-1 溶液）在 60℃下浸泡 15min，以去除衬底表面的颗粒杂质。采用去离子水浸洗 5min，然后再冲洗 30s 去除表面 SC-1 溶液，并用 N_2 吹干。

5）采用盐酸（HCl）、H_2O_2 和水体积比为 1:1:6 的混合溶液（SC-2 溶液）在 80℃下浸泡 15min，以去除表面的钠、镁、铁、锌等金属污染物。采用去离子水浸洗 5min，然后再冲洗 30s 去除表面 SC-2 溶液，并用 N_2 吹干。

6）采用稀氢氟酸（DHF）溶液浸泡 2min，以去除前一步中在 H_2O_2 作用下形成的 SiO_2 氧化膜，降低衬底表面的亲水性。采用去离子水浸洗 5min，然后再冲洗 3s 去除表面 DHF 溶液，并用 N_2 吹干。

7）在 N_2 环境中 180℃下对衬底进行脱水烘，以增大光刻胶与衬底之间的黏附力。

（2）涂胶　涂胶是指将光刻胶均匀的旋涂在晶圆表面的过程。旋涂法是最常用的方法，其原理是利用旋转时的离心力和光刻胶的黏附性将光刻胶均匀涂敷到整个晶圆表面，多余的光刻胶则被甩走。光刻胶膜的厚度可以通过控制旋转速度和光刻胶浓度来调整。光刻胶膜厚与旋转速度的平方根成反比，即对于相同的光刻胶，旋转速度越大，光刻胶膜厚越小。

首先将晶圆放在大小合适的金属托盘上，金属托盘上的小孔通过与真空泵相连将晶圆牢牢地吸附住，防止后续旋转涂胶时晶圆脱落。涂胶的一般步骤如下：

1）用喷头或滴管将光刻胶滴在晶圆中心位置，要求光刻胶中没有气泡。

2）设定旋转速度和时间，托盘开始旋转。

3）旋转完成后，关闭真空泵，取下托盘。一般来说，光刻胶旋涂分为预涂和涂覆两步，预涂对应的前转转速较低，一般在 400~800r/min，持续 6~10s，主要目的是使光刻胶在晶圆上分散开；涂覆对应的后转转速较高，通常根据所需要的光刻胶厚度而定，主要目的是得到厚度均匀的光刻胶薄膜，图 5.7 所示为常用的 ROL-7133 和 AZ 5214 光刻胶厚度与转速的关系。

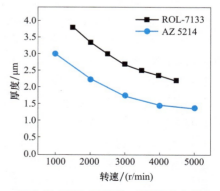

图 5.7 ROL-7133 和 AZ 5214 光刻胶厚度与转速的关系

（3）前烘　前烘的目的是通过高温烘烤使光刻胶中的溶剂含量下降，以提升光刻胶对晶圆的黏附性和对紫外光的敏感性。此外，前烘还可以减小涂胶旋转过程中光刻胶膜内产生的应力，减小光刻胶分层趋势。如果前烘不足，光刻胶与衬底的黏附性将受到影响，而且显影剂在曝光区域和未曝光区域的选择性也会变差，进而影响后续显影效果。相反，如果前烘过度，光刻胶也会因为变脆而降低其与衬底的黏附性，此外，部分感光剂也会发生变化，导致在同一曝光剂量下的光刻胶曝光不充分，在显影时难以去除。图5.8所示为前烘过程对光刻胶显影效果的影响。从图5.8中可以看出，当图形区域充分显影时，前烘不足的样品在图形边界区域出现了过度显影的现象，导致图形边界分辨率大幅下降，这将进一步影响后续加工的精度。对于负胶，在曝光显影结束后还需要进行后烘，后烘的主要作用是消除驻波，减少驻波对光刻胶图形边界区域分辨率的影响。

前烘的方式主要包括烘箱式和热平板传导式。烘箱式是在一定温度的烘箱内利用干燥循环热风或者红外线辐射对光刻胶加热促使溶剂挥发，其优点是能同时烘烤多片晶圆，但是烘箱式的烘烤温度分布均匀性较差，不适用于对光刻精度要求较高的工艺。热平板传导式则相反，它利用热传导方式将热平板的热量均匀传导到整个晶圆，并且可以更加方便精确地控制烘烤温度。

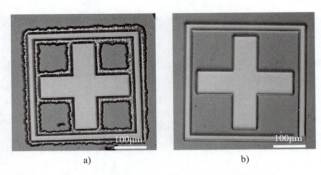

图 5.8　前烘过程对光刻胶显影效果的影响
a) 前烘不足　b) 前烘充分

（4）对准　在现代半导体器件的加工过程中，通常需要进行多次光刻工艺，而这些不同层结构的加工必须保证位置的配合。因此，在每次光刻前都需要进行对准操作来完成套刻工艺。套刻精度用来描述对准系统将掩模版对准到晶圆上的能力，其值的大小等于目标图案层与上一步图案层的最大相对位移。套刻精度的大小严重影响半导体器件的最终性能。一般来说，对准包括单面对准和双面对准，分别对应单面套刻和双面套刻。单面对准套刻要求光刻机具有顶视显微镜。在曝光时，下一步的光刻掩模版要对准前一步中已加工出的图形，其流程示意图如图5.9所示。在第一步光刻时，由于此时衬底上没有图形，因此只需要利用衬底上的定位边来保证光刻图形在衬底上的位置。在第一步光刻及对应的刻蚀结束后，会在衬底表面留下结构图形和对准标记，如图5.9d所示。在第二步光刻时，应保证图5.9b中掩模版上的大"十字"对准标记与图5.9d中的大"十字"标记1重合。在曝光、显影、刻蚀等工艺完成后，得到图5.9e所示图形。特别地，在第二步光刻以及后续刻蚀工艺中，应保护后续套刻对准所需要使用的对准标记，以保证第三步光刻掩模版中的小"十字"对准标记能够与图5.9e中的小"十字"标记2重合，以完成多次套刻。

为了进行双面对准套刻，光刻机必须装备顶视显微镜和底视显微镜。在对准过程中，光刻掩模版是固定不动的，因此双面对准套刻是将衬底上的实物对准标记与光刻掩模版对准标记的图像对准。具体操作如下：

1）完成正面套刻后，将衬底和掩模版取下，换上下一步光刻的掩模版。

2）利用底视显微镜拍摄光刻掩模版上的对准标记，并留存在屏幕上。

3）将衬底翻面后正面朝下置于吸盘上，通过底视显微镜的实时图像，调整衬底对准标记的位置及角度，使实物对准标记与光刻掩模版对准标记完全重叠。由于衬底在加工过程中发生了 180° 的翻转，因此两步光刻掩模版的对准标记沿轴线左右对称，如图 5.10 所示。

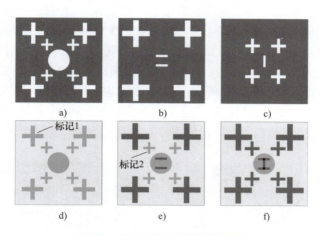

图 5.9　单面对准套刻流程示意图

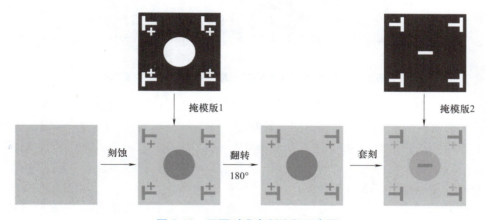

图 5.10　双面对准套刻流程示意图

（5）曝光　曝光是指紫外光通过光刻掩模版后照射到光刻胶上，使未被光刻掩模版遮挡部分的光刻胶中的链分子发生分解（正胶）或聚合（负胶），由此将掩模版上的图案精确地转移到光刻胶上的过程。曝光时间主要是由光刻胶种类、光刻胶膜厚度和光源强度共同确定。曝光时间过长会导致曝光和非曝光区域的边界模糊现象，使得分辨率降低。曝光时间太短则会导致光刻胶曝光不充分，后续显影时光刻图案部分被溶解，大大降低光刻胶的耐蚀性。光刻胶的曝光时间由光刻胶所需曝光剂量和光刻机的光强确定。

（6）后烘　在曝光过程中，入射光线照射到晶圆上发生反射，随后反射光和入射光会发生干涉形成驻波。驻波效应会导致光刻胶的曝光区域和非曝光区域边界处形成波浪状条纹，进而影响曝光后的图案和降低分辨率。为了减小驻波效应带来的负面影响，一般在曝光之后需要再次进行烘焙，即后烘。后烘可以促进光刻胶中的光活性物质均匀扩散，消除驻波效应影响。但是，过长时间的后烘会导致光刻胶图案的劣化。因此，要严格控制后烘条件，具体的后烘时间和温度与光刻胶的性质有关。

（7）显影　后烘完成后即可进行显影操作。显影方式一般包含三种：浸入式、喷淋式和搅拌式。以浸入式显影为例，将晶圆放入显影剂中浸泡一段时间，待正光刻胶的曝光区域和负光刻胶的非曝光区域溶解后，取出晶圆进行冲洗。显影时间根据显影剂对光刻胶的溶解性来确定，一般在1min以内。图5.11a～c所示为当曝光时间分别为5s、10s、20s，显影时间为20s时，图形化光刻胶的光学显微镜图。光刻胶型号为ROL-7133，厚度为2.3μm，显影剂是2.38%的四甲基氢氧化铵（TMAH溶液），显影时间在20s左右。从图5.11中可以看出，曝光程度随着曝光时间的延长而增大，最终有效提升了光刻胶图形化效果。图5.11d、e所示为曝光时间为20s，显影时间分别为16s和20s图形化光刻胶的光学显微镜图。从图5.11中可以看出，适当的延长显影时间可以有效提高光刻图形边界的分辨率。

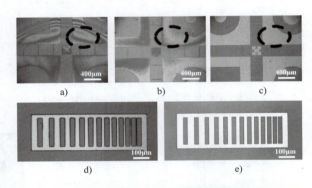

图5.11　曝光和显影时间对光刻胶图形化效果的影响

（8）坚膜　坚膜就是对显影后的晶圆进行烘烤。通过高温（玻璃化转变温度）烘烤去除光刻胶中的有机溶剂和使光刻胶处于熔融状态，能够有效增强光刻胶对于晶圆的黏附性和耐蚀性。但需要指出的是，坚膜并不是光刻中一道必需的工艺。若光刻后续是刻蚀工艺，则一般要进行坚膜以提升光刻胶的耐蚀性。若后续为剥离工艺，则不建议坚膜，这是因为坚膜后的光刻胶黏附性增强不利于剥离。

（9）镜检　坚膜完成后就要用光学显微镜或者扫描电子显微镜对掩模质量进行质检，这一过程称之为镜检，其目的是检验掩模图案是否正确，光刻胶层质量是否满足要求，套刻精度和掩模图形质量是否满足要求。对于不满足要求的晶圆，则需去除表面的光刻胶后重新重复上述各个光刻工艺步骤。

5.4　光刻胶特性

5.4.1　光刻胶曝光原理

光刻胶是整个光刻工艺的核心之一，一般由4种基本的成分：聚合物、溶剂、感光剂和添加剂按一定比例配置而成。聚合物作为光刻胶的主体材料具备耐蚀性。溶剂可以控制光刻胶的力学性能使其保持液体状态。感光剂可以改变聚合物经过特定波长曝光前后在显影剂中的溶解速度。匀胶、烘焙、曝光、刻蚀和去胶工艺会根据特定的光刻胶性质和想达到的预期结果进行工艺微调。光刻胶的生产既是为了满足普通的需求，也是为了满足特定的需求。光刻胶需要根据不同光的波长和不同的曝光源进行调试。光刻胶具有热流特性，用特定的方法配制而成，与特定的表面结合。光刻胶的特性是由光刻胶中不同化学成分的类型、数量以及混合过程来决定的。按光刻胶材料响应紫外光的方式，光刻胶可以分为正胶和负胶。

正胶的曝光原理是受到紫外光的照射后，光刻胶中聚合物长链分子断裂成短链分子，进而变为可溶的物质，未经紫外光照射的光刻胶部分不能被溶解，显影后曝光部分能被显影剂溶解，而未曝光部分则保留下来。所得的图形与掩模版图形相同。正胶主要有邻叠萘醌类化合物等。

负胶的曝光原理是受到紫外光的照射后，光刻胶中聚合物短链分子交联成长链分子，进而变为难溶的物质，未经紫外光照射的光刻胶部分可被溶解，显影后未曝光部分能被显影剂溶解，而曝光部分则保留下来。所得的图形与掩模版图形相反。负胶主要有聚肉桂酸酯类、聚酯类和环化橡胶类等。

以接近式曝光为例，光刻掩模版没有与光刻胶层直接接触，两者之间存在一定间隙，因此在紫外光的衍射效应下，光刻胶的被曝光区域存在一定程度放大，从上到下逐渐衰减，如图 5.12a 所示。图 5.12b 和图 5.12c 所示分别为正胶和负胶在曝光显影后的扫描电子显微镜（SEM）图。从图 5.12 中可以看出，正胶在曝光显影后，剩余光刻胶图形为"正梯形"结构；负胶在曝光显影后，剩余光刻胶图形为"倒梯形"结构。需要说明的是，负胶显影后的"倒梯形"结构有利于金属剥离工艺的进行。

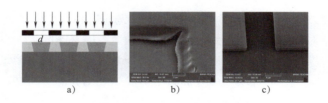

图 5.12　接近式曝光中的衍射效应

a）光的衍射效应对光刻区域的影响示意图　b）正胶曝光显影后边缘图形的 SEM
c）负胶曝光显影后边缘图形的 SEM

理论上来讲，要想获得相同的曝光效果，正胶和负胶都能实现，只是需要的掩模版不同而已。但实际上，正胶和负胶除了曝光显影不同外，在其他诸多方面也存在区别。正胶和负胶的光刻胶特性对比见表 5.1。例如，由于负胶在曝光时短链分子交联会出现连锁反应，因而负胶一般比正胶具有更高的灵敏度。负胶在显影时会吸收显影剂而膨胀导致负胶分辨率下降。总体来说，正胶相较于负胶有更高的分辨率和对比度，但是对晶圆的黏附性一般，且成本更高。在现代高分辨率光刻工艺中，正胶的使用更为普及。负胶则更多的用于较大图形尺寸的曝光中。

表 5.1　正胶和负胶的光刻胶特性对比

光刻胶特性	正胶	负胶
灵敏度	低	高
对比度	高	低

（续）

光刻胶特性	正胶	负胶
选择比	小	大
分辨率	高	低
纵横比	大	小
台阶覆盖	强	弱
黏附性	一般	较好
显影剂	水溶性溶液	有机溶剂
成本	高	低

5.4.2 光刻胶特性评价指标

选择合适的光刻胶对于光刻工艺至关重要，同时光刻胶的选择也是一个复杂的过程。通常，工程师在选择光刻胶时会结合光刻工艺条件对光刻胶不同特性进行权衡，以达到最佳光刻效果。光刻胶特性评价指标如下：

（1）灵敏度　灵敏度（Sensitivity）是表征光刻胶曝光速度的性能指标。灵敏度不同表示光刻胶光化学反应所需的曝光剂量不同，曝光剂量单位一般为 MJ/cm^2。灵敏度越高，所需曝光剂量越小，相同曝光光源下所需的曝光时间越短。通过提升光刻胶灵敏度能有效提升光刻效率，但是过高的灵敏度又会影响光刻分辨率。

（2）对比度　对比度（Contrast）代表光刻胶曝光前后一些化学性质改变的速率，与光刻胶的分辨率相关。对比度越高，得到的光刻图案的边缘侧壁越陡直，也意味着光刻胶的分辨率越高。将已知厚度的光刻胶在不同曝光剂量下曝光显影后，画出测量的光刻胶薄膜厚度和曝光剂量的关系曲线，其曲线线性部分的斜率即表示光刻胶的对比度。

（3）选择比　选择比（Selectivity）通常是刻蚀光刻胶下材料的速率和刻蚀光刻胶的速率之比。假设选择比为 100，当刻蚀硅的速率为 $1\mu m/min$ 时，光刻胶的刻蚀速率只有 $10nm/min$。当光刻胶作为刻蚀掩模时，较大选择比的光刻胶能实现对光刻胶下材料更大的刻蚀深度。

（4）分辨率　光刻胶分辨率（Resolution）用光刻胶层能够产生清晰图案的最小特征尺寸衡量。最小特征尺寸越小说明光刻胶分辨率越高。分辨率的大小可以用每毫米宽度上刻蚀出可分辨的最大线条数表示，如果可分辨的最小线宽为 W，线与线的间隔也为 W，那么分辨率就是 $1/2W$（条线/mm）。一种特定光刻胶的分辨率，实际是指特定工艺的分辨率，它包括曝光源和显影工艺。改变其他的工艺参数会改变光刻胶固有的分辨率。总体来说，越细的线宽需要越薄的光刻胶膜来产生。但是，光刻胶膜必须要足够厚才能实现阻挡刻蚀的功能，并且保证不能有针孔。因此光刻胶的选择是这两个目标的权衡过程。

（5）纵横比　用纵横比（Aspect Ratio）来衡量光刻胶与分辨率和光刻胶厚度相关的特殊能力。它表示了光刻胶厚度与显影后光刻胶所形成图案的开口尺寸之间的比值。正胶比负胶有更大的纵横比，对于同样的图案开口尺寸，正胶的光刻胶层可以更厚。正胶之所以具备更大的纵横比，是因为其聚合物分子尺寸更小，这使得正胶能够分解出更小尺寸的图案。

（6）曝光宽容度　曝光宽容度（Exposure Latitude）是指光刻胶线宽受曝光剂量变化的

影响。若光刻胶有较大的曝光宽容度，则说明光刻胶线宽在受到偏离最佳曝光剂量曝光后变化较小。实际曝光过程中，整个硅片上的曝光剂量可能出现不均匀情况，因此具有较大曝光宽容度的光刻胶受到曝光剂量不均的影响较小。

（7）黏附性　黏附性（Adhesiveness）表示光刻胶与衬底的黏附能力，可以通过控制光刻胶中聚合物的含量来控制其黏附性。光刻胶黏附性不足可能导致光刻图案变形。不同黏附性的光刻胶在同等匀胶条件下的涂覆厚度不同。

5.5　光刻掩模版制作

在半导体微纳器件的制造过程中，要进行多次光刻，为此必须制备一套具有特定几何图形的光刻掩模版。光刻掩模版的质量好坏将直接影响光刻工艺的质量，从而影响器件的性能和成品率，因此，在半导体微纳器件生产中，制版工艺是非常重要的。光刻掩模版最重要的几个属性包括：对应曝光光源波长的高透光性、较小的热膨胀系数和高抛光表面。首选的掩模版制作材料是硼硅酸盐玻璃或石英，它们有良好的尺寸稳定性和曝光光源波长的传播性能。制作掩模版的第一步是设计出想要的掩模图案和对准标记。对于大规模集成电路设计可以使用 CADENCE 等软件，这些软件可以根据所设计的电路自动生成掩模图。此外，对于不涉及大量电路的微纳半导体器件则可以使用 AutoCAD 等通用设计软件手工设计。光刻掩模版制作本身就是设计光刻工艺的加工过程，光刻掩模版的制造流程示意图如图 5.13 所示。紫外光刻掩模版常常以透明玻璃为衬底，在衬底表面沉积一层金属铬（Cr）和旋涂光刻胶后，将设计图形数据传输至无掩模直写式光刻设备（如激光直写光刻机、电子束光刻机等），对 Cr 表面的光刻胶曝光。显影后光刻胶变为所需要的图形，使图形区域的 Cr 被暴露出来。然后采用铬刻蚀液选择性腐蚀未被光刻胶覆盖的 Cr，而其余部分则被光刻胶保护起来。最后采用丙酮、乙醇等有机溶剂去除光刻胶。制作完成的掩模版上的铬可能存在针孔，可以通过额外的沉积来修复。注意，针孔修复是非常关键的，因为光刻掩模版上任何足够大的缺陷都会被转移至生产的每个晶圆上。

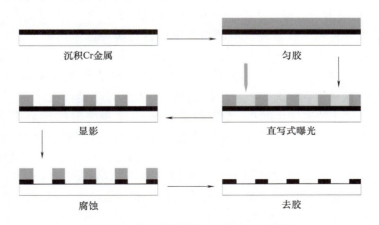

沉积Cr金属　　　　匀胶

显影　　　　直写式曝光

腐蚀　　　　去胶

图 5.13　光刻掩模版的制造流程示意图

5.6 极紫外光刻技术

前面提到过光刻技术中曝光光源波长的大小与最终的光刻分辨率密切相关，整个光学光刻技术的发展过程中一直都在寻求如何开发更短波长的光源。图 5.14 所示为曝光光源波长范围分类。最早采用的是高压放电汞弧光灯，它是一种在不同波长有不同峰值的宽频光源，曝光光源波长经历了由 G 线（436nm）或是 I 线（365nm）与 H 线（405nm）一起使用到后来的 I 线。目前，一些对分辨率要求不高的光刻系统中仍然使用 I 线作为曝光光源波长。

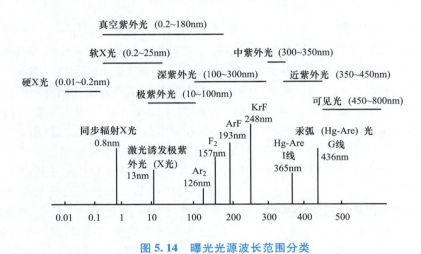

图 5.14 曝光光源波长范围分类

随着光刻分辨率需求的不断提高，I 线已不再满足要求，曝光光源波长也向更短的深紫外波段发展。准分子激光器由于在深紫外波段范围内具有发光效率高，光功率大，带宽窄的优点而成为深紫外光刻机最理想的光源选择。首先引入的是 KrF 准分子激光器，其输出波长为 248nm；随后采用 ArF 准分子激光器输出的 193nm 的光波作为曝光光源。尽管后来开发的 F_2 准分子激光器输出波长可以达到更短的 157nm，但是 F_2 准分子激光器的相对输出功率还太低，且由于相应的光刻胶替代成本较高、镜头材料等原因并没有发展成为主流。2004年半导体工业界就停止了 157nm 曝光技术的研发。现在多以 193nm 的 ArF 准分子激光器作为深紫外曝光光源。图 5.15 所示为不同曝光光源波长能够曝光的最小特征尺寸随年份的演变。目前 193nm 深紫外浸润式光刻技术已经实现可曝光的最小特征尺寸小于 20nm。

随着芯片特征尺寸的进一步减小，借助 193nm 准分子激光器的深紫外浸润式光刻技术的发展已进入瓶颈，使用多次曝光技术的工艺路线也已达到目前的商用极限。极紫外光刻（Extreme Ultraviolet Lithography，EUVL）采用 13.5nm 的极紫外光源，是目前大规模商用的最先进的光刻技术。极紫外光严格意义上来说已经不算是光辐射，而是一种软 X 射线。为了将其与硬 X 射线做区分，同时由于极紫外光刻技术与传统光学曝光技术原理非常相似，因此工业界将极紫外光刻归为光学光刻一类。

产生极紫外光的主流光源有五种：同步辐射光源、激光等离子体、放电等离子体、激光辅助放电等离子体和自由电子激光器。同步辐射光源是一种体积大和投资大的科学装置，因

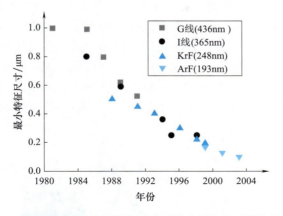

图 5.15　不同曝光光源波长能够曝光的最小特征尺寸随年份的演变　　彩图展示

此很难应用于大规模工业生产。为了满足大规模量产的需求，商用极紫外光刻机的光源系统应具备稳定的高输出功率、高转换效率、低污染、低维护成本等特性。利用激光等离子体产生极紫外光是目前唯一商用的极紫外光刻机光源方案。激光等离子体产生极紫外光的原理是通过高功率激光与靶材相互作用，靶材气化后产生高温、高密度等离子体，辐射极紫外光。以荷兰 ASML 公司的极紫外光刻机为例，其光源采用的是双脉冲等离子体激发极紫外光方案，其原理示意图如图 5.16 所示。首先使用预脉冲激光聚焦在锡液滴流上并与之相互作用，导致锡液滴流形变为薄的圆盘状锡靶。圆盘状锡靶更有利于极紫外光的产生和降低自吸收。在锡靶形成过程中，利用大功率（>20kW）、$10.6\mu m$ 波长的短脉冲 CO_2 激光主脉冲光束对圆盘状锡靶进行快速加热和电离，产生温度为 10eV 的极热等离子体，并有效地辐射极紫外光。该方案产生的光源平均功率可以达到 250W，转化效率为 6%。

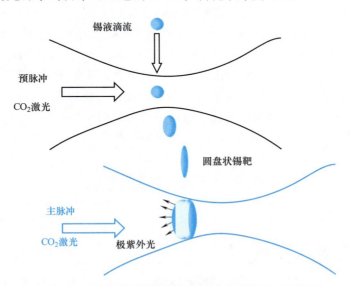

图 5.16　双脉冲等离子体激发极紫外光方案原理示意图

　　由于 13.5nm 的极紫外光能量极高，几乎在所有的材料中都会被吸收，为了避免极紫外光传输过程中的损耗过大，极紫外光刻机曝光系统必须采用多层膜反射镜构成的全反射式结构。图 5.17 所示为极紫外光刻机曝光系统示意图。极紫外光刻机曝光系统将来自光源的主光线通过照明系统以一定角度离轴倾斜照射到极紫外掩模上。极紫外掩模同样由具有高反射性的多层膜结构组成，随后极紫外掩模反射的掩模图形通过反射镜投影系统投射到硅片上，对极紫外光刻胶完成曝光。反射镜和掩模版的多层膜结构由 Mo、Si 材料周期性交替堆叠而成。目前，最为成熟的 Mo、Si 多层膜反射结构对 13.5nm 的极紫外光反射率可以达到 69% 以上。膜表面、界面的粗糙度和薄膜沉积工艺中形成的缺陷是影响 Mo、Si 多层膜反射结构反射率的主要因素。

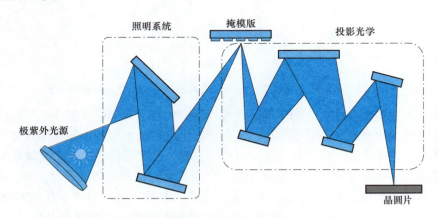

图 5.17 极紫外光刻机曝光系统示意图

极紫外光刻胶的基本原理与传统光学光刻胶的原理是相同的，都是在光照后发生光化学反应及热化学反应，主体材料结构改变导致光刻胶溶解度转变，从而可以实现显影。但与其他曝光波长的光刻工艺相比，极紫外光刻胶也有不同之处。一方面，早期极紫外光源功率的不足和极紫外曝光系统的效率不高促使配套的极紫外光刻胶都具有较高的灵敏度。另一方面，极紫外光源的光子能量远大于传统光学光刻技术中光源的光子能量，即对于同样的曝光剂量，所需极紫外光子的数量远小于传统光刻中的光子数量，这会导致散粒噪声显著增加。然而，极紫外光刻胶较高的灵敏度不利于抑制散粒噪声带来的影响，最终使得光刻图案线宽/线边缘粗糙度升高。随着极紫外光源功率的不断提升，制约极紫外光刻胶发展的瓶颈不再是灵敏度，而是线宽/线边缘的粗糙度。目前，工业界对于极紫外光刻胶的要求已经转变为通过牺牲一定程度的灵敏度以降低线宽/线边缘的粗糙度。

5.7 其他光刻技术

5.7.1 电子束光刻技术

所有具有质量的粒子运动时都伴随着波动现象，并且都有与之相对应的波长 λ，即德布罗意波长，其公式为

$$\lambda = \frac{h}{mv}$$

$$(5-5)$$

式中，h 为普朗克常量；m 为粒子的质量；v 为粒子的速度。原则上，各种粒子都可以作为光刻工艺的曝光光源，但要获得更高的分辨率，粒子波长必须尽可能小。因此，采用质量和速度更大的粒子才能获得更高的分辨率。使用中性原子、离子或电子可以将粒子相关波长降低到任何所需的值。以 100eV 的电子为例，其波长只有 0.12nm。不过，在电子束光刻（Electron Beam Lithography，EBL）技术中，限制光刻分辨率的并不是电子波长的大小，而是电子像差和电子与光刻胶的相互作用（电子散射）。由于电子易于产生、加速和聚焦等各种原因，电子是光刻工艺的首选，电子束光刻也是常用的光刻技术之一。与光学光刻技术相比，电子束光刻技术的另一个优点是焦深更大。电子束光刻是一种直接写入的方法，即无需掩模来生成图案。在高度集中的电子束下曝光聚合物光刻胶，可实现制造小于 2nm 的纳米结构。与光刻工艺类似，抗蚀剂（即光刻胶）的溶解度通过照射（电子束光刻工艺中为电子，而光学光刻工艺中为光子）而改变，从而在显影后可选择性地去除抗蚀剂的曝光或非曝光区域。电子束光刻技术最早起源于 20 世纪 60 年代，但是发展至今电子束光刻技术依然没有应用于半导体器件大规模生产中，主要原因是其产出率低。例如，当光刻分辨率小于 0.25μm 时，电子束光刻技术每小时只能加工 10 片晶圆片，这样的产出率只适用于制备掩模版、少量的定制电路和微纳科学研究。电子束光刻技术的高分辨率特性促使它成为了制备极紫外光刻掩模版的唯一工具。

图 5.18 所示为电子束光刻装置示意图。它与扫描电子显微镜（SEM）的结构非常相似，有时甚至会将扫描电子显微镜改装成电子束光刻装置。电子束光刻系统主要由一个保持高真空（$10^{-4} \sim 10^{-2}$Pa）的光柱组成，光柱真空腔由电子枪、聚光透镜和电子偏转器等部件组成。暴露在电子束下方的区域称为书写区域，范围从几十微米到几毫米不等。此外，电子束光刻系统还包括检测到达样品表面电子束流大小的电子束检测系统，观察样品表面对准标记的反射电子检测系统，放置和移动样品的工作台系统，使光柱真空腔内保持高真空度的真空系统，将设计图形数据转换成控制偏转器的电信号的计算图形发生器等。

电子枪束流一般具有高均匀性、高强度、束斑小和稳定性好的优点，可以发射电子能量在 10～100keV 的束流。电子枪通常由发射电子的阴极和对电子聚束的阴极透镜组成。发射电子的阴极又可以分为热阴极、场发射阴极和热场发射阴极。热阴极通常采用的是蒸发量小的钨丝和六硼化镧，对阴极加热使电子克服表面束缚而逃逸到真空中，在外加电场的作用下形成电子发射。热阴极没有经过处理，其发射表面通常较大，热电子束流也较宽，必须经过阴极透镜聚束以形成交叉截面。将热阴极前端加工处理成极细的尖端可以作为场发射阴极。对场发射阴极施加电压，其尖端部分可以形成很高的电场，即使外加电压很低，其尖端部分电场强度也可以达到 10^8V/m。尖端部分的高电场可以直接将电子从阴极表面发射出来。将热阴极和场发射阴极结合，即直接对场发射阴极加热就形成了热场发射阴极。热场发射阴极解决了原本场发射阴极表面受原子吸附产生的噪声和发射漂移问题，极大地改善了阴极的稳定性。因此，目前先进的电子束光刻装置都采用热场发射阴极。较宽的电子束流从阴极发射出来后经过聚光透镜整形成窄电子束流，以达到让电子最大限度到达样品表面的目的。电子偏转器则能实现对电子束的偏转扫描。电子偏转器一般分为磁偏转和静电偏转，前者偏转速度相对较快，且像差畸变小，后者像差大且偏转速度慢。

电子束光刻技术中聚焦电子束一般有两种使用模式，即矢量扫描（Vector Scan）或光栅扫描（Raster Scan），如图 5.19 所示。在矢量扫描中，电子束写入某些指定区域，一个区域

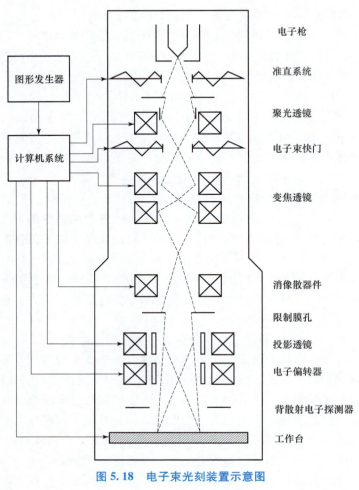

图形发生器

计算机系统

电子枪

准直系统

聚光透镜

电子束快门

变焦透镜

消像散器件

限制膜孔

投影透镜

电子偏转器

背散射电子探测器

工作台

图 5.18   电子束光刻装置示意图

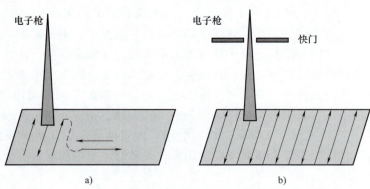

电子枪

电子枪

快门

a)

b)

图 5.19   电子束光刻技术中聚焦电子束的两种使用模式示意图

a)矢量扫描   b)光栅扫描

写入完成后，工作平台移动。在其移动过程中，电子束关闭。然后再选择一个新的区域并用电子束写入。这样一直持续到生成整个图案为止。矢量扫描遵循有图案才扫描，无图案则不扫描的原则。在光栅扫描中，光束在一小块区域内逐行光栅化或连续移动。样品的工作平台与光束成直角移动。光束的开启或关闭取决于图形。光栅扫描的优点是扫描速度远高于矢量扫描，但缺点是分辨率较低。由于电子束光刻系统中电子偏转器的偏转范围是十分有限的，对于大于偏转范围的曝光图案，则往往需要由多个曝光场拼接而成。

如同光学光刻技术中光刻胶对光子的吸收一样，电子束光刻中的光刻胶也会对电子进行吸收，高速电子进入光刻胶后和聚合物材料原子碰撞发生散射，散射电子将邻近的非曝光区域曝光，导致了曝光图形产生畸变，这一现象称为电子邻近效应。可以通过校正每个像素的曝光剂量来补偿电子领近效应。

电子束光刻中常见的正性光刻胶有聚甲基丙烯酸甲酯（Polymethylmethacrylate，PMMA），ZEP-520 和 PBS［Poly（1-butene sulfone）］等。电子束光刻中常用的负性光刻胶有 COP［Poly（glycidyl methacrylate-co-ethylacrylate）］、ma-N2400 系列和 HSQ（Hydrogen Silsesquioxane）等。显影剂有甲基异丁基酮（Methyl Isobutyl Ketone，MIBK）和异丙醇（Isopropyl Alcohol，IPA）。

由于电子束光刻技术中不需要掩模，因此所需要的曝光图案可以使用合适的 CAD 软件直接设计，但最终都必须转化为 GDSII 格式或 CIF 格式。GDSII 格式是业界公认的最广泛和最稳定的通用数据格式，它是一个二进制文件，其中含有集成电路版图中的平面几何形状、文本或标签，以及其他有关信息并可以由层次结构组成。电子束光刻系统的专有软件可将 GDSII 文件转换为图形发生器所能识别的指令，以便根据需要引导和扫描光束。

5.7.2 离子束光刻技术

离子的质量比电子大，散射作用比电子小，因此离子束光刻技术拥有比电子束光刻技术更高的光刻分辨率。离子束光刻技术的研究起源于 20 世纪 70 年代，应用离子束进行抗蚀剂曝光的技术则在 20 世纪 80 年代液态金属离子源（Liquid Metal Ion Source，LMIS）的出现之后才真正得以发展。图 5.20 所示为 LMIS 的基本结构示意图。发射极尖端黏附有熔融状态的液态金属，在外加强电场的作用下，液态金属形变成极小的尖端并形成一定的表面电场。尖端极大的场强使大量的金属离子通过场蒸发逸出表面，最终形成离子束流。需要注意的是，液态金属在尖端的形状会受外加电场和发射电流大小的影响，并且还要不断补充液态金属以补偿由离子发射导致的液态金属质量损失。因此，LMIS

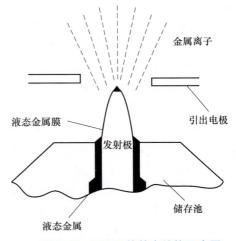

图 5.20 LMIS 的基本结构示意图

发射离子束其实是一个非常复杂的动态过程。随后出现的气体场离子源（Gas Field Ion Source，GFIS）逐步成为一种代替 LMIS 的新技术。GFIS 是通过电离单个气体原子（He、H_2、Ne 和 N_2 等）形成场离子发射，相比 LMIS 具有更小的场离子分散角（≤1mrad）和总发射电流（>10pA）。

同电子束曝光一样，既可以用离子束直接在抗蚀剂上写入图形，也可用投影式曝光技术提高生产率。前者得到的曝光图形边缘陡直，但是生产效率低。一般用于修补光学掩模版和器件修整。后者是将离子源发出的离子通过静电离子束透镜，将掩模图像缩小后聚焦于涂有抗蚀剂的晶圆片上,进行曝光和步进重复操作。离子束投影曝光掩模版与电子束投影曝光掩模版相似,不同之处在于离子束光刻对应曝光图形的掩模版部分必须是镂空的,防止对离子的阻挡。离子束光刻既可采用传统的抗蚀剂,如 PMMA(它对离子比对电子更为灵敏),也可以研制专用的新型抗蚀剂。实际上,任何聚合物通过注入离子都可以作为负性抗蚀剂。抗蚀剂在合适的等离子体中经反应离子腐蚀,注入的离子形成非挥发性化合物,而未注入区就被腐蚀掉,从而形成图形。与电子相比,最轻的离子也比电子重 2000 倍左右,离子束在抗蚀剂中散射范围极小,因此离子束曝光基本不存在邻近效应,拥有比电子束曝光更高的分辨率,在光刻技术中用离子束刻蚀可得到最细的线条。同时因为离子质量大,在同样能量下,抗蚀剂对离子的灵敏度要远高于电子束。但聚焦离子束曝光也存在一些限制因素,首先是液态金属离子源发射的离子具有较大的能量分散,而聚焦离子束系统所采用的静电透镜有较大的色差系数,色差会影响离子束聚焦。其次,由于离子质量大,所以在抗蚀剂中的曝光深度有限。例如,100keV 的镓在常用的抗蚀剂中的曝光深度仅为 0.1μm 左右。为了增大离子穿透深度,通常会增加离子能量或采用质量较小的气体场离子源。有限的曝光深度大大限制了离子束光刻的应用范围。目前,离子束光刻需要解决抗蚀剂的曝光深度、掩模制作、高能离子束源及离子束的聚焦等问题,距离实用化还有很长的一段路要走。

5.7.3　X 射线光刻技术

X 射线是一种波长极短(0.01~10nm)、能量很大的电磁波,将 X 射线作为光刻曝光光源是光刻技术向更短波长发展的延伸。X 射线光刻技术最初是由 H. Smith 和 Spears 于 20 世纪 70 年代提出的,经过 20 世纪 90 年代的沉寂之后,近几年来国际上对 X 射线光刻技术的研究重新活跃起来,正在成为国际光刻技术研究的热点。X 射线光刻技术为推动晶体管技术的进步提供了一条新途径。图 5.21 所示为 X 射线接近式光刻装置示意图。由于 X 射线在物质中的折射率都近乎为 1,即 X 射线无法被折射,因此 X 射线只能用于接近式曝光技术而不能用于投影式曝光技术。平行入射的 X 射线透过 1:1 的掩模版直接照射到光刻表面完成曝光。它具有分辨率高、焦深大、曝光像场大、产量高、对曝光基片衬底反射无特殊要求等诸多优点。

X 射线光源分为点光源和同步辐射 X 射线光源两种。同步辐射实际上是环形加速器中做循环运动的高速电子在经过弯转磁铁时沿电子轨道切线方向上所发出的高强度电磁辐射。由同步辐射 X 射线光源发出的 X 射线的发散角一般小于 1mrad,具备很好的相干性。同步辐射装置正在朝着高功率、小型化、低成本、高稳定性方向发展。同步辐射 X 射线光刻的生产效率非常高,一台同步辐射 X 射线装置可以同时用于近 20 台 X 射线光刻机,但是一旦其储存环出现异常,所有光刻机都将不能工作。此外,同步辐射光源多为大科学装置,体积庞大,目前还无法应用于生产线。X 射线点光源的产生方式主要有激光等离子体、高密度等离子体、球状箍缩等离子体和非线性光学四种。目前看来,激光等离子体和高密度等离子体是产生 X 射线点光源的最好方式。激光等离子体所产生的 X 射线辐射聚焦于由衍射所限制的持续时间很短的一个点上,这种辐射具有高亮度和低成本的优点,且其辐射的转换效率很高,因此是一种很有吸引力的 X 射线光源。用于产生 X 射线的靶材料包括从铁到固态氖在内的许多材料,可分为固体靶(如金属锡)、循环低温气束(如氩)和液滴靶三种。采用激光等离子体轰击固体靶产生 X 射线光源的技术已经比较成熟,目前存在的主要问题是等离子体轰击靶材产生的碎屑颗粒污染比较严重,而且还存在靶散热等问题。

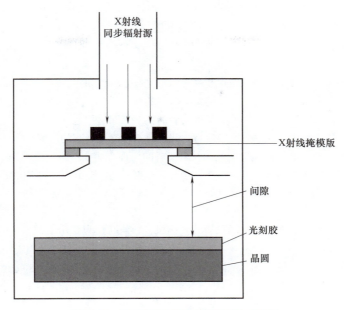

图 5.21　X 射线接近式光刻装置示意图

由于 X 射线具有能够穿透大多数物质的特性，因此用于 X 射线光刻的掩模版和光学光刻掩模版有很大的不同。X 射线光刻掩模版的结构示意图如图 5.22 所示。由图 5.22 可见，X 射线光刻掩模版是由低原子序数材料形成的载膜（如碳化硅、金刚石等）和附着在载膜上的高原子序数材料（如金、钨和重金属合金等）组成的图案构成。低原子序数材料对于 X 射线是透明的，高原子序数材料则能够吸收 X 射线。此外，X 射线光刻掩模还要求载膜材料具有较高的弹性模量，以保证足够的强度及机械稳定性，这样掩模才不易破碎，且应力低。高原子序数材料应具有较高的 X 射线吸收系数和足够的厚度，以确保良好的曝光掩蔽性能。由于 X 射线光子具有很强的穿透能力，而光刻胶对 X 射线光子的吸收率很低，只有少数入射的 X 射线光子能对光化学反应有贡献，因此，一般的光刻胶对 X 射线曝光的灵敏度都很低。提高 X 射线光刻胶灵敏度的主要方法是在抗蚀剂合成时增加在特定波长范围有较高吸收峰的元素（如 Br、Cl 等），并引进增强光化学反应的新机制。此外，X 射线光刻胶还应具有相应的光刻分辨率和良好的抗干法刻蚀性能，以及相应的工艺兼容性等。

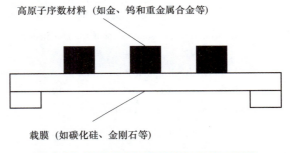

图 5.22　X 射线光刻掩模版的结构示意图

尽管 X 射线光刻技术因为具有分辨率高、焦深长、产出率高的优点，被看作是极具广泛应用前景的下一代光刻技术，但是同步辐射光源体积庞大、点光源功率较低和掩模版制备难度大等问题，制约其在半导体工业界的广泛使用。

习题

1. 光学曝光技术分为哪几种？并说明这几种光学曝光技术的优缺点。

2. 光刻工艺流程主要步骤是什么？并简述每个步骤的作用。

3. 正光刻胶和负光刻胶有什么区别？并简述两者的优缺点和适用范围。

4. 试说明在极紫外光刻中，光刻胶图案线宽、线边缘粗糙度易升高的原因。

5. 电子束光刻、离子束光刻和 X 射线光刻技术三者的原理有什么不同？

6. 现有一台掩模对准式光刻机可以工作在接触式和接近式两种模式下，使用的是 I 线光源，当光刻胶的厚度为 $0.5\mu m$，$k = 0.9$ 时，求出在接触式模式和接近式模式（间隙距离分别为 $5\mu m$、$15\mu m$ 和 $25\mu m$）下的模糊区宽度 w。

7. 现有一台曝光光源波长为 436nm 的投影式光刻机，数值孔径为 0.55，当 $k_1 = 0.5$ 时，试求出其光刻分辨率 R 的大小。

8. 采用 G 线光源的投影式光刻机，数值孔径为 0.6，焦深工艺因子取 0.5，试求出该曝光系统的焦深。

参 考 文 献

［1］J. V. SCHOOT, Exposure tool development toward advanced EUV lithography：a journey of 40 years driving Moore's law［J］. IEEE Electron Devices Magazine，2024，2（1）：8-22.

［2］LI Y，FENG K. China's Innovative Enterprises at the Frontiers［J］. China Review，2022，22（1）：11-37.

［3］崔铮. 微纳米加工技术及其应用［M］. 4 版. 北京：高等教育出版社，2020.

［4］姚汉民，胡松，邢廷文. 光学投影曝光微纳加工技术［M］. 北京：北京工业大学出版社，2006.

［5］CAMPBELL S A. Fabrication Engineering at the Micro and Nanoscale［M］. New York：Oxford University Press，2013.

［6］张亚非. 半导体集成电路制造技术［M］. 北京：高等教育出版社，2006.

［7］KERKHOF D V M，LIU F，MEEUWISSEN M，et al. Spectral purity performance of high-power EUV systems［J］. Extreme Ultraviolet（EUV）Lithography XI，2020，11323：435-450.

［8］BRAUN S，MAI H，MOSS M，et al. Mo/Si multilayers with different barrier layers for applications as extreme ultraviolet mirrors［J］. Japanese Journal of Applied Physics，2002，41（6S）：4074.

［9］KULKARNI S K. Nanotechnology：principles and practices［M］. Cham：Springer，2015.

［10］施敏，梅凯瑞. 半导体制造工艺基础［M］. 吴秀龙，彭春雨，陈军宁，译. 合肥：安徽大学出版社，2020.

［11］CLAMPITT R，JEFFERIES D K. Miniature ion sources for analytical instruments［J］. Nuclear Instruments and Methods，1978，149（1-3）：739-742.

［12］SMITH H I，SPEARS D L，BERNACKI S E. X-ray lithography：A complementary technique to electron beam lithography［J］. Journal of Vacuum Science and Technology，1973，10（6）：913-917.

［13］QUIRK M，SERDA J. Semiconductor manufacturing technology［M］. New Jersey：Prentice Hall，2001.

第6章 纳米压印光刻技术

6.1 纳米压印光刻技术简介

高精度图形化技术在微纳制造中至关重要。光刻工艺的发展同摩尔定律相一致,摩尔定律用来描述一种信息技术的发展趋势,即在价格不变的情况下,集成电路上晶体管的数量在 18 个月左右就要翻一番,性能也增加一倍。然而,由于曝光波长的衍射极限,纳米级线宽加工的技术复杂性和制造成本急剧增加,因此研究人员们提出了下一代光刻技术以取代传统的光刻技术。

纳米压印光刻(Nanoimprint Lithography,NIL)技术是一种全新的图形化技术,具有超高分辨率、高产量、低成本的显著优点。自 1995 年被提出以来,它一直是一项备受关注的研究课题。美国麻省理工学院的《技术评论》(*Technology Review*)将其列为将对世界产生重大影响的十项新兴技术之一。2003 年,半导体国际技术路线图(International Technology Roadmap for Semiconductors,ITRS)也将纳米压印光刻技术列为下一代光刻技术之一。到 2009 年,它已经被列入 22nm、16nm 和 11nm 节点的 ITRS 光刻路线图中。

学术界和工业界在纳米压印光刻技术的研究与开发、模板制造方法和缺陷分析等方面都做出了巨大努力。由于其易于操作的特性,这种技术在电子学(如混合塑料电子学、有机电子学和光子学、硅纳米电子器件和氮化镓纳米电子器件等)、光子学(如有机激光器、光电耦合器件等)、磁性器件(如单域磁结构、高密度图案化磁介质和大容量磁盘等)、聚合物结晶的纳米级控制以及生物应用(如在纳米流体通道中操纵 DNA、纳米级蛋白质图案化等)中得到了广泛应用。尽管基于 NIL 的方法已被证明具有极佳的光刻分辨率,但要满足半导体集成电路制造的严格要求仍面临巨大挑战,尤其是在缺陷控制和生产级吞吐量方面,因为半导体集成电路制造对产量的要求极高。

近年来,卷对卷纳米压印光刻在批量制造中越来越受欢迎。虽然纳米压印光刻在纳米器件、生物医学、有机器件等领域有广泛应用,但仍需克服许多问题,如模具制造和检查、缺陷控制、对准和叠加等。纳米压印光刻能够实现纳米级的图案分辨率,这要归功于它不受衍射极限、散射效应和次级电子的限制。

然而,纳米压印光刻是一种通过机械或其他因素对压印材料进行形变的材料成型过程。显然,纳米压印光刻的本质带来了一些挑战。因此,从制造的角度来看,这些问题包括缺陷控制、效率、对准和工艺的一致性,是纳米压印光刻行业的瓶颈。虽然纳米压印光刻技术主要用于低端产品，但也可以应用于高亮度 LED 和图案介质记录硬盘等高端产品。从长远来看，纳米压印光刻技术将会在微纳制造的各个领域得到应用。

纳米压印是一种在纳米尺度上制造图案的成型方法，它使用具有精细凹凸纹理的纳米模具对材料（如树脂层）进行压制。根据使用的模具类型，纳米压印光刻技术可分为硬纳米压印光刻和软纳米压印光刻。硬纳米压印光刻通常使用 SiO_2、Ni、Si、Si_3N_4 和 SiC 等材料制造模具，而软纳米压印光刻则使用聚合物材料（如 PDMS、PMMA、PVA、PVC、PTFE 和 ETFE 等）制造模具。根据固化方式，纳米压印光刻技术可分为热纳米压印光刻、紫外光纳米压印光刻和热-紫外光纳米压印光刻。根据压印面积的不同，纳米压印光刻技术可分为全片纳米压印光刻和逐层滚动纳米压印光刻。逐层滚动纳米压印光刻适用于大规模制造，并在先进的柔性纳米器件中得到广泛应用。纳米压印光刻技术的分类如图 6.1 所示。

纳米压印光刻最主要的两个要素是：①带有预定义表面浮雕纳米结构的模具；②可变形和硬化以保持印模形状的合适抗蚀材料。通常情况下，光刻胶材料涂在基底上。NIL 中使用的模具基本上可以是任何类型的具有高强度和耐用性的固体材料。光刻胶材料可以是热塑

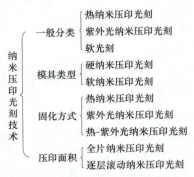

图 6.1　纳米压印光刻技术分类

料、热固化或低黏度前体，可以通过热固化或紫外线固化。这些硬质模具的特性与软光刻技术中使用的弹性模板的特性截然不同，对于生产纳米级特征至关重要，因为模具上的突起图案在压印过程中即使在高温下也不会变形、弯曲或塌陷。这样才能保证在 10nm 及以下的尺寸范围内保持形状和长宽比，以及高保真度的图案。在许多应用中，特别是当基底不平坦时，模具需要具有一定的整体柔性和局部刚性，因为柔性模具可以提供与基底的大面积保形接触，而无需借助高温。刚性柔性相结合的模具方法正是利用了这一特点来实现 NIL 图形化。

图 6.2 所示为热纳米压印光刻和紫外光纳米压印光刻的流程示意图。热纳米压印使用热塑性材料，如聚苯乙烯（Polystyrene，PS）和丙烯酸树脂。这些聚合物材料在高温（通常为 100～150℃）下易于变形。在高温下，将模具压在热塑性塑料层上，并进行冷却。冷却后，将模具从塑料层上取下（脱模）。

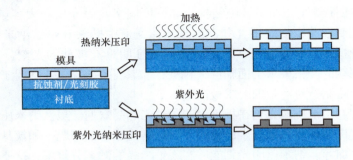

图 6.2　热纳米压印光刻和紫外光纳米压印光刻的流程示意图

在紫外光纳米压印光刻中，光固化树脂被用作要制造的材料。通常使用单体、交联剂和光引发剂的混合物作为光固化树脂，将其压制并用紫外光照射固化。材料固化后，模具从材料中脱模。热纳米压印光刻和紫外光纳米压印光刻的基本原理相同，都是将模具压在要制造

的材料上，材料固化后，将模具从材料上移除。

纳米压印光刻技术是一门复杂的学科，涉及机械工程、电子工程、物理和化学。它涉及最先进的方法、过程控制、设备制造以及设备和系统的应用。其目的是开发制造设备和工艺，实现低成本、高效率和批量生产。纳米压印光刻技术涉及两个基本方面：基本原理和工艺应用。基本原理涉及工艺、模具制造、模具处理、功能性压印材料（光刻胶）、设备和压印图案控制，主要实现图案的保真度。它的应用涉及器件电子（如高密度存储器）、器件光电子（如发光二极管、太阳能电池）、微纳光学元件（如光栅、TFT-LCD、等离子体传感器）和生物领域（如生物芯片、微流控流体器件）。纳米压印光刻技术的框架如图 6.3 所示。

图 6.3 纳米压印光刻技术框架

纳米压印光刻技术常应用于电子设备制造的初期阶段，如制备衬底、存储介质和大规模集成电路（Large Scale Integrated Circuit，LSI）等。随着纳米压印光刻技术的发展，各个领域的研究人员对纳米制造越来越感兴趣。在生物学中，细胞和拉伸 DNA 的大小是几微米到几十微米，因此规模小于 $1\mu m$ 的结构对于直接操纵这些生物材料很有吸引力。

纳米压印光刻工艺可分为三个步骤：①模具制造和处理；②压印工艺；③后续刻蚀。纳米压印光刻涉及的工艺包括模具制造、光刻胶、工艺控制和高质量刻蚀。为了获得小而均匀的纳米图案，纳米压印光刻中的任何工艺控制都是至关重要的，包含一系列的关键技术。

1. 模具制造

模具是用于纳米压印光刻的功能单元。模具制造（硬模具或软模具）和模具处理是纳米压印光刻成功的关键。压印模具（也称印模、模板）材料用于热纳米压印光刻需要具有高硬度、压缩强度、拉伸强度、热膨胀系数、良好的耐蚀性等性能，以确保模具能够不磨损、不变形、准确且寿命更长。模具材料可选择硅、石英、氮化硅和金刚石，软聚合物（PDMS 等）适用于大面积压印光刻。通常，纳米级结构的模具是通过电子束光刻制造的。

2. 光刻胶

纳米压印光刻中使用的光刻胶与一般光刻技术的光刻胶有所不同。该光刻胶具有以下特性：胶层固有特性（良好的基底附着性，收缩性和低黏度）、涂覆特性（可以控制的厚度在 $50\sim500nm$ 范围内，表面光滑，表面粗糙度值不超过 5nm）以及对刻蚀的良好耐受性（相对于 Si 或 SiO_2 至少有 1：3 的刻蚀选择比）。

对于热压胶，当加热温度超过玻璃化转变温度时，热压胶的黏度变小，并且在加热时容易流动。一些常用的热压胶包括 mr-I 8000/9000、mr-L 6000、NXR-1000、Hybrane、PMMA 和 SU8 等。然而，紫外光纳米压印光刻过程应在室温下进行。低黏度的光刻胶可以轻松填充模具的空腔。在紫外光固化时可以获得良好的图案保真度。紫外光固化胶包括 mr-L600、NXR-2000/300、PAK-01、MMS4 和 WaterShedTM 等。

近年来，一些功能性材料可以用作光刻胶直接压印。一些金属纳米颗粒、金属氧化物和纳米点可以直接压印并作为器件或系统的永久组成部分。

3. 缺陷控制

在纳米压印光刻工艺中，由于试验、材料或工艺的环境原因，如气泡、模具变形、涂层不均匀、衬底和模具之间不平行等，都会产生各种缺陷。如何控制和避免纳米压印光刻过程中各种缺陷的出现，提高压印图案的质量是关键问题之一。

4. 对准和覆盖

随着电子器件性能的不断提高，集成芯片的出现显得尤为必要。如果在 IC 生产线中采用纳米压印光刻，对准和覆盖技术还有待解决。目前，莫尔条纹对准方法的应用可以实现较高的对准精度，达到 20nm 的精度。

5. 三维压印

三维结构在微系统领域有着非常重要的应用前景。采用三维制造技术可以制造出结构小、重量轻、灵敏度高、成本低、性能优越的器件。它促进了产品小型化和便携性的发展，提高了设备和功能的系统密度、信息密度和互连密度。更重要的是，它可以极大地节省材料和能源消耗。

纳米压印光刻的一个独特优势是能够对三维结构进行图案化。多层互连结构可以通过纳米压印光刻来制造，其独特的物理转移工艺不仅可以降低成本，具有高分辨率，而且可以显著减少复杂三维结构的构建过程。

6. 大面积压印

纳米压印光刻是一种低成本、大规模生产的工艺。大面积压印光刻可以提高生产能力。现在，人们提出了许多实现大面积压印的方法。其中，滚动圆环或卷对卷压印是一种连续压印工艺，有望满足现代半导体制造要求。

6.2 纳米压印模具

从本质上讲，纳米压印光刻是一种复制技术，可以复制模具的几何形状。模具也称为模板、印模或印章，与光刻掩模版有所不同。纳米压印模具的材料和几何参数直接影响模具的变形和图案传递质量。对齐精度取决于模具上的标记图案；同时，纳米压印模具的几何形状也会影响图案传递的分辨率。因此，制造高质量、高精度的纳米压印模具是一个关键问题。此外，纳米压印模具的评估和修复越来越受到关注。上述问题是纳米压印光刻技术中的一个瓶颈。纳米压印模具可以分为硬模具、软模具和混合模具。硬模具使用硅、石英或金属制作，而软模具和混合模具通常使用聚合物制作。目前，已有多种方法可以用来制作纳米压印模具，涵盖传统和非传统技术。在本节中，将对纳米压印模具材料、纳米压印模具制作和目标评估等内容进行介绍。

6.2.1 纳米压印模具材料

纳米压印模具质量是决定图案分辨率的关键因素。模具材料的物理学参数包括硬度、热稳定性、热膨胀系数、泊松比、粗糙度、弹性模量和电阻等。这些物理学参数必须满足纳米压印光刻工艺的需要。高硬度、低热膨胀系数和良好的电阻可以保证制造出具有高保真度的图案。

不同材料的模具性能对比见表6.1。由于良好的物理和化学特性，Si 和 SiO_2 是纳米压印光刻中常用的两种材料。SiO_2 模具对紫外光具有透明性，适合于紫外光纳米压印光刻的对准。金刚石模具具有最高的硬度，对酸碱腐蚀具有良好的抵抗力，可以反复清洗。尤其是金刚石模具可在金属衬底上进行压印，如铝和铜。

表6.1 不同材料的模具性能对比

	屈服强度 /GPa	硬度 /GPa	弹性模量 /($\times 10^2$GPa)	密度 /(g/cm^3)	热导率 /(Mw/cm·K)	热膨胀系数 /($\times 10^{-6}$/℃)
金刚石	53.0	68.6	10.35	3.5	20000	1.0
SiC	21.0	24.3	7.0	3.2	3500	3.3
Si_3N_4	14.0	34.2	3.85	3.1	190	0.8
SiO_2	8.4	8.0	0.73	2.5	14	0.55
Si	7.0	8.3	1.9	2.3	1570	2.33

除力学性能外，抗黏性能也是一个关键因素。在纳米压印光刻中，模具和光刻胶之间的接触区域可能导致纳米压印光刻胶附着在模具上，并且在脱模过程中图案保真度较差。因此，模具的抗黏性能是纳米压印光刻的关键技术。软模具在纳米压印光刻中具有非常广泛的应用，各种类型的材料均可用于制备软模具，如 PDMS、PMMA、PUA、PVA、PTFE 和 ETFE 等。软模具是在光刻制造的母版上通过复制技术创建的。

6.2.2 纳米压印模具的制备

纳米压印模具目前可以通过多种方法制备，如利用电子束光刻（Electron Beam Lithography，EBL）、聚焦离子束（Focused Ion Beam，FIB）光刻、极紫外光刻（Extreme Ultraviolet Lithography，EUVL）和 X 射线光刻（X-ray Lithography，XRL）。然而，为了获得最佳的图形分辨率，这些技术的制备效率较为低下。一些其他技术，如原子力显微镜（Atomic Force Microscope，AFM）光刻、自组装等也可以用于制备纳米压印模具，并且具有制备简单、成本低的优点，但是对于大面积和有序的图案控制非常困难。下面介绍一些纳米压印模具制备的方法。

1. X 射线光刻

X 射线光刻（XRL）的原理来源于极紫外光刻（EUVL）。由于掩模、光刻胶和光源的问题，该技术发展缓慢，本书第 5 章 5.7 节对此进行了介绍。

到目前为止，X 射线光刻是所有下一代光刻技术中最成熟的技术。XRL 只能进行 1:1 的近接光刻，是一种并行的过程。X 射线光刻系统包括 X 射线源、X 射线掩模、X 射线掩模对准器和 X 射线光刻胶。X 射线源可以是点状的射线源或同步辐射光源。X 射线掩模是最关键的部分，由掩模膜、膜上的吸收层和掩模框架组成。X 射线掩模对准器类似于光学掩模对准器，只是结构更简单。X 射线会产生光电子和俄歇电子，然后与光刻胶分子相互作用。X 射线光刻胶包括 PMMA、ZEP52、AZPF514 和 HSQ。图 6.4 所示为使用 X 射线光刻技术制备的纳米结构的扫描电子显微镜（SEM）图像。

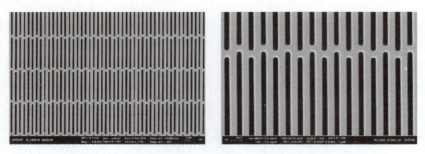

图 6.4　X 射线光刻技术制备的纳米结构的 SEM 图像

2. 全息光刻

全息光刻（也称干涉光刻）是一种用于制造微小特征的先进光刻技术。它利用光的干涉和衍射效应，在光敏材料上形成复杂的三维图案。全息光刻常用于制造光子学器件、光学透镜、衍射光栅和微细结构等领域。全息光刻是一种无掩模技术，用于制备带有规则阵列的细微特征，无需使用光掩模或复杂的光学系统。通过设置两束或多束光的干涉图样，并将结果反映在光刻胶上。

对于双光束干涉，间隔或周期根据 $\frac{\lambda}{2}\sin\left(\frac{\theta}{2}\right)$ 算出，其中 λ 是波长，θ 是两个干涉波之间的相位差。双光束干涉可达到的最小周期为波长的一半。通过使用三光束干涉，可以生成具有六边形图案的阵列，而四束光则可以生成具有矩形图案的阵列。因此，通过叠加不同的光束组合，可以制备出不同的图案，从一维到三维的周期性图案都可以轻松制备。

使用干涉光刻的好处是在没有光掩模的情况下，可以快速生成大范围的高密度特征。此外，可以在不同的表面上生成图案（如金属、陶瓷和聚合物），避免对光刻工艺要求基底的粗糙度和形态。可以在大范围内生成亚微米结构的阵列特征。利用干涉光刻技术制备纳米压印模具的好处是成本低、节省时间，并可进行大面积的图案化。图 6.5 所示为使用干涉光刻制备的纳米结构。

3. 纳米球光刻

纳米球光刻（Nanosphere Lithography，NSL）技术是一种廉价、简单易实施、高通量、多材料通用的纳米制造技术，能够制备出各种不同的纳米颗粒结构和规整的二维纳米颗粒阵列。它利用自组装的纳米球形成周期排列的阴影遮罩，在光刻过程中实现图案转移。纳米球光刻技术通常用于制造光学器件、表面增强拉曼散射（Surface Enhanced Raman Scattering，SERS）衬底、生物传感器和纳米光子学结构等。阵列的尺寸可以通过调整纳米球的直径和间隙来控制。然而，在大面积上实现纳米球的均匀排列非常困难。

通常，聚苯乙烯或二氧化硅纳米球被用作紧密堆积在衬底表面的掩模层材料。以聚苯乙烯纳米球为例，它们先在表面活性剂 Triton X-100 和甲醇（体积比 1∶400）溶液中稀释。表面活性剂用于辅助溶液浸润衬底表面。然后，将纳米球溶液旋涂在衬底表面并生成六边形有序的纳米结构。通过热蒸发在表面上沉积的金属可以通过间隙到达衬底。聚苯乙烯纳米球在超声波辅助下，在 CH_2Cl_2 中溶解，$1\sim4min$ 后从衬底上移除。衬底表面留下了一个点阵阵列，如图 6.6 所示。图 6.7 所示为通过 NSL 制备的硅纳米柱阵列的扫描电子显微镜图像。

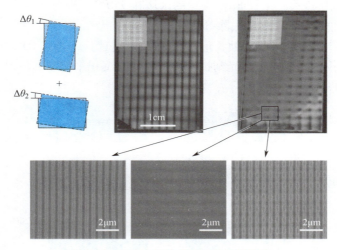

图 6.5　干涉光刻技术制备的纳米结构

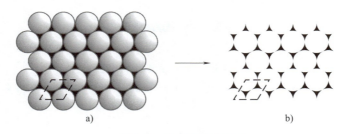

图 6.6　纳米球光刻技术

a）纳米球阵列　b）在金属沉积和纳米球去除之后形成点阵阵列

4. 边缘光刻

　　边缘光刻技术是指在传统光刻技术定义的边缘上选择性去除或沉积材料。边缘光刻技术是一种现代光刻技术，用于制造微细结构，尤其是具有高纵横比的结构。该技术利用光的传播和衍射现象，在光刻胶和衬底之间形成边缘聚焦区域，从而实现高分辨率的边缘图案转移。边缘光刻技术通常用于制造微电子芯片、微纳米器件、光学元件和微机电系统（Microelectromechanical System，MEMS）等。以 SiO_2 纳米模具制作为例，如图 6.8 所示，其详细过程如下：

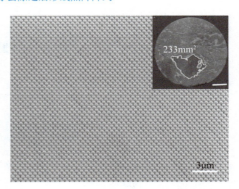

图 6.7　通过 NSL 制备的硅纳米柱阵列的扫描电子显微镜图像

　　首先，硅片表面先沉积了一层 15nm 厚的富含硅氮化物（SiN_x）薄膜，随后通过低压化学气相沉积获得 40nm 的正硅酸乙酯（TEOS）（通过分解正硅酸四乙酯形成二氧化硅）。

　　1）采用光刻技术将图案转移到 TEOS 层中，使用 1% HF 进行刻蚀。

　　2）在去除光刻胶后，以 TEOS 为掩模，使用加热至 180℃ 的 85% H_3PO_4 来制备 SiN_x 的图案。

3）使用 1% HF 去除 TEOS。使用 TMAH 浓度为 2.5%的 OPD4262 作为蚀刻剂，将图案化的 SiN_x 转移到硅衬底上。

4）硅的局部氧化过程。未被 SiN_x 保护的区域在 950℃下进行干氧化。

5）使用 180℃的 85% H_3PO_4 去除 SiN_x 掩模层。

6）使用 OPD4262 对硅进行刻蚀，形成 SiO_2 纳米模具。

尺寸缩减光刻技术类似于边缘光刻技术，可以通过沉积来控制图案尺寸的缩小，尺寸缩减光刻工艺过程如图 6.9 所示。

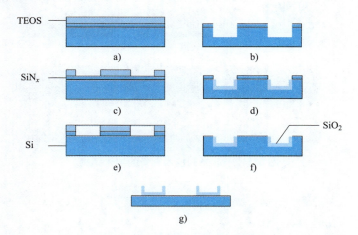

图 6.8　SiO_2 纳米模具制作过程

a）用 SiN_x 和 TEOS 涂覆的硅衬底　b）TEOS 图案　c）SiN_x 图案　d）硅图案
e）硅的局部氧化　f）去除 SiN_x　g）刻蚀硅，形成 SiO_2 纳米模具

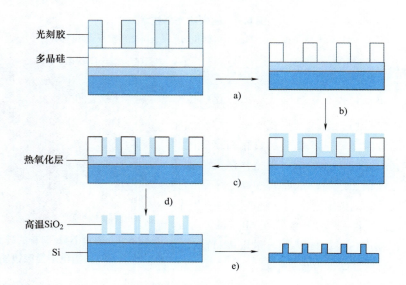

图 6.9　尺寸缩减光刻工艺过程

a）刻蚀多晶硅并去除光刻胶　b）沉积硅氧化物　c）刻蚀氧化物并暴露多晶硅
d）刻蚀多晶硅　e）将图案刻蚀到晶圆并使用 HF 浸泡

6.3　模具表面处理

纳米压印光刻的过程可以简单概括为以下几个步骤：首先，在衬底上涂覆光刻胶，然后通过机械变形将模具压入光刻胶中。在压印过程中，光刻胶（树脂材料等）会通过加热或紫外线照射进行固化。接着，将模具从衬底上脱离，即为脱模。随后，采用等离子体刻蚀等方法将图案转移到其他地方。

在纳米压印光刻技术中，脱模被认为是实现可靠、高质量纳米尺度图案的重要步骤。用于纳米压印光刻的模具表面通常具有高密度的纳米级突起特征。这就有效地增加了与压印聚合物接触的总表面积，从而使压印聚合物与模具紧密黏合。这种效果很容易通过光刻胶材料在没有任何特殊处理的情况下，黏在模具上而体现出来。一般解决脱模问题的方法有：①在光刻胶配方中加入内脱模剂；②在模具上涂抹低表面能涂层，以降低其表面能；③选择具有低表面能的模具材料。最广泛采用的方法是通过液相反应或气相反应，在模具表面形成氟硅烷脱模剂的自组装单层。

通过控制光刻胶和模具之间的黏附力，可以实现适当的脱模。在脱模过程中，光刻胶与模具、光刻胶与衬底之间的黏附力会影响图案结构的质量。当光刻胶与模具之间的黏附力小于光刻胶与衬底之间的黏附力时，实现脱模就更容易。然而，由于模具具有复杂且易碎的纳米结构图案，这会影响脱模过程和图案结构的保真度。可以说，光刻胶与模具之间的黏附力是影响纳米压印图案的一个关键因素。

光刻胶与模具之间的黏附力取决于它们表面能的差异。本节将介绍三种可以降低模具和光刻胶之间黏附力的方法：在模具表面使用自组装单分子层、在模具表面沉积聚合物或者在压印光刻胶材料中引入抗黏分子或沉积金属层。这些方法可以使模具表面更具疏水性。

抗黏附层可以防止模具污染，保持压印图案的保真度，并提高模具的使用寿命。本节将介绍一些与黏附有关的问题，并提供一些改进模具的方法。

6.3.1　黏附与摩擦

在纳米压印光刻工艺中，模具和光刻胶被连接在一起。在分离过程中，模具和压印图案都有被损坏的风险，可能破坏模具和压印的纳米结构。为了避免压印图案和模具的破坏，对于黏附性的研究非常必要。脱模过程示意图如图 6.10 所示。

纳米图案模具的侧壁在脱模过程中与光刻胶发生摩擦。此外，纳米图案模具的上、下表面之间也发生黏附。黏附力可以分为三类：结构力、物理力和化学力。当两个底物接触时，结构黏附占很大的面积。结构黏附可以分为三种类型：表面粗糙度、燕尾结构和摩擦互锁，如图 6.11 所示。

物理黏附力是两个表面之间键合的结果，如范德华键和氢桥。化学黏附力是由离子力、原子力或化学键产生的。黏附力是不同颗粒和/或表面相互黏附的结果。光刻胶和模具在紫外线或热固化后黏合在一起。黏附能的计算公式为：$W_{AB} = U_A + U_B - U_{AB}$，式中，$U_A$ 为聚合物（光刻胶）的表面能；U_B 为固体（模具）的表面能；U_{AB} 为聚合物和固体之间的界面能。将公式简化可得：$W_{AB} = 2C\sqrt{U_A U_B}$，式中，$C$ 为常数。

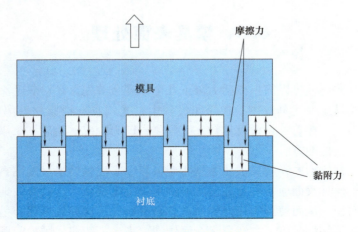

图 6.10　脱模过程示意图

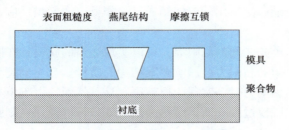

图 6.11　结构黏附的三种类型

从黏附能的公式中可以看出，对于给定的压印光刻胶，黏附能取决于模具的表面能。

在微纳米结构脱模过程中，还要考虑光刻胶（聚合物）和模具之间的摩擦力。如图 6.12 所示，摩擦力包括脱模开始时的静摩擦力和滑动过程中的动摩擦力。由于聚合物的收缩，聚合物和模具在垂直侧壁上会紧密接触。

图 6.12　脱模过程中的摩擦
a）静摩擦　b）动摩擦

6.3.2　模具清洁

半导体微电子设备的性能、可靠性和产品产量受到晶片或设备表面化学污染物和颗粒杂质的严重影响。在纳米压印光刻技术中，模具表面的污染物会直接转移到光刻胶表面，从而对图案的清晰度产生重大影响。因此，模具清洁是纳米压印光刻工艺的必要和关键步骤。

石英或硅模具可通过半导体清洗工艺（如 RCA 清洗工艺）进行清洁。该工艺连续使用两种热溶液 SC-1 和 SC-2，被称为 RCA 标准清洁，其特点是使用纯净和挥发性试剂。长期以来，这些溶液以其原始或改进的形式被广泛用于硅半导体器件的制造。用于第一个处理步骤的 SC-1 溶液由 NH_4OH（氢氧化铵）、H_2O_2 和 H_2O 的混合物组成，也称为氨/过氧化物混合物（Ammonia/Peroxide Mixture，APM）。它可以去除硅和石英表面的有机污染物以及一些 IB 族和 IIB 族金属，如铜、金、银、锌和镉。用于第二个处理步骤的 SC-2 溶液由 HCl（盐酸）、H_2O_2 和 H_2O 的混合物组成，也称为盐酸/过氧化物混合物（Hydrochloric/Peroxide Mixture，HPM）。它可以去除模具表面的碱残留物和残留的微量金属（如金和银），以及金属氢氧化物，包括 $Al(OH)_3$、$Fe(OH)_3$、$Mg(OH)_2$ 和 $Zn(OH)_2$。用于模具清洁的 RCA 化学试剂的化学成分与使用条件见表 6.2。使用 $w(H_2SO_4)=98\%$ 的 H_2SO_4（硫酸）和 $w(H_2O_2)=30\%$ 的 H_2O_2 的混合物，也称为硫酸过氧化物混合物（Sulfuric Peroxide Mixture，SPM），可以去除硅或 SiO_2 晶圆上的有机物，如硬化的光刻胶聚合物图案。H_2SO_4 和 H_2O_2 的体积比为 2∶1~4∶1，温度为 100~130℃，清洗时间为 10~15min。注意，在实验室中处理 SPM 极其危险。使用时，操作人员需要戴上护目镜、面罩和塑料手套。

表 6.2　用于模具清洁的 RCA 化学试剂的化学成分与使用条件

RCA	化学成分与使用条件	主要清洁的污染物
SPM	$H_2SO_4+H_2O_2$，2∶1~4∶1，100~130℃	有机物
SC-1	$NH_4OH+H_2O_2+H_2O$，1∶1∶5~1∶1∶50，40~75℃	有机物、一些金属
SC-2	$HCl+H_2O_2+H_2O$，1∶1∶6~1∶1∶50，40~75℃	碱金属和微量金属

图 6.13 所示为清洗前后二氧化硅模具的显微图像。清洗前，模具表面附着一层压印光刻胶，因为模具表面没有涂覆黏合剂层。经过反复压印操作后，模具表面附着的光刻胶越来越多，从而影响了压印图案的清晰度。清洗后，模具表面清洁且无任何杂质。

a)　　　　　　　　　　　b)

图 6.13　清洗前后二氧化硅模具的显微图像
a）清洗前模具的光学显微图像　b）清洗前模具上典型颗粒的 SEM 图像

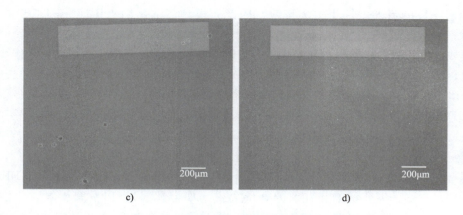

图 6.13　清洗前后二氧化硅模具的显微图像（续）

c）一次清洁工艺后模具的光学显微图像　d）二次清洁工艺后模具的光学显微图像

6.3.3　抗黏附层的制备方法

　　在模具上涂覆抗黏附层是为了降低表面能，便于脱模。同时，还能防止模具污染，减少模具清洁次数，提高模具使用寿命。因此，如何降低模具表面能是纳米压印光刻工艺的关键问题。下面介绍几种可以降低模具表面能的方法。通常采用化学气相沉积法在硅或石英上形成自组装单层或者用等离子体沉积聚合聚四氟乙烯薄膜。最近，NIL 中使用的一种流行材料是类金刚石碳（DLC），它是无定形碳或氢化无定形碳的一种致密转移形式。

1. 等离子体聚合

　　等离子体聚合被广泛用于表示在放电中形成高分子量产物的过程。在过去的几十年中，等离子体已成为改性和沉积各种材料的有效方法。自 1874 年首次观察到等离子体聚合以来，它得到了迅速发展。通过等离子体聚合，几乎可以在所有衬底上生产出涂层黏附力极佳的等离子聚合物薄膜。等离子体聚合物薄膜具有出色的化学、物理和热稳定性。等离子体聚合是指在等离子体的作用下形成聚合物材料，被称为辉光放电聚合。等离子体聚合物沉积方法包括直流、射频-磁控管和射频沉积。等离子体是反应器中存在的气体电离的直接结果，而导致聚合的碎裂则是次要过程。在反应器中，高能电子与碳氢化合物分子碰撞产生 CF_2。沉积层中的 CF_2 键决定了模具的表面能和抗黏性。

　　以聚碳酸酯（PC）和聚甲基丙烯酸甲酯（PMMA）进行热纳米压印光刻为例，在压印 50 次后，抗黏附层的性能依旧保持不变。但随着压印次数的增加，CF_2 键的百分比却随之降低。

2. 自组装单层

　　自组装单层（Self-assembled Monolayer，SAM）是由亲水性的头部基团从气相或液相化学吸附到衬底上，然后由疏水性的尾部基团进行缓慢的二维组装而形成的。亲水性的头部基团在衬底上聚集在一起，而疏水性的尾部基团则在远离衬底的地方聚集，如图 6.14 所示，紧密堆积的分子区域形成核并不断扩大，直到衬底表面被单层覆盖，并将组装固定在一起。

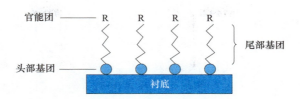

官能团 —— R　R　R　R
　　　　　　　　　　　　　　　} 尾部基团
头部基团 ——

衬底

图 6.14　SAM 形成示意图

SAM 分子以化学方式附着在衬底上，使改性界面的特性（黏附性、润湿性、化学性和导电性）与裸衬底完全不同。许多金属、半导体和氧化物已被证明可在此类衬底上进行自组装。研究人员使用了多种实验方法来探究 SAM 的质量和化学性质，包括宏观原子力显微镜（AFM）和扫描遂道显微镜（STM）、接触角测角仪、X 射线光电子能谱（XPS）、傅里叶变换红外光谱等。

在纳米压印光刻技术中，氟化自组装单层（F-SAM）是最常用的抗黏附层之一。就 F-SAM 而言，其脱模剂是通过气相或液相沉积在石英或硅模具上的化学吸附作用生成的。在此过程中，由于水解效应，每一个 Si—Cl 键会形成一个 HCl 分子。如果使用硅模具作为衬底，则应首先对其进行氧化处理，以形成氯硅烷 SAM。

3. 沉积金属纳米颗粒

金属氧化物等一些材料通过沉积可以形成抗黏附层。该技术一般用于压印模具较大的防黏层。一些金属，如用于热纳米压印的 Cr、Al 和 Ni，具有非润湿性和化学惰性。在热纳米压印工艺中，Cr、Al 和 Ni 被用作防黏材料，实验表明 Ni 是目前最优秀的防黏材料。

TiO_2 是一种非常坚固的不黏涂层，已经在商业上得到广泛应用。为了在模具上使涂层均匀，需要先蒸发金属 Ti，从而在垂直表面上形成涂层，然后再对表面进行氧化处理以形成 TiO_2 抗黏附层。

6.4　压印光刻胶

光刻胶是一种用于制造集成电路的聚合物或其前体与其他小分子的混合物。在紫外线、电子束、离子束或 X 射线的作用下，光刻胶的溶解度或黏度会发生变化。纳米压印过程中使用的光刻胶称为压印光刻胶，它可以作为一种保护衬底的抗蚀刻材料。根据光子曝光后图案结构的极性，光刻胶可分为两类：正光刻胶和负光刻胶。正光刻胶是一种长链分子，曝光后可以分解成短链光刻胶。曝光部分可溶于光刻胶显影剂，而未曝光部分则无法溶解。负光刻胶是一种短链分子，曝光后可以形成长链光刻胶。曝光部分不溶于光刻胶显影剂，而未曝光部分可溶于光刻胶显影剂。

由于纳米压印光刻技术是通过机械压印的方式对表面浮雕图案进行保形复制，因此压印过程中使用的光刻胶材料需要在外加压力下易于变形，并具有足够的强度和良好的脱模性能，以便在脱模过程中保持结构的完整性。在一些应用中，后续工艺还需要光刻胶具有良好的蚀刻性能。在压印过程中，压印光刻胶材料的弹性模量应低于模具的弹性模量。压印光刻胶材料的低模量是保证其能被模具变形的必要条件。

在工业应用中实现纳米压印光刻（NIL），选择合适的压印光刻胶是最重要的问题之一。压印光刻胶必须满足多个要求，如低模量、低黏度、对模具的低黏附性和高蚀刻选择性。在纳米压印光刻工艺中，光刻胶主要用于图案转移层，并通过等离子蚀刻去除。此外，抗蚀层在压印后还可以作为某些设计系统中的组件，通常用于微纳米液体或光子器件领域。

压印光刻胶有几种类型，包括热纳米压印光刻胶（热塑性塑料和热固性塑料）、紫外线固化光刻胶、步进式纳米压印光刻光刻胶和卷对卷纳米压印光刻光刻胶。此外，还有一些新型功能性压印材料也被用作压印光刻胶。本节将对纳米压印光刻过程中常见的光刻胶进行介绍。

6.4.1　热纳米压印光刻胶

热纳米压印所需的高温和高压可能会限制 NIL 技术的产量和应用范围。此外，模具和衬底之间的热膨胀不匹配往往会阻碍图案在大型衬底上的对准和覆盖。

热塑性塑料，也被称为热软化塑料，是一种聚合物。当加热后，它会变为可流动的聚合物，并在充分冷却后变为玻璃相。最常见的热塑性塑料，如聚甲基丙烯酸甲酯（PMMA）、聚碳酸酯（PC）和聚苯乙烯（PS），在超过玻璃化转变温度时会成为黏性液体。然而，加热后的聚合物仍然具有较高的黏度，需要高压力进行压印。此外，热塑性塑料易附着在模具表面，可能导致脱模过程中的缺陷。此外，无定形热塑性塑料的耐受性较差。目前市场上有多种热塑性塑料，如聚乙烯（PE）、聚丙烯（PP）、聚对苯二甲酸丁二酯（PBT）、聚对苯二甲酸乙二醇酯（PET）。

尽管有机压印光刻胶可用于制作高分辨率图案，但模具与光刻胶之间的黏附力较高，通常会导致图案出现缺陷。为了降低黏附力，可以在光刻胶中添加有机硅或氟化物材料。

除了黏附力，高耐蚀性也是必要的。聚二甲基硅氧烷（PDMS）有机嵌段或接枝共聚物尤其值得关注。与 PMMA 和有机聚合物相比，硅氧烷共聚物具有高的开放性、流动性和硅氧烷骨架。它具有低表面能、低玻璃化转变温度和高热稳定性。此外，共聚物会在玻璃化转变温度以上发生微相分离，在衬底上形成具有良好的黏附性和低表面能的"双层"结构。已有研究探究了硅氧烷共聚物光刻胶，包括聚二甲基硅氧烷-聚苯乙烯二嵌段共聚物（PDMS-b-PS）、聚二甲基硅氧烷-接枝-聚甲基丙烯酸甲酯-共聚异冰片酯（PDMS-g-PMIA）和聚二甲基硅氧烷-接枝-聚甲基丙烯酸甲酯（PDMS-g-PMMA）。这些共聚物光刻胶具有高耐蚀性和高分辨率压印性能。

6.4.2　紫外线固化光刻胶

紫外线固化光刻胶需要紫外线照射以固化，固化后材料形状不变。甲基丙烯酸甲酯和环氧丙氧基是常用的紫外光纳米压印树脂材料前驱体。紫外线固化光刻胶由树脂（前体）、光引发剂、溶剂和添加剂四部分组成。

树脂（前体）是紫外线固化光刻胶的主要成分，也是一种高分子量聚合物。在紫外线照射下，前体会发生反应形成聚合物。聚合物的性质取决于前体的特性。根据反应机理，前体通常分为自由基聚合和阳离子聚合。

光引发剂是在光照射下吸收光子，并从激发态形成反应物，从而引发连续反应的分子。

引发材料可以是自由基、阳离子或阴离子。光引发剂最重要的性能指标是在曝光光源波长下的高吸收率和材料形成的高产率。

溶剂可分为活性稀释剂和非活性溶剂。其中，活性稀释剂（反应性溶剂）属于含有聚合官能团的小分子有机物，是紫外线固化光刻胶的重要组成部分。选择高沸点溶剂是为了防止其挥发。此外，活性稀释剂和前体的活性不能有明显差异。如果两者相差太大，活性稀释剂往往会混在一起或与光引发剂发生反应，而不参与聚合物交联。非活性溶剂不能与前体发生反应，只能调节光刻胶的黏度，且在涂覆后会挥发掉。

添加剂用于改善光刻胶的某些性能，如光滑度、气泡或基材与光刻胶之间的黏附性。可使用含有氟利昂或硅有机物的添加剂。表 6.3 列出了常用的紫外线固化光刻胶的组成成分和功能。紫外线固化光刻胶的典型成分中含有 10%~60% 的低聚物树脂，它们负责形成薄膜和基本涂层特性。另外，1%~5% 的光引发剂和添加剂（<5%）可用于定制配方，以满足特殊光刻胶的性能要求。引入活性稀释剂是为了调节黏度。

表 6.3　常用的紫外线固化光刻胶的组成成分和功能

成分	功能	含量（%）	类型
树脂	形成薄膜	10~60	有机、无机-有机混合物
光引发剂	引发反应	1~5	自由基、阳离子或阴离子
溶剂	调节黏度	40~90	有机小分子
添加剂	活化、稳定等	<5	氟、硅类

6.4.3　功能材料

纳米压印光刻技术不仅可以用于在聚合物光刻胶中形成图案，还可以扩展到在许多其他聚合物体系中形成所需的结构，特别是那些具有特殊功能的聚合物体系，或者直接用于形成功能性聚合物器件结构。例如通过共轭聚合物和低聚物在室温下进行纳米压印光刻，所得到的纳米结构可以保持活跃的光学特性。再例如通过纳米压印光刻对导电聚合物 PEDOT 进行高分辨率图案化，可以用作有机薄膜晶体管的电极。这一过程基于反向压印原理，并且在室温下进行，以保持材料的导电性能。生物可降解聚合物在许多生物医学应用（如 DNA 和蛋白质分析芯片）以及组织工程中的支承结构中具有重要的价值。在 75℃ 下对商用聚乳酸塑料进行纳米压印光刻，可以实现生产纳米通道和纳米级孔阵列。

6.5　典型纳米压印光刻工艺

纳米压印光刻工艺通常包括模具改性、光刻胶旋涂、压印和蚀刻图案转移。在压印之前，需要在衬底表面涂上一层薄薄的膜以供压印使用，如何形成均匀的压印膜是一个关键问题。旋涂通常是控制薄膜厚度的常用方法。纳米压印光刻技术主要有热纳米压印光刻、紫外光纳米压印光刻和软光刻三种。目前已有多种软光刻技术被提出，如微接触印刷（CP）、复制成型（REM）、微转移成型（TM）、毛细管微成型（MIMIC）和溶剂辅助微成型（SAMIM），它们广泛应用于各个领域。在纳米压印光刻工艺中，图案缺陷、对齐和全面积压印图案的控制是研究热点之一。近年来，由于软紫外光纳米压印具有与衬底的全面保形接触特性，备受关注。

在纳米压印光刻技术的发展过程中，研究人员提出并深入研究了不同类型的纳米压印光刻技术，包括快速热纳米压印光刻技术、反向纳米压印光刻技术、纳米压印与光刻相结合技术、滚筒纳米压印光刻技术、毛细管力光刻技术、直接压印功能材料技术和三维（3D）纳米压印光刻技术。

压印完成后，如果有必要，下一步是蚀刻工艺，它很大程度上影响图案转移的质量。在大多数情况下，蚀刻工艺采用等离子体蚀刻。结合升降工艺，可以轻松获得高纵横比的纳米图案。

本节将对目前技术最为成熟且应用广泛的热纳米压印光刻、紫外光纳米压印光刻和软光刻进行介绍。

6.5.1 热纳米压印光刻

在热纳米压印光刻过程中，首先在衬底上涂覆一层薄膜。然后，在一定压力下，模具与薄膜表面接触。随着温度升至聚合物的玻璃化转变温度以上，模具上的图案被压入软化的聚合物薄膜中。待冷却后，模具与聚合物分离，图形化的光刻胶留在衬底上。最后，使用等离子工艺将图案转移到衬底上，其一般工艺流程如图 6.2 所示。

图 6.15 所示为热纳米压印光刻过程中的时间-温度曲线和时间-压力曲线。压印温度（T_i）通常比玻璃化转变温度（T_g）高 $70 \sim 90℃$，以使聚合物处于黏性流动状态。表 6.4 列出了常用热纳米压印光刻聚合物材料的玻璃化转变温度（T_g）。

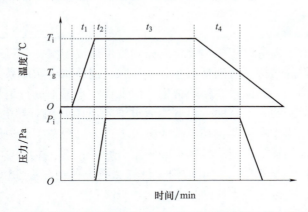

图 6.15　热纳米压印光刻过程中的时间-温度曲线和时间-压力曲线

表 6.4　常用热纳米压印光刻聚合物材料的玻璃化转变温度

聚合物	代号	$T_g/(℃)$
PMMA	AR-P 669.04	$95 \sim 105$
Polystyrene	168N(BASF)	110
PTFE	Teflon AF1601S	160
PPM	mr-I8000	107
PDAP	mr-I9000	63

理想情况下，压印光刻胶应具有良好的流动性和不可压缩性。高黏度聚合物的流动性较差。通过加热聚合物以降低其黏度，可以更容易地填充模具的空腔。聚合物形态随温度变化关系图如图 6.16 所示。

第一阶段：玻璃化转变。当聚合物的温度低于 T_g 时，其脆性增加。当温度升至 T_g 以上时，聚合物变得更像橡胶。

第二阶段：橡胶态。介于玻璃化转变温度 T_g 和凝固温度 T_f 之间的形态。

第三阶段：液态。当温度超过 T_f 时，聚合物链整体运动，通过链的滑动而流动。该区域在纳米压印光刻技术中具有特殊意义。在足够高的温度下，压印聚合物熔体会产生黏性流动。

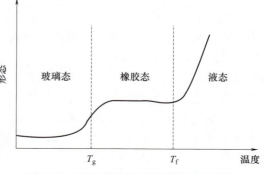

图 6.16　聚合物形态随温度变化关系图

为了使模具能够完全嵌入空腔，需要施加高达 5~10MPa 的压力。因此，模具材料必须具有较高的强度，如 Si、SiO_2、Si_3N_4、金刚石或金属等材料。热纳米压印光刻模具材料还需要具有高热稳定性、低热膨胀系数、低泊松比、低粗糙度和高弹性模量。

6.5.2　紫外光纳米压印光刻

与热纳米压印光刻相比，紫外光纳米压印光刻的光刻胶黏度要小得多，并且模具对紫外线是透明的。紫外光纳米压印光刻具有室温操作、应用压力较低、可对准集成电路器件等优点，其一般工艺流程如图 6.2 所示。

紫外光纳米压印光刻基于压印和光固化的原理。首先，将一个模具（通常由硅胶或石英等材料制成）上的结构进行精确的制备和加工。然后，将被制备的结构与待加工的材料（如聚合物或金属）接触，并施加温度和压力使它们完全贴合。然后，通过照射紫外线光源，激发材料中的光敏剂，并使其在模具结构的引导下发生固化。最后，将模具从材料中移除，留下具有与模具相同结构的纳米尺度图案。

紫外光纳米压印光刻具有很多优势。首先，它能够制备出高分辨率、高精度和高重复性的纳米尺度结构。其次，制备过程简单快速，不需要复杂的设备和昂贵的带宽。此外，紫外光纳米压印光刻还可以用于多种不同材料（如聚合物、金属等）的加工，并且能够实现大面积的生产。

6.5.3　软光刻

软光刻（Soft Lithography）是一种基于化学方法的微纳米加工技术，用于制备微米和纳米尺度的结构。与传统的光刻技术相比，软光刻采用的是软性材料，如弹性聚合物、弹簧胶等，而非刚性的硅胶或石英。

软光刻主要基于模具转移的原理。首先，通过光刻或电子束曝光来制备一张高分辨率的模具（通常由硅制成），模具上有所需的结构。然后，将一个软性材料（如弹性聚合物）与模具接触，使其完全贴合。随后，通过施加适当的压力，将模具上的结构转移到软性材料上。最后，将模具从材料中移除，留下具有与模具相同结构的微米或纳米尺度图案。

软光刻具有许多优势。首先，它可以制备高分辨率和高精度的微米和纳米结构。其次，制备过程简单、快速且成本低，无需复杂的设备和昂贵的光刻光源。此外，软光刻还具有高度的可扩展性，可以用于不同类型的材料，如聚合物、金属等，并且能够进行大面积的加工。

软光刻能制备微米级的通道、微阵列和微滴等结构，用于构建微流体芯片，广泛应用于生物医学研究、化学分析和药物筛选等领域。此外，软光刻还可制备微阵列用于生物分子的检测、基因分析和蛋白质芯片制备。例如，通过软光刻制备的 DNA 芯片可用于基因测序和基因表达研究。软光刻技术还可应用于制备纳米级传感器结构，可用于检测和监测环境中的化学物质和生物分子。此外，软光刻还可制备微米和纳米级光学结构，如光子晶体和光波导器件，广泛应用于光通信和光子集成电路等领域。柔性电子器件如柔性传感器和柔性显示器也可通过软光刻技术制备，这些器件可弯曲和可拉伸，适用于可穿戴设备和智能医疗等领域。

纳米压印光刻技术是一种有效、高效、可扩展的纳米加工技术。它基于模具转移的原理，通过将模具上的微米和纳米结构转移到材料表面，制备高分辨率和高精度的纳米结构。纳米压印光刻技术在纳米电子学、光子学、生物医学和纳米传感器等领域广泛应用。它可制备各种纳米结构，如纳米线、纳米柱和纳米孔，用于制造纳米电路、纳米光子器件、生物芯片和光学元件等。纳米压印光刻技术具有多项优势。首先，它能实现高分辨率和高精度的纳米结构制备。其次，制备过程简单、快速且低成本，相比传统方法具有明显优势。此外，该技术适用于多种不同材料，并可进行大面积加工。

随着纳米科技的发展，对更高分辨率和更精细纳米结构的需求也在增加。未来需进一步改进纳米压印光刻技术，提高分辨率和精度，以满足更高要求的应用需求。

在纳米压印光刻过程中，对纳米结构的形貌和尺寸的控制至关重要。继续深入研究材料特性、制备工艺等方面，以实现更精确的纳米结构控制，提高加工的一致性和可重复性。除了常用的硅胶和石英模板材料，未来还可以探索更多纳米压印光刻材料，如金属、聚合物和生物材料，以应对不同领域的应用需求。同时，也可以探索更广泛的应用领域，如柔性电子和能源存储等。纳米压印光刻技术可与其他纳米加工技术，如纳米光刻和纳米喷墨印刷等结合，实现更多样化的结构制备，进一步提高纳米加工的效率和灵活性。纳米压印光刻技术在多个领域具有广阔的应用前景。随着更多研究和技术的发展，纳米压印光刻技术将继续发展，并对纳米科技的推动和应用产生重要影响。

习题

1. 简要论述纳米压印光刻技术的原理和应用，并说明其在微电子制造中的重要性。
2. 为什么纳米压印光刻技术比传统的光刻技术更有潜力？
3. 纳米压印光刻技术的主要步骤是什么？请简述每个步骤，并说明其作用。
4. 纳米压印光刻技术中对模板有哪些方面的要求？
5. 请说明纳米压印光刻技术中使用的基础材料和工具，并论述它们对成品质量的影响。
6. 纳米压印光刻技术如何实现制造高分辨率和高精度的微米级结构？
7. 纳米压印光刻技术在生物医学工程领域有哪些应用？请选取一个具体的应用，说明其原理和优势。
8. 纳米压印光刻技术中的热纳米压印光刻和紫外光纳米压印光刻有何异同？分别讨论它们的适用范围和优势。

9. 纳米压印光刻技术在能源领域中有哪些应用？请选取一个具体的应用，论述说明其原理和潜在效益。

10. 纳米压印光刻技术的发展趋势是什么？请预测未来该技术的应用领域和可能的改进方向，并做详细论述。

参 考 文 献

[1] CHOU S Y, KRAUSS P R, RENSTROM P J. Imprint of sub-25nm vias and trenches in polymers [J]. Applied Physics Letters, 1995, 67: 3114-3116.

[2] HUANG G T. 10 Emerging technologies that will change the world-nanoimprint lithography [J]. Technology Review, 2003, 106: 33-49.

[3] STEPANOVA M, DEW S. Nanofabrication technique and principles [M]. Heidelberg: Springer, 2012.

[4] FAISAL A, BECKENBACH T, MOHR J, et al. Influence of secondary effects in the fabrication of submicron resist structures using deep X-ray lithography [J]. Journal of Micro/Nanolithography, MEMS, and MOEMS, 2019, 18 (2): 023502.

[5] USHKOV A A, VERRIER I, KAMPFE T, et al. Subwavelength diffraction gratings with macroscopic moiré patterns generated via laser interference lithography [J]. Optics Express, 2020, 28 (11): 16453-16468.

[6] LI X, ZHANG Y, LI M, et al. Convex-meniscus-assisted self-assembly at the air/water interface to prepare a wafer-scale colloidal monolayer without overlap [J]. Langmuir, 2021, 37 (1): 249-256.

[7] OKADA M, KANG Y J, NAKAMATSU I M, et al. Characterization of nanoimprint resin and antisticking layer by scanning probe microscopy [J]. Journal of Photopolymer Science and Technology, 2009, 22: 167-169.

[8] MENG F, LUO G, MAXIMOV I, et al. Efficient methods of nanoimprint stamp cleaning based on imprint self-cleaning effect [J]. Nanotechnology, 2011, 22: 185301.

[9] LEE H, DELLATORE S, MILLER W M. Mussel-inspired surface chemistry for multifunctional coatings [J]. Science, 2007, 318: 426-430.

[10] PISIGNANO D, PERSANO L, RAGANATO M F, et al. Room-temperature nanoimprint lithography of non-thermoplastic organic films [J]. Advanced Materials, 2004, 16: 525.

[11] LI D, GUO L J. Micron-scale organic thin film transistors with conducting polymer electrodes patterned by polymer inking and stamping [J]. Applied Physics Letters, 2006, 88: 063513.

[12] HIRAI Y, TANAKA Y. Application of Nano-imprint lithography [J]. Journal of Photopolymer Science and Technology, 2002, 15 (3): 475-480.

第**7**章 刻蚀

7.1 刻蚀原理

在晶圆表面形成光刻胶图像后，下一步通常是通过刻蚀工艺将该图像转移到光刻胶下的基底材料上。常见的刻蚀方法有湿法刻蚀、等离子体刻蚀（Inductively Coupl Plasma，ICP）、反应离子刻蚀（Reactive Ion Etching，RIE）等。湿法刻蚀，即通过将待加工晶圆浸泡在一种腐蚀溶液中，该溶液与暴露的光刻胶下的衬底材料发生反应以形成可溶性副产物。等离子体刻蚀是利用带电离子的轰击从而对材料进行刻蚀的一种刻蚀方法。反应离子刻蚀是一种干法腐蚀技术，它利用离子诱导化学反应来实现各向异性刻蚀。本章将依次介绍这几种刻蚀方法，然后对一些常见的半导体材料刻蚀进行介绍。

进行刻蚀工艺之后，需要了解一些评价刻蚀工艺好坏的指标。这些指标主要指刻蚀速率、刻蚀方向性、刻蚀选择比、刻蚀偏差等。这些评价指标在评估和优化刻蚀工艺中具有关键作用，可以指导选择合适的刻蚀条件和工艺参数，以实现精确、高效和可控的刻蚀过程。下面将对每个指标进行详细的介绍。

1. 刻蚀速率

刻蚀速率是指材料被刻蚀的速度，它是一个衡量刻蚀过程效率的指标，刻蚀速率越高，单位时间内被刻蚀的材料越多。刻蚀速率的控制对于实现所需的刻蚀深度和刻蚀轮廓的精确控制至关重要。刻蚀速率示意图如图 7.1 所示，刻蚀速率可以用式（7-1）表示：

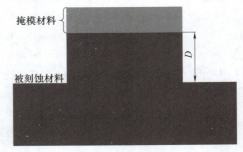

图 7.1 刻蚀速率示意图

$$刻蚀速率 = \frac{D}{t} \tag{7-1}$$

式中，D 为被刻蚀材料所被刻蚀的厚度；t 为刻蚀工艺所用的时间。

刻蚀根据不同的工艺、不同的设备参数、不同的被刻蚀材料以及不同的刻蚀机结构采取不同的刻蚀速率。在制造加工的过程中通常希望采用较高的刻蚀速率。但是，太高的刻蚀速率可能会导致刻蚀过程难以控制。常见的理想刻蚀速率为每分钟几百埃或几千埃。当对一批晶圆同时进行刻蚀时，刻蚀速率可以低于对单个晶圆刻蚀时所需的速率。

2. 刻蚀方向性

刻蚀方向性是指刻蚀过程中离子或原子束对材料刻蚀的方向性。良好的刻蚀方向性可以保证对刻蚀深度和轮廓的精确控制，避免侧壁过度刻蚀或底部过度刻蚀。刻蚀方向性通常用角度来表示，如垂直、近垂直或斜角。

根据刻蚀方向性的不同可以将刻蚀分为各向同性刻蚀和各向异性刻蚀，如图 7.2 所示。各向同性刻蚀指的是在所有方向上以相同的刻蚀速率进行刻蚀，这将导致被刻蚀材料在掩模材料下发生钻蚀，带来预期之外的线宽损失。如果不考虑衬底材料的晶向特点，湿法刻蚀本质上是各向同性刻蚀，因此湿法刻蚀一般不被应用于亚微米器件加工中的选择性图形刻蚀。各向异性刻蚀是指在不同的方向上具有不同的刻蚀速率。对于纳米级尺寸的图形，刻蚀最好具有各向异性，即只在垂直于被刻蚀材料表面的方向进行刻蚀，而对于材料的横向刻蚀相对较少。这种加工方式可以使得芯片上能够制作高密度的图形。干法等离子体刻蚀以及利用晶向特点的湿法刻蚀都能够实现各向异性刻蚀。

刻蚀方向性可以用式（7-2）表示：

$$A = 1 - \frac{R_{\mathrm{L}}}{R_{\mathrm{V}}} \tag{7-2}$$

式中，R_{L} 和 R_{V} 分别为侧向刻蚀速率和垂直刻蚀速率。如果侧向刻蚀速率为零，则称该过程是完全各向异性的，此时 $A = 1$。此外，$A = 0$ 则意味着侧向和垂直刻蚀速率相同。

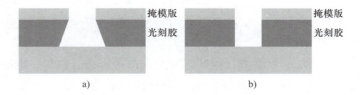

图 7.2 不同刻蚀类型

a）各向同性刻蚀 b）各向异性刻蚀

3. 刻蚀选择比

刻蚀选择比是指在刻蚀过程中，被刻蚀材料与掩模材料之间的刻蚀速率之比。在相同的时间里，刻蚀选择比也可以表示为被刻蚀材料与掩模材料之间的刻蚀厚度之比。刻蚀选择比越高，说明被刻蚀材料的刻蚀速率比掩模材料的刻蚀速率更高，这对于保护掩模图形和避免过度刻蚀被刻蚀材料至关重要。刻蚀选择比示意图如图 7.3 所示，刻蚀选择比可用式（7-3）表示：

$$刻蚀选择比 = \frac{D}{d} \tag{7-3}$$

式中，D 为被刻蚀材料所被刻蚀的厚度；d 为掩模材料被刻蚀的厚度。

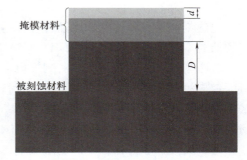

图 7.3 刻蚀选择比示意图

刻蚀选择比越大，表示表面掩模材料被刻蚀的厚度越小，这种情况下越利于进行深刻蚀，也就是对被刻蚀材料进行较深的刻蚀，即 D 较大。例如，一个特定的刻蚀过程可能被描述为在多晶硅上的刻蚀选择比是 20，这表示的是对多晶硅的刻蚀速率是对表面掩模材料刻蚀速率的 20 倍。

4. 刻蚀偏差

刻蚀偏差是指在光刻胶掩模下的侧向刻蚀范围。它可以表示为每侧的下切侧向距离。刻蚀侧壁并不总是垂直的，因此，下切量取决于测量方法。刻蚀偏差示意图如图 7.4 所示，刻蚀偏差表示为掩模材料与被刻蚀材料之间的侧向刻蚀宽度差，刻蚀偏差 $= b_1 - b_2$。大多数电学线路测量对其横截面积敏感，如果刻蚀过程腐蚀了光阻图案，则这种刻蚀也会产生刻蚀偏差。在大多数情况下，尽量避免产生刻蚀偏差，光刻胶下面的图案最好是近乎垂直的。

前面提到的几个指标都可以定量表达，还有几个指标难以量化。第一个是衬底损伤，例如，已经知道在某些类型的等离子体刻蚀下，会刻蚀掉部分 PN 结，对 PN 结性能产生影响。影响程度不仅取决于刻蚀过程，还取决于 PN 结的深度和类型。此外，该刻蚀过程必须要安全，需要保证操作人员的安全，也需要保证对环境的安全。在刻蚀过程中，经常需要使用化学腐蚀

图 7.4　刻蚀偏差示意图

溶液。常用的化学腐蚀溶液比如氢氟酸、盐酸、氢氧化钠等对人体有很强的威胁性。氯基等离子体在刻蚀过程中会产生危险的物质，必须将危险物质进行处理之后才能排放到空气中。许多等离子体刻蚀过程会产生一些危害环境的物质，因此仍然需要对这些刻蚀工艺进行优化。

刻蚀可以通过物理方法、化学方法或同时使用这两种方法。例如，电感耦合等离子体刻蚀是利用一个高能量的惰性原子束在极低压室中对样品进行冲击，它处于纯物理刻蚀的极端。这些过程具有高度各向异性特征，但刻蚀速率几乎与衬底材料无关，离子束刻蚀的刻蚀选择比接近于 1。而湿法刻蚀没有物理冲击，利用的是材料与溶液进行化学反应进行的。这种类型的刻蚀通常具有低各向异性，但可能具有较高的刻蚀选择比。

7.2　湿　法　刻　蚀

湿法刻蚀是一种纯化学腐蚀过程，是一种常用的刻蚀方法，该刻蚀方法具有简单、低损伤和低成本等优点。KOH、NaOH、TMAH、H_3PO_4、HCl、BOE 等溶液作为刻蚀液被广泛应用于湿法刻蚀过程。然而，湿法刻蚀也存在一些缺点，例如缺乏各向异性、工艺控制困难和可能带来污染。尽管如此，由于它具有高刻蚀选择比并且通常不会对衬底造成损坏，因此湿法刻蚀仍被广泛应用于加工过程中。图 7.5 所示为对 GaN 材料进行湿法刻蚀后呈现出的各向异性。

由于反应物通常存在于蚀刻溶液中，湿法刻蚀包含三个步骤：蚀刻物到达晶圆表面、与处于表面的薄膜发生化学反应并产生可溶性副产物以及将反应产物从晶圆表面转移。由于这三个步骤都必须发生，因此最慢的一步被称为速率限制步骤，决定了刻蚀速率。由于通常

希望得到大而均匀且有良好控制的刻蚀速率，因此通常以某种方式搅动湿法蚀刻溶液，以协助蚀刻物到达晶圆表面和蚀刻产物的去除。有些湿法刻蚀过程使用连续的喷雾来确保提供一定浓度的蚀刻物，但这样做会产生大量的化学废料，成本也相应地提高。

在大多数湿法刻蚀过程中，待刻蚀材料通常不直接溶于蚀刻溶液。通常需要将待刻蚀材料从固态转化为液态或气态。如果刻蚀过程产生气体，这些气体可能形成气泡，阻碍蚀刻剂到达表面。这是一个非常严重的问题，因为气泡的出现是无法被预测的。该问题在图案边缘附近最为明显。除了帮助蚀刻剂中的化学物质到达晶圆表面外，搅动化学槽可以减少气泡附着在晶圆上。湿法刻蚀过程的另一个常见问题是光刻胶残留。这种情况发生在部分光刻胶在显影过程中没有被完全去除。常见的原因包括不正确或不完全的曝光以及图案的显影不足。由

图 7.5　对 GaN 材料进行湿法刻蚀后呈现出的各向异性

于其高刻蚀选择比，即使是很薄的一层光刻胶残留物也会完全阻止湿法刻蚀的进行。

最常见的刻蚀过程之一是在氢氟酸溶液（HF）中湿法刻蚀 SiO_2。常用的蚀刻剂比例有 6：1、10：1 和 20：1，意味着 6 体积、10 体积或 20 体积的水与 1 体积 HF 混合。6：1 的氢氟酸溶液将以约 1200Å/min 的速度刻蚀硅氧化物。HF 溶液对氧化物具有极高的刻蚀选择比，因此不易刻蚀硅。虽然对硅会有一定程度的刻蚀，但水会缓慢地将硅表面氧化，而 HF 会刻蚀这层氧化物。常见的刻蚀选择比要高于 100：1。在 HF 溶液中湿法刻蚀氧化物是完全各向同性的。

反应过程的具体细节较为复杂，取决于离子强度、溶液 pH 值和蚀刻剂溶液。刻蚀过程中 SiO_2 的整体反应方程式为

$$SiO_2 + 6HF \rightarrow H_2 + SiF_6 + 2H_2O$$

由于反应会消耗 HF，因此其反应速率会随时间减慢。为了避免这种情况，通常会使用含有缓冲剂（如氟化铵 NH_4F）的 HF 溶液（即 BOE 溶液），通过溶解反应来维持 HF 的浓度保持不变，反应方程式为

$$NH_4F \rightleftharpoons NH_3 + HF$$

式中，NH_3（氨气）是一种气体。缓冲剂也控制着刻蚀液的 pH 值，从而最小化刻蚀光刻胶的发生。

硅氮化物在室温下通过 HF 溶液刻蚀速度非常缓慢。例如，20：1 的室温 BOE 溶液可在大约 300Å/min 的速度下刻蚀氧化物，但对于 Si_3N_4 的刻蚀速率小于 10Å/min。在 140～200℃ 的 H_3PO_4 溶液中可以得到刻蚀效果更好的硅氮化物刻蚀速率。在 70℃ 下使用 3：10 的 49% HF 和 70% HNO_3 混合物刻蚀效果也是不错的。用磷酸溶液刻蚀时，常用水与磷酸的比例为 30：1 的磷酸溶液对硅氮化物进行刻蚀。如果氮化物层暴露在高温氧化环境中，则通常需要在氮化物湿法刻蚀前进行 BOE 浸泡，以去除生长在氮化物顶部的表面氧化物。

对于 GaAs 而言，最常用的湿法蚀刻剂为 H_2SO_4-H_2O_2-H_2O 溶液、Br_2-CH_3OH 溶液、$NaOH$-H_2O_2 溶液和 NH_4OH-H_2O_2-H_2O 溶液。由于许多器件由一个非常薄的材料层叠在另一个材料之上而构成，因此需要对 $Al_xGa_{1-x}As$ 有选择性的刻蚀。需要使用选择性刻蚀来使各个层之间

形成电性接触。最初使用30%的H_2O_2溶液，用NH_4OH或H_3PO_4稀释来控制pH值。在这种蚀刻剂中可以达到30∶1的刻蚀选择比。之后常用的蚀刻剂是I_2-KI溶液、$K_3Fe(CN)_6$-$K_4Fe(CN)_6$溶液和$C_6H_4O_2$-$C_4H_6O_2$溶液，因为这些溶液具备较高刻蚀速率和良好的刻蚀选择比。

7.3 干 法 刻 蚀

7.3.1 等离子体刻蚀

与湿法刻蚀相比，电感耦合等离子体（Inductively Coupled Plasma，ICP）刻蚀具有几个显著优势。相较于简单的浸没湿法刻蚀，等离子体刻蚀更容易起动和停止。此外，等离子体刻蚀过程对晶圆温度的微小变化更不敏感。这两个因素使得等离子体刻蚀比湿法刻蚀更具重复性。对于小尺寸特征来说，等离子体刻蚀可能具有较高的各向异性。等离子体环境中的颗粒数量也比液体介质少得多。此外，等离子体刻蚀过程产生的化学废料相较于湿法刻蚀也更少。

干法刻蚀过程有多种不同的物理和化学作用方式。等离子体刻蚀是利用带电离子的轰击作用进行刻蚀的一种方法。常用惰性气体作为离子源气体进行刻蚀，因为气体本身是惰性气体，离子与样品表面不发生化学反应。等离子体刻蚀有两种方式：等离子体溅射和离子束溅射。在等离子体溅射中，离子只在阴极区加速轰击被加工材料表面，因此溅射效率较低，刻蚀速率通常较慢。因此，等离子体溅射主要用于薄膜沉积工具，如磁控溅射镀膜机中的衬底高能离子清洗工艺。与等离子体溅射不同，离子束溅射系统将产生等离子体和样品刻蚀区域进行了分离。离子束溅射利用加速电极将在等离子体产生区产生的离子引出，并加速轰击样品表面，从而增加刻蚀速率，通常可达到10~300nm/min，远高于一般等离子体溅射刻蚀。离子束溅射广泛应用于各种材料的刻蚀，刻蚀速率取决于材料的离子溅射速度。

等离子体化学刻蚀（Plasma Chemical Etching，PCE）是利用等离子体与样品之间的化学反应进行刻蚀的一种方法，属于各向同性刻蚀。在等离子体化学刻蚀过程中，被刻蚀的样品被放置在阳极表面，由于阳极表面的电场很弱，离子轰击溅射效应可以忽略不计。等离子体化学刻蚀在大规模集成电路制造中可用于表面干法清洗和大面积非图形类刻蚀，如清除光刻胶层。由于其为各向同性刻蚀，也被广泛应用于去除牺牲层，如制作半导体光电器件中的GaN刻蚀阻挡层结构。相比传统的湿法刻蚀，等离子体化学刻蚀具有无液体表面张力的优势，在去除牺牲层时不会使悬空微结构黏附在衬底表面，从而避免整个器件失效。它是一种各向同性的干法刻蚀技术，可以钻蚀到覆盖在微结构下方的牺牲层材料。

对于不同的衬底材料，所使用的刻蚀化学成分也各不相同。表7.1列出了ICP刻蚀对不同材料所使用的气体。

表7.1 ICP刻蚀对不同材料所使用的气体

材料	刻蚀气体
Si	CF_4/O_2，CF_2Cl_2，CF_3Cl，$SF_6/O_2/Cl_2$，$Cl_2/H_2/C_2F_6/CCl_4$，C_2ClF_5/O_2，Br_2，SiF_4/O_2，NF_3，ClF_3，$ClCl_4$，$ClCl_3F_5$，C_2ClF_5/SF_6，C_2F_6/CF_3Cl，CF_3Cl/Br_2
SiO_2	CF_4/H_2，C_2F_6，C_3F_8，CHF_3/O_2

（续）

材料	刻蚀气体
Si_3N_4	CF_4O_2/H_2，C_2F_6，C_3F_8，CHF_3
有机物	O_2，CF_4/O_2，SF_6/O_2
Al	BCl_3，BCl_3/Cl_2，$CCl_4/Cl_2/BCl_3$，$SiCl_4/Cl_2$
硅化物	CF_4/O_2，NF_3，SF_6/Cl_2，CF_4/Cl_2
GaN	BCl_3/Ar，BCl_3/Cl_2
GaAs	BCl_3/Ar，$Cl_2/O_2/H_2$，$CCl_2F_2/O_2/Ar/He$，H_2，CH_4/H_2，$CClH_3/H_2$
InP	CH_4/H_2，C_2H_6/H_2，Cl_2/Ar
Au	$C_2Cl_2F_4$，Cl_2，$CClF_3$

进行等离子体刻蚀，必须经历六个步骤：将进入反应室的进料气体分解成活性离子。这些离子必须扩散到晶圆表面并被吸附。一旦在晶圆表面上，它们就可以在表面上移动（表面扩散），直到与暴露的薄膜发生反应。反应产物必须脱附，从晶圆上扩散开，并被气流带出刻蚀室。与湿法刻蚀类似，刻蚀速率由这些步骤中最慢的步骤决定。

在等离子体刻蚀过程中，待刻蚀膜的表面受到离子、自由基、电子和中性粒子的入射通量影响。尽管中性粒子通量远超过其他粒子，但物理损伤与离子通量相关。化学攻击则取决于离子通量和自由基通量。通常，这种轰击会形成一个几个原子层厚的改性表面层。

7.3.2 反应离子刻蚀

反应离子刻蚀（RIE）是一种各向异性很强、刻蚀选择比高的干法刻蚀技术，它利用离子诱导化学反应来实现各向异性刻蚀，即利用离子能量使被刻蚀层的表面形成容易刻蚀的损伤层和促进化学反应，同时离子还可清除表面生成物以露出清洁的刻蚀表面。RIE技术被广泛应用在微电子制造、光掩模制造、微机械加工和化合物半导体加工等领域。

氯基等离子体通常用于各向异性刻蚀硅、GaAs和基于铝的金属化合物。尽管氯基等离子体具有腐蚀性，但CCl_4、BCl_3和Cl_2等氯化前体具有较高的蒸气压，且前体和刻蚀产物更容易处理。离子轰击极大地增加了氯对表面的穿透能力。因此，那些遭受离子轰击的表面比未经轰击的表面能够更快地进行刻蚀，特别是相较于几乎没有经受到离子轰击的垂直侧壁。由于这些效应，在氯化物反应离子刻蚀中，无掺杂的多晶硅或单晶硅的刻蚀剖面几乎完全各向异性。可以通过调整Cl_2和生成的气体（如BCl_3、CCl_4或$SiCl_4$）的相对浓度来实现各向同性的刻蚀剖面。

氯化物反应离子刻蚀中的一个严重问题是氯化物对光刻胶的刻蚀。在RIE刻蚀铝中，由于连接层的厚度、可能存在的严重拓扑结构以及刻蚀产物$AlCl_3$的存在，加速了光刻胶的刻蚀。一些光刻胶供应商提供了抗氯刻蚀的光刻胶来解决这个问题，但即使使用这些光刻胶，氯化物对光刻胶的刻蚀仍然是一个很大的问题。

大多数GaAs的各向异性刻蚀也是通过氯化物反应离子刻蚀实现的。纯化学的各向同性刻蚀发生在高压等离子体中，而在强离子轰击，低于10mTorr的腔室压力下会发生各向异性刻蚀。由于Ⅲ族和Ⅴ族卤化物的刻蚀速率差异，GaAs沿某些晶面比其他面更快地刻蚀。在低功率、高压Cl_2等离子体中，可能会出现明显的面内刻蚀。为了避免这个问题，可以在等离子体中添加化合物形成聚合物，并对侧壁进行钝化处理。

可以使用基于氢基的化学方法来进行 GaAs 的各向异性刻蚀。反应后砷元素将与氢元素形成几种氢化物，其中最稳定的是 AsH_3。为了将镓挥发，需要添加 5%~25% 的甲烷。最大的刻蚀速率出现在温度大约为 500K 时。单甲基镓自由基和三甲基镓化合物 $Ga(CH_3)_3$ 都是挥发性产物。然而，在高甲烷浓度下会发生过多的聚合反应，从而停止刻蚀。使用氯基甲烷也可以实现具有非常高刻蚀速率的各向异性刻蚀。

在含氟的 RIE 中，与氯基 RIE 一样，刻蚀的各向异性可能是由侧壁钝化、水平表面的物理损伤或两者的组合所致。物理损伤机制被认为可用化学溅射模型描述。在该模型中，离子轰击提供能量，增加表面物的迁移性和反应性。

7.4　刻蚀技术应用

7.4.1　蓝宝石衬底的刻蚀

由于蓝宝石的化学性质比较稳定，在常温下对其使用湿法刻蚀很难达到刻蚀效果。但是在 280℃ 高温下，采用磷酸和硫酸混合溶液可以将蓝宝石衬底刻蚀。湿法刻蚀可以利用蓝宝石的晶向特性，制备不同形状的蓝宝石图形衬底，降低制造成本。但是在实验过程中操作处理 280℃ 高温下的混合溶液比较困难，因此对蓝宝石衬底进行刻蚀广泛使用 ICP 干法刻蚀技术。掩模材料常使用 SiO_2 掩模和光刻胶掩模，之后在蓝宝石衬底上刻蚀出预期的微型结构。刻蚀蓝宝石（Al_2O_3）衬底常用 BCl_3 和其他气体构成的混合气体，这是由于 BCl_3 中的硼原子与 Al_2O_3 中的氧原子结合，可以产生具有挥发性的 $BOCl_x$。本节将使用由 BCl_3 和 Ar 组成的混合气体来对蓝宝石衬底进行 ICP 干法刻蚀。图 7.6 所示为蓝宝石衬底刻蚀速率随 BCl_3 和 Ar 混合气体中 BCl_3 含量变化的曲线。从图 7.6 中可以看出，当混合气体中 BCl_3 的占比增大时，蓝宝石衬底的刻蚀速率也逐渐变快。这是因为，增加 BCl_3 含量提高了等离子体中 BCl 和 Cl 活性粒子浓度，增强了对蓝宝石衬底的化学刻蚀作用。

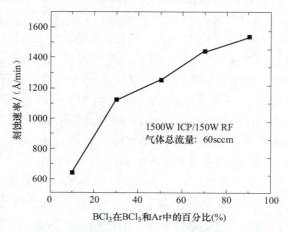

图 7.6　蓝宝石衬底刻蚀速率随 BCl_3 和 Ar 混合气体中 BCl_3 含量变化的曲线

当使用纯 BCl_3 气体刻蚀蓝宝石衬底时，刻蚀速率随 BCl_3 气体流量变化曲线，如图 7.7 所示。从图 7.7 中可以看出，当 BCl_3 气体流量从 10sccm 增加至 50sccm 时，蓝宝石衬底的刻蚀速率逐渐增加。然而，进一步增加 BCl_3 气体流量会导致蓝宝石衬底的刻蚀速率下降。

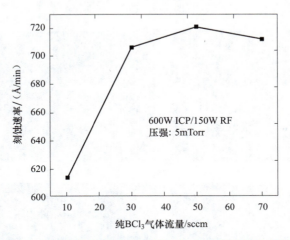

图 7.7 蓝宝石衬底刻蚀速率随 BCl_3 气体流量变化曲线

蓝宝石衬底的刻蚀速率也与反应腔体内的压强有很大的关系，将 ICP 功率与射频（Radio Frequency，RF）功率分别保持在 2000W 与 100W，将 BCl_3 和 Ar 混合气体的总流量设置为 60sccm（其中 BCl_3 流量为 54sccm，Ar 流量为 6sccm）。图 7.8 所示为蓝宝石衬底的刻蚀速率随腔体压强变化的曲线。从图 7.8 中可以看出，随着腔体压强的增加，蓝宝石衬底的刻蚀速率逐渐下降。这是由于腔体压强增加导致反应气体中的离子浓度降低，进而导致蓝宝石刻蚀速率下降。

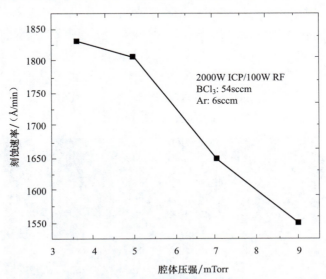

图 7.8 蓝宝石衬底刻蚀速率随腔体压强变化的曲线

制作周期性条形蓝宝石图形衬底的流程主要有：蓝宝石清洗、覆盖掩模材料、光刻转移图形、等离子体刻蚀、去除掩模材料以及表面清洗。采用 BCl_3 和 Ar 混合气体对蓝宝石衬底进行刻蚀，刻蚀掩模材料为 SiO_2，刻蚀形貌如图 7.9 所示。图 7.9a 和图 7.9b 是在 80% BCl_3

和 20% Ar 的混合气体组分、5mTorr 的腔体压强、2000W ICP 功率和 100W RF 功率的刻蚀条件下进行刻蚀，此时蓝宝石衬底的刻蚀速率是 181nm/min。图 7.9c 和图 7.9d 是在 90% BCl_3 和 10% Ar 的混合气体组分、5mTorr 的腔体压强、1500W ICP 功率和 150W RF 功率的刻蚀条件下进行刻蚀，此时蓝宝石衬底的刻蚀速率是 172nm/min。

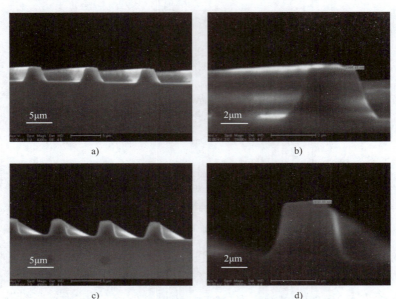

图 7.9　蓝宝石衬底上周期性条形图案的 SEM 图

制作周期性半球形蓝宝石图形衬底的方法是使用光刻胶作为掩模材料，先在蓝宝石衬底上旋涂一层由 Futurrex 公司生产的 NR71-3000P 光刻胶，随后进行光刻工艺形成周期性圆形图案。紧接着在热板上烘烤并在 140~150℃的温度下进行回流 5min，使光刻胶上圆形图案的中心高于两侧，形成半球形图案。采用 BCl_3 和 Ar 混合气体对蓝宝石衬底进行 ICP 刻蚀，ICP 刻蚀的工艺参数如下：气体组分为 48sccm BCl_3 和 12sccm Ar、5mTorr 的腔体压强、2000W 的 ICP 功率和 100W 的 RF 功率，刻蚀时间 8min，蓝宝石衬底的刻蚀速率为 181nm/min。在蓝宝石衬底上形成直径为 722nm、高度为 437.2nm、间距为 290nm 的半球形图案，如图 7.10 所示。

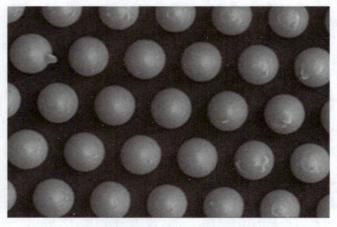

图 7.10　蓝宝石衬底上周期性半球形图案的 SEM 图

7.4.2　ITO 材料的刻蚀

ITO 透明导电薄膜具备良好的导电性和透光性，并且相比于其他透明导电薄膜，具有良好的化学稳定性、热稳定性和图形加工特性。电阻率和透光率是衡量 ITO 薄膜性能的重要指标。使用电子束蒸发设备在 LED 外延片上蒸镀 230nm 厚的 ITO 薄膜，并测得其对 456nm 波长的蓝光透光率为 95%。通过刻蚀工艺对 LED 芯片上的 ITO 薄膜进行图形化处理，可以提高 LED 芯片的光提取效率。本节将介绍 ITO 薄膜的湿法刻蚀、干法刻蚀和激光直写等技术，其中湿法刻蚀技术用于在 ITO 薄膜上形成周期性和随机分布的圆形和六边形图形，激光直写技术用于在 ITO 薄膜上形成周期性分布的图形。

使用 BCl_3 和 Ar 混合气体对 ITO 薄膜进行刻蚀，并研究混合气体的组分比、腔体压强、ICP 功率和 RF 功率对 ITO 薄膜刻蚀速率的影响。在实验过程中，首先使用划片机将蒸镀厚度为 230nm 的 ITO 透明导电薄膜 LED 外延片切割成多个 10mm×10mm 的样品。然后，将样品放置在 ICP 设备中，采用 BCl_3 和 Ar 混合气体对 ITO 进行刻蚀。刻蚀过程中，使用正光刻胶（AZ4620）作为掩模材料。刻蚀深度通过 Dektak 台阶仪进行测试，刻蚀速率可由刻蚀深度计算得到。图 7.11 所示为 ITO 薄膜刻蚀速率和直流偏置电压随 BCl_3 和 Ar 混合气体中 BCl_3 含量变化的曲线。实验中，采用 300W 的 ICP 功率和 100W 的 RF 功率，7mTorr 的反应腔体压强，60sccm 的 BCl_3 和 Ar 混合气体总流量。从图 7.11 中可以看出，当 BCl_3 在混合气体中的占比从 10% 增加到 70% 时，ITO 薄膜刻蚀速率从 18nm/min 上升到 23nm/min，但进一步增加 BCl_3 的占比会导致 ITO 薄膜刻蚀速率下降。此外，随着 BCl_3 含量的增加，直流偏置电压先升高后降低，这表明在 BCl_3 和 Ar 混合气体对 ITO 薄膜进行刻蚀的过程中，既有 BCl_3 与 ITO 之间的化学反应，也有 Ar 离子对 ITO 表面的物理溅射。

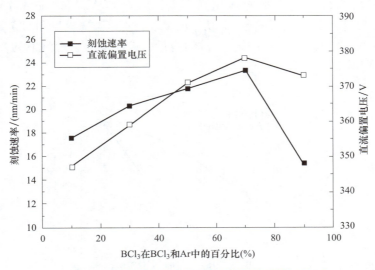

图 7.11　ITO 薄膜刻蚀速率和直流偏置电压随 BCl_3 和 Ar 混合气体中 BCl_3 含量变化的曲线

BCl_3 气体对 ITO 薄膜刻蚀速率的影响是多重的：一方面，BCl_3 能够捕获 In_2O_3 和 Sn_2O_3 等金属氧化物中的氧原子形成 BOCl、$(BOCl)_3$、Cl_xO_y 等刻蚀产物，从而增加 ITO 薄膜的刻蚀速率；另一方面，BCl_3 与 In_2O_3 和 Sn_2O_3 金属氧化物反应生成的 $SnCl_x$、$InCl_x$ 和 B_xO_3 等刻蚀产物具有低挥发性，不易从 ITO 薄膜表面解吸附，因此降低了 ITO 薄膜的刻蚀速率。此外，Ar 离子轰击 ITO 薄膜表面可以加速低挥发性刻蚀产物的解吸附，有助于促进 BCl_3 与 ITO 薄膜之间的化学反应。

ITO 薄膜刻蚀速率与反应腔体压强有很大的关系。采用 300W 的 ICP 功率和 100W 的 RF 功率，42sccm 的 BCl_3 气体流量和 18sccm 的 Ar 气体流量，ITO 薄膜刻蚀速率和直流偏置电压随腔体压强变化曲线如图 7.12 所示。从图 7.12 中可以看出，ITO 薄膜刻蚀速率随着反应腔体压强的增加而降低。

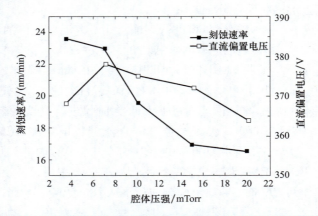

图 7.12　ITO 薄膜刻蚀速率和直流偏置电压随腔体压强变化曲线

图 7.13 所示为 ITO 薄膜刻蚀速率和直流偏置电压随 RF 功率变化的曲线。实验中，保持 300W 的 ICP 功率和 7mTorr 的腔体压强不变，BCl_3 和 Ar 气体流量分别为 42sccm 和 18sccm。从图 7.13 中可以看出，随着 RF 功率的增加，直流偏置电压和 ITO 薄膜刻蚀速率均增加。直流偏置电压的增加会提高离子轰击的能量，进而增加物理溅射的产率，从而导致 ITO 薄膜刻蚀速率增加。

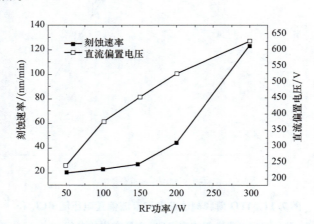

图 7.13　ITO 薄膜刻蚀速率和直流偏置电压随 RF 功率变化的曲线

图 7.14 所示为 ITO 薄膜刻蚀速率和直流偏置电压随 ICP 功率变化的曲线。在实验中，保持 100W 的 RF 功率和 7mTorr 的腔体压强不变，采用 42sccm 的 BCl_3 气体流量和 18sccm 的

Ar 气体流量。从图 7.14 中可以看出，ITO 薄膜刻蚀速率随着 ICP 功率的增加而逐渐增加，同时直流偏置电压会逐渐减小。ICP 功率的提高将产生更多的离子，从而使化学刻蚀作用增强。然而，随着 ICP 功率的提高，直流偏置电压逐渐下降，这会削弱离子轰击产生的物理溅射过程。综合而言，当 ICP 功率增加时，ITO 薄膜刻蚀速率随之逐渐增加，此时化学刻蚀作用处于主导地位。

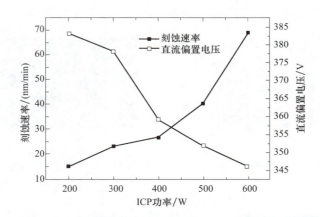

图 7.14　ITO 薄膜刻蚀速率和直流偏置电压随 ICP 功率变化的曲线

　　经过上述分析可知，对 ITO 使用 ICP 干法刻蚀的刻蚀速率较低。当使用 300W 的 ICP 功率，100W 的 RF 功率，7mTorr 的腔体压强，42sccm 的 BCl_3 气体流量及 18sccm 的 Ar 气体流量时，ITO 薄膜的刻蚀速率为 23nm/min，该刻蚀速率相对较低。采用湿法刻蚀技术对 ITO 透明导电薄膜进行图形化更为常见，这种方法具有速率快、成本低等优点。常用的湿法刻蚀溶液由硝基盐酸（Aqua Regia，王水）、盐酸和 ITO 腐蚀液（主要成分为 KI 溶液）组成。图 7.15 所示为在 ITO 透明导电薄膜上使用湿法刻蚀技术形成的周期性分布的圆形和六边形图形。

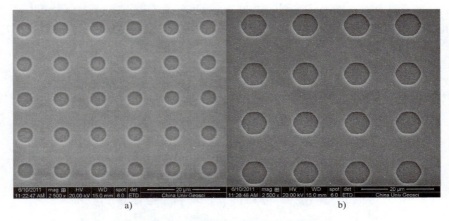

图 7.15　ITO 薄膜上周期性分布的图形
a）圆形　b）六边形

　　图 7.16 所示为在 ITO 透明导电薄膜上利用湿法刻蚀技术在其表面形成的随机分布的圆形和六边形图形。

采用 ICP 干法刻蚀 ITO 薄膜的刻蚀速率较低，而采用盐酸、硝基盐酸和 ITO 腐蚀液对 ITO 透明导电薄膜进行湿法刻蚀则具有速率快、成本低等优点，因此常采用湿法刻蚀技术对 ITO 透明导电薄膜进行图形化。激光直写技术是制作光学元件的主要技术之一，它利用强度可变的激光束对衬底表面的抗蚀材料进行变剂量曝光，显影后便在抗蚀层表面形成所需的浮雕轮廓。激光直写技术加工 ITO 透明导电薄膜的精度可达到亚微米量级，图 7.17 所示为采用激光直写技术在 ITO 透明导电薄膜上形成周期性分布的针孔形阵列的 SEM 图。

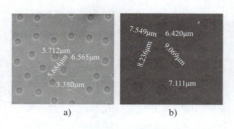

图 7.16　ITO 薄膜上随机分布的图形
a）圆形　b）六边形

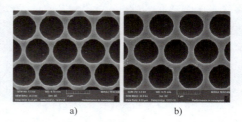

图 7.17　ITO 薄膜上周期性分布的针孔形阵列
a）400nm　b）600nm

7.4.3　SiO_2 材料的刻蚀

在使用等离子体增强化学气相沉积（Plasma Enhanced Chemical Vapor Deposition，PECVD）设备沉积 SiO_2 薄膜后，需要对 SiO_2 掩模进行刻蚀以进行图形转移。在图形边缘质量要求不高的情况下，可以采用湿法刻蚀技术来刻蚀 SiO_2，常使用氢氟酸（HF）溶液作为湿法蚀刻剂。为了减少在湿法刻蚀过程中出现 HF 对光刻胶的钻蚀和氢化物的损失，可以在氢氟酸溶液中加入氟化铵（NH_4F）作为缓冲剂。这种加入 NH_4F 的氢氟酸溶液被称为缓冲氧化物刻蚀液（Buffered Oxide Etch，BOE）。在使用 BOE 溶液刻蚀 SiO_2 时需要注意以下两点：一是由于氢氟酸具有强腐蚀性，实验必须在通风橱中进行；二是如果在实验过程中不慎让氢氟酸接触到皮肤，应立即用"六氟灵"进行冲洗，然后用流水继续冲洗至少 15min。图 7.18 所示为采用 BOE 溶液湿法刻蚀 SiO_2 形成电流阻挡层结构的光学显微镜图，其长度为 15.79μm。

图 7.18　BOE 溶液湿法刻蚀 SiO_2 形成电流阻挡层结构的光学显微镜图

7.4.4　GaN 材料的刻蚀

在 LED 芯片制造加工过程中，需要对 GaN 材料进行刻蚀以满足不同的工艺。例如，在 LED 外延片上需要采用 ICP 刻蚀技术对 GaN 进行刻蚀，刻蚀深度约为 $1.5\mu m$，将 n-GaN 暴露出来，在 n-GaN 上面制作 N 型电极。在高压 LED 芯片制造加工过程中，需要对 GaN 进行深刻蚀形成隔离沟槽微结构，此时的刻蚀深度为 $4 \sim 8\mu m$。另外，常使用干法刻蚀或湿法刻蚀在 GaN 的表面制造微纳米结构，来提高 LED 芯片的出光效率。因此，具有低损伤、低成本及高效率的刻蚀技术对于提高 LED 芯片的光电性能和降低制造成本非常重要，本节将介绍 GaN 材料的湿法刻蚀及干法刻蚀。

1. GaN 材料的湿法刻蚀

湿法刻蚀是一种用于 GaN 材料刻蚀的常用方法，具有工艺简单、损伤低、成本低等优点。目前常用 TMAH、KOH、HCl、H_3PO_4、NaOH 等溶液来刻蚀 GaN 材料。经 MOCVD 在 （0001） 面蓝宝石衬底上生长的 GaN 薄膜是 Ga 极性面 GaN，其侧面则包括 m 面和 a 面。图 7.19 所示为纤锌矿结构 GaN 晶体晶面示意图。

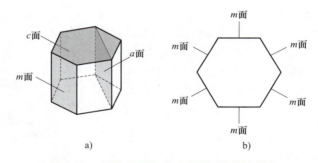

图 7.19　纤锌矿结构 GaN 晶体晶面示意图

Ga 极性面 GaN 材料化学性质稳定，在常温下难以用酸溶液或碱溶液对其进行刻蚀，因此一般采用高温溶液刻蚀 GaN 材料。采用湿法刻蚀技术对 GaN 材料进行刻蚀时，不同晶面的 GaN 材料的刻蚀速率不同。刻蚀 GaN 材料各个晶面的难易程度由大至小依次为 Ga 极性 c 面、a 面、m 面、N 极性 c 面。使用温度为 165℃、浓度为 5mol/L 的 KOH 乙二醇溶液刻蚀 Ga 极性 p-GaN 材料 30min 后，可以在 p-GaN 层上观察到粗化结构，如图 7.20a 所示。图 7.20b 所示为采用 80℃的 KOH 溶液对 N 极性 u-GaN 刻蚀之后的 SEM 图。图 7.20c 所示为采用 85℃的 TMAH 溶液对 m 面和 a 面 u-GaN 刻蚀 5min 之后的 SEM 图。从图 7.20c 中可以看出，TMAH 溶液在 m 面上刻蚀出了纳米尺度棱镜结构，而 a 面则没有出现明显的变化。

湿法刻蚀不仅可以用于刻蚀 GaN 材料，还可以用于 GaN 材料表面损伤的修复，提升 LED 的性能。使用 85℃的 TMAH 溶液对经过 ICP 刻蚀处理的 GaN 材料进行刻蚀，不仅能去除 p-GaN 层表面的氧化物，还能增加 p-GaN 层表面空穴浓度。此外，还可以使用 NaOH、KOH、H_3PO_4 溶液来去除干法刻蚀 GaN 过程中产生的损伤。

将湿法刻蚀技术进行改进形成光电化学 （Photoelectrochemistry，PEC） 刻蚀，来提升在

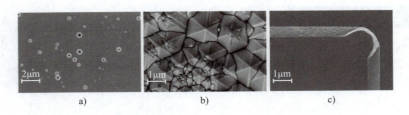

图 7.20　不同溶液腐蚀 GaN 材料后的 SEM 图

a）KOH 乙二醇溶液（165℃）刻蚀 Ga 极性 p-GaN 之后的 SEM 图　b）KOH 溶液（80℃）刻蚀 N 极性 u-GaN 之后的 SEM 图
c）TMAH 溶液（85℃）刻蚀 *m* 面和 *a* 面 u-GaN 之后的 SEM 图

常温下对 GaN 材料的刻蚀速率。该方法利用特定波长的光辐照正在进行湿法刻蚀的 GaN 样品，使 GaN 表面产生电子-空穴对，导致 GaN 材料表面能带在与刻蚀溶液的交界处发生弯曲。对于 n-GaN 材料，其表面的能带在与刻蚀溶液的交界处向上弯曲，导致空穴在 n-GaN 材料表面聚集，从而使 n-GaN 材料表面发生氧化，并最终溶解在湿法刻蚀溶液中。而对于 p-GaN 材料，其表面能带在与刻蚀溶液的交界处向下弯曲，导致电子在 p-GaN 材料表面聚集，从而抑制 p-GaN 材料的刻蚀。图 7.21 所示为光电化学刻蚀的原理图。

采用光电化学刻蚀方法可以实现高速刻蚀，并制备复杂微纳结构和剥离衬底。将 n-GaN 材料放在常温下的 KOH 溶液中，然后使用波长为 365nm 的汞灯进行辐照。当光辐照强度达到 50 mW/cm² 时，GaN 的刻蚀速率可达 300nm/min。利用光电化学刻蚀方法，在 GaN 上刻蚀出纵横比为 7.3 的深沟槽结构。当刻蚀深度达到 30μm 时，侧向刻蚀宽度小于 1μm，如图 7.22 所示。在 n-GaN 衬底上生长 InGaN 牺牲层，再在其上进行外延结构生长。通过使用能量小于 GaN 禁带宽度的紫外光照射 GaN 衬底，使 InGaN 层吸收光子能量后被 KOH 溶液刻蚀，从而实现 GaN 衬底剥离的目的。

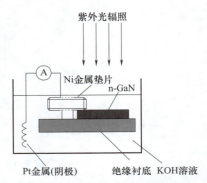

图 7.21　光电化学刻蚀原理图

光电化学刻蚀方法对不同掺杂类型的 GaN 材料具有刻蚀选择性，可用于垂直结构 LED 芯片的 n-GaN 表面和水平结构 LED 芯片的 p-GaN 表面的粗化处理，但不能用于对 GaN 外延层进行深刻蚀。当使用光电化学刻蚀方法制造半导体器件时，从 Pt 电极到 GaN 薄膜的方向上存在横向电位梯度，导致沿着电位梯度会出现刻蚀不均匀的现象。为解决这一问题，对光电化学刻蚀进行了改进，开发出了无电极光电化学刻蚀技术。该技术采用氧化剂（S₂O₈）代替 Pt 电极，可用于对 N 极性 n-GaN、Ga 极性 p-GaN 和台阶侧壁进行粗化处理。

2. GaN 材料的干法刻蚀

在 LED 芯片制造过程中，为了能够在 LED 上形成台阶结构，常使用 ICP 干法刻蚀技术对其进行刻蚀。在 LED 芯片制造过程中，常用的干法刻蚀技术包括电子回旋共振（Electron Cyclotron Resonance，ECR）刻蚀、反应离子刻蚀（RIE）和 ICP 刻蚀。表 7.2 对 ECR、RIE 和 ICP 这三种不同的干法刻蚀技术进行了对比分析。

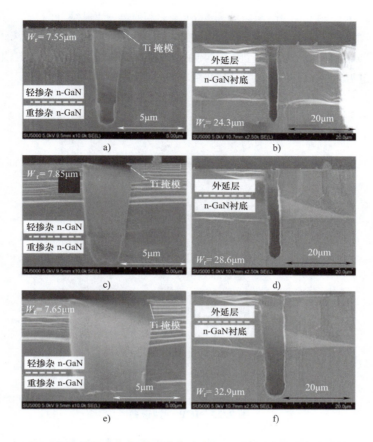

图 7.22 采用光电化学刻蚀方法在 GaN 材料上刻蚀出微结构

a）光电化学刻蚀深度和 Ti 掩模宽度分别为 7.55μm 和 1.4μm b）光电化学刻蚀深度和 Ti 掩模宽度分别为 24.3μm 和 1.4μm
c）光电化学刻蚀深度和 Ti 掩模宽度分别为 7.85μm 和 2.8μm d）光电化学刻蚀深度和 Ti 掩模宽度分别为 28.6μm 和 2.8μm
e）光电化学刻蚀深度和 Ti 掩模宽度分别为 7.65μm 和 5.6μm f）光电化学刻蚀深度和 Ti 掩模宽度分别为 32.9μm 和 5.6μm

表 7.2 ECR、RIE 和 ICP 三种干法刻蚀技术的比较

干法刻蚀技术	ECR	RIE	ICP
工作压强	<3mTorr	<100mTorr	3～15mTorr
离子浓度	$10^{11}\sim10^{12}/cm^3$	$10^9\sim10^{10}/cm^3$	$10^{11}\sim10^{12}/cm^3$
裂解速率	高	低	高

从表 7.2 可以看出，在这三种常用的干法刻蚀技术中，因为 RIE 产生的离子浓度最低，工作压强最高，所以其刻蚀速率最慢。与 RIE 相比，ECR 刻蚀技术具有更高的各向异性刻蚀形貌以及更快的刻蚀速率。而 ICP 相较 ECR 在更高的压强下运行，能够产生更多的化学反应成分，因此具有更快的刻蚀速率。与 RIE 相比，ICP 刻蚀技术能够单独控制离子浓度和离子能量，具有易于控制、成本低、均一性好等优点。由于 ICP 刻蚀具备众多优点，因此 ICP 刻蚀技术被广泛应用于 LED 芯片的制造加工过程中。

英国 Oxford 公司的 Plasmalab System 100 是一种常用的 ICP 刻蚀设备，如图 7.23 所示。

该设备使用质量流量控制器（Mass Flow Controller，MFC）控制刻蚀气体的流量，并具有两个自动匹配网络控制的射频源，其中一个射频源（ICP 功率）可单独控制离子密度，另一个射频源（RF 功率）可单独控制离子能量。衬底两侧的涡轮分子泵可将刻蚀生成物抽走，衬底的温度可以通过温控系统进行控制，温度范围是−150～400℃。

图 7.23　ICP 刻蚀设备

本节使用氯气（Cl_2）和 BCl_3 组成的混合气体对 GaN 材料进行刻蚀。当气体进入 ICP 刻蚀设备反应室后，在射频电场的作用下将产生等离子体辉光放电，刻蚀气体被分解成多种粒子和离子，包括中性粒子、活性自由基（Cl、BCl）、电子（e）、带正电的离子（BCl_2^+、Cl^+、Cl_2^+）以及带负电的离子（Cl^-）。Cl_2 和 BCl_3 混合气体将在反应室内发生如下的分裂和电离过程：

$$Cl_2+e \rightarrow Cl+Cl+e \qquad\qquad Cl+e \rightarrow Cl_2^+ +2e$$
$$Cl_2+e \rightarrow Cl+Cl^- \qquad\qquad Cl_2+e \rightarrow Cl+Cl^+ +2e$$
$$BCl_3+e \rightarrow BCl_2+Cl+e \qquad\qquad Cl+e \rightarrow Cl^+ +2e$$
$$BCl_3+e \rightarrow BCl+2Cl+e \qquad\qquad BCl_2+e \rightarrow BCl_2^+ +Cl^+ +2e$$
$$BCl_3+e \rightarrow BCl_2+Cl^+ +2e \qquad\qquad BCl_3+e \rightarrow BCl^+ +2Cl+2e$$
$$BCl_2+e \rightarrow BCl+Cl+e \qquad\qquad BCl_2+e \rightarrow BCl_2^+ +2e$$

ICP 刻蚀过程中存在复杂的物理溅射和化学刻蚀过程。物理溅射是高能离子对被刻蚀物质表面材料进行轰击导致溅射现象。例如，在电场作用下带正电的离子加速运动，轰击 GaN 材料表面形成物理溅射。化学刻蚀是活性粒子与被刻蚀物质表面发生化学反应，生成挥发性的产物，然后经尾气系统被抽离出反应室。ICP 刻蚀中的物理溅射有助于打断化学键、增加附着性、促进表面化学反应，并促进反应物和非挥发性产物的脱附。然而，离子轰击也可能对材料造成损伤。ICP 刻蚀 GaN 材料后将在 GaN 表面产生高密度的非辐射复合中心。在 ICP

刻蚀 n-GaN 材料后，Pd 与 n-GaN 接触的肖特基势垒高度会降低约 0.32eV。

ICP 工艺参数对 GaN 材料刻蚀有显著的影响。ICP 功率、RF 功率、混合气体的组分、反应腔体压强以及 Cl_2 含量等参数都对刻蚀形貌和刻蚀损伤产生很大的影响。因此，在制造高性能 LED 芯片时，选择合适的 ICP 刻蚀工艺参数至关重要。本节采用 Cl_2 和 BCl_3 组成的混合气体作为刻蚀气体，详细分析不同的 ICP 工艺参数对 CaN 材料刻蚀速率、刻蚀形貌和表面损伤的影响。

（1）ICP 工艺参数对 GaN 材料刻蚀速率的影响　ICP 刻蚀过程中，GaN 材料的刻蚀速率受到化学反应和物理溅射作用的共同影响。因此，刻蚀速率可以用式（7-4）表示：

$$R = R_{sp} + R_{ch} \tag{7-4}$$

式中，R_{sp} 和 R_{ch} 分别为物理溅射速率和化学刻蚀速率。在 Cl_2 和 BCl_3 混合气体中，主要是 Cl^+、BCl^+ 等正离子对 GaN 材料进行物理溅射，以及活性的 Cl 原子与 GaN 材料发生化学反应，则 R_{ch} 和 R_{sp} 可表示为

$$\begin{cases} R_{ch} = (1-\theta) \gamma_{ch} S_{Cl} \Gamma_{Cl} \\ R_{sp} = (1-\theta) Y_{sp} \Gamma_{ion} \\ Y_{sp} = A(\sqrt{E} - \sqrt{E_{th,s}}) \end{cases} \tag{7-5}$$

式中，θ 为 GaN 材料表面被反应产物覆盖的比率；γ_{ch} 为 GaN 材料与等离子体中活性粒子发生化学反应的概率；Y_{sp} 为物理溅射的产量；S_{Cl} 为活性 Cl 原子在 GaN 材料表面的黏性系数；Γ_{Cl} 和 Γ_{ion} 分别为流向 GaN 材料表面的活性 Cl 原子和正离子的流量；A 为与被刻蚀材料的表面特性及离子的种类有关的参数；E 为轰击 GaN 材料表面的离子能量；$E_{th,s}$ 为物理溅射的阈值能量。

当刻蚀条件达到平衡时，即 $d\theta/dt = 0$ 时，化学反应生成的低挥发性物质可通过离子轰击和热效应从 GaN 材料表面解吸附，并最终被抽出反应腔体。此时有

$$\begin{cases} (1-\theta) \gamma_{ch} S_{Cl} \Gamma_{Cl} = \theta Y_{des} + k_T \rho_s \\ Y_{des} = B(\sqrt{E} - \sqrt{E_{th,d}}) \end{cases} \tag{7-6}$$

式中，Y_{des} 为离子轰击导致的解吸附产量；k_T 为热解吸附系数；ρ_s 为在 GaN 材料表面沉积的反应产物的密度；$E_{th,d}$ 为解吸附的阈值电压。

联立式（7-5）和式（7-6）可以得出 GaN 材料的刻蚀速率为

$$R = (\gamma_{ch} S_{Cl} \Gamma_{Cl} + Y_{sp} \Gamma_{ion}) \frac{Y_{des} \Gamma_{ion} + k_T \rho_s}{\gamma_{ch} S_{Cl} \Gamma_{Cl} + Y_{des} \Gamma_{ion} + k_T \rho_s} \tag{7-7}$$

当离子轰击 GaN 材料表面引起的物理溅射起主导作用时，即 $R_{ch} \ll R_{sp}$ 时：

$$R \approx Y_{sp} \Gamma_{ion} \approx A(\sqrt{E} - \sqrt{E_{th,s}}) \Gamma_{ion} \tag{7-8}$$

此时，GaN 材料刻蚀速率主要由轰击 GaN 材料表面的离子能量和离子流量决定。当活性粒子与 GaN 材料反应引起的化学刻蚀占主导作用，而且 $\gamma_{ch} S_{Cl} \Gamma_{Cl} \gg Y_{des} \Gamma_{ion} + k_T \rho_s$（只有很少一部分反应生成产物从 GaN 材料表面解吸附）时：

$$R \approx Y_{des} \Gamma_{ion} + k_T \rho_s \approx B(\sqrt{E} - \sqrt{E_{th,d}}) \Gamma_{ion} + k_T \rho_s \tag{7-9}$$

此时，GaN 材料刻蚀速率不仅与轰击离子流量和 GaN 材料表面的离子能量有关，还与反应产物的热解吸附系数相关。而反应产物的热解吸附系数受到刻蚀过程中 GaN 材料表面温度的影响。

在 ICP 刻蚀工艺中，通过控制 ICP 功率和 RF 功率来分别控制离子流量和离子能量。当 Cl_2 和 BCl_3 组成的混合气体进入反应腔体后，在射频电场的作用下产生等离子体辉光放电，导致反应气体被分解成各种中性化学活性基团、离子和电子。由于离子和电子的质量有差异，质量轻的电子能够响应射频电场的变化，而质量重的离子则不能，这导致在电极上产生直流偏置电压。RF 功率、直流偏置电压和离子流量之间的关系可以用式（7-10）表示：

$$P_{RF} \propto V_{DC} \times F_{ion} \tag{7-10}$$

式中，P_{RF} 为 RF 功率；V_{DC} 为直流偏置电压；F_{ion} 为离子流量。

由式（7-10）可知：RF 功率与离子流量和直流偏置电压的乘积成正比，当 RF 功率保持一定时，离子流量下降（上升）会导致直流偏置电压上升（下降）。

为研究 ICP 功率、RF 功率、混合气体组分、反应腔体压强对 GaN 材料刻蚀速率的影响，使用 MOCVD 设备在 2in 的蓝宝石衬底上生长了厚度约 4μm 的 GaN 薄膜。然后进行刻蚀参数研究，使用划片机将外延片切成多颗尺寸为 10mm×10mm 的 GaN 样品。在刻蚀实验中，选择正光刻胶（AZ4620）作为掩模材料。首先，在 GaN 样品上旋涂厚度为 3.2μm 的光刻胶，然后将样品放置在热板上软烘 90s，热板的温度为 90℃。软烘的目的是去除光刻胶中的溶剂。软烘之后，需要对光刻胶进行曝光和显影。显影后的样品再放置在热板上烘烤 270s 进行坚膜，热板的温度为 105℃。这样操作可以增强光刻胶的黏附能力，同时增强光刻胶抵抗等离子体刻蚀的能力。最后，将 GaN 样品放置在 ICP 刻蚀设备中，使用 Cl_2 和 BCl_3 混合气体对其进行刻蚀。使用 Dektak 台阶仪测试 GaN 材料的刻蚀深度，刻蚀速率可以通过刻蚀深度和刻蚀时间计算得出。

图 7.24 所示为 GaN 材料刻蚀速率和直流偏置电压随 Cl_2 和 BCl_3 混合气体中 Cl_2 含量变化的曲线从图 7.24 中可以看出，随着 Cl_2 在 Cl_2 和 BCl_3 混合气体中的含量增加，GaN 材料的刻蚀速率也相应增加。通过使用四极质谱仪和朗缪尔探测器检测反应腔体内各种粒子的浓度变化，发现随着 Cl_2 和 BCl_3 混合气体中 Cl_2 含量的增加，活性 Cl 粒子和 Cl_2^+ 离子的浓度也随之上升。活性 Cl 粒子和 Cl_2^+ 离子的浓度增加大幅提高了化学刻蚀能力，进而导致 GaN 材料的刻蚀速率上升。

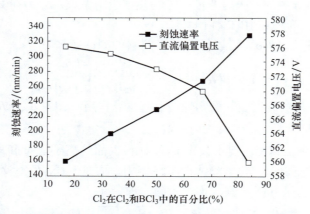

图 7.24　GaN 材料刻蚀速率和直流偏置电压随 Cl_2 和 BCl_3 混合气体中 Cl_2 含量变化的曲线

GaN 材料的刻蚀速率与 ICP 功率有很大的关联，在保持 Cl_2 和 BCl_3 混合气体总流量恒定为 60sccm、200W 的 RF 功率、气体组分是 67% 的 Cl_2 和 33% 的 BCl_3 以及 7mTorr 的腔体压强的恒定条件下，研究 ICP 功率对 GaN 材料刻蚀速率的影响。图 7.25 所示为 GaN 材料刻蚀速率和直流偏置电压随 ICP 功率变化的曲线。等离子体在工作过程中有两种模式，分别是电容耦合模式和电感耦合模式。当 ICP 功率较低时，等离子体工作模式处于电容耦合模式；当 ICP 功率较高时，等离子体工作模式处于电感耦合模式。从图 7.25 中可以看出，随着 ICP 功率从 100W 增加到 900W，直流偏置电压呈现先上升后下降的趋势，这是由于等离子体工作模式从电容耦合模式转变为电感耦合模式所导致的。当 ICP 功率在 100W 至 300W 的范围内变化时，等离子体工作模式处于电容耦合模式，产生的离子流量较低，在 RF 功率恒定的条件下，直流偏置电压增加。当 ICP 功率在 300W 至 900W 的范围内变化时，等离子体工作模式转变为电感耦合模式，离子流量显著增加，在 RF 功率恒定的条件下，直流偏置电压下降。

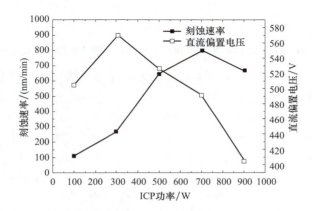

图 7.25　GaN 材料刻蚀速率和直流偏置电压随 ICP 功率变化的曲线

当 ICP 功率从 100W 增加至 300W 时，直流偏置电压的增加会增强离子轰击 GaN 材料的能量，增加物理刻蚀能力。但同时离子流量下降导致化学刻蚀能力减弱。物理刻蚀能力的增强对 GaN 材料刻蚀速率有增强作用，而化学刻蚀能力的减弱对 GaN 材料刻蚀速率有削弱作用。当物理刻蚀过程占主导作用时，GaN 材料的刻蚀速率会增加；当化学刻蚀过程占主导作用时，GaN 材料的刻蚀速率会下降。从图 7.25 中可以看出，当 ICP 功率从 100W 增加到 300W 时，GaN 材料的刻蚀速率从 106nm/min 增加到 267nm/min。这表明在这个范围内，物理溅射过程占主导作用，导致刻蚀速率增加。当 ICP 功率从 300W 增加到 700W 时，GaN 材料的刻蚀速率进一步增加到 801nm/min，在此过程中直流偏置电压开始下降，化学刻蚀过程逐渐占主导地位。当 ICP 功率从 700W 增加到 900W 时，直流偏置电压持续下降，而 GaN 材料的刻蚀速率转变为下降趋势。在 RF 功率保持不变的情况下，直流偏置电压的持续下降导致离子能量降低，离子流量增加。这会进一步增加化学刻蚀作用中的活性自由基（Cl）、Cl^+ 和 Cl_2^+ 的离子流量，但离子能量的降低会减弱物理刻蚀能力。产生于化学刻蚀过程中的刻蚀产物不能及时脱附，会导致 GaN 材料刻蚀速率下降，此时物理溅射过程占主导作用。

图 7.26 所示为 GaN 材料刻蚀速率和直流偏置电压随 RF 功率变化曲线，刻蚀过程中保持 300W 的 ICP 功率和 7mTorr 的腔体压强不变。当 RF 功率从 200W 增加到 600W 时，直流偏置电压从 570V 增加到 921V，GaN 材料刻蚀速率从 267nm/min 增加到 1667nm/min。由于 ICP 功率保持不变，反应腔体内产生的离子浓度也保持不变。GaN 材料刻蚀速率随着 RF 功

率上升而增加，这是由于 RF 功率上升导致直流偏置电压和离子轰击能量增加，从而增强了 GaN 材料的物理溅射过程和化学刻蚀产物的脱附，促进了化学刻蚀过程。

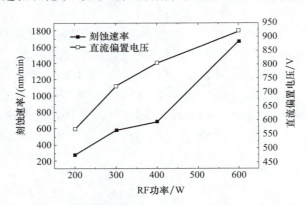

图 7.26　GaN 材料刻蚀速率和直流偏置电压随 RF 功率变化的曲线

　　图 7.27 所示为 GaN 材料刻蚀速率和直流偏置电压随腔体压强变化的曲线。在刻蚀过程中，保持 300W 的 ICP 功率和 200W 的 RF 功率恒定，使用总流量为 60sccm 的混合气体，其中气体组分为 67% 的 Cl_2 和 33% 的 BCl_3。等离子体的平均自由程将随着反应腔体压强变化，导致离子能量和离子浓度发生变化，进而影响到 GaN 材料刻蚀速率。从图 7.27 中可以看出，随着反应腔体压强的增加，直流偏置电压先升高后降低，而 GaN 材料刻蚀速率则呈现先下降后上升的趋势。这是由于当反应腔体压强从 7mTorr 增加到 14mTorr 时，将增加等离子体中各种粒子碰撞复合的概率，导致离子流量下降。由于 RF 功率保持不变，离子流量下降会导致直流偏置电压上升。直流偏置电压的上升加强了高能离子对 GaN 材料表面的物理溅射作用，但同时也减弱了化学刻蚀过程。因此，离子流量减少引起的化学刻蚀过程减弱是 GaN 材料刻蚀速率下降的主要原因。当反应腔体压强从 14mTorr 增加到 35mTorr 时，等离子体中各种粒子碰撞离化的概率增加，导致离子流量增加。在这个阶段，直流偏置电压的降低是由于离子流量增加导致。直流偏置电压的降低使得高能离子对 GaN 材料表面的轰击能量减小，从而减弱了物理溅射作用。然而，离子流量的增加加强了化学刻蚀作用，导致 GaN 材料刻蚀速率上升。因此，在 ICP 刻蚀工艺中，当 ICP 功率和 RF 功率分别为 300W 和 200W 时，随着反应腔体压强的变化，化学反应刻蚀始终起主导作用。

　　图 7.28 所示为腔气压强小于 9mTorr 时，GaN 材料刻蚀速率随反应腔体压强变化曲线。由图 7.28 可以看出，随着反应腔体压强从 3.5mTorr 增加至 9mTorr，GaN 材料刻蚀速率表现为先上升后下降的趋势。在此过程中直流偏置电压逐渐增加，从 −297V 逐渐增加到 −361V，直流偏置电压持续上升是由离子流量下降所致。直流偏置电压升高将导致物理溅射作用增强，而离子流量降低将导致化学刻蚀作用减弱。当反应腔体压强从 3.5mTorr 增加至 5mTorr 时，GaN 材料刻蚀速率随之升高，此时物理溅射作用占主导地位。当反应腔体压强进一步增加至 9mTorr 时，GaN 材料刻蚀速率开始下降，此时化学刻蚀作用逐渐占主导地位。即在 ICP 刻蚀过程中，当使用 1000W 的 ICP 功率和 150W 的 RF 功率时，在低腔体压强条件下，物理溅射作用占主导地位，而在较高腔体压强条件下，化学刻蚀作用成为主导因素。因此，在不同 ICP 功率和 RF 功率下，反应腔体压强变化对等离子体中离子流量和离子能量的影响规律是不同的，从而导致 GaN 材料刻蚀速率随反应腔体压强

变化而改变的趋势不一致。

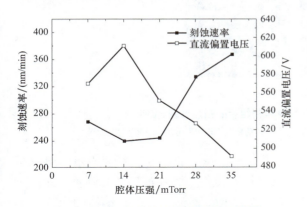

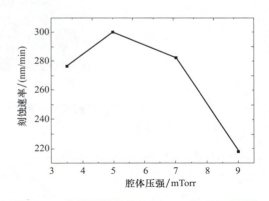

图 7.27　GaN 材料刻蚀速率和直流偏置
电压随腔体压强变化的曲线

图 7.28　腔体压强小于 9mTorr 时，GaN 材料
刻蚀速率随腔体压强变化的曲线

（2）ICP 工艺参数对 GaN 材料刻蚀形貌的影响　在 LED 芯片制造过程中，需要对 GaN 外延层进行刻蚀来形成台阶结构，以暴露出 n-GaN 层，并在 n-GaN 上沉积电极。ICP 刻蚀技术可用于深刻蚀 GaN 外延层，形成不同侧壁倾斜角的微结构。在此过程中常用的掩模材料包括光刻胶和 SiO_2。为了实现所需的微结构形貌，需要选择合适的掩模材料和 ICP 刻蚀工艺参数，并通过调整 GaN 材料和掩模材料的刻蚀选择比来控制微结构的形貌。而在刻蚀过程中，Cl_2 和 BCl_3 混合气体是常用的刻蚀气体。通过调整 Cl_2 和 BCl_3 混合气体的组分、反应腔体压强以及 ICP 功率和 RF 功率，可以控制刻蚀形貌。

1）GaN 材料与光刻胶的刻蚀选择比。刻蚀过程中，为了将图形完整地转移到被刻蚀材料上，需要采用具有高刻蚀选择比的掩模材料和刻蚀工艺参数。ICP 设备可以使衬底温度在 $-150 \sim 400℃$ 范围内变化，控制精度为 $\pm 1℃$。衬底温度可以控制刻蚀产物的挥发性，进而影响化学刻蚀过程。因此，衬底温度的变化会导致刻蚀速率、刻蚀形貌和表面粗糙度发生改变。在刻蚀过程中，将衬底温度保持在 23℃ 不变，以消除衬底温度变化对刻蚀的影响。图 7.29a 所示为光刻胶作为掩模对 GaN 材料刻蚀后的刻蚀形貌 SEM 图，其中掩模材料是正光刻胶（AZ4620）。刻蚀中 ICP 刻蚀工艺参数如下：总流量为 70sccm 的 Cl_2 和 BCl_3 混合气体，其中 Cl_2 为 90% 和 BCl_3 为 10%，300W 的 ICP 功率和 100W 的 RF 功率，7mTorr 的反应腔体压强。在此工艺参数下，GaN 材料的刻蚀速率是 144nm/min，光刻胶的刻蚀速率是 335nm/min，刻蚀选择比是 0.43。如果将 ICP 功率提升至 450W，RF 功率提升至 150W，而混合气体总流量、组分比和腔体压强不变，那么 GaN 材料的刻蚀速率和光刻胶的刻蚀速率将分别变为 320nm/min 和 421nm/min，刻蚀选择比为 0.76。刻蚀形貌 SEM 图如图 7.29b 所示，其中侧壁出现了断层状，表面有一些微小柱状物。这表明，随着刻蚀过程的进行，高能等离子体侵蚀了光刻胶掩模，同时刻蚀表面溅射有一些光刻胶颗粒，表面从而出现一些小柱体。因此，在其他工艺参数不变的情况下，增加 ICP 功率和 RF 功率可以提高 GaN 材料与光刻胶掩模的刻蚀选择比。然而，增加 ICP 功率和 RF 功率会增加等离子体中离子的能量和离子流量，从而加剧对光刻胶的轰击作用，进一步侵蚀掩模层，从而导致掩模上的图形不能完整地转移到 GaN 材料上。

a)   b)

图 7. 29 光刻胶作为掩模对 GaN 材料刻蚀后的刻蚀形貌 SEM 图
a) ICP 功率和 RF 功率分别为 300W 和 100W   b) ICP 功率和 RF 功率分别为 450W 和 150W

由于 GaN 材料对光刻胶的刻蚀选择比较低，需要采用较厚的光刻胶作为掩模，同时在刻蚀过程中，ICP 功率和 RF 功率不宜过高。在 GaN 外延层上使用 7μm 厚的光刻胶，并在光刻胶上使用光刻技术形成直径为 300μm 的周期性圆盘结构。然后，经过显影后的光刻胶在不同温度下回流，以作为刻蚀 GaN 的掩模材料。采用 300W 的 ICP 功率，150W 的 RF 功率，Cl_2、BCl_3、CH_4 组成的混合气体对 GaN 材料进行刻蚀。在这种条件下，GaN 材料形成了具有不同倾斜角的刻蚀形貌，如图 7.30 所示。

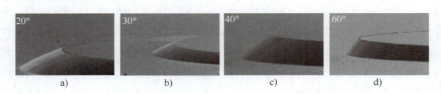

a)   b)   c)   d)

图 7. 30 采用光刻胶掩模材料在 GaN 外延层上形成的具有不同倾斜角的刻蚀形貌
a) 倾角为 20°   b) 倾角为 30°   c) 倾角为 40°   d) 倾角为 60°

为了刻蚀 GaN 外延层以暴露出 n-GaN 层，本节采用光刻胶（AZ4620）作为掩模材料，LED 芯片的台阶深度为 1.2μm。在刻蚀过程中，ICP 功率和 RF 功率分别为 300W 和 100W。在进行深刻蚀时，需要提高 ICP 功率和 RF 功率。高能离子对光刻胶的轰击，会侵蚀光刻胶掩模层，导致图形无法完整地转移到 GaN 材料上。还会导致光刻胶表面发生碳化，给清洗光刻胶带来困难。

2）GaN 材料与 SiO_2 的刻蚀选择比。首先，对 GaN 样品进行清洗处理。将 GaN 样品浸泡在 H_2SO_4：H_2O_2：H_2O＝5：1：1 的混合溶液中，浸泡时间为 15min。然后使用去离子水冲洗样品 8min，并将样品浸泡在异丙醇中 1min。最后，将样品放置在 100℃ 的烘箱中烘烤 5min。清洗结束后，使用 PECVD 设备在 GaN 样品上沉积一层 800nm 厚的 SiO_2 掩模材料。然后，在 SiO_2 掩模上旋涂一层光刻胶。经过曝光和显影处理后，通过 RIE 刻蚀将光刻胶上的图形转移到 SiO_2 掩模上。图 7.31 所示为 GaN 材料和 SiO_2 掩模的刻蚀速率以及 GaN 材料对 SiO_2 掩模的刻蚀选择比随腔体压强变化的曲线。在刻蚀过程中，使用混合气体总流量为 70sccm，其中 Cl_2 和 BCl_3 的组分比为 20% 和 80%。ICP 功率为 1000W，RF 功率为 100W。从图 7.31 中可以看出，随着反应腔体压强的增加，GaN 材料和 SiO_2 掩模的刻蚀速率均下降。而 SiO_2 掩模的刻蚀速率下降更快，导致 GaN 材料对 SiO_2 掩模的刻蚀选择比增加。

图 7.32a 所示为在上述 ICP 工艺参数的条件下，使用 SiO_2 作为掩模材料的 GaN 材料刻

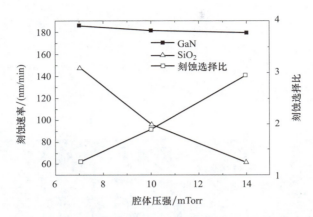

图 7.31 GaN 材料和 SiO₂ 掩模的刻蚀速率以及 GaN 材料对 SiO₂ 掩模的刻蚀选择比随腔体压强变化的曲线

蚀形貌 SEM 图。图 7.32b 是图 7.32a 的局部放大图。当反应腔体压强是 14mTorr 时，GaN 材料的刻蚀速率是 179nm/min，SiO₂ 掩模的刻蚀速率是 61nm/min，刻蚀选择比达到 2.95。保持 ICP 功率、混合气体总流量、组分比和腔体压强不变，将 RF 功率提升至 300W。在这种情况下，GaN 材料和 SiO₂ 掩模的刻蚀速率分别是 845nm/min 和 107nm/min，刻蚀选择比达到 7.92。图 7.32c 和图 7.32d 所示为相应的刻蚀形貌 SEM 图和放大图。增加 RF 功率不仅提高了 GaN 材料和 SiO₂ 掩模的刻蚀选择比，而且减小了刻蚀形貌的侧壁倾斜角。这是由于增加 RF 功率，在垂直方向上轰击 GaN 材料的离子能量增加，从而增加了刻蚀过程的各向异性，使得刻蚀形貌更加垂直。

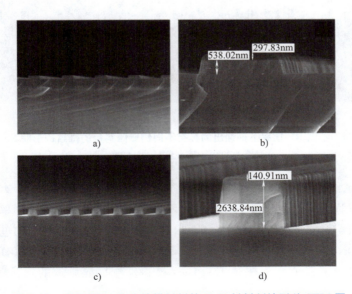

图 7.32 采用 SiO₂ 作为掩模材料的 GaN 材料刻蚀形貌 SEM 图

3）ICP 功率和 RF 功率对微结构侧壁倾斜角的影响。通过提高 ICP 功率和 RF 功率，可以实现较高的 GaN 材料刻蚀速率，尤其在对 GaN 材料进行深刻蚀时，高刻蚀速率非常重要。

为了研究 ICP 功率对 GaN 材料刻蚀形貌的影响，保持其他工艺参数恒定。将 RF 功率保持在 100W，Cl_2 和 BCl_3 混合气体总流量为 60sccm，气体组分为 67% 的 Cl_2 和 33% 的 BCl_3，反应腔体压强为 7mTorr。通过改变 ICP 功率来形成不同的微结构侧壁的倾斜角度。图 7.33a、图 7.33b 和图 7.33c 所示分别为当 ICP 功率为 400W、500W 和 600W 时刻蚀出的具有不同侧壁倾斜角的微结构形貌 SEM 图。从图 7.33 中可以看出，随着 ICP 功率的增加，微结构侧壁的倾斜角逐渐增加。

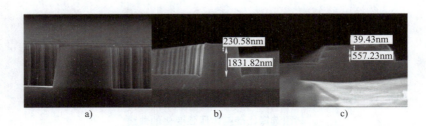

图 7.33　不同 ICP 功率下刻蚀出的具有不同侧壁倾斜角的微结构形貌 SEM 图
a）400W　b）500W　c）600W

在实验中，保持 ICP 功率为 300W，Cl_2 和 BCl_3 混合气体总流量为 60sccm，气体组分为 67% 的 Cl_2 和 33% 的 BCl_3，反应腔体压强为 7mTorr。通过改变 RF 功率来形成不同的微结构侧壁的倾斜角度。图 7.34a、图 7.34b 和图 7.34c 所示分别为当 RF 功率为 200W、150W 和 80W 时刻蚀出的具有不同侧壁倾斜角的微结构形貌 SEM 图。从图 7.34 中可以看出，随着 RF 功率的降低，微结构侧壁的倾斜角逐渐增加。

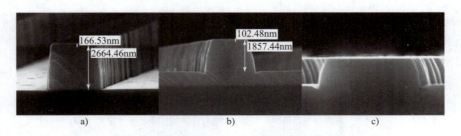

图 7.34　不同 RF 功率下刻蚀出的具有不同侧壁倾斜角的微结构形貌 SEM 图
a）200W　b）150W　c）80W

为在 GaN 外延层上形成倾斜角为 22°的台阶结构，使用 Cl_2 和 Ar 混合气体和 SiN_x 掩模进行刻蚀。刻蚀过程分为两个阶段，在第一阶段，设置 ICP 功率和 RF 功率，形成垂直的台阶结构。在第二阶段，将 RF 功率设置为 0，仅使用 ICP 功率对台阶结构进行刻蚀，从而形成具有 22°倾斜角的台阶结构。在这个阶段，只有 ICP 功率在起作用，没有离子轰击导致的物理溅射。刻蚀过程主要依靠活性粒子与 GaN 材料发生反应导致的化学刻蚀过程。因此，这个阶段具有高度的各向异性，最终形成具有倾斜角的刻蚀形貌。

综上所述，在 ICP 刻蚀工艺中，由于调整 ICP 功率可以调整等离子体的浓度而调整 RF 功率可以调整离子轰击的能量，因此通过控制 ICP 功率和 RF 功率可以调整微结构侧壁的倾斜角。ICP 功率的增加会导致活性粒子浓度增加，从而使化学刻蚀过程具有更大的各向同性，侧壁倾斜角更大。而 RF 功率的增加会导致离子轰击能量增加，物理溅射过程具有更大的各向异性，侧壁倾斜角更小，即刻蚀形貌的侧壁更加垂直。因此，通过调节这两个功率可以控制微结构侧壁的倾斜角。

（3）ICP 刻蚀工艺参数对 GaN 材料的损伤分析　在 LED 芯片制造过程中，消除 ICP 刻蚀引起的损伤是提高 LED 芯片性能的有效方法。其中一种方法是在 N_2 等离子体中处理刻蚀后的 n-GaN，通过改善 N 原子和 Ga 原子的比例失配，重新形成化学计量的表面，消除 n-GaN 的刻蚀损伤。另外一种方法是将经过 Cl_2、BCl_3、Ar 组成的混合气体刻蚀后的 n-GaN 样品在纯 N_2 氛围中进行刻蚀，以减少刻蚀造成的表面损伤。此外，还可以通过湿法刻蚀来减小 ICP 刻蚀引起的损伤。以上方法均是在 ICP 刻蚀完成后采用额外的处理工艺来减少刻蚀带来的损伤。为了简化制造工艺，需要优化设计 ICP 刻蚀工艺，使其既可以满足刻蚀速率要求又能抑制损伤。下面，通过实验对刻蚀引入的损伤类型和基本原理进行分析，并利用各种表征手段测试分析 ICP 刻蚀工艺参数对 GaN 材料晶体质量的影响。

1）ICP 刻蚀工艺参数与 GaN 材料表面粗糙度之间的关系。在 LED 芯片中，反向漏电流密度可由式（7-11）表示：

$$J_R = \left(\frac{qD_h}{l_h N_D} + \frac{qD_e}{l_e N_A} \right) n_i^2 + \frac{qW n_i}{\tau_g} + J_{sl} \qquad (7\text{-}11)$$

式中，q 为电子电荷；D_e 和 D_h 分别为电子和空穴的扩散长度；l_e 和 l_h 分别为 PN 结中除去耗尽层宽度后 N 型掺杂区和 P 型掺杂区的长度；N_D 和 N_A 分别为 PN 结中施主原子和受主原子的浓度；W 为耗尽层宽度；n_i 为本征载流子浓度；τ_g 是载流子的热产生时间；J_{sl} 是二极管的表面漏电流密度。

LED 芯片的电学性能与 GaN 材料表面粗糙度有很大关联。通过使用 Cl_2、BCl_3、Ar 组成的混合气体对 GaN 外延层进行刻蚀，形成的台阶侧壁形貌和表面粗糙度会影响 LED 芯片的反向漏电流。采用 Cl_2 和 Ar 混合气体进行刻蚀时，离子能量和离子流量对 LED 芯片的电学性能也会产生影响。随着离子能量的增加，LED 芯片的正向电压也会增加。此外，LED 芯片的正向电压对 n-GaN 表面粗糙度非常敏感。因此，研究 ICP 工艺参数与 GaN 材料表面粗糙度之间的关系可以揭示 ICP 刻蚀对 LED 芯片电学性能的影响机制，并为优化 ICP 刻蚀工艺提供指导。

为了研究 GaN 材料表面粗糙度与 RF 功率之间的关系，将 ICP 功率保持为 300W 不变，并使用不同的 RF 功率刻蚀 GaN。图 7.35a 所示为未刻蚀的 GaN 材料表面形貌的 AFM 图，其均方根粗糙度为 0.525nm。图 7.35b 所示为采用 300W 的 ICP 功率和 100W 的 RF 功率对 GaN 材料进行刻蚀后表面形貌的 AFM 图，其均方根粗糙度为 1.084nm。图 7.35c 所示为采用 300W 的 ICP 功率和 400W 的 RF 功率对 GaN 材料进行刻蚀后表面形貌的 AFM 图，其均方根粗糙度为 1.244nm。图 7.35d 所示为采用 300W 的 ICP 功率和 600W 的 RF 功率对 GaN 材料进行刻蚀后表面形貌的 AFM 图，其均方根粗糙度为 1.361nm。在保持 ICP 功率恒定的情况下，当 RF 功率从 100W 增加到 600W 时，刻蚀后的 GaN 材料表面粗糙度没有明显增加。这些实验结果表明，在 300W 的 ICP 功率、7mTorr 的腔体压强条件下，增加 RF 功率并不会明显提升 GaN 材料的表面粗糙度。但是，如果 RF 功率过高，会导致轰击 GaN 材料表面的高能离子发生散射，从而增加台阶侧壁的粗糙度，并且可能对式（7-11）中的表面漏电流密度（J_{sl}）产生影响，进而会导致 LED 芯片的反向漏电流密度发生变化。

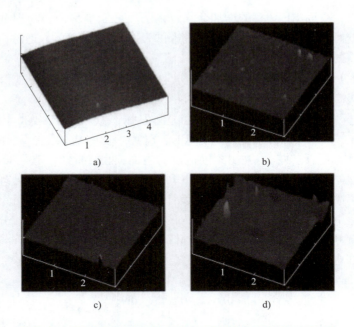

图 7.35　不同 RF 功率刻蚀前后 GaN 材料表面形貌 AFM 图

　　为了研究 ICP 功率对 GaN 材料表面粗糙度的影响，保持 RF 功率为 100W 不变，改变 ICP 功率刻蚀 GaN 材料。图 7.36a 所示为使用 350W 的 ICP 功率、100W 的 RF 功率刻蚀 GaN 材料后表面形貌的 AFM 图，其均方根粗糙度是 1.344nm；图 7.36b 所示为使用 450W 的 ICP 功率、100W 的 RF 功率刻蚀 GaN 材料后表面形貌的 AFM 图，其均方根粗糙度为 1.597nm；图 7.36c 所示为使用 550W 的 ICP 功率、100W 的 RF 功率刻蚀 GaN 材料后表面形貌的 AFM 图，其均方根粗糙度为 1.742nm；图 7.36d 所示为使用 750W 的 ICP 功率、100W 的 RF 功率刻蚀 GaN 材料后表面形貌的 AFM 图，其均方根粗糙度为 60.75nm。当 ICP 功率从 350W 增加到 550W 时，GaN 材料表面粗糙度从 1.344nm 增加至 1.742nm，在这个范围内，刻蚀后 GaN 材料表面粗糙度没有明显的变化。然而，当 ICP 功率增加至 750W 时，GaN 材料表面粗糙度出现大幅变化，上升至 60.75nm。n-GaN 在刻蚀后表面粗糙度过大，就会导致 N 型欧姆接触的比接触电阻增加，从而导致 LED 芯片的正向电压增大。这说明 ICP 功率比 RF 功率对 GaN 材料表面粗糙度的影响更大，即离子流量和离子能量的增加都将导致刻蚀后 GaN 材料表面粗糙度的增加，但离子流量对 GaN 材料表面粗糙度的影响更大。

　　2）ICP 刻蚀工艺参数与 GaN 材料表面缺陷之间的关系。因为 GaN 材料和蓝宝石材料的晶格常数以及热膨胀系数不匹配，导致在蓝宝石衬底上外延生长的 GaN 层中存在高密度的位错。这些位错主要是以下三种形式：刃型位错、螺型位错以及混合位错。采用盐酸气相刻蚀技术刻蚀生长在蓝宝石衬底上的 GaN 外延层，并使用 SEM、TEM 和 AFM 对刻蚀后的 GaN 材料进行表征分析，来揭示 GaN 材料表面不同形状的刻蚀凹坑与外延层中的位错之间的关系。对 GaN 外延层使用熔融 KOH 溶液刻蚀，计算位错密度，GaN 外延层中的位错类型与刻蚀坑三维形状相对应，而与刻蚀坑大小无关。对生长在蓝宝石衬底上的 GaN 外延层使用熔融 KOH 溶液刻蚀后，GaN 材料表面出现三种不同形状的刻蚀凹坑，这些刻蚀凹坑与 GaN 外延层中位错类型的对应关系如图 7.37 所示。

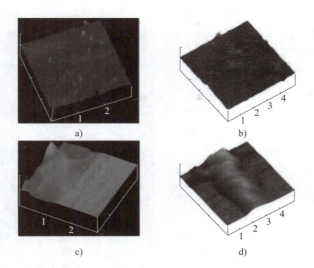

图 7. 36　不同 ICP 功率刻蚀后 GaN 材料表面形貌 AFM 图

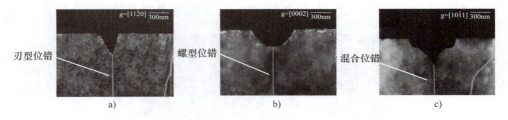

图 7. 37　刻蚀凹坑与 GaN 外延层中位错类型的对应关系

　　为了研究 GaN 材料表面缺陷在 ICP 干法刻蚀工艺中的演变规律，可以使用 SEM 观察刻蚀前后 GaN 材料的表面特性。本实验采用了以下刻蚀工艺参数：300W 的 ICP 功率和 200W 的 RF 功率，反应腔体压强为 7mTorr。图 7. 38a 和图 7. 38b 所示分别为 ICP 刻蚀前后 GaN 材料表面的 SEM 图像。从图 7. 38b 中可以看出，在经过 ICP 刻蚀后，GaN 材料表面出现了许多凹坑。这是因为在 ICP 刻蚀过程中，在一定条件下 GaN 外延层中的位错可以扩散至 GaN 材料表面。因此，具有位错的区域会被优先刻蚀，导致在 GaN 材料表面形成与位错类型相关的凹坑。

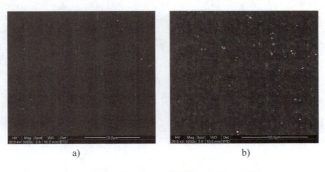

图 7. 38　GaN 材料表面 SEM 图
a）刻蚀前　b）刻蚀后

选择将图 7.38 中的某一区域进行放大，以更清晰地观察刻蚀后 GaN 材料表面凹坑的形貌。图 7.39 所示为放大了 20000 倍的 GaN 材料表面的 SEM 图像。从图 7.39 中可以看出，刻蚀凹坑的形状是六边形。这是由于 GaN 材料属于六方晶系，而且在存在位错的区域相较于其他区域更容易被刻蚀，因此存在位错的区域，在刻蚀后的 GaN 外延层中呈现出六边形的凹坑形状。

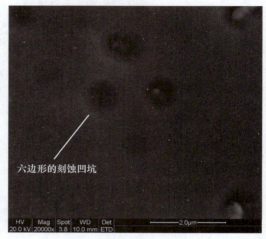

图 7.39　GaN 材料表面六边形刻蚀凹坑的 SEM 图

为了研究 RF 功率对刻蚀凹坑的影响规律，在实验中保持 70sccm 的混合气体总流量，67% 的 Cl_2 和 33% 的 BCl_3 的气体组分比，7sccm 的反应腔体压强，300W 的 ICP 功率不变。图 7.40a、图 7.40b 和图 7.40c 所示分别为 100W、200W 和 300W 的 RF 功率条件下，GaN 材料表面形貌的 SEM 图像。从图 7.40 中可以看出，当 RF 功率在 100W 至 300W 之间变化时，GaN 材料表面刻蚀凹坑的密度随着 RF 功率的升高而逐渐增大。

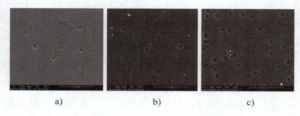

a)　　　　　　　　b)　　　　　　　　c)

图 7.40　不同 RF 功率下 GaN 材料表面形貌 SEM 图
a) 100W　b) 200W　c) 300W

当 RF 功率继续增加至 400W 时，刻蚀后 GaN 材料表面除了出现凹坑，还出现了大量的柱状物，如图 7.41 所示。

对 ICP 刻蚀后 GaN 材料表面不同位置处（图 7.41 上的 A、B、C 三点）的 N 原子和 Ga 原子之间的百分比，使用与 SEM 配套的 X 射线能谱仪进行分析。在刻蚀凹坑内部（图 7.41 中的 A 点），Ga 原子和 N 原子两者之间的摩尔组分比为 1:0.46；在柱状物上（图 7.41 中的 B 点），Ga 原子和 N 原子两者之间的摩尔组分比为 1:0.84；在除上述两个区域外的 GaN 材料表面其他区域（图 7.41 中的 C 点），Ga 原子和 N 原子两者之间的摩尔组分比为 1:0.30。刻蚀后，GaN 材料表面的 Ga 原子和 N 原子比例失配，形

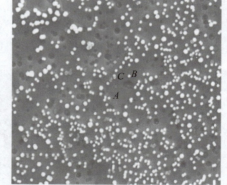

图 7.41　GaN 材料表面的凹坑和柱状物

成了非化学计量的情况，并且 Ga 元素的摩尔组分高于 N 元素。这是因为在刻蚀过程中，N 原子被优先溅射，导致形成大量的 N 空位。其优先溅射原因为：首先，N 原子的质量相比 Ga 原子更轻，更容易被优先溅射；其次，N 原子更易形成挥发性物质，导致 N 原子大量流

失；此外，离子轰击能量越高（RF 功率越大），N 原子的流失越严重。图 7.42 所示为 GaN 材料表面的 X 射线能谱曲线，进一步支持了上述分析结果。

对 GaN 外延层进行刻蚀时，使用不同的 ICP 工艺参数，并计算刻蚀后 GaN 材料表面的凹坑密度。实验结果表明，RF 功率保持不变，将 ICP 功率从 100W 提升到 600W 的过程中，GaN 材料表面的刻蚀凹坑密度没有发生明显的变化；然而，在保持 ICP 功率不变的情况下，将 RF 功率从 50W 提升至 300W 时，GaN 材料表面的刻蚀凹坑密度变化明显。综上所述，在 GaN 材料的 ICP 刻蚀工艺中，刻蚀凹坑和非化学计量的表面会形成漏电通道，从而影响 LED 芯片的性能。因此，为提升 LED 芯片的性能，在刻蚀过程中需要将 ICP 功率和 RF 功率维持在较低的水平。

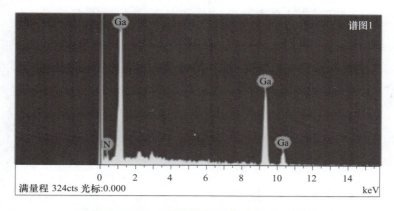

图 7.42　GaN 材料表面 X 射线能谱曲线

3）ICP 刻蚀工艺参数与 PL 谱强度之间的关系。研究 n-GaN 的 ICP 刻蚀工艺参数与 PL 谱强度之间的关系，有利于优化 ICP 刻蚀工艺参数以减小制造过程中的刻蚀损伤。实验对 GaN 外延片采用不同的 ICP 刻蚀工艺参数进行刻蚀，保持刻蚀的台阶深度都是 $1.2\mu m$。然后对 n-GaN 层使用波长为 325nm 的 He-Cd 激光器进行激发，并测试 n-GaN 的 PL 谱强度。n-GaN 材料的 PL 谱强度随 ICP 功率变化的曲线如图 7.43 所示。实验过程中保持 100W RF 功率、7mTorr 腔体压强、70sccm 的 Cl_2 和 BCl_3 混合气体总流量以及 90% 的 Cl_2 和 10% 的 BCl_3 气体组分比不变来消除其他工艺参数的影响。从图 7.43 中可以看出，不同 ICP 功率下，被刻蚀 n-GaN 样品的 PL 谱中的近带边发光强度均出现下降，且不同 ICP 功率对 PL 谱中的近带边发光强度的影响程度不同。当 ICP 功率为 100W 时，刻蚀气体没有充分电离，进行物理轰击的离子浓度较低且能量较小，反应生成物不易挥发将会黏附在 n-GaN 表面，导致表面损伤，因而 PL 谱中近带边发光强度较低。当 ICP 功率为 500W 时，化学反应刻蚀与物理溅射达到平衡，刻蚀对 GaN 材料表面损伤最小，PL 谱中近带边发光强度的衰减程度最低。由上节可知，ICP 功率提升到 700W 将使 GaN 材料的表面粗糙度增加。因此当 ICP 功率为 700W 和 900W 时，GaN 材料表面粗糙度上升将导致 n-GaN 的 PL 谱强度下降。

图 7.44 所示为 n-GaN 材料的 PL 谱强度随 RF 功率变化的曲线。实验中保持 300W 的 ICP 功率以及 7mTorr 的腔体压强不变。由图 7.44 可以看出，随着 RF 功率的提升，刻蚀后 n-GaN 材料 PL 谱中的近带边发光强度逐渐减小。这是因为，RF 功率越大，轰击 GaN 材料的离子能量越大，造成的损伤也越大。

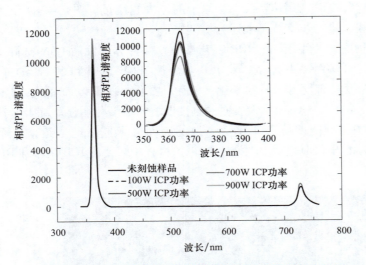

图 7.43　n-GaN 材料的 PL 谱强度随 ICP 功率变化的曲线

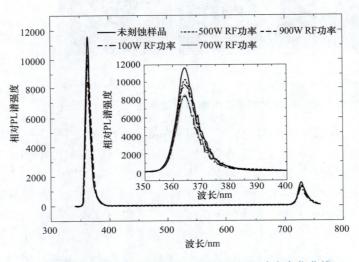

图 7.44　n-GaN 材料的 PL 谱强度随 RF 功率变化曲线

彩图展示

　　图 7.45 所示为 n-GaN 材料的 PL 谱强度随腔体压强变化的曲线，实验中保持 300W 的 ICP 功率和 100W 的 RF 功率恒定。从图 7.45 中可以看出，随着腔体压强的增加，刻蚀后 n-GaN 材料 PL 谱中的近带边发光强度将逐渐减小。

　　综合考虑 GaN 材料的表面粗糙度、PL 谱强度、GaN 表面缺陷演变规律和对 LED 性能的影响等因素，应选择最佳 ICP 刻蚀工艺参数。在制备 n-GaN 欧姆接触电极时，采用 300W ICP 功率、100W RF 功率、7mTorr 反应腔体压强、60sccm 的 Cl_2 和 BCl_3 混合气体总流量、混合气体组分为 67% 的 Cl_2 和 33% 的 BCl_3 的 ICP 刻蚀工艺参数，在此条件下形成深度为 1.2μm 的台阶结构，GaN 材料的刻蚀速率为 132nm/min。图 7.46 所示为采用该工艺参数刻蚀后的 LED 芯片表面 SEM 图。

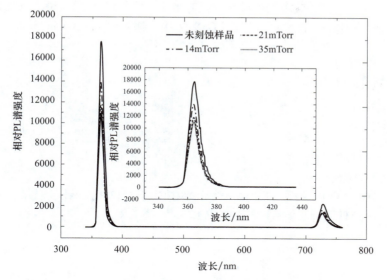

彩图展示

图 7.45　n-GaN 材料的 PL 谱强度随腔体压强变化曲线

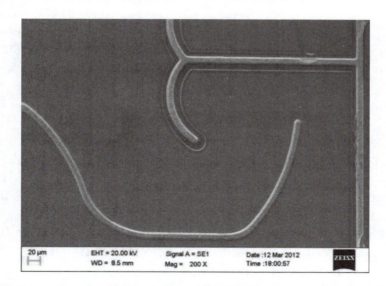

图 7.46　300W ICP 功率和 100W RF 功率刻蚀后 LED 芯片表面的 SEM 图

　　当刻蚀 GaN 外延层形成深度为 4~8μm 的微结构阵列时，选择合适的 ICP 功率和 RF 功率是关键。较低的功率会导致刻蚀速率低、刻蚀时间长，增加 GaN 外延层在等离子体中的暴露时间，从而造成损伤。而较高的功率虽然可以增加刻蚀速率并缩短刻蚀时间，但高能离子的轰击也会对 GaN 材料造成损伤。为了平衡刻蚀速率和损伤，可以将 ICP 刻蚀工艺分为两步。第一步采用较高的 ICP 功率和 RF 功率进行刻蚀，以满足刻蚀速率和刻蚀深度要求。在这一步中，使用的工艺参数为：500W 的 ICP 功率、200W 的 RF 功率、7mTorr 的反应腔体压强、60sccm 的 Cl_2 和 BCl_3 混合气体总流量，以及 67% 的 Cl_2 和 33% 的 BCl_3 的混合气体组分。在这些参数下，GaN 材料的刻蚀速率为 617nm/min。第二步刻蚀采用较小的 RF 功率，旨在去除第一步刻蚀引入的损伤，并增加微结构侧壁的倾斜角度。使用的工艺参数为：300W 的 ICP 功率、80W 的 RF 功率、7mTorr 的反应腔体压强、60sccm 的 Cl_2 和 BCl_3 混合气体总流量，以及 67% 的 Cl_2 和 33% 的 BCl_3 的混合气体组分。在这些参数下，GaN 材料的刻蚀速率为 103nm/min。

习题

1. 简述湿法刻蚀和干法刻蚀的区别。
2. 对硅化物进行刻蚀，刻蚀气体具备怎样的特性？
3. 等离子体刻蚀和反应离子刻蚀的差异有哪些？
4. 哪些因素影响蓝宝石衬底的刻蚀速率？
5. 使用 HF 溶液刻蚀 SiO_2 材料要注意什么？
6. 简述 GaN 材料的光电化学刻蚀原理。
7. 在 LED 芯片制造过程中，对 ECR、RIE 和 ICP 这三种干法刻蚀技术进行对比分析。
8. 简述 ICP 工艺参数对 GaN 材料刻蚀的影响。

参 考 文 献

[1] CAMPBELL S A. The science and engineering of microelectronic fabrication [M]. New York：Oxford University Press, 2001.

[2] HARDY M T, KELCHNER K M, LIN Y D, et al. M-plane GaN-based blue superluminescent diodes fabricated using selective chemical wet etching [J]. Applied Physics Express, 2009, 2 (12)：121004.

[3] STOCKER D A, SCHUBERT E F, REDWING J M. Crystallographic wet chemical etching of GaN [J]. Applied Physics Letters, 1998, 73 (18)：2654-2656.

[4] LI D, SUMIYA M, FUKE S, et al. Selective etching of GaN polar surface in potassium hydroxide solution studied by X-ray photoelectron spectroscopy [J]. Journal of Applied Physics, 2001, 90 (8)：4219-4223.

[5] 张德远，蒋永刚，陈华伟，等. 微纳米制造技术及应用 [M]. 北京：科学出版社，2015.

[6] COTLER T J, ELTA M E. Plasma-etch technology [J]. IEEE Circuits and Devices Magazine, 1990, 6 (4)：38-43.

[7] ADESIDA I, MAHAJAN A, ANDIDEH E, et al. Reactive ion etching of gallium nitride in silicon tetrachloride plasmasa [J]. Applied Physics Letters, 1993, 63 (20)：2777-2779.

[8] ANDAGANA H B, CAO X A. Fast and smooth etching of indium tin oxides in BCl_3/Cl_2 inductively coupled plasmas [J]. Journal of Vacuum Science and Technology A, 2010, 28 (2)：189-192.

[9] LEE Y J, BAE J W, HAN H R, et al. Dry etching characteristics of ITO thin films deposited on plastic substrates [J]. Thin Solid Films, 2001, 383：281-283.

[10] BAIK K H, PEARTON S J. Dry etching characteristics of GaN for blue/green light-emitting diode fabrication [J]. Applied Surface Science, 2009, 255 (11)：5948-5951.

[11] LEE J S, LEE J, KIM S, et al. Fabrication of reflective GaN mesa sidewalls for the application to high extraction efficiency LEDs [J]. Physica Status Solidi C, 2007, 4 (7)：2625-2628.

第8章 沉积技术

8.1 物理气相沉积技术

物理气相沉积（Physical Vapor Deposition，PVD）是一种利用物理原理将固态材料沉积在衬底表面的表面处理技术。其作用是将带有特殊性能（导电性、耐磨性、散热性等）的微粒均匀致密的分布到衬底上，使得衬底具有更好的性能。PVD 主要包括蒸镀、溅射以及离子镀膜。

物理气相沉积有下面三个物理过程。

1）提供气相的镀料：通过将固态材料加热到足够高的温度，使其蒸发成气态，这个过程称为蒸发镀膜。采用高能离子轰击靶材表面，使得靶材表面击出镀料原子，这个过程称为溅射镀膜。

2）气相镀料向衬底输运的过程：气相物质的输运通常在真空条件下进行，来防止杂质和污染物进入沉积层。

3）镀料在衬底上沉积从而形成薄膜：薄膜根据凝聚条件的不同，可以划分为非晶体膜、多晶体膜和单晶体膜。非晶体膜指没有明显晶体结构的薄膜，原子排列没有规则性，具有高度的无序性。由于制备条件不够完美或制备过程中的快速冷却等因素，导致这种薄膜的形成。多晶体膜指薄膜由多个晶体颗粒组成，晶体颗粒之间存在较高的取向关系，但是整个薄膜并不具备完整的单晶结构。这种薄膜的性质与其中的晶体颗粒的大小、取向以及晶界等因素有关。单晶体膜指具有完整的单晶结构的薄膜，晶体的生长方向具有高度的取向性。镀料原子在沉积过程中，若与其他活性气体分子发生反应形成化合物膜，称为反应镀膜；若是同时有一定能量的离子轰击膜层改变结构和性能，称为离子镀膜。

8.1.1 蒸镀技术

蒸镀是一种利用热能将固态材料升华成蒸气，然后通过真空环境下的凝聚作用将其沉积在衬底表面上形成薄膜的技术。在真空环境下，材料的蒸气分子自由扩散，沉积到衬底表面后形成薄膜。蒸镀技术是最早发展的 PVD 技术，但是蒸镀形成的膜层覆盖能力差，往往在垂直侧壁上出现膜层不连续的情况。在Ⅲ-Ⅴ族器件工艺中，会利用蒸镀这一特性，通过将金属薄膜沉积在图案化的光刻胶层上方，金属薄膜会在光刻胶的边缘处断裂，因此当光刻胶被溶解时，可以轻松地剥离光刻胶上的金属薄膜。此外，由于蒸镀的设备以及工艺较为简单，又可以沉积高质量薄膜，而且随着近几年新型镀膜技术的开发（电子束辅助镀膜、激光蒸镀等），使得蒸镀技术在微机电系统（MEMS）以及Ⅲ-Ⅴ族器件中仍然广泛应用。图8.1所示为一种简单的真空蒸镀装置。晶片被放入高真空蒸镀室中，蒸镀源被装入坩埚中，通过一个内置电阻加热器和外部电源加热坩埚，当坩埚中的材料受热时，材料会蒸发出蒸气。由于腔室内的压强远小于1mTorr，因此蒸气中的原子会直线穿过腔室，直到它们撞击到衬底表面并沉积成膜。

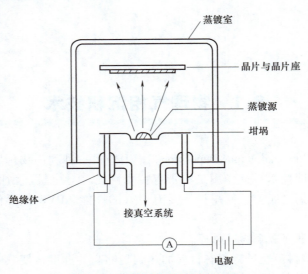

图 8.1　一种简单的真空蒸镀装置

1. 蒸镀的基本原理

随着样品温度的升高，材料会经历固态、液态到气态的变化。在每个温度下，材料上方存在着一个平衡蒸气压力 P_e。图8.2所示为常用蒸镀材料的蒸气压随温度变化的曲线。通过简单地改变样品的温度，可以获得广泛的蒸气压范围。

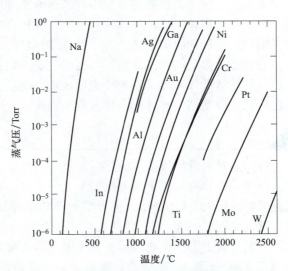

图 8.2　常用蒸镀材料的蒸气压随温度变化的曲线

金属表面的蒸气压可以表示为：

$$P_e = 3 \times 10^{12} \sqrt{\frac{\sigma^3}{T^2}} e^{\Delta H_v / NkT}$$ （8-1）

式中，σ 为金属的表面张力；e 为基元电荷；N 为阿伏伽德罗常数；ΔH_v 为蒸发焓；k 为玻尔兹曼常数；T 为金属的表面温度。在实际计算过程中，若对蒸发焓的测定有误差，则蒸气压的计算结果会出现较大误差，因此金属表面的蒸气压数值通常是通过实验确定的。

为了获得合理的沉积速率，样品的蒸气压至少达到 10mTorr。从图 8.2 中可以看出，为了获得相同的蒸气压，某些材料必须加热到比其他材料更高的温度，这种材料被称为耐火金属材料，包括钨（W）、钼（Mo）和钛（Ti），它们具有非常高的熔点，在中等温度下的蒸气压很低，例如钨（W）需要超过 3000℃ 的高温才能获得 10mTorr 的蒸气压力。因此，这些耐火金属材料的蒸镀需要在特殊的设备中进行。

2. 沉积速率

单位时间内穿过一个平面的气体分子数量可以表示为

$$J_n = \sqrt{\frac{P^2}{2\pi kTM}}$$ （8-2）

式中，P 为容器内压力；M 为原子的原子量。式（8-2）用来描述从蒸镀源散失的原子流失速率。

将 J_n 乘以分子质量即可得出质量蒸发速率：

$$R_{ME} = \sqrt{\frac{M}{2\pi kT}} P_e$$ （8-3）

式中，P_e 为坩埚内镀膜材料的平衡蒸气压。

使用式（8-3），可以计算出坩埚内镀膜材料的质量损失速率：

$$R_{ML} = \int \sqrt{\frac{M}{2\pi kT}} P_e dA = \sqrt{\frac{M}{2\pi k}} \int \frac{P_e}{\sqrt{T}} dA$$ （8-4）

式中，A 为坩埚的开口面积。

为了确定基底表面的沉积速率，需要确定离开坩埚的材料中有多少被沉积在衬底表面上。在超高真空容器中，从坩埚蒸发的材料会沿直线运动到衬底表面。如果假设所有到达衬底的材料都会黏在衬底上并保留，那么到达速率就由坩埚及衬底之间的几何位置关系所确定。这里提出位置系数 k 来表示坩埚及衬底之间的几何位置关系，这个比例常数由式（8-5）给出：

$$k = \frac{\cos\theta\cos\phi}{\pi R^2}$$ （8-5）

式中，R 为坩埚表面和衬底表面之间的距离；θ 和 ϕ 分别为 R 与坩埚和衬底表面法线之间的夹角，如图 8.3 所示。蒸发腔体中的沉积速率将取决于衬底在腔内的位置和方向，位于坩埚正上方的衬底表面沉积材料比侧面的衬底表面沉积材料厚度更厚。此外，式（8-5）中的 θ、ϕ 和 R 在坩埚和衬底表面不同位置上是变化的，因此需要考虑薄膜的均匀性。为了获得均匀性良好的薄膜，布置坩埚和衬底位置的一种方法是将坩埚和衬底放置在一个球体的表面上，如图 8.3b 所示。此时，θ、ϕ 和 R 满足如下关系：

$$\cos\theta = \cos\phi = \frac{R}{2r} \tag{8-6}$$

式中，r 为球体半径。

结合上述公式，沉积速率为

$$R_d = \sqrt{\frac{M}{2\pi k\rho^2}} \frac{P_e}{\sqrt{T}} \frac{A}{4\pi r^2} \tag{8-7}$$

式中，第一项 $\sqrt{\dfrac{M}{2\pi k\rho^2}}$ 仅取决于要蒸发的物质；

第二项 $\dfrac{P_e}{\sqrt{T}}$ 取决于温度（因此取决于平衡蒸气

压）；第三项 $\dfrac{A}{4\pi r^2}$ 由腔室的几何形状决定。

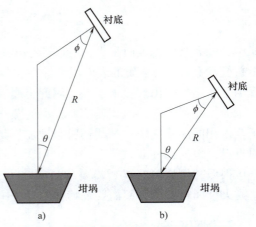

图 8.3　坩埚与衬底的相对几何位置关系

3. 台阶覆盖率

蒸镀的主要缺点之一是台阶覆盖率差。假设台阶是通过刻蚀绝缘层到衬底的横截面，在这个距离尺度（约 $1\mu m$）上，入射的物质可以被认为是非发散的。假设入射原子在衬底表面上是不动的，在接触的一侧的薄膜是不连续的。随着沉积的进行，绝缘层上面生长的薄膜将向另一侧移动。改进台阶覆盖率的常用方法之一是在蒸镀过程中旋转衬底。因此，用于在蒸镀腔体中固定衬底的半球形装置通常被设计成可以旋转的。

定义台阶的纵横比为

$$AR = \frac{s_h}{s_d} \tag{8-8}$$

式中，s_h 为台阶高度；s_d 为台阶直径。

传统的蒸镀技术无法在纵横比大于 1 的台阶上形成连续薄膜，并且在纵横比介于 $0.5\sim1.0$ 之间的台阶上也难以形成连续薄膜。

改善台阶覆盖率的另一种方法是加热衬底。许多蒸镀设备使用红外灯或低强度耐火金属线圈对衬底进行加热。到达衬底的原子可以在化学键形成之前在表面上扩散，并成为生长薄膜的一部分。定义一个表面扩散系数，该系数在一阶近似下遵循一个简单的阿伦乌斯公式，即

$$D_s = D_0 e^{E_a/kT} \tag{8-9}$$

式中，D_0 为温度是 T 时的阿伦乌斯常数；E_a 为实验活化能，一般可视为与温度无关的常数。

表面活化能比体扩散系数小得多，因此在几百摄氏度的温度下可以发生显著的扩散。若形成化学键的平均时间为 t，则表面扩散长度为

$$L_s = \sqrt{D_s t} \tag{8-10}$$

因为表面扩散长度与温度呈指数关系，因此将衬底加热到室温以上可以显著增加表面扩散长度。通常情况下，表面扩散长度可以比衬底上的特征尺寸大得多。许多研究表明利用这种技术可以填充高长宽比的台阶结构。但是，将衬底加热面临的一个问题是，当应用于合金

沉积时，组成元素的表面扩散系数差异很大。因此，接触面底部的薄膜组成可能与顶部的组成不同。另一个问题是，增加衬底温度可能会影响薄膜形态学，通常会导致薄膜上出现大晶粒。虽然能通过在蒸镀后使用离子束重新分布沉积物来减轻这种情况。但是，很少有蒸镀设备具备这种能力。因此，蒸镀技术难以控制薄膜形态和台阶覆盖率。

4. 蒸镀装置的分类

对于不同使用目的的蒸镀装置，其结构差别很大，而在蒸镀装置中，最重要的组成部分是蒸镀源，根据不同的加热原理，可以将其分为丝状加热源（图8.4a）、锥形篮状加热源（图8.4b）、盘状加热源（图8.4c）以及坩埚状加热源（图8.4d）。

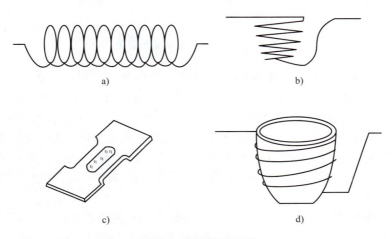

a)　　　　　　　　　　　　　b)

c)　　　　　　　　　　　　　d)

图8.4　蒸镀源的分类
a）丝状　b）锥形篮状　c）盘状　d）坩埚状

电阻丝与待蒸发的物料在蒸镀装置内同时受热，但是电阻式加热坩埚的一个问题是电阻丝的蒸发和气体释放。如果要沉积铝等熔点较低的材料，很容易获得足够的蒸气压。如果要沉积的材料是难熔金属，由于这些金属需要更高的温度才能蒸发，通常需要使用其他加热方法，因为电阻加热元件无法提供足够高的温度。如果要沉积的材料需要更高的温度才能蒸发，通常采用感应加热的方法来满足温度的需求。

在感应加热的过程中，通过将坩埚放置在强磁场中并施加高频电流，可以使坩埚内的材料快速加热到足够高的温度，从而使其蒸发。例如，在真空沉积的过程中，通常会将固体物料放置在一个氮化硼坩埚中，因为氮化硼具有良好的耐高温性能，可以承受高温下的蒸发和沉积过程。此外，氮化硼还具有低污染性和化学惰性，因此不会对沉积物造成污染或影响化学反应。

5. 电子束蒸发装置

虽然感应加热可以用来提高坩埚的温度以蒸发难熔材料，但来自坩埚本身的污染仍然是一个严重的问题。可以通过只加热物质而冷却坩埚来避免这种影响，电子束蒸发可以实现这一目的。在大多数电子束蒸发器中，位于坩埚下方的电子枪会发射出一束强烈且高能量的电子束。附加的强磁场将电子束弯曲270°，使其入射到物质表面上，如图8.5所示。

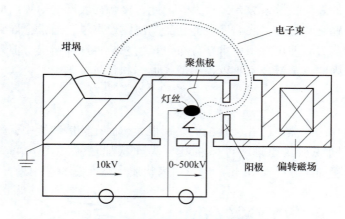

图 8.5　电子束蒸发装置示意图

图 8.6 所示为蒸镀沉积合金薄膜的三种方法。可以通过从提前准备的化合物靶材中蒸发具有相似蒸气压的材料（如 Al 和 Cu）来实现。在某些应用中，例如与 GaAs 形成欧姆接触，组分的蒸气压相对接近，合金的组成变化很小，如图 8.6a 所示。然而，对于一些蒸气压相差很大的组分蒸镀，例如蒸镀 TiW，主要蒸发物质可能不是 TiW，而是其他比例的 Ti 和 W 的组合。在 2500℃ 的坩埚温度下，Ti 的蒸气压约为 1Torr，而 W 的蒸气压只有 $3×10^{-8}$Torr。最初蒸发的蒸气几乎全部为 Ti，随着剩余熔体组分的蒸发，沉积膜的组成将慢慢改变。

这个过程的基本问题在于不同组分的蒸气压差异。精确控制合金的组成很困难，对于许多化合物来说几乎是不可能的。因此，采用在多组分蒸镀过程中，同时蒸发多个物料以沉积合金结构，如图 8.6b 所示。例如，为了沉积 TiW，使用两个坩埚，一个含有 W，一个含有 Ti，分别以不同的温度运行。虽然这种方法相比于单坩埚工艺有了显著改进，但是仍然存在物料温度对蒸气压和沉积速率影响很大的问题。因此，在多组分蒸镀过程中，不仅对薄膜组成有合理的控制要求，而且需要对温度严格控制。

沉积多组分薄膜的另一种方法是进行顺序沉积，如图 8.6c 所示。在多源系统中，通过打开和关闭控制开关可以轻松实现这一点。沉积完成后，可以通过提高样品温度并让组分互相扩散来形成合金，这可以通过沉积大量具有交替组分的薄层来辅助实现，但是该过程要求衬底能够承受后续的高温步骤。

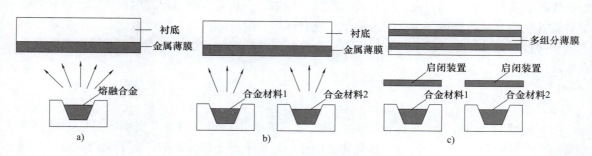

图 8.6　蒸镀沉积合金薄膜的三种方法

8.1.2 溅射技术

溅射是金属薄膜沉积的主要方法，与蒸镀相比。溅射技术最早于 1852 年被发明，20 世纪 20 年代后逐渐发展，最终成为一种薄膜沉积技术。相比于蒸镀技术，溅射技术具有更好的台阶覆盖性能，而相比于电子束蒸发技术，它产生的辐射损伤要少得多，并且更加适用于沉积复合材料和合金层。这些优点使得溅射被广泛应用于各种功能薄膜的制备中。

图 8.7 所示为一个简单的溅射系统。高能离子撞击含有要沉积材料的靶材，在溅射过程中，靶材必须放置在具有最大离子通量的电极上。为了尽可能多地收集这些被溅射的原子，简单溅射系统中的阴极和阳极之间距离很近，通常小于 100mm，使用惰性气体通入反应室内，使室内的气压保持在 0.1Torr 左右。

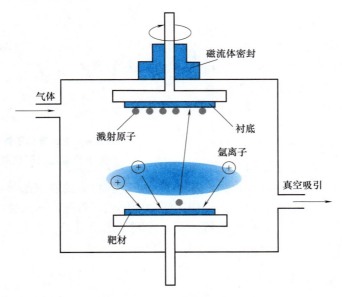

图 8.7　简单的溅射系统示意图

由于溅射过程的物理性质，溅射可以用于沉积各种各样的材料。对于金属靶材，通常优先选择简单的直流溅射，因为其溅射速率较大。当沉积绝缘材料如 SiO_2 时，必须使用射频等离子体键合。如果靶材是合金或化合物，沉积物的化学计量比可能略不同于靶材。

1. 溅射的物理机制

等离子体是通过在含有低压气体的间隙上施加高电压来引发的。所需的击穿电压由 Paschen 定律给出：

$$V_{bd} \propto \frac{P \times L}{\ln P \times L + b} \tag{8-11}$$

式中，P 为容器内压强；L 为电极间距；b 为常数。当等离子体形成后，等离子体中的离子朝向带有负电荷的阴极加速运动。当它们撞击表面时，会释放出二次电子，这些电子被加速远离阴极。在从阴极到阳极的过程中，它们可能与中性粒子发生碰撞。如果能量传递小于气体的电离电位，原子可以被激发到一个高能态，原子从这个激发态通过光学跃迁衰变，产生光子。然而，如果能量传递足够高，原子将发生电离并加速向阴极运动，在这个离子流对阴极的轰击过程中，实现靶材的溅射。

溅射产量 S 是从靶材中喷射出的靶原子数与靶材上入射离子数之比。它取决于离子质量、离子能量、靶材质量和靶材的晶体性质。图 8.8 所示为在氩等离子体中，各种材料的溅射产量随离子能量的变化情况。对于每种靶材，存在一个阈值能量，在此能量以下不发生溅射，这个能量通常为 $10\sim30eV$。

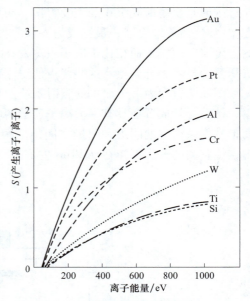

图 8.8　在氩等离子体中各种材料的
溅射产量随离子能量的变化情况

2. 台阶覆盖特性

由于溅射工艺过程中的腔室压力很高，所以在到达衬底表面之前，被溅射出的原子将发生多次碰撞。一旦它们到达衬底表面，则沿表面扩散的吸附原子将形成核，它们将吸附更多的原子，最终形成岛。如果表面迁移率很高，则在岛仍然很薄时就会相互合并，形成平滑、连续的薄膜。

图 8.9 所示为典型高纵横比台阶横截面上沉积层的变化情况。上表面和顶角附近沉积速率高，侧壁上沉积速率较低，侧壁厚度向底部逐渐变窄，在台阶的底部角落可能产生明显的凹口或裂纹。这种倾向随着台阶横截面的纵横比增加而增加。然而，与蒸镀工艺相比，即使是低温沉积的溅射薄膜也具有更好的台阶覆盖率，这既是因为溅射工艺具有较高的腔室压力，也是因为沉积物质的入射能量较高。

3. 沉积速率及溅射产量

射向靶材的离子流量、溅射速率、靶材表面积、靶材与衬底之间的距离等都会影响溅射镀膜的沉积速率。因此，通过采用提高射向靶材的离子流量、提高溅射速率、增大靶材的表面积、减小靶材与衬底之间的距离这些方法，可以提高沉积速率。溅射产量是指溅射出的靶原子数目与入射的离子数目之间的比值。显然，入射离子的能量及种类、靶材的种类、离子入射角度以及靶材温度都会影响到溅射产量。

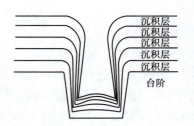

图 8.9　典型高纵横比台阶
横截面上沉积层的变化情况

4. 溅射系统的分类及特点

溅射系统根据电极的结构以及溅射镀膜的过程可以分为直流溅射、射频溅射、磁控溅射、离子束溅射等。

直流溅射技术适用于导电靶材，如果运用直流溅射技术沉积绝缘材料，沉积过程中靶材表面会形成一层绝缘膜层，使得氩离子堆积在靶面上，不能直接进入阴极产生溅射效应，使溅射镀膜过程无法进行。

射频溅射技术可以解决上述问题。在射频电压作用下，利用电子和离子运动特征的不同，在靶材的表面感应出负的直流脉冲而产生溅射现象，对导体和绝缘体都能溅射镀膜，这就是射频溅射技术。由于交流电源的正、负极发生周期交替，当溅射靶处于正半周时，电子流向靶面，中和其表面积累的正电荷，并且积累电子，使其表面呈现负偏压，导致在射频电压的负半周期时吸引正离子轰击靶材，从而实现溅射。由于离子比电子质量大、迁移率小，不像中子那样很快地向靶表面集中，所以靶表面的电位上升缓慢。

磁控溅射技术是在射频溅射技术的基础上为提高低工作气压下等离子的密度而发展起来的新技术。这种磁场设置的特点是在靶材的部分表面上，磁场与电场方向互相垂直。在溅射过程中，中性的靶原子沉积在衬底上形成薄膜，同时由阴极发射出来的二次电子在电场的作用下具有向阳极运动的趋势。但是在正交磁场的作用下，它的运动轨迹被弯曲而重新返回靶面。电子实际的运动轨迹是沿电场 E 加速，同时绕磁场 B 方向螺旋的复杂曲线。电子 e 的运动被限制在靠近靶表面的等离子区域内，运动路程大大延长，提高了它参与气体分子碰撞和电离过程的概率。这使得该区域内气体原子的离化率增加，轰击靶材的高能 Ar^+ 增多，实现了高速沉积。磁控溅射技术的主要优势是工作气压较低、沉积速率较高、衬底温升较小。

离子束溅射技术是直接利用离子源在真空下轰击靶材，靶材原子被溅射后实现在衬底上镀膜的工艺方法。在镀膜的同时，采用带能离子轰击衬底表面和膜层，同时产生清洗、溅射、注入的效应。离子轰击的注入层只有几十到几百纳米厚，沉积时则可形成几微米厚的膜层。镀膜时的各种物理过程和物理效应使得膜层与衬底的附着力极高，镀层更致密，很少甚至无孔隙。

8.2 化学气相沉积技术

化学气相沉积（Chemical Vapor Deposition，CVD）是利用气相化学反应，在高温、等离子或激光辅助等条件下控制反应气压、气流速率、衬底材料温度等因素，从而控制纳米微粒的成核生长，获得纳米结构的薄膜材料的过程，其本质上属于原子范畴的气态传质过程。化学反应的发生，一般需要施加活化能。当活化能是通过施加热能的方法实现时，这种 CVD 过程称为热 CVD；利用等离子体施加活化能的方法，称为等离子体增强 CVD。

CVD 反应体系应满足以下条件：

1）在沉积温度下，反应物应保证足够的压力，以适当的速度引入反应室。

2）除需要的沉积物外，其他反应产物应是挥发性的。

3）沉积薄膜本身必须具有足够的蒸气压，保证沉积反应过程始终在受热的衬底上进行，而衬底的蒸气压必须足够低。

8.2.1 热化学气相沉积

图 8.10 所示为一种简单的热 CVD 反应装置示意图。反应装置由横截面为矩形的反应腔组成，反应腔的温度保持在 T_w。一个晶片放在反应腔中心的加热装置上，该加热装置的温度保持在 T_s，且 T_s 远大于 T_w。可以以硅烷气体（SiH_4）分解形成多晶硅为例，来理解热 CVD 过程。假设气体从左到右流过反应装置，由于 SiH_4 在接近加热装置时会开始分解，因

此 SiH_4 的浓度以及沉积速率会随着管道的长度而减少。为提高沉积的均匀性，SiH_4 会混入惰性载气，硅烷气体常见的惰性载气为 H_2，假定在反应腔中的 H_2 含 1% 的 SiH_4。使用惰性载气在 CVD 系统中很常见，惰性载气可避免影响反应腔中进行的化学反应。最后，假定进入反应腔中的气体的温度与管壁的温度相同，反应产物和所有未反应的 SiH_4 从反应腔右侧流出，且反应腔中的气流流动足够慢，保证反应腔内压力均匀。

图 8.10 热 CVD 反应装置示意图

反应腔中发生的总反应为

$$SiH_4（g）\rightarrow Si（s）+2H_2（g）\tag{8-12}$$

式中，（g）表示气相；（s）表示固态。热 CVD 的一个特点是气态源物质中释放固态原子或原子簇的反应，如果该反应自发在晶片上方的气体中发生，则称为同质过程。但是同质过程会产生固态产物，以 SiH_4 的沉积为例，过量的同质过程将在气相中产生大的硅颗粒，这些硅颗粒逐渐积聚在晶片上，导致沉积层的表面形态和均匀性都很差。

异质过程的反应非常有利于仅在晶片上形成固体，但是在异质过程中，同质过程仍然很重要。例如，在硅烷的沉积过程中，同质过程产生亚甲硅基（SiH_2）是一个至关重要的过程，普遍认为，在某些温度和压力范围内，是 SiH_2 而不是 SiH_4 本身吸附在晶片的表面上，生成固态硅。这里的区别在于，同质过程会产生气态产物，而非固态的产物。

一般而言，硅烷气体（SiH_4）分解形成多晶硅的 CVD 过程包括：
1）前体从腔室入口到晶片附近的传输。
2）气体反应形成一系列分子。
3）这些反应物传输到晶片表面。
4）表面反应释放硅。
5）气态副产物的解吸。
6）副产物远离晶片表面的传输。
7）副产物运离反应装置。

下面将重点介绍反应容器中发生的化学反应，包括气相反应和晶片表面反应。

热 CVD 过程涉及分子之间的多次碰撞，反应器中每个点的化学成分接近平衡。考虑室内某处的单位体积气体的化学平衡，晶体表面上方气体中某一点处的体积元 dV 如图 8.11 所示。假设体积足够小，以至于该体积内的温度和化学成分是均匀的，化学平衡反应为

$$SiH_4（g）\Longleftrightarrow SiH_2（g）+H_2（g）$$

假设这是唯一发生的反应，根据质量作用定律得

$$K_p（T）=\frac{p_{SiH_2}p_{H_2}}{p_{SiH_4}}\tag{8-13}$$

式中，p_{SiH_4}、p_{SiH_2} 和 p_{H_2} 分别为 SiH_4、SiH_2 和 H_2 的分压；$K_p(T)$ 为反应平衡常数。

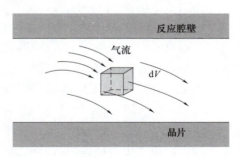

图 8.11　晶片表面上方气体中某一点处的体积元 dV

反应平衡常数一般遵循阿伦尼乌斯公式：

$$K_p(T) = K_0 e^{-\Delta G/kT} \tag{8-14}$$

式中，ΔG 为反应中吉布斯自由能的变化。$K_p(T)$ 可以是正的或负的，与压力无关。

反应腔的总压力 P 是一个常数，其值通常是已知的，它是各部分分压的总和，即

$$P = p_{SiH_4} + p_{SiH_2} + p_H + p_{H_2} \tag{8-15}$$

假设反应腔内气压为大气压，由于假定 H_2 是惰性的，所以 H_2 的分压与其入口分压（$0.99P$）相同。因此，反应腔内 Si/H 比可以表示为

$$\frac{Si}{H} = \frac{f_{SiH_4}}{4f_{SiH_4} + 2f_{H_2}} = \frac{p_{SiH_4}}{4p_{SiH_4} + 2p_{H_2} + p_H} \tag{8-16}$$

式中，f_{SiH_4}、f_{H_2} 分别为 SiH_4、H_2 的入口流量，假设为已知。式（8-16）表现的是一种理想情况，没有考虑任何其他反应。例如，在实际的热 CVD 过程中，硅会在气相中被消耗掉，在这种情况下，硅的分压不能完全由入口流量决定。

如果对实际反应做更全面的考虑，则还需要包括以下反应：

$$SiH_4(g) \Longleftrightarrow SiH_2(g) + H_2(g)$$

$$SiH_4(g) + SiH_2(g) \Longleftrightarrow Si_2H_6(g)$$

$$Si_2H_6(g) \Longleftrightarrow HSiSiH_3(g) + H_2(g)$$

当然，其他反应也是可能发生的，而且无法判定包括哪些反应。相反，必须找到每种可能反应的平衡常数，并忽略 $K_p(T)$ 值极小的反应。因此，找到平衡分压，需要上述三个反应中的每一个的反应平衡常数，以及求解一组耦合代数方程。

所有反应物都处于化学平衡状态，为了理解这种近似的局限性，考虑反应器内压力降低的情况。在足够低的压力下，分子的平均自由程接近反应腔室的宽度。如果不发生这些气相碰撞，气体反应物通常不能达到热平衡，因此不能达到化学平衡。此外，由于气体分子具有能量分布，为了使气体达到化学平衡，每单位体积气体中必定发生大量碰撞。所以，反应腔室长度，即气体注入装置和感应装置之间的距离，必须至少比平均自由程大几个数量级。根据所涉及的特定反应方程式，一些过程可能达到平衡，而另一些则不会。未达到化学平衡的过程称为动力学控制过程。一旦分子到达表面，会发生化学反应去除硅原子并释放氢。以硅烯为例，该分子首先吸附：

$$SiH_2(g) \Longleftrightarrow SiH_2(a)$$

接下来的反应为

$$SiH_2(a) \rightleftharpoons Si(s) + H_2(g)$$

式中，（a）表示被吸附的反应物，而（s）表示已经并入固体的原子。由于气相中 H_2 的浓度很高，因此认为表面被物理吸附的 H_2（在低温时）或化学吸附的 H_2（在高温时）所覆盖。这些表面反应物必须解吸附，解吸附过程也遵循阿伦尼乌斯公式，因此表面将具有空位浓度，该空位浓度随着温度的升高而增加。被吸附的硅烯可以穿过钝化表面进行扩散，如图 8.12 所示，直到它找到这样一个空位，在该空位处它将结合并最终失去其氢原子。穿过表面的这种扩散在 CVD 工艺中起着重要作用，当表面扩散长度很大（毫米数量级）时，沉积非常均匀。当表面扩散长度很短时，将产生不那么均匀的沉积。与物理沉积工艺一样，表面扩散随着温度上升指数性地增加，因此通常可以通过加热晶片来改善薄膜的均匀性。

CVD 反应设备中的气体流动也很重要，因为它决定了反应器内各种化学物质的传输，并且在许多反应器中气体的温度分布也起着重要作用。此外，温度分布也会影响流量，如果气体的平均自由路径比反应腔几何尺寸小得多，则可将气体视为黏性流体。此外，如果流速远低于声速，则气体可以被认为是不可压缩的。几乎所有 CVD 系统都在压力和流量状态下运行，这使得这些近似值有效。

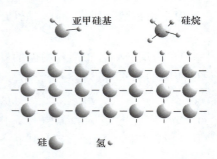

图 8.12　硅烷 CVD 过程中的表面简单模型

如果反应器是一个圆管，并且所有表面都处于相同的温度，问题可以大大简化。假设气体在管道左端以均匀速度 U_x 流入。气体流动的一个重要特征是气体速度在所有表面上都必须为零。由于气体的有限黏性，流速必须从壁处的零值平滑变化到中心处的某个最大值，这种从均匀或堵塞流向充分发展的管流的变化发生在距离 z_v 内：

$$z_v \approx \frac{a^2}{25}Re \qquad (8\text{-}17)$$

式中，a 为管子的半径；Re 为一个无量纲量，称为雷诺数。

雷诺数（Re）由式（8-18）给出：

$$Re = U_x \frac{L}{\mu} = U_x \frac{L\rho}{\eta} \qquad (8\text{-}18)$$

式中，L 为反应室特征长度（如半径 a）；μ 为运动黏度；ρ 为气体质量密度；η 为气体动态黏度。当 Re 值很低时，管道内的流量由有限黏度效应主导。

其流速计算如下：

$$v(r) = \frac{1}{4\eta}\frac{\mathrm{d}p}{\mathrm{d}z}(a^2 - r^2) \qquad (8\text{-}19)$$

式中，$\mathrm{d}p/\mathrm{d}z$ 为管道上的压力梯度，假设其很小。当 Re 值非常大时，气体不能支持层流所需的大速度梯度，因此流体的流动状态变为湍流，层流和湍流之间的转换取决于气体。

前面的讨论表明，气体流速必须在晶片表面趋于零。假设容器高度足够大，可以产生较大的 Re 值，因此可以产生较大的均匀气流区域。为了进一步简化流动行为，通常将晶片附近的气体速度的抛物线下降，近似为宽度为 $\delta(z)$ 的边界层，其中对于正方向垂直于流动方

向的平坦表面而言，边界层宽度为

$$\delta(z) \approx 5\sqrt{\frac{\mu z}{U_x}} \qquad (8\text{-}20)$$

在这个模型中，边界的气体流量为 0，而边界层外的流速为 U_x。

如果沉积发生在晶片的表面，沉积气体必须通过停滞的边界层进行扩散。因此，边界层的厚度在确定沉积速率方面可能会发挥关键作用。根据式（8-20），对于平坦表面，边界层厚度随着沉积速率的增加而增加。为了保持均匀的边界层厚度，气体传输在沉积速率方面发挥着重要作用，CVD 系统通常相对于流动方向倾斜于待沉积的表面，晶片放置在加热器上，加热器的倾斜角度也需要进行优化，以对于特定的 CVD 工艺获得最佳的均匀性。

气相扩散系数对温度的敏感性远小于体扩散系数，气相扩散系数可以表示为

$$D_e \propto T^{3/2}\frac{P_g}{P} \qquad (8\text{-}21)$$

式中，P_g 和 P 分别为扩散材料的分压和停滞层边缘的总压。区分受气体扩散限制的 CVD 工艺的方法之一是测量沉积速率的温度依赖性，如果认为 P_g 与温度无关，则这种气相扩散系数只会随着温度的升高而缓慢增加。

CVD 反应容器中的气体流可以是非层流的，这些流量最常见的来源之一是自然对流。当气体流过高温表面时会发生膨胀，膨胀是通过状态方程（如理想气体定律）描述的，即

$$\rho = \frac{nm}{V} = \frac{Pm}{KT} \qquad (8\text{-}22)$$

式中，m 为相对分子质量。热气体在反应容器中相对于冷气体漂浮或上升，当在沉积条件下计算真实腔室中气体流动时，还必须考虑这种被称为自然对流的效应。当在接近大气压的情况下使用重分子时，效果最为明显。相反，自然对流效应对低压氢环境几乎没有影响。

8.2.2　常压化学气相沉积

一些最早的 CVD 工艺是在大气压下进行的，具有反应速率快和系统简单的特性，适用于沉积绝缘体。但是这种方法的缺点是沉积的薄膜均匀性很差，然而在低压下就容易获得良好的均匀性，因此，常压化学气相沉积（APCVD）通常被用于沉积厚的绝缘体。

图 8.13 所示为简单的连续进料式常压化学气相沉积装置示意图。晶片从一容器移至另一容器，晶片的温度保持在 240～450℃，气体从位于晶片上方的喷淋头注入，当氧气-硅烷气体流速为 3∶1 时，将产生 SiO_2。通常希望沉积的 SiO_2 薄膜含有 4%～12% 的磷。含磷的硅酸盐在一定

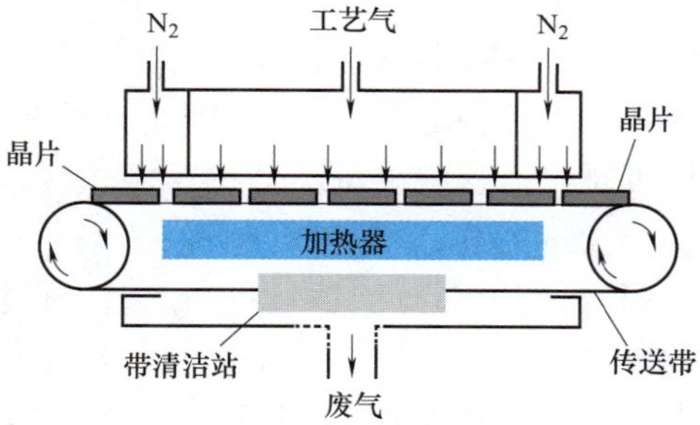

图 8.13　连续进料式常压化学气相沉积装置示意图

温度下软化并重新流动，能平滑晶片表面并且吸除许多杂质。

APCVD 的主要缺点是沉积过程中会形成颗粒。尽管气相中的颗粒形成可以通过添加足够的 N_2 或其他惰性气体来控制，但是在气体注入器上也会形成颗粒。即使这些颗粒的生长速度很低，但是当颗粒达到一定尺寸时也会脱落，并掉在晶片表面上。为了避免这个问题，

采用分离式喷淋头，以便保持反应气体分离直到它们被注入到反应腔中。

8.2.3　低压化学气相沉积

低压化学气相沉积（LPCVD）系统有各种不同的几何结构，图 8.14 所示为一种最常见的低压化学气相沉积装置示意图。反应器可分为热壁系统和冷壁系统，热壁系统具有温度分布均匀和限制对流效应的优点。冷壁系统能够减少侧壁上的沉积物，这些沉积物会导致沉积材料的耗尽和颗粒的形成，这些颗粒可能会从侧壁上脱落到晶片上。此外，侧壁上的沉积物也会产生记忆效应，之前沉积在侧壁上的物质会沉积在晶片上。

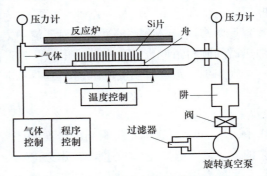

图 8.14　低压化学气相沉积装置示意图

热壁系统专门用于生长特定的薄膜，几乎所有的多晶硅和相当数量的电介质沉积都是在热壁系统中完成的。不使用倾斜的感受器，而是像热氧化系统中的晶片那样紧密排列。为了在这种系统中达到合理的沉积均匀性，必须设计工艺以严格控制反应的沉积动力学。

热壁横流反应装置是一种被广泛应用的 LPCVD 系统，这种反应装置广泛应用于硅 IC 制造。在这个反应装置中，晶片垂直放置在紧密间隔的储槽中，其排列使得反应气体均匀流过每个晶片，这减少了颗粒的形成并提高了均匀性。

8.2.4　等离子体增强化学气相沉积

在许多半导体应用场景中，必须在非常低的衬底温度下沉积薄膜，如在 GaAs 衬底上沉积 Si_3N_4 绝缘层。为了适应这些较低的衬底温度，必须将替代能量源应用于气态以及吸附分子。等离子体增强化学气相沉积（PECVD）系统在这方面运用具有额外的优势，即使用表面的离子轰击为表面吸附物提供能量，使其在衬底温度较低的情况下沿着表面进一步扩散。

图 8.15 所示为三种常见的 PECVD 装置。在每个装置中，所选择的 RF 频率通常小于 1MHz。第一种 PECVD 装置是低温壁平行板反应设备，如图 8.15a 所示。气体可以从设备边缘注入，也可以通过上电极喷头注入，并通过中心的端口排出，或者气体从中心注入，从边缘周围排出。这种设备不适用于大直径晶片、大批量的硅集成电路生产，适用于小直径晶片、小批量的 GaAs 器件的制备。

第二种 PECVD 装置具有高温壁平行板系统，如图 8.15b 所示，其更加适用于硅集成电路的大规模生产。该装置在外观上类似于 LPCVD 装置，晶片垂直安装在交替极性的导电石墨电极上。与其他 CVD 设备一样，衬底温度可以控制，虽然衬底温度比同类 LPCVD 工艺所需的温度要低得多。但是，高温壁平行板 PECVD 系统具有气体耗尽和均匀性问题。

为了在低衬底温度下沉积更高质量的薄膜，高密度等离子体（HDP）被引入了 PECVD 系统。图 8.15c 所示的反应设备使用多种高密度等离子体配置，包括电子回旋共振（ECR），以裂解或破解一个或多个前体。HDP 的一个应用是裂解 N_2 以形成原子氮，原子氮很容易与硅烷反应，形成 SiN，几乎没有离子轰击衬底。硅烷可以在等离子体外部引入，由于原子的高反应性，高衬底温度并不是驱动反应和获得致密薄膜的必要条件。

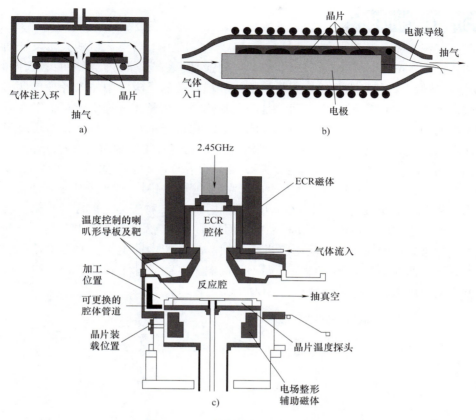

图 8. 15　三种常见的 PECVD 装置

HDP 压力低（约 0.01Torr），平均自由程长，因此，这种方法沉积的薄膜台阶覆盖率低。然而，如果系统被设计成允许对表面进行大量离子轰击，沉积材料将被持续溅射，从而填充高纵横比特征。HDP 沉积系统的一个主要问题是等离子体中会产生高浓度颗粒，可以通过制造颗粒吸收腔来解决这个问题。为了提高 ECR 的沉积速率，在相同的真空腔室内设置大量的远程等离子体喷射器。经过优化设计，该系统在低温下可形成非常高质量的薄膜。

PECVD 的主要应用之一是在集成电路中形成金属互连层之间的电介质，特别是当集成电路的金属层为铝时，PECVD 可实现低温沉积电介质。PECVD 沉积 Si_3N_4 的问题是 Si_3N_4 的介电常数相对较大，当 Si_3N_4 作为两层金属之间的绝缘体时，将导致较大的节点电容，从而降低电路性能。为了提高电路性能，可以用 PECVD 沉积 SiO_2 替代 Si_3N_4，在 PECVD 沉积 SiO_2 工艺中可以使用硅烷和氧化剂，可以考虑使用 O_2、CO_2、N_2O 作为氧化剂。

使用 PECVD 沉积的氧化物具有高浓度的氢（1% ~ 10%），此外，通常还会发现大量的水和氮。确切的组成在很大程度上取决于腔室功率和气体流动。增加等离子体功率会增加沉积速率，但也会降低膜层密度。由于硅氧化反应容易发生，等离子体功率密度的降低会提高沉积速率。此外，如果等离子体功率密度足够大以确保等离子体中氧原子的浓度足以完全氧化硅烷，则最终可以得到具有高介电常数的良好质量的薄膜。可以采用沉积薄膜后高温烘烤的方法来减少薄膜内氢的含量并使薄膜更致密，这种方法还可以用于控制薄膜应力。

8.2.5 原子层沉积

原子层沉积（Atomic Layer Deposition，ALD）技术是由化学气相沉积技术发展而来的一种新的工艺技术。ALD 技术出现于 20 世纪 70 年代，但是直到最近几年才引起人们的重视。与 CVD 技术类似，该技术也是通过向装载了待沉积样品的反应腔中注入各种包含沉积材料的气体来实现的。在 CVD 技术中，通常是利用加热或等离子体来提供能量，以克服完成化学反应所需的动力学势垒。图 8.16 所示为原子层沉积系统示意图。ALD 技术通过将两种气体按顺序引入反应腔，反应过程具有以下两个关键的特点：①至少对某一种气体来说，一旦其在样品表面已经覆盖了一层单分子层之后，它就会在样品的表面达到饱和状态；②第二种气体将会与第一种气体进行反应，从而生成所需的薄膜材料。这个反应过程通常具有非常低的动力学势垒（甚至没有），因为在向反应腔中引入第二种气体之前已经将第一种气体完全清除，所以反应过程只可能发生在样品的表面。为了避免发生其他气相反应，在每种气体通入之后，通常要用惰性气体对反应腔进行吹扫。ALD 技术的生长速率与生长温度之间的函数关系，画成曲线图呈 U 形，即在低温下和高温下其生长速率较快，而在中间区域的沉积速率几乎与温度无关，这个区域称为 ALD 的工艺窗口。

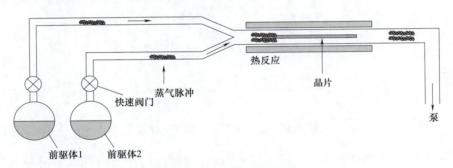

图 8.16　原子层沉积系统示意图

最常见的 ALD 工艺原型就是利用三甲基铝 $[Al(CH_3)_3]$ 和水（H_2O）反应来沉积氧化铝（Al_2O_3）薄膜。通常认为裸露在水蒸气中的硅样品表面会形成一个单分子层的羟基（OH）原子团，这些羟基原子团再与上述的铝源分子反应，会使得后者失去一个甲基原子团，并与硅衬底之间形成一个化学键 $[Al(CH_3)_2—O—Si]$。在合适的温度下，三甲基铝之间并不会相互成键，也不会自行分解，因此一旦样品表面的所有羟基都反应完毕后，该反应过程就会自动终止。在下一个通入水蒸气的周期中，水蒸气会同剩余的甲基配体反应，生成甲烷（CH_4）和氧化铝（Al_2O_3），同时在表面留下多余的羟基。金属氮化物通常是利用金属卤化物如 $TiCl_4$ 与氨（NH_4）制备出来的，或者是用金属有机化合物（OMS）和氨来制备的。通常金属有机化合物的反应温度要更低一些，在沉积纯金属材料时也可以利用氢气作为一种还原剂。在某些情况下也可以利用等离子体来进一步改进工艺过程。

在理想情况下，这种按照 A、B 顺序的交替反应将在样品表面严格地生长出单分子层的薄膜。而通过在 A、B 两种反应气体之间的反复切换，最终就可以精确地生长出所需厚度的薄膜材料。这种从基本原理上就能够精确控制薄膜厚度的沉积技术，较之传统的 CVD 技术具有非常大的优势。一般而言，普通的 CVD 设备并没有使用任何能够监控沉积速率的装置，其沉积速率是根据实际的测试晶片来确定的，而沉积时间则是由所需的沉积厚度与估算的沉积速率计算得到的。对于栅极绝缘层以及阻挡层金属等薄膜来说，由于其所需沉积的材料非常薄（在3~6nm之间），因此对厚度的控制就非常重要，此时ALD技术就具有很大的优势。ALD技术所具有的另外一个优点则是其能够在样品表面均匀地覆盖一层薄膜。在CVD技术中，由于通过设定工艺条件确保其进入表面反应限制区，从而使得表面吸附的原子和分子能够在发生反应前扩散足够长的距离并同表面进行结合，因此即使在相对起伏不平的表面上也能够沉积出保形的薄膜材料。但是当表面变得越来越起伏不平时，要继续保持沉积过程为表面反应限制型而不是气体输运限制型就变得越来越困难。典型的情况就是当需要在具有较大纵横比的孔洞或缝隙表面覆盖一层薄膜材料时，孔洞底部附近的沉积速率往往会下降。而在ALD技术中，化学反应过程与气体输运过程在时间上是完全分开的，因此通过设定合适的工艺条件，采用ALD技术沉积的薄膜材料几乎可以均匀覆盖任意纵横比的图形。

当然ALD技术也有一些缺点，其中最常提到的缺点之一就是其沉积速率很低。在理想情况下经过一个完整周期能够生长出一个单分子层的薄膜（厚度大约为0.2nm）。如果一个周期时间为5s，1min可以沉积12个周期，则沉积速率为2.4nm/min。而其他CVD技术的沉积速率则要比其快一个数量级，在一般情况下，实际ALD系统的沉积速率要小于每周期一个单分子层，而且整个沉积过程中还会有一个明显的初始阶段，由此导致沉积5nm厚的薄膜通常需要经历大约100个周期，或者处理每个晶片的时间大约为3min。

ALD技术存在的第二个问题就是对原材料的消耗比较大，因此成本也比较高。要实现完整的单分子层覆盖，尤其是对具有高纵横比的图形，往往需要一个较长的气流周期，而绝大多数气体实际并没有得到利用。另外某些工艺中需要用到的一些金属有机化合物气体也十分昂贵，这些都使得ALD技术的成本大大增加。

ALD技术存在的第三个问题则是会发生一些不希望发生的或反应不完全的反应，因此ALD技术会在薄膜材料中留下比较严重的残余污染物，目前常见的污染物主要包括氯、碳和氢等元素。ALD技术通常在低温下进行，如果衬底的温度过高，就有可能会发生一些不希望发生的化学反应。而在这样的低温条件下，就可能没有足够的能量来使得反应形成的副产物从所沉积材料的表面去除干净，导致它们残留在薄膜材料中。

习题

1. 化学气相沉积和物理气相沉积的区别是什么？
2. 常见的物理气相沉积技术有哪几种？
3. 与普通溅射镀膜技术相比，磁控溅射技术有什么优点？
4. 简要描述APCVD的优缺点。
5. 说明LPCVD和PECVD各自的含义及特点。

参 考 文 献

[1] IIDA T, KITA Y, OKANO H, et al. An equation for the vapor pressure of liquid metals and calculation of their enthalpies of evaporation [J]. High Temperature Materials and Processes, 1992, 10 (4): 199-208.

[2] VILLALOBOS J, GLOSSER R, EDELSON H. A quartz crystal-controlled evaporator for the study of metal film alloy hydrides [J]. Measurement Science and Technology, 1990, 1 (4): 365.

［3］SIGMUND P，BEHRISCH R. Sputtering by particle bombardment I［J］. Topics in Applied Physics，1981，47：9.

［4］DZARNOSKI J，RICKBORN S F，O'NEAL H E，et al. Shock-induced kinetics of the disilane decomposition and silylene reactions with trimethylsilane and butadiene［J］. Organometallics，1982，1（9）：1217-1220.

［5］KERN W，ROSLER R S. Advances in deposition processes for passivation films［J］. Journal of Vacuum Science and Technology，1977，14（5）：1082-1099.

［6］LESKELÄ M，RITALA M. Atomic layer deposition（ALD）：from precursors to thin film structures［J］. Thin Solid Films，2002，409（1）：138-146.

［7］KIM H. Atomic layer deposition of metal and nitride thin films：current research efforts and applications for semiconductor device processing［J］. Journal of Vacuum Science & Technology B：Microelectronics and Nanometer Structures Processing，Measurement，and Phenomena，2003，21（6）：2231-2261.

［8］BEYER G，SATTA A，SCHUHMACHER J，et al. Development of sub-10-nm atomic layer deposition barriers for Cu/low-k interconnects［J］. Microelectronic Engineering，2002，64（1-4）：233-245.

第三篇

半导体器件

第 9 章 器件测试分析与表征技术

9.1 扫描电子显微镜

扫描电子显微镜（Scanning Electron Microscope，SEM）是一种高分辨率显微镜，可用于分析材料的形貌、成分、化学性质和晶体结构等。它在半导体材料、矿物、冶金、生物医学、化学、物理等领域得到广泛应用。

SEM 是通过电子束轰击样品表面，激发多种电子信号并收集相应信号来测试样品表面形貌的一种技术。电子枪发出的电子束的直径通常在 20～30nm 范围内，经过加速电场作用后，形成具有一定能量的电子束探针，轰击样品表面。电子束与样品表面的原子核和外层电子碰撞，其中一部分电子会从样品表面反射回来，另一部分则穿过样品表面进入到样品内部。进入样品内部的电子在失去动能后会停止运动，其能量被样品吸收。在电子束入射样品的过程中，大部分入射电子的能量转化为热量，只有约 1% 的入射电子会激发出各种信号。SEM 激发的多种电子信号包括二次电子、透射电子、背散射电子、俄歇电子、阴极荧光、电子电动势和 X 射线，如图 9.1 所示。电子探针在扫描线圈作用下，通过光栅状扫描样品表面，并将激发出的信号转换成电信号。检测器检测这些信号并放大，经过处理后在显示器上显示。同时，显示器也对样品表面进行光栅状扫描。通过上述方式，就可以显示反映样品表面形貌特征的扫描电子成像图。SEM 测试样品表面形貌主要是利用二次电子进行成像。此外，也可以对背散射电子进行成像，进而反映样品中的化学成分变化。SEM 系统由电子光学系统、样品室、真空系统、电源系统和信号收集显示系统等组成。

良好的样品是拍摄高质量 SEM 图像的关键，因此需要花费一定时间制备样品以及提升样品清洁度。不洁净的样品会导致 SEM 成像时表面出现杂质，很容易在 SEM 成像中观察到这些杂质。如果样品表面已经覆盖了一层污染物，那么这些杂质会极大影响到 SEM 图像的质量。因此需要具备良好的操作步骤，包括将样品保存在干净的环境（如密封盒、干燥器和真空包装）中。可以使用除湿介质或真空室存储来减少水或湿度暴露。受到油、水溶液或空气等污染的样品可以通过在有机溶剂中进行超声振荡等方法对其表面进行系统清洁。同时需要注意，所有清洗后的样本随后都要佩戴手套处理。

清洁杂质之后，非导电性或导电性差的样品通常需要覆盖具有高导电性的超薄涂层，以传导积累的表面静电荷，常使用的高导电性的材料包括金和铂。电荷积累是由于入射电

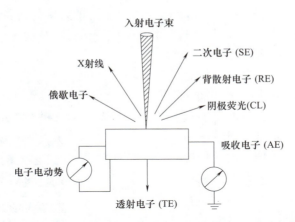

图 9.1 扫描电子显微镜使用电子束轰击样品产生信号示意图

流（负电荷的初级电子）和出射电流（二次电子、背散射电子和透射初级电子）之间的差异引起的。电荷积累会导致未校准的入射电子束偏转。在 1~4kV 的加速电压下，电荷积累值可以接近零，因此有时使用低加速电压扫描电子显微镜来减少电荷积累效应。图 9.2 所示为使用 SEM 拍摄的 mini-LED 芯片的 SEM 图。

图 9.2 mini-LED 芯片的 SEM 图

9.2 透射电子显微镜

透射电子显微镜（Transmission Electron Microscope，TEM）是一种利用电子束与物质相互作用来获取高分辨率物质结构信息的显微镜。TEM 的工作原理与光学显微镜相似，其不同是，TEM 使用电子而不是光进行成像。由于电子的德布罗意波长比可见光波长小得多，因此 TEM 可以获得比光学显微镜高许多数量级的分辨率，通常在 0.1nm 左右。TEM 可以揭示材料内部结构的最细微的环节，甚至可以看到单个原子的情况。在 TEM 工作时，来自电子枪的电子束经过聚光镜聚焦，然后通过物质，电子束会发生散射、吸收和衍射等现象。这些现象产生不同程度的相位和干涉效应，可以被探测并转化为高分辨率的图像。

不同区域的明暗对比在 TEM 图像中被称为衬度，主要有质厚衬度、衍射衬度和相位衬度。质厚衬度是由于样品中不同区域的厚度和不同种类的原子对电子的散射能力有差异引起的。电子束经过样品后将产生衍射，形成衍射斑。衍射衬度是因为样品晶体结构中的原子排列方式导致衍射斑的强度和位置发生变化而引起的。由于电子具有波粒二象性，它们可以产生干涉现象。当透射电子束与衍射电子束在空间中相遇时，会产生相位干涉，即相位衬度。

图 9.3 所示为 TEM 的核心组成部件和工作原理，TEM 的核心组成部件主要包括电子源、准直透镜、投影透镜、物镜透镜、样品台、STEM 扫描线圈和探测器等。在真空条件下，高压加速电子后产生高能电子束，准直透镜使电子束均匀进入样品。电子束与样品中的原子相互作用，产生散射、吸收和衍射效应。这些效应经过投影透镜、物镜透镜等光学器件作用后，会形成高分辨率的投影图像，能够通过探测器进行记录和观察。TEM 样品需要很薄才

能使电子束透过样品进行衍射成像，主要是利用聚焦离子束减薄进行制样。TEM 在材料科学中应用广泛，可以分析材料的晶体结构、晶格缺陷等信息，从而对材料的性质、合成方法和性能等进行研究。TEM 具有以下几个特点：

1）电子方面。TEM 中的电子枪通常会通过 80~300kV 的加速电压来加速电子，从而使它们具有足够的能量穿过多达 1μm 厚的材料。通常使用 200~300keV 的电子进行常规成像，而使用能量低于 100keV 的电子可对非常轻的元素如碳元素进行分析，以减少样品损伤。有些可能会配备单色器，通过按能量过滤电子来生成几乎单一能量的电子束。电子束能量分布的降低可提高材料内部能量损失机制的分析精度。

2）电子束的控制方面。TEM 比 SEM 有更多的电磁透镜，在沿电子束方向形成电子柱并依次排列（图 9.3）。样品前的准直透镜（Collimating Lens）将

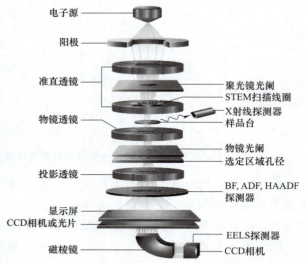

图 9.3　TEM 的核心组成部件和工作原理

电子聚焦成一定直径和收敛度的电子束。物镜透镜（Objective Lens）将透过样品的电子聚焦形成衍射图案和第一幅像。投影透镜（Projecting Lens）随后将衍射图案放大到检测系统上。额外的透镜可以在放置样品前安装，以扫描电子束进行扫描透射电子显微镜（STEM）模式。此外，通过纠正球面像差的显微镜可极大地提高 TEM/STEM 的空间分辨率，可以达到小于 0.05nm。

3）样品方面。当前的 TEM 设备对样品几何形状有很大限制，大多数 TEM 样品支架设计用于直径最大为 3mm、沿电子束方向最大厚度为 200μm 的样品。这是由于样品两侧的静电透镜设计非常严格，对插入和移动样品的空间有很高限制。通过增加透镜以改善电子光学性能的新型畸变校正显微镜，现在可以使用最大缝隙为 5mm 的物镜透镜，并将显微镜空间分辨率保持在 0.1nm 以下。这种宽缝极点可以使用更大的样品尺寸和样品支架，但在分析点仍需要符合电子的透明性要求。

所有 TEM 样品都必须有一些电子透明材料的区域，以使电子能够通过。样品安装在支架中，可以通过 3 个方向（x、y、z）平移样品，并通过一个或两个轴（单倾斜或双倾斜）倾斜样品，通常是 ±（20°~40°）。如果要应用层析成像对三维结构进行分析，则需要高倾斜度达到 +70°。样品的可操作性很重要，以便可以拍摄到不同区域和不同倾斜角度下的图像。沿电子束方向定位样品尤为重要，在 TEM 中，电子束的最佳聚焦范围可能只有 100mm 或更短。

4）操作方面。TEM 属于敏感仪器，需要安装在无振动、无杂散电磁场干扰和恒温的环境中。相比 SEM，TEM 对电子束的控制要求更高，因为电子散射对于束流参数（如电子角度分布和电子斑点直径）的变化非常敏感。优化电子枪参数、多个镜头的校准，以及在不同位置部分阻挡电子束的孔径的对齐方法，必须针对每台显微镜进行确定。仪器的校准可能

需要长达 30min，并且可能需要定期进行调整。

9.2.1　TEM 明场和暗场模式

入射电子束与样品相互作用会产生弹性散射电子和非弹性散射电子，这些散射电子将偏离主轴并朝一定方向进行移动。如果这些散射电子被物镜光阑阻拦，只将那些未发生散射的电子进行收集成像，这样就得到 TEM 明场像。在明场模式中，只有很少的电子能够通过样品中发生了散射的区域，因此在图像中会呈现较暗的对比度。样品的变化，如增加厚度、增大原子序数和存在结构缺陷，会导致更多的电子散射，使 TEM 明场像中出现较暗的衬度。此外，在 TEM 测试中，未发生散射的电子被物镜光阑阻挡，然后选择以部分散射电子进行 TEM 成像，这样就可以得到 TEM 暗场像。TEM 暗场像可以用来突出显示样品中能够增强电子散射的区域。TEM 明场像和暗场像的成像原理，如图 9.4 所示。

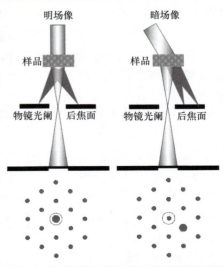

图 9.4　TEM 明场像和暗场像的成像原理

9.2.2　高分辨 TEM

利用上述的相位衬度原理进行成像的显微镜称为高分辨透射电子显微镜（HRTEM）。当测试样品很薄（小于 100nm）时，入射电子照射在样品后主要发生弹性散射。电子与晶体的点阵相互作用会产生复杂的干涉图案，放大倍数达到 400K 以上后可以被观察到。在某些成像条件下，干涉图案正好对应于原子的空间排列，形成高分辨 TEM 图像。

9.2.3　扫描透射电子显微成像

通过扫描线圈，TEM 设备能够将电子束聚焦成一个非常小的光斑并照射在样品表面。扫描透射电子显微成像（STEM）利用这个聚焦光斑，在测试区域内逐点扫描进行成像，如图 9.5 所示。相比其他显微成像技术，STEM 对色差敏感度非常小，可以用于较厚样品的成像。在 STEM 测试中，可以通过收集未被散射的电子来形成明场图像，也可以利用环形探测器收集散射电子形成环形暗场图像（ADF）。如果利用环形探测器收集分布在高角度的非相干散射电子进行成像，便可以得到高角环形暗场图像（HAADF）。在高角环形暗场图像中，扫描区域中局部的原子序数变化将在图像上产生明显的衬度，因此可以实现原子级别的化学成分分析，它也被称为 Z 衬度图像。

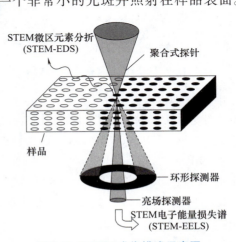

图 9.5　STEM 成像模式示意图

9.2.4 透射电子显微镜的样品制作

TEM 利用电子束穿透样品进行成像,样品必须对入射电子束具有"透明性"。电子束穿透样品的能力取决于加速电压和样品的原子序数。一般来说,加速电压越高,样品的原子序数越低,电子束能够穿透的样品厚度就越大,如图 9.6 所示。常用透射电子显微镜的加速电压通常为 100kV。对于金属样品而言,其平均原子序数在 Cr 原子序数附近,所以适宜的样品厚度约为 0.2μm。

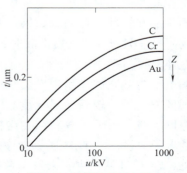

图 9.6　可穿透厚度 t 与加速电压 u 的关系

对于半导体材料而言,可以用聚焦离子束(FIB)法来制备 TEM 样品。FIB 仪器利用离子束来扫描样品,常用的加速电压为 5~50kV。在操作过程中,高能离子束将会轰击样品,使样品表面溅射出二次电子。通过探测器的检测,可以形成样品的高清晰、大景深的扫描电子图像。FIB 系统主要由离子源、离子束聚焦、样品台和扫描系统等组成。

FIB 法最初用来修复半导体器件的线路,现在也常用于 TEM 样品的制备。它的特点是可以对样品特定区域进行样品制备,且速度快。TEM 样品常用的制备方法是取出法,其制备过程如图 9.7 所示。

利用取出法制备样品的步骤如下,首先通过在 FIB 设备中找到适合的样品界面,然后就在此位置制备样品,使用离子束对该位置进行加工,加工尺寸为 10μm×5μm,流出的样品厚度约为 0.2μm。随后通过转移触手接触样品,用离子束加工转移触手和样品,使二者连接在一起。接着使用离子束切除样品底部,这样即可转移样品。将样品转移至铜网上,再将样品拿至 TEM 显微镜下观测即可。图 9.8 是用取出法制备的样品。

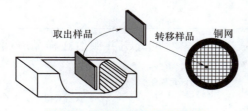

图 9.7　FIB 法制备 TEM 样品

图 9.8　取出法制备的样品

通过 TEM 观察样品来对样品的位错分布进行分析。图 9.9 所示为在蓝宝石(PSS)衬底上生长 GaN 时的断面 TEM 图,其中包括低温 GaN 成核层、低温 AlGaN 成核层和溅射 AlN 成核层。图 9.9a、d、g 所示分别为具有低温 GaN 成核层、低温 AlGaN 成核层和溅射 AlN 成核层的 PSS 衬底上生长 GaN,沿 GaN [10-10] 面切割样品的明场 TEM 图。图 9.9a、d、g 中显示了不同类型的位错,包括刃型位错(E)和混合位错(M)。根据可视原则,观察角度的方向 $\mathbf{g}=000\bar{2}$ 时,观察到的低温 GaN 成核层、低温 AlGaN 成核层和溅射 AlN 成核层的 GaN 样品的明场 TEM 图,如图 9.9b、e、h 所示。同样,当 $\mathbf{g}=\bar{1}120$ 时,观察到的具有低温 GaN 成核层、低温 AlGaN 成核层和溅射 AlN 成核层的 GaN 样品的明场 TEM 图,如图 9.9c、f、i 所示。螺型位错和刃型位错的伯格斯矢量分别为 $\mathbf{b}_S=<0001>$ 和 $\mathbf{b}_E=1/3<\bar{1}120>$。根据可视原则，在图 9.9b、e、h 中，只能看见螺型位错和混合位错；在图 9.9c、f、i 中，只能看见刃型位错和混合位错。在图 b、e、h、c、f、i 中，都能看见的大部分位错可以认为是混合位错。生长在溅射 AlN 成核层上的 GaN 具备最低的位错密度，而生长在 AlGaN 成核层上的 GaN 具备最高的位错密度。

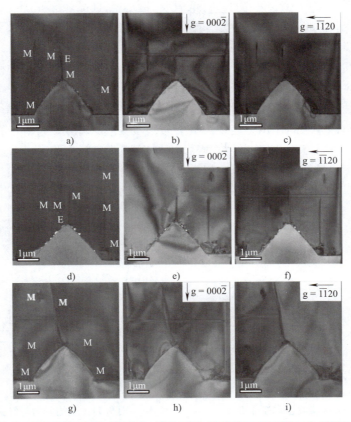

图 9.9　具有低温 GaN 成核层、低温 AlGaN 成核层和溅射 AlN 成核层的 PSS 衬底上生长 GaN 的断面 TEM 图

9.3　原子力显微镜

原子力显微镜（Atomic Force Microscope，AFM）是一种不需要样品具有导电性也可以进行测试的扫描探针型显微镜，AFM 通过探针的振幅来记录样品的表面形貌，如图 9.10a 所示。AFM 主要可以测试样品表面的原子级形貌，可以测试 GaN 外延片的表面粗糙度、位错密度和 V 形坑，并在经过处理后形成样品的表面三维形貌图。测试的时候，激光将入射到原子力显微镜的微悬臂上并被其反射。在样品表面扫描的过程中，探针与测试样品之间的相互作用力会使得微悬臂产生应变，这种应变将会导致反射激光强度的变化。通过将探测到的激光束光信号转换为电信号，就可以得到样品的表面高度信息。当探针在设定的范围内进行扫描，就可以得到该区域的表面三维图像，如图 9.10b 所示。

AFM 有以下几种测试方式：接触模式（Contact Mode）、非接触模式（Non-contact Mode）和轻敲模式（Tapping Mode）。当微悬臂与样品表面原子相互作用时，同时有几种力作用于微悬臂，范德华力是最主要的一个力。图 9.11 所示为范德华力与针尖原子至样品表面原子的距离关系曲线。当针尖至样品表面的距离减小时，它们首先将互相吸引；随着距离进一步减小，两者的排斥力逐渐增大，将抵消吸引力。当样品表面原子与针尖原子之间的距离达到几埃（$1\text{Å}=0.1\text{nm}$）时，吸引力和排斥力相等达到平衡；当针尖原子与样品表面原子之间的距离进一步缩小时，原子间的排斥力占据主导地位，范德华力此时表现为排斥力。利用范德华力的上述性质，通过调整针尖与样品间的距离来实现不同的工作模式。在接触模式下，针尖和样品表面发生接触，原子间作用力表现为排斥力；非接触模式下，针尖和样品表面的距离为数十纳米，原子间作用力表现为吸引力；轻敲模式下，针尖和样品表面的距离在几到十几纳米之间，原子间作用力表现为吸引力，但在微悬臂振动过程中，两者会间歇性发生接触。接触模式分辨率高，但探针与样品之间存在较大的横向力，较容易引起表面形貌失真；非接触模式不容易产生形貌失真，但样品表面的清洁度对其影响较大；轻敲模式介于接触模式与非接触模式之间，适用于一般测试环境。

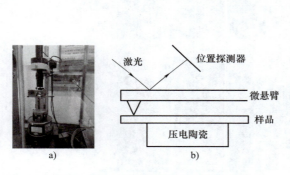

图 9.10　AFM 实物图和工作原理
a）实物图　b）工作原理

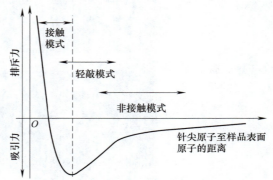

图 9.11　范德华力与针尖原子至样品表面原子的距离关系曲线

9.3.1　接触模式

接触模式是 AFM 常用操作模式，也是最重要的工作模式。在接触模式中，探针针尖始终与样品表面保持接触，并以恒力或恒高模式进行扫描，并且整个过程中，针尖在样品表面滑动，如图 9.12a 所示。接触模式测试的图像较稳定并且具有高分辨率。接触模式适用于测试大气和液体环境下的样品。然而，接触模式不适用于低弹性模量的样品、生物大分子样品以及易移动和变形的样品。由于该模式下针尖直接接触样品，因此需要针尖和样品之间的作用力小于样品原子间或针尖原子间的聚合力。故探针微悬臂的硬度不能过大，以确保在很小的作用力下就能产生可检测的弯曲形变。为了满足这一要求，用于接触模式的微悬臂的弹性常数 k（其值与弹性模量 E、微悬臂的宽度和微悬臂厚度的三次方成正比，与微悬臂长度的三次方成反比）应在 $1\sim10\text{N/m}$ 范围内，有时甚至更小。目前基本上常用的微悬臂的弹性常数都在 1N/m 以下。

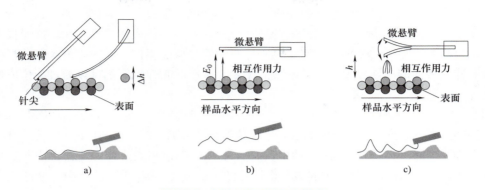

图 9.12　AFM 的三种工作模式
a）接触模式　b）非接触模式　c）轻敲模式

9.3.2　非接触模式

由于接触模式扫描过程中可能出现损坏样品或针尖的情况，为避免这种情况，出现了非接触模式。非接触模式使用的微悬臂弹性常数和共振频率都比较高，在压电陶瓷驱动器的作用下，微悬臂在共振频率附近产生振动。微悬臂振动的振幅和频率受到针尖和样品间的作用力的影响，因此通过检测微悬臂振幅或者频率的变化，就能获取样品的表面形貌。在非接触模式中，探针始终在样品表面的上方摆动而不与样品产生接触，如图 9.12b 所示。探针探测器检测的是范德华力（或静电力）对成像样品没有破坏的长程作用力。虽然这种模式提升了 AFM 的灵敏度，但是当样品和微悬臂两者的距离较大时，两者之间的作用力较小，因此分辨率比不上接触模式和轻敲模式。非接触模式的操作相对较难，对于液体样品通常不适用。

9.3.3　轻敲模式

轻敲模式是一种介于接触模式和非接触模式之间的操作模式。在共振频率附近微悬臂做受迫振动，振荡的探针轻敲样品表面，和样品表面保持间断地接触，如图 9.12c 所示。相比其他模式，轻敲模式具有较高的分辨率，同时由于接触时间极短，针尖与样品两者之间的相互作用力很小。剪切力引起的分辨率的降低和对样品的损坏几乎不存在，因此适用于对聚合物、生物大分子等软样品进行测试研究。轻敲模式同样适用于在大气或在液体环境中的样品的测试。在大气环境中，当针尖与样品两者的距离较远时，微悬臂将会以最大振幅做自由振荡，振荡的探针将朝着样品的表面运动直到轻敲或接触到样品的表面。而当针尖与样品表面两者的距离较近时，尽管压电陶瓷片会产生同样的能量来激发微悬臂振荡，但是微悬臂的振幅由于空气阻碍作用减小；当针尖与样品表面接触时，微悬臂的振幅会因能量损失而减小。轻敲模式中，检测器测量到振幅值的交替变化，并通过反馈回路来调整针尖与样品之间的距离，以保持振幅在某个固定的值恒定。这样，针尖的运动轨迹就可以反映出样品的表面形貌。轻敲模式同样适用于液体样品的测试，由于液体具有阻尼作用，针尖与样品之间的剪切力更小，从而减小了对样品的损伤。因此，在液体中使用轻敲模式进行成像可以实现对活性生物样品的原位观察，也能够实时跟踪溶液反应等。轻敲模式非常适合于检测具有生命特征的生物样品，可以有效地检测生命科学领域中的活细胞、蛋白质、大分子团、人体遗传基因等。除了小作用力的成像外，轻敲模式的另一个应用就是相位成像技术。相位成像技术通过测定扫描过程中微悬臂的振荡相位与压电陶瓷驱动信号振荡相位之间的差值来研究材料的力学性质和样品表面的不同性质。样品的表面摩擦、材料的黏弹性等都可以通过相位成像技术进行研究。

图 9.13 所示为具有不同 PSS 结构的 LED 芯片的 AFM 图。通过 NaOH 对三种 GaN 样品进行蚀刻，来进一步研究 PSS 图形尺寸对样品的位错密度的影响。在 260℃ 下，使用熔融 NaOH 对 GaN 样品进行刻蚀，时间为 10min，会在 GaN 样品表面形成凹坑，每个凹坑将会对应一条位错。根据 AFM 图中凹坑的数量来计算凹坑的密度。从图 9.13 可知，PSS-Ⅰ、PSS-Ⅱ和 PSS-Ⅲ 上生长 GaN 的凹坑密度分别是 $2.76\times10^8/cm^2$、$1\times10^8/cm^2$ 和 $0.84\times10^8/cm^2$。

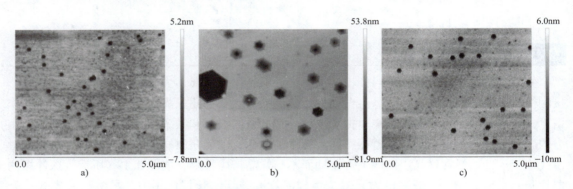

图 9.13 具有不同 PSS 结构的 LED 芯片的 AFM 图

a) PSS-Ⅰ b) PSS-Ⅱ c) PSS-Ⅲ

9.4 X 射线光电子能谱

X 射线光电子能谱（X-ray Photo-electron Spectroscopy，XPS）也被称为化学分析用电子能谱，利用单色 X 射线照射样品表面产生光电子，并通过测量原子内层的电子结合能来确定样品中所含元素的种类。通过分析结合能的化学位移，可以揭示元素的价态变化或与不同电负性原子的结合情况。XPS 提供了有关材料表层组织结构的宝贵信息，相比于其他的检测方法，尤其适用于涂层和镀层的测试。因此 XPS 被广泛应用于研究材料表面组成和结构，在很多的研究领域都被广泛应用（图 9.14）。

9.4.1 XPS 的基本原理

XPS 是基于光电效应，光电效应是指材料表面受到光照射时，光子将会和材料表面的电子相互作用，使得电子获得足够的能量后从材料表面逸出。逸出的电子也即光电子，它的能量等于入射光子的能量和逸出电子的束缚能的差值。测量光电子的能量和角度分布可以推测出材料表面的元素组成、化学键的信息以及化学价态。在 XPS 中，样品与谱仪材料的功函数大小存在差异。当 X 射线光子与样品相互作用时，光子被样品原子的电子进行散射和吸收。原子中不同能级上的电子存在不同的结合能，当入射光子的能量与原子相互作用时，某个受束缚的电子可以完全吸收光子的能量并逸出样品表面，形成光电子，同时原子本身变为激发态离子。在固体样品中，光电子的动能可以表示为

$$E_k = h\nu - E_b - \phi_{sp} \tag{9-1}$$

式中，E_b 为样品中某一个原子的不同壳层电子的结合能；ϕ_{sp} 为谱仪材料的功函数。

由此可得到

$$E_b = h\nu - E_k - \phi_{sp} \tag{9-2}$$

可以通过实验直接测定 E_k，谱仪材料的功函数一般是常数，E_b 是电子的结合能，每种元素的电子结构是唯一的，因此通过计算样品中不同壳层电子的结合能，可确定元素的种类。由于只有表面的光电子能够逸出固体样品，所以测量得到的电子结合能反映了表面化学成分的情况。以上就是 X 射线光电子能谱对材料表面分析的基本原理。综上所述，X 射线光电子能谱中各特征谱峰的峰位、峰强、峰形可以反映样品表面的元素组成、浓度、化学态和结构，从而对材料样品的表面进行分析表征。

9.4.2　XPS 的特点

X 射线光电子能谱法被广泛应用在材料表面的分析和研究工作中，如材料表面的氧化、表面涂层和薄膜功能材料的研究等。作为最常用的表面分析方法之一，XPS 具有以下特点：

1）XPS 基本上是一种无损分析方法，对样品表面几乎没有破坏，并且仅需要很少的样品量就可以进行分析。

2）XPS 是一种痕量分析方法，具有绝对灵敏度很高而相对灵敏度不高的特点。材料表面状态容易影响到定量准确性。

3）XPS 可以广泛分析除了氢和氦之外的固体样品的所有元素。

4）XPS 可以分析元素的组成、含量、化学态以及电子结合能，它可以进行材料表面的点、线、面分析，表面探测深度一般是 35nm。

5）光电子是中性的，对于样品周围的电场和磁场要求不高，同时可以减少样品带电问题的影响。

6）X 射线光电子能谱法具有独特的化学位移效应，可以直观地解释 XPS 中的化学位移现象，这是其他表面分析方法所不具备的。

7）由于 X 射线难以聚焦，照射面积大，因此不适用于微区分析。

图 9.14 所示为在 600℃ 退火前后从 Ag/p-GaN 界面区域获得的 X 射线光电子能谱分析谱图。可以从图中得到，热退火处理导致核能级朝着较低的结合能侧移动 0.15eV，这表明热退火后表面费米能级朝价带边缘移动，表面能带的向下弯曲表明热退火样品中的 Ag 和 GaN 之间的肖特基势垒高度降低，从而导致更好的 p 型接触。

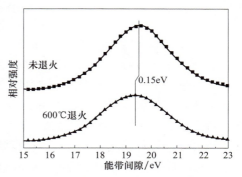

图 9.14　退火前后从 Ag/p-GaN 样品的界面区域获取的 XPS 分析谱图

9.5　X 射线衍射

X 射线衍射（X-Ray Diffraction，XRD）是一种方便快捷且功能强大的表征方法，适用于Ⅲ族氮化物材料及其异质结构的研究。XRD 测试可以在不损伤样品的前提下，有效地分析样品的晶体质量、应力应变、缺陷类型、点阵参数、晶圆翘曲、相分离、量子阱、合金组分和超晶格厚度。可以用图 9.15 所示的简化几何模型和布拉格方程来对 XRD 的基本工作原理进行解释：

$$n\lambda = 2d\sin\theta \qquad (9-3)$$

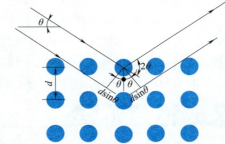

式中，n 为衍射级数；λ 为 X 射线的波长；d 为晶面间距；θ 为 X 射线与晶面之间的夹角。在这个简化的几何模型中，将晶体的实际空间结构等效成了衍射光栅结构。

图 9.16 所示为 XRD 进行 ω-2θ 扫描时的基本形态。根据实际测试需求，可能需要对样品台进行旋

图 9.15　X 射线衍射的简化几何模型

转以实现斜对称扫描。图 9.16 中定义了样品台的旋转轴且列出了不同测试模式下 XRD 的扫描形态。其中，ω 轴是与入射 X 射线和反射 X 射线所在平面相垂直的旋转轴；ϕ 轴是与基平面相垂直的旋转轴；χ 轴是平行于入射 X 射线和反射 X 射线所在平面的旋转轴。

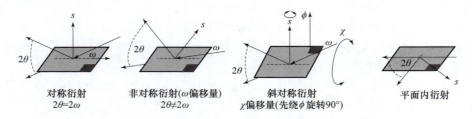

对称衍射　　　　非对称衍射(ω偏移量)　　斜对称衍射　　　　平面内衍射
$2\theta=2\omega$　　　　$2\theta\neq2\omega$　　　　χ偏移量(先绕ϕ旋转90°)

图 9.16　XRD 进行 ω-2θ 扫描时的基本形态

本节介绍的 XRD 设备是一款高分辨率的 X′Pert PRO X 射线衍射仪，由 PANalytical 公司生产。该仪器使用的 X 射线源是由激发 Cu 靶从而产生的 Cu $K_{\alpha1}$ 射线（$\lambda = 1.54056$Å）。

（1）ω-2θ 扫描　X 射线发射光源位置保持不变，样品台绕着 ω 轴旋转，同时探测器也同步旋转。在测试过程中，2θ 与 ω 之间的倍数关系始终保持不变。ω-2θ 扫描的主要功能是确定特定晶面衍射峰出现的位置，因此根据相应的计算公式可以得到晶体的点阵常数。此外，还可以计算Ⅲ族氮化物材料的应变状态和合金的组分。

（2）ω 扫描　需要确定特定晶面的衍射峰位置之后再进行 ω 扫描，并将接收探测器和样品的角度调整到该衍射峰位置。接下来，在该衍射峰的 ω 角度范围内让样品轻微左右摇摆，记录随着 ω 角度变化的衍射峰强度曲线，也称为摇摆曲线。当样品存在缺陷时，由于缺陷周围的晶格点阵发生畸变，摇摆曲线会呈现出宽化现象。在Ⅲ族氮化物材料中，位错是缺陷主要的存在形式。在纤锌矿结构的Ⅲ族氮化物晶体中，位错的伯格斯矢量只有三种：1/3

[$\bar{1}120$]（刃型位错）、[$000\bar{1}$]（螺型位错）和 $1/3[\bar{1}123]$（混合位错）。因此，通常对（$000\bar{2}$）和（$\bar{1}012$）这两个晶面进行 ω 扫描，以表征Ⅲ族氮化物材料中的位错密度。可以通过摇摆曲线的半高峰宽来计算位错密度：

$$\rho_S = \frac{\beta_S^2}{4.35 \mid b_S \mid^2} \tag{9-4}$$

$$\rho_E = \frac{\beta_E^2}{4.35 \mid b_E \mid^2} \tag{9-5}$$

式中，ρ_S 为螺型位错的密度；ρ_E 为刃型位错的密度；β_S 和 β_E 分别为（$000\bar{2}$）和（$\bar{1}012$）晶面 ω 扫描的半高峰宽；b_S 和 b_E 分别为螺型位错和刃型位错的伯格斯矢量。

（3）倒易空间扫描　倒易空间扫描具有一个很大的优势，能够同时获取异质结构中不同材料的点阵常数信息。这对于分析不同Ⅲ族氮化物材料的应变弛豫状态非常重要。倒易空间图可以通过以连续渐变的方式对 ω 角做多次 ω-2θ 扫描后叠加获取，或者通过以连续渐变的方式对 2θ 角做多次 ω-2θ 扫描叠加获取。对于纤锌矿结构的Ⅲ族氮化物材料，倒易空间图中的空间坐标与晶体点阵常数之间存在一种如下的换算关系：

$$Q_x = \frac{4}{3} \frac{h^2 + hk + k^2}{a^2} \tag{9-6}$$

$$Q_y = \frac{l}{c} \tag{9-7}$$

式中，Q_x 和 Q_y 分别为倒易空间图中的空间坐标；a 和 c 分别为晶体中的晶胞参数；h、k、l 分别为六方晶系的米勒指数。

9.6　拉曼光谱

拉曼光谱分析法是基于 C. V. Raman 发现的拉曼散射效应。通过激光照射样品表面，光与物质分子相互作用引起分子的受迫振动从而产生散射。散射光的频率与入射光的频率一样时称为瑞利散射，而当散射光频率和入射光频率不一样时称为拉曼散射，其中光子频率减小时称为斯托克斯散射，光子频率增大时称为反斯托克斯散射，如图 9.17 所示。拉曼位移等于散射光频率与激光频率之间的差值，单位是波数（cm^{-1}）。拉曼光谱测试可以用来分析半导体材料的应力情况和晶体质量等信息，具有无损伤、快速测试和无需专门的制样等优势。由于拉曼位移和被测材料的特性有关，因此根据此原理可以鉴别组成物质分子的种类。此外，半导体薄膜内的应力会导致拉曼散射峰位的偏移。当固体受到压应力时，会缩短分子键长，增加振动频率，导致谱带向高频移动；而当固体受到拉伸应力时，谱带向低频移动。因此，可以利用拉曼散射的峰位偏移来测试半导体薄膜材料的内应力情况。以 GaN 材料为例，通常可以使用 E_2（high）振动模式中的峰位偏移来推算内应力 σ（GPa），具体的计算公式如下：

$$\sigma = \frac{\Delta\omega}{4.2} \tag{9-8}$$

式中，$\Delta\omega$ 为测试样品与无应力 GaN 材料的相对拉曼位移，单位为 cm^{-1}。室温下 AlN、GaN

和 InN 薄膜的声子模散射频率见表 9.1，其中 $E_2(high)$ 主要反映材料所受的应力状态，$A_1(LO)$ 反映载流子浓度信息。

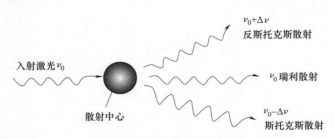

图 9.17　拉曼散射原理图

表 9.1　室温下 AlN、GaN 和 InN 薄膜的声子模散射频率　　　　（单位：cm^{-1}）

声子模	AlN	GaN	InN
$E_2(low)$	248.6	144	87
$A_1(TO)$	611	531	447
$E_1(TO)$	670.8	558.8	476
$E_2(high)$	657.4	568	488
$A_1(LO)$	890	734	586
$E_1(LO)$	912	741	593

为确定 LED 外延层在激光剥离前后的应力状态，使用 XRD 测试激光剥离前后的 LED 外延层拉曼光谱。图 9.18 所示为经归一化处理后的 LED 外延层在激光剥离前后的 $E_2(high)$ 模拉曼光谱。其中垂直虚线表示的是无应变的 GaN 薄膜基底的 $E_2(high)$ 模拉曼峰（566.65cm^{-1}），而 LED 外延层在激光剥离前后的 $E_2(high)$ 模拉曼峰分别是 568.5cm^{-1} 和 567.4cm^{-1}。GaN 薄膜中的应力可以通过式（9-9）计算：

$$\sigma = \frac{\Delta\omega}{k} \tag{9-9}$$

式中，$\Delta\omega$ 为 GaN 薄膜基底和测试样品之间的相对拉曼位移，单位为 cm^{-1}；k 为 $E_2(high)$ 模拉曼应力系数，GaN 的 k 值是 4.2cm^{-1}/GPa；σ 为应力，单位为 GPa。根据式（9-9）计算出 LED 外延层在激光剥离前后的压应力分别是 458MPa 和 182MPa。这表明，GaN 外延层与蓝宝石之间的压应力在剥离蓝宝石基底之后得到了减缓。

使用由 Renishaw 公司生产的 inVia 型共焦显微拉曼光谱仪对Ⅲ族氮化物材料的面内应变进行了测试，其测试光路如图 9.19a 所示。该仪器能够消除由物镜自身产生的光谱，具有较好的空间分辨率和广泛的测试范围。在Ⅲ族氮化物材料中，$E_2(high)$ 模相较于面内应变很敏感，因此经常被用于评估这类材料的面内应变状态。纤锌矿结构的Ⅲ族氮化物材料属于 C_{6v}^4 点群，根据拉曼散射的选择原则，$E_2(high)$ 模在背散射拉曼光谱中可以被观察到。图 9.19b 所示为 GaN 的背散射拉曼光谱，可以观察到 GaN 的 $E_2(high)$ 模和 $A_1(LO)$ 模的特征峰。如果 $E_2(high)$ 模的特征峰出现蓝移，表示 GaN 薄膜中存在张应变；相反，如果 $E_2(high)$ 模的特征峰出现红移，表示 GaN 薄膜中存在压应变。

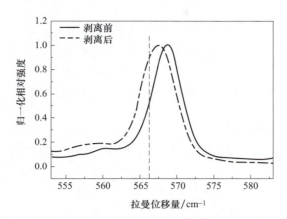

图 9.18 经归一化处理后的 LED 外延层在激光剥离前后的 E_2(high) 模拉曼光谱

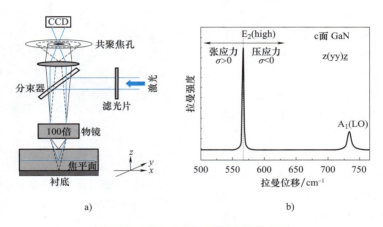

图 9.19 背散射拉曼光谱及测试光路

a）背散射拉曼光谱的测试光路 b）GaN 的背散射拉曼光谱

9.7 俄歇电子能谱仪

俄歇电子能谱（Auger Electron Spectroscopy，AES）是一种用于固体表面化学分析的技术。用于测试的俄歇电子能谱仪是由一个电子源和一个电子能量分析仪组成，电子源的能量一般在 3～30keV 的范围内。电子能量分析仪测量研究由于高能电子轰击样品表面发射的电子的动能。通过测量表面发射的电子的动能来确定样品中的元素。电子束撞击样品表面时的直径决定了使用这种技术进行分析的样品表面面积大小。俄歇电子能谱仪的主要优势在于其具有较高的横向分辨率，这是因为电子束可以聚焦成直径小于 10nm 的斑点。

电子束可以在样品表面上进行扫描，通过跟踪俄歇信号与电子束位置的关系，可以得到一个具有高横向分辨率的表面元素组成图。这种分析仪器被称为扫描俄歇显微镜。除了独立的俄歇电子能谱仪外，还有将其他测试技术集成在一起的仪器，例如集成 X 射线光谱，利用 X 射线光电子能谱进行测试。同样地，也可以向 X 射线光电子能谱仪中添加电子源，以进行 AES 测量。

通过测量由俄歇过程发射的电子的动能，可以确定表面的元素组成。AES 是一种需要原子至少具有 3 个电子的技术，因此该技术不能用于分析氢和氦，但它是一种可用于所有其他元素的方法。俄歇电子能谱中的峰位取决于从哪种元素发射电子以及其电子能级。一般来说，AES 不用于区分表面存在的元素的化学状态，因为在谱图上，与峰本身相比，峰的化学位移很小。

AES 提供的化学信息深度通常不超过 3nm，是一种高度表面特异性的分析方法。当俄歇电子能谱仪配备有离子源（能量通常在几百 eV 至几千 eV 之间）时，就可以构建固体近表面区域的深度剖面。可以通过分析表面并使用离子束剥蚀样品的重复交替来实现。原则上，这种深度剖面技术可以用于分析固体的任何深度。

在俄歇电子能谱仪中，俄歇电子是由高能初级电子束与固体样品表面相互作用，才从表面发射出来的。通常情况下，电子束的能量范围为 3~30keV。这种相互作用还会导致非来源于俄歇过程的光子和电子的发射。俄歇电子只占固体总发射量的一小部分。图 9.20 所示为通过高能电子轰击固体表面所导致的电子和光子发射类型。

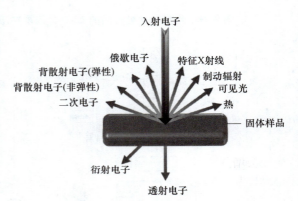

图 9.20　通过高能电子轰击固体表面所导致的电子和光子发射类型

除 AES 外，还有许多重要的分析技术依赖于电子与固体表面的相互作用。图 9.20 所示的衍射电子和透射电子仅从非常薄的样品背面发射出来，通常不会在俄歇电子能谱仪中检测到。它们的检测广泛用于透射电子显微镜分析。

9.8　原子探针层析技术

原子探针层析技术（Atom Probe Tomography，APT）是一种能够重构出原子的空间位置的表征手段，其具有原子分辨率。它是目前唯一一种可以在原子尺度上提供样品三维成像和化学成分测量的材料分析技术。通过逐一分析不同元素的原子，可以得到元素原子的空间分布和定量分析结果。APT 的分辨率在竖直方向上可以达到 0.1~0.3nm，分辨率在水平方向上可以达到 0.3~0.5nm。APT 已被广泛应用于半导体、金属、生物材料和地质等领域。在使用 APT 时，施加超高速电压脉冲或激光脉冲到针状样品上，从而将位于针尖的原子剥离并转化为带电离子，在电场的作用下这些离子加速流向位置敏感探测器。每个离子从样品到检测系统所需的时间以及撞击位置都被位置敏感探测器记录。因为在表面原子施加的能量已知，因此从传播时间计算每个离子的质荷比，从而根据质荷比来确定不同种类的原子。通过确定冲击位置和检测顺序可以确定样品中每个原子的原始位置，结合这些信息，使用立体投影模型重构体积，可以生成显示样品原子结构和化学成分的 3D 图像。APT 原理示意图如图 9.21 所示。

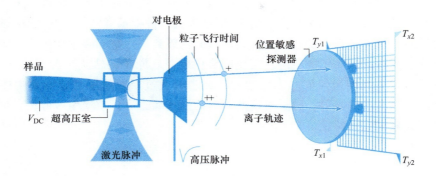

图 9.21 APT 原理示意图

为了实现有效的场蒸发，APT 样品通常被制作成针状。可以使用电解抛光和 FIB 两种方法来制作针尖样品。对于金属和金属合金，电解抛光是常用的方法，它简单易操作，制样时间短，制好的样品不易断裂。但对于非导电材料，电解抛光不适用且无法精确定位特定位置。在这种情况下，通常使用 FIB 进行制样。FIB 利用离子束将样品加工成所需形状，然后将样品放置在样品支架中，置于超高真空系统并冷却到 20~100K 的低温，使用 APT。在使用 APT 时，常会施加恒定的正电压，同时施加纳秒或更短的激光脉冲或纳秒电压脉冲。由于 APT 会破坏样品，样品在分析过程中不可避免地会发生形状变化，尤其是样品针状尖端的半径会增加。为了保持恒定的电场，并避免离子蒸发速率的波动，需逐步提高固定电压。

在距离样品 100~500mm 的位置，使用位置敏感探测器来检测电子信号，并进行处理以计算冲击位置。信号的处理和记录，以及每个探测到的离子的撞击位置与飞行时间的关联，都是以数字形式在数据采集或后期处理中完成的。APT 针状样品的制备，使用的是双束 FIB 和 5kV SEM 设备进行制备，然后在 LEAP 4000X HR 系统（CAMECA，USA）中获取原始数据，并使用 IVASTM 软件对 APT 数据进行重构和分析。

彩图展示

APT 还可以提供详细的三维信息来说明 V 形坑的真正结构特征与形成机理。图 9.22 所示为典型的 V 形坑的 APT 元素原子分布图。在 V 形坑中心附近可以清楚地看到倾斜的 InGaN 量子阱。斜面的区域具有多个指向 (0001) 面的倾斜平面。通过 APT 反映的 V 形坑附近元素分布可以看到，V 形坑中心没有明显的 In 组分聚集，从而揭示了 V 形坑的产生主要与低温外延有关。

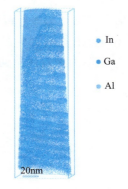

图 9.22 典型的 V 形坑的
APT 元素原子分布图

9.9 二次离子质谱分析

二次离子质谱（Secondary Ion Mass Spectroscopy，SIMS）分析是一种利用高能离子束（能量为 0.1~50keV）直接照射到样品上的技术。这个离子束被称为初级离子束，其中一些比较常见的离子包括 O^-、O_2^+、Cs^+、Ga^+ 和 In^+ 等。这个初级离子束诱导了来自照射区域的原子和分子的喷溅，也即溅射。图 9.23 所示为溅射过程示意图。图 9.23 中显示各自过程大约所需的时间尺度，其中实心黑球代表进入的初级离子，空心圆球代表构成固体表面的原子，实线箭头代表进入离子的轨迹，灰色箭头代表衬底原子的轨迹。在 SIMS 中，一次离子注入到样品并将动能传递给样品表面的固体原子。通过层叠碰撞，会引发中性粒子和带正、负电荷的二次离子的溅射。通过对这些溅射的二次离子进行质量信号分析，可以分析样品表面和内部元素的分布特征。

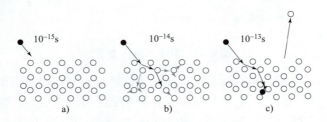

图 9.23　溅射过程示意图

SIMS 分析可以以两种不同的模式进行，分别是静态 SIMS 分析和动态 SIMS 分析。静态 SIMS 分析采用低于 5keV 的电子束能量，并在低束流密度下对样品进行轰击，这样可以确保只激发出单层原子，从而实现超高的表面分辨率。静态 SIMS 分析可用于有机物的分析，通过质谱信息可以确定有机大分子的分子量，同时也可以分析材料表面的有机分子结构。动态 SIMS 分析使用高能量、高密度的离子束流对样品进行轰击，并同时检测不同深度下的二次离子信息，以动态地分析样品中的元素在三维空间中的分布情况。动态 SIMS 分析具有较大的破坏性，主要用于样品的深度剖析等方面，在半导体元素掺杂等领域得到广泛应用。图 9.24 所示为通过探测初级离子轰击样品后产生的二次离子对样品进行分析的示意图。

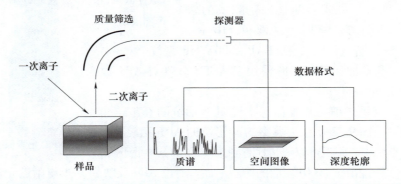

图 9.24　通过探测初级离子轰击样品后产生的二次离子对样品进行分析的示意图

SIMS 分析具有很多优势：

1）高灵敏度和高分辨率。SIMS 分析能够检测浓度极低的元素和分子，具有很高的灵敏度和分辨率。

2）进行多元素和多组分分析。SIMS 分析能够同时分析多个元素和多个化合物并提供全面的化学信息。

3）非破坏性分析。静态 SIMS 分析是一种非破坏性的分析技术，可以在不破坏样品的前提下测试样品。

此外，SIMS 分析还有如下缺点：由于轰击时同一样品中的不同成分或者不同样品中的相同成分的二次离子产额差别很大，因此 SIMS 难以进行定量分析。SIMS 对于复杂成分的样品在分析其谱图时比较困难。使用动态 SIMS 分析时可能会对样品造成损坏。

通过 SIMS 对 LED 外延片的组分进行分析的结果如图 9.25 所示。为了区分样品 A 和样品 B 的 SIMS 曲线，将样品 B 的 SIMS 曲线向右平移了 5nm。从图 9.25 中可以看出样品 A 的超晶格应力释放层中的 Al 组分约为 2%，而样品 B 的 Al 组分约为 6%。通过 SIMS 图可以观察到超晶格应力释放层的 InGaN 层中也含有 Al 组分，并且这两个样品中的 Al 组分含量不同。这个现象与 SIMS 的检测原理有关。超晶格应力释放层中的 InGaN 层厚度仅为 2.5nm，在轰击过程中，InGaN 层会被完全轰击掉，同时部分 AlGaN 层也会被轰击掉，这就解释了为什么在 InGaN 层中也检测到少量的 Al 组分。此外，若 AlGaN 层中的 Al 组分越多，则在 InGaN 层中检测到的 Al 组分也会更多。

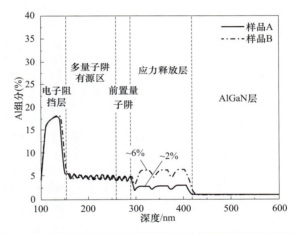

图 9.25　通过 SIMS 对 LED 外延片的组分进行分析的结果

习题

1. 简述扫描电子显微镜的工作原理。
2. TEM 的分辨率是多少，以及常用 TEM 的场景。
3. 简述 TEM 的特点。
4. 简述原子力显微镜的工作原理及测试方式。
5. X 射线光电子能谱的特点有哪些？
6. 简述不同 XRD 测试模式的区别。
7. APT 针状样品的制备方法有哪些？请简要介绍。
8. SIMS 分析的优势有哪些？

参 考 文 献

[1] INKSON B J. Scanning electron microscopy (SEM) and transmission electron microscopy (TEM) for materials characterization [M]. Cambridge：Woodhead Publishing, 2016.

［2］ RAI R S, SUBRAMANIAN S. Role of transmission electron microscopy in the semiconductor industry for process development and failure analysis ［J］. Progress in Crystal Growth and Characterization of Materials, 2009, 55 (3): 63-97.

［3］ 戎咏华, 姜传海. 材料组织结构的表征 ［M］. 2 版. 上海: 上海交通大学出版社, 2012.

［4］ WATTS J F, WOLSTENHOLME J. An introduction to surface analysis by XPS and AES ［M］. New Jersey: John Wiley & Sons, 2019.

［5］ MORAM M A, VICKERS M E. X-ray diffraction of Ⅲ-nitrides ［J］. Reports on Progress in Physics, 2009, 72 (3): 036502.

［6］ KUBALL M. Raman spectroscopy of GaN, AlGaN and AlN for process and growth monitoring/control ［J］. Surface and Interface Analysis, 2001, 31 (10): 987-999.

［7］ WOLSTENHOLME J. Auger electron spectroscopy: practical application to materials analysis and characterization of surfaces, interfaces, and thin films ［M］. Singapore: Momentum Press, 2015.

［8］ GAULT B, CHIARAMONTI A, COJOCARU M O, et al. Atom probe tomography ［J］. Nature Reviews Methods Primers, 2021, 1 (1): 51.

第 10 章 Ⅲ族氮化物发光二极管

10.1 发光二极管介绍

10.1.1 发光二极管工作原理

发光二极管（LED）是一种半导体器件，能够将电能转化为光能，其工作原理是基于半导体材料在正向偏置电压下的电致发光现象。LED 的主要组成部分是 P 型半导体和 N 型半导体，这两种半导体材料的掺杂类型相反，形成 PN 结。当一块 P 型半导体与一块 N 型半导体接触形成 PN 结时，二者中的多数载流子分别为空穴和电子。在没有外加电场的作用下，二者之间的载流子浓度梯度会驱动空穴从浓度高的 P 区扩散到浓度低的 N 区，电子从浓度高的 N 区扩散到浓度低的 P 区。由于单独的 N/P 型半导体是严格遵守电荷守恒定律的，所以在 P 型半导体中的空穴扩散至 N 区后，P 区电离受主带负电荷，在 PN 结的 P 区附近形成带负电的电荷区。同理，对于 N 型半导体，电子扩散至 P 区后，N 区电离施主带正电荷，在 PN 结的 N 区附近形成带正电的电荷区。这些空间电荷在 PN 结附近构成了一个空间电荷区，并在内部产生从 N 区指向 P 区的内建电场。电子与空穴在内建电场作用下做与扩散方向相反的漂移运动。随着载流子扩散运动的进行，空间电荷区与内建电场强度不断增大。漂移运动随电场强度逐渐增强。当漂移运动与扩散运动达到动态平衡时，从 N 区扩散到 P 区的载流子数量和从 P 区漂移回到 N 区的载流子数量相等，载流子的扩散电流和漂移电流大小相等、方向相反并相互抵消。这种状态下的 PN 结被称为平衡 PN 结，如图 10.1a 所示。当对 PN 结施加正向电压时，载流子原有的漂移扩散运动平衡状态被打破。漂移电流大于扩散电流，内建电场在外加电场作用下被削弱。空间电荷区减小，N 区费米能级向上移动，P 区费米能级向下移动，直至 N 区和 P 区的费米能级之差等于内建电场与外加电场之差。此时高于平衡浓度的非平衡载流子在 PN 结附近复合并产生光子，如图 10.1b 所示。当对 PN 结施加反向电压时，内建电场与外加电场方向一致。空间电荷区扩大，载流子扩散运动得到增强。N 区费米能级向下移动，P 区费米能级向上移动，直到 N 区内建电场与外加电场之差等于 P 区内建电场与外加电场之和，如图 10.1c 所示。此时 PN 结的电流非常小并趋向于保持不变，LED 在反向偏压下不发光。与普通二极管类似，LED 在正向偏压下具有"ON"特性，而在反向偏压下具有"OFF"特性。

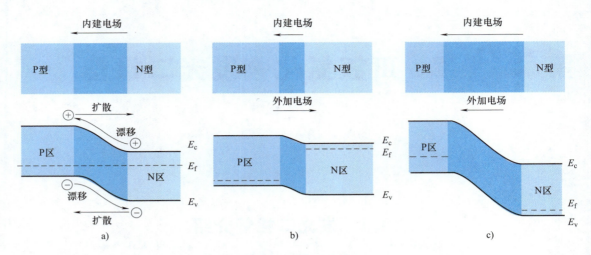

图 10.1　PN 结能带

a）平衡状态下 PN 结能带示意图　b）正偏电压下 PN 结能带示意图　c）反偏电压下 PN 结能带示意图

图 10.2 所示为 LED 外延层的基本结构示意图，其由基底、缓冲层、n-GaN、有源区、电子阻挡层（Electron Blocking Layer，EBL）、p-GaN 和 N/P 电极组成。GaN 基 LED 通常生长在 c 面蓝宝石基底上，由于蓝宝石与 GaN 外延层之间的晶格常数失配较大，导致在蓝宝石上生长的 GaN 晶体具有高位错密度，因此常先生长一层缓冲层，用以减少晶格失配并释放应力，提升外延层晶体质量。n-GaN 和 p-GaN 分别提供 LED 中载流子复合的电子与空穴。有源区是载流子聚集和发生复合的主要区域，有源区一般为多量子阱结构（Multiple Quantum Wells，MQWs），由多个周期的 GaN 势垒层（Quantum Barrier，QB）和 $In_xGa_{1-x}N$ 量子阱（Quantum Well，QW）交替叠加而

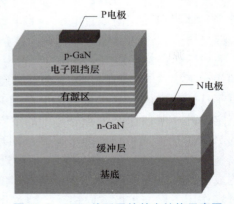

图 10.2　LED 外延层的基本结构示意图

成。其中，QB 的禁带宽度相较于 QW 更大，控制 InGaN 量子阱中 In 的组分，可以实现不同波长的光发射。LED 的有源区是其独特的发光机制的关键所在，因此对其结构的深入研究对于 GaN 基 LED 的优化和进一步发展具有重要意义。EBL 被插入在 p-GaN 与有源区之间，具有较大的禁带宽度，用来有效地限制有源区中的电子，防止在大电流注入条件下电子穿过有源区与 p-GaN 中的空穴发生非辐射复合，从而提升 LED 的发光效率。N 电极通常为多金属层，P 电极通常由透明导电材料制成，如氧化铟锡（Indium Tin Oxide，ITO）。通过设计不同的电极结构可以有效缓解 LED 芯片中的电流聚集效应，增强电流横向拓展能力，提升电流注入效率。

10.1.2　发光二极管特性参数

为了提高 LED 的光电性能，促进 LED 在实际中的推广和应用，需要定量确定其器件内在参数，内量子效率（Internal Quantum Efficiency，IQE）、外量子效率（External Quantum

Efficiency，EQE）和光萃取效率（Light Extraction Efficiency，LEE）是衡量 LED 性能的重要参数指标。

（1）内量子效率　内量子效率是单位时间有源区辐射复合产生的光子数与注入有源区的载流子数的比值，反映了载流子电流转换为光子的效率，根据其定义可用式（10-1）计算：

$$IQE = \frac{单位时间有源区辐射复合产生的光子数}{单位时间注入有源区的载流子数} = \frac{P_{int}/(h\nu)}{I/e} \tag{10-1}$$

式中，P_{int} 为有源区发射的光功率；I 为注入电流；$h\nu$ 为光子的能量；e 为基本电荷电量。

IQE 越高，电子和空穴的辐射复合效率就越高效，能量转换效率越高，因此 LED 具有更高的亮度和更低的功耗。从式（10-1）可以看出，非辐射复合的存在会导致 LED 的 IQE 出现一定程度的下降。为了提升 LED 的 IQE，可以优化 LED 量子阱结构来提高载流子注入效率和辐射复合率，提升晶体质量，减少因缺陷、位错导致的非辐射复合中心。

（2）光萃取效率　光萃取效率是单位时间 LED 有源区域辐射到外部空间的光子数与有源区辐射复合产生的光子数的比值，根据其定义可用式（10-2）计算：

$$LEE = \frac{单位时间辐射到外部空间的光子数}{单位时间有源区辐射复合产生的光子数} = \frac{P/(h\nu)}{P_{int}/(h\nu)} \tag{10-2}$$

式中，P 为发射到自由空间的光功率。理想状态下，所有由有源区的辐射复合产生的光子都可以传播到外部空间。然而，由于 LED 各种损耗机制的存在，有源区传播出芯片的光子数小于在有源区域内产生的光子数。这是因为 LED 芯片材料本身对于光子的吸收以及菲涅尔损耗，同时，当从有源区发射的光子从光密介质 GaN 出射到光疏介质空气中，由于 GaN 材料的折射率（$n_{GaN} = 2.5$）和空气的折射率（$n_{air} = 1$）相差较大，因此光子在 GaN 材料与空气的界面处容易发生全内反射，由 Snell 定律得：

$$n_1 \sin\theta_1 = n_2 \sin\theta_2 \tag{10-3}$$

式中，n_1 和 θ_1 分别为入射材料的折射率与入射角；n_2 和 θ_2 分别为出射材料的折射率与出射角。可以计算出 GaN 材料与空气界面处的全内反射临界角为

$$\varphi = \arcsin \frac{n_{air}}{n_{GaN}} \approx 23.6° \tag{10-4}$$

以大于临界角的角度入射到 GaN 材料与空气界面的光子由于全反射无法出射到外部空间。全内反射临界角 φ 可以定义芯片的逃逸光锥，具体指的是当 LED 发光时，光从 LED 芯片中射出的光线所占的空间角度范围，进入逃逸光锥内部的光线可以出射至外部空间，没有进入逃逸光锥内部的光线则会在芯片内部以波导形式传播并最终被材料吸收，光线在 GaN 材料与空气界面传播和逃逸光锥示意图如图 10.3 所示。

（3）外量子效率　外量子效率是单位时间 LED 有源区域辐射到外部空间的光子数与注入有源区的载流子数的比值。同时，LED 的外量子效率在数值上也是内量子效率和光萃取效率的乘积：

$$EQE = \frac{单位时间辐射到外部空间的光子数}{单位时间注入有源区的载流子数} = \frac{P/(h\nu)}{I/e} = IQE \cdot LEE \tag{10-5}$$

在低电流密度下，GaN 基 LED 的 EQE 通常很高，随着电流密度的增加达到峰值，但是电流密度进一步增加，其 EQE 会急剧下降，这种现象被称为效率衰减（Efficiency Droop），

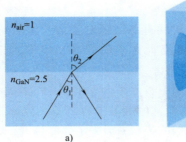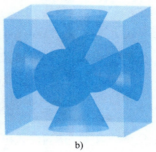

a)   b)

图 10.3　光线在 GaN 材料与空气界面传播和逃逸光锥示意图

a）光线在 GaN 与空气界面传播示意图　b）逃逸光锥

可以表示为

$$\eta_{\text{droop}} = \frac{EQE_{\max} - EQE}{EQE} \tag{10-6}$$

式中，$EQE_{\max}$ 为峰值外量子效率；EQE 为某一电流密度下的外量子效率。效率衰减会严重限制 LED 发光性能的提高和应用的扩展，这个问题在高亮度照明、汽车照明等需要大功率 LED 来满足需求的领域尤为突出，效率衰减现象的存在使得 LED 在高功率下的效率降低。

10.1.3　Ⅲ族氮化物材料应力特性

当Ⅲ族氮化物材料外延生长在晶格常数不匹配的异质基底或者其他材料之上时，其晶体结构会处于应变状态。通常在线弹性条件下，Ⅲ族氮化物材料中的应力（σ）与应变（ε）之间满足广义胡克定律，可以分别用应力张量和应变张量来描述。对于纤锌矿结构的Ⅲ族氮化物材料，应力张量与应变张量之间满足以下关系：

$$\begin{pmatrix} \sigma_{xx} \\ \sigma_{yy} \\ \sigma_{zz} \\ \sigma_{yz} \\ \sigma_{xz} \\ \sigma_{xy} \end{pmatrix} = \begin{pmatrix} C_{11} & C_{12} & C_{13} & 0 & 0 & 0 \\ C_{12} & C_{11} & C_{13} & 0 & 0 & 0 \\ C_{13} & C_{13} & C_{33} & 0 & 0 & 0 \\ 0 & 0 & 0 & C_{44} & 0 & 0 \\ 0 & 0 & 0 & 0 & C_{55} & 0 \\ 0 & 0 & 0 & 0 & 0 & C_{66} \end{pmatrix} \begin{pmatrix} \varepsilon_{xx} \\ \varepsilon_{yy} \\ \varepsilon_{zz} \\ \varepsilon_{yz} \\ \varepsilon_{xz} \\ \varepsilon_{xy} \end{pmatrix} \tag{10-7}$$

式中，σ_{ij} 为应力张量；ε_{ij} 为应变张量；C_{ij} 为对应的弹性常数。一般先根据晶体点阵常数的变化计算得到对应的应变张量 ε_{ij}，然后即可根据式（10-7）计算得到应力张量 σ_{ij}。若Ⅲ族氮化物材料是以伪共晶生长的方式生长在异质基底之上，则面内应变张量 ε_x 可以根据式（10-8）计算得出：

$$\varepsilon_x = \frac{a_{\text{sub}} - a_{\text{layer}}}{a_{\text{layer}}} \tag{10-8}$$

式中，a_{sub} 和 a_{layer} 分别为基底以及Ⅲ族氮化物材料的晶体点阵常数。如果 $a_{\text{sub}} < a_{\text{layer}}$，表明该基底上生长的Ⅲ族氮化物材料中存在压应变。反之，若 $a_{\text{sub}} > a_{\text{layer}}$，则表明该基底上生长的Ⅲ族氮化物材料中存在张应变。进一步地，面外应变张量 ε_z 可以根据式（10-9）计算得出：

$$\varepsilon_z = \frac{2\nu}{1-\nu}\varepsilon_x \tag{10-9}$$

式中，ν 为材料的泊松比。表 10.1 列出了Ⅲ族氮化物材料 GaN、AlN 和 InN 的弹性常数和泊松比。对于这些Ⅲ族氮化物材料的三元或者四元化合物，由于目前还缺乏相关的实测数据，因此通常采用线性近似计算得到。例如，对于Ⅲ族氮化物材料的任意三元化合物 $A_x B_{1-x} N$，其泊松比为：

$$v_{ABN} = xv_{AN} + (1-x)v_{BN} \tag{10-10}$$

表 10.1　Ⅲ族氮化物材料 GaN、AlN 和 InN 的弹性常数和泊松比

项目	单位	GaN	AlN	InN
弹性常数 C_{11}	GPa	390	396	223
弹性常数 C_{12}	GPa	145	137	115
弹性常数 C_{13}	GPa	106	108	92
弹性常数 C_{33}	GPa	398	373	224
泊松比 ν	—	0.212	0.203	0.272

Ⅲ族氮化物材料 GaN、AlN 和 InN 的化合物半导体可以相互合金化，形成不同比例的固溶体，由于其禁带宽度可调、直接带隙、电子饱和速度高等优异的物理化学性质，被广泛应用于光电子器件中。对于Ⅲ族氮化物材料的三元和四元合金，其晶格结构不变，但晶格常数随组成变化，合金可表示为 $Al_x In_y Ga_{1-x-y} N (0 < x+y < 1)$，其中 x 和 y 分别为 Al 和 In 的组分含量。合金的晶格常数可由式（10-11）和式（10-12）计算：

$$a_{Al_x In_y Ga_{1-x-y}N} = xa_{AlN} + ya_{InN} + (1-x-y)a_{GaN} \tag{10-11}$$

$$c_{Al_x In_y Ga_{1-x-y}N} = xc_{AlN} + yc_{InN} + (1-x-y)c_{GaN} \tag{10-12}$$

此外，Ⅲ族氮化物材料的禁带宽度还会受到温度的影响。根据 Varshni 经验公式，禁带宽度与温度 T 之间的关系为

$$E_g(T) = E_g(0) - \frac{\alpha T^2}{T+\beta} \tag{10-13}$$

式中，$E_g(0)$ 为绝对零度时的禁带宽度；α 和 β 为与温度有关的常数。

10.1.4　极化效应

在纤锌矿Ⅲ族氮化物半导体中，晶格不具有空间反演对称性，以纤锌矿结构 GaN 材料为例，在 c 轴方向上 Ga 原子形成的平面（阳离子层）与 N 原子形成的平面（阴离子层）分离，正、负电荷中心之间的错位导致了自发极化（Spontaneous Polarization），且极化方向沿 c 轴方向。不同极性面的纤锌矿 GaN，自发极化方向的判定也有所不同，［0001］方向通常是指 Ga 原子指向最近的 N 原子的矢量方向，对于 Ga 面极化的 GaN，沿［0001］方向垂直向上，N 原子面在下，Ga 原子面在上，N 面极化与 Ga 面极化正好相反，纤锌矿结构 GaN 的两种极性面如图 10.4 所示，箭头所指方向表示极化电场方向，自发极化矢量方向与极化电场方向相反。纤锌矿结构 GaN、AlN 和 InN 晶体的自发极化场强分别为 -0.034C/m^2、

$-0.042\mathrm{C/m^2}$ 和 $-0.090\mathrm{C/m^2}$，可以采用 Vegard 插值法计算Ⅲ族氮化物材料三元化合物 $A_xB_{1-x}\mathrm{N}$ 的自发极化场：

$$P_{\mathrm{sp}}(A_xB_{1-x}\mathrm{N}) = xP_{\mathrm{sp}}(A\mathrm{N}) + (1-x)P_{\mathrm{sp}}(B\mathrm{N}) + b_{\mathrm{ABN}}x(1-x) \tag{10-14}$$

计算四元氮化物的自发极化场强时，式（10-14）变为

$$P_{\mathrm{sp}}(Al_xIn_yGa_{1-x-y}\mathrm{N}) = xP_{\mathrm{sp}}(Al\mathrm{N}) + yP_{\mathrm{sp}}(In\mathrm{N}) + (1-x-y)P_{\mathrm{sp}}(Ga\mathrm{N}) + b_{\mathrm{AlGaN}}x(1-x-y) +$$
$$b_{\mathrm{InGaN}}y(1-x-y) + b_{\mathrm{AllnN}}xy + b_{\mathrm{AllnGaN}}xy(1-x-y) \tag{10-15}$$

式中，b 为弯曲系数，$b_{\mathrm{AlGaN}}=0.019$，$b_{\mathrm{InGaN}}=0.038$，$b_{\mathrm{AllnN}}=0.071$。

除了自发极化以外，氮化物纤锌矿半导体材料还表现出压电极化（Piezoelectric Polarization）效应。AlN、GaN 和 InN 材料及其合金的晶格常数随其组分而变化，当不同材料形成异质结构时，外延材料由于晶格失配和热失配而受到拉伸应力或压应力，晶格常数也会因此发生变化。外延层中的应变可以是压缩应变也可以是拉伸应变，在压缩应变情况下，外延层沿着晶圆的水平方向压缩，在拉伸应变情况下，外延层沿着晶圆的水平方向拉伸。对于 Ga 面极化的 GaN 材料，在拉伸应变和压缩应变下的压电极化示意图如图 10.5 所示。压电极化矢量可由式（10-16）进行计算：

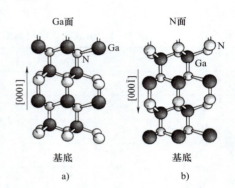

图 10.4　纤锌矿结构 GaN 的两种极性面
a）Ga 面极化　b）N 面极化

$$P_{\mathrm{pz}} = e_{33}\varepsilon_z + e_{31}(\varepsilon_x + \varepsilon_y) \tag{10-16}$$

式中，e_{31} 和 e_{33} 为压电常数；ε_x、ε_y、ε_z 为材料沿三个方向的应变。材料的总极化电场强度是自发极化和压电极化之和：

$$P = P_{\mathrm{sp}} + P_{\mathrm{pz}} \tag{10-17}$$

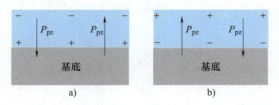

图 10.5　Ga 面极化 GaN 材料的压电极化示意图
a）拉伸应变　b）压缩应变

在 LED 的量子阱结构中，由于压电极化和自发极化的作用，在异质界面处产生极化电场，量子阱中的能带在极化电场的作用下发生倾斜。电子和空穴的波函数在空间上发生分离，导致其辐射复合概率降低，从而降低发光效率，这被称为量子限制斯塔克效应（Quantum-confined Stark Effect，QCSE）。QCSE 还会导致导带与价带之间的有效带隙变小，LED 的峰值发光波长红移和发光波长的半高宽变大。载流子可以屏蔽极化效应引起的极化电场。同时，随着注入电流的增加，内部极化电场也会被逐渐屏蔽，导致 LED 的发光波长蓝移。

10.2　LED 外延结构及生长工艺

10.2.1　图形化蓝宝石衬底

1. 纳米图形化蓝宝石衬底

位错密度对 LED 的内量子效率影响很大，尤其是当 LED 位错密度高于 $1\times10^{8}/cm^{2}$ 时，内量子效率会随着位错密度的升高而显著降低。图形化蓝宝石衬底（Patterned Sapphire Substrate，PSS）技术作为 LED 发展中的重要突破，能够同时提高 LED 的内量子效率和光萃取效率。PSS 技术不需要横向外延过生长（ELOG）和 MOCVD 二次生长，就可以显著提高 GaN 外延层晶体质量，相对 ELOG 具有明显的技术优势。基于图形化蓝宝石衬底外延生长工艺可以获得高晶体质量的 AlN 外延层。目前图形化蓝宝石技术已经历了多次的发展迭代。以深紫外发光二极管（UVC LED）为例，凹坑形纳米图形化蓝宝石衬底（NPSS）是目前用于 AlN 外延生长研究比较多的一种图形化蓝宝石衬底。相对于锥形纳米图形化蓝宝石衬底，凹坑形 NPSS 更容易生长得到光滑的 AlN 外延层，用作 UVC LED 器件的外延生长模板。同时，采用离位溅射 AlN 成核层替代原位低温 AlN 成核层在平片蓝宝石衬底上生长 AlN 外延层，可以显著降低 AlN（002）和（102）晶面的 XRD 摇摆曲线半高宽，获得相对较高的晶体质量。

在图形化蓝宝石衬底的图形选择上，一种是锥形图形，一种是凹坑形图形。由于在 AlN 和 GaN 的生长过程中，Al 原子的黏附性远大于 Ga 原子，导致 Al 原子在外延生长过程中的表面迁移距离要远小于 Ga 原子。因此，锥形图形上生长 AlN 的过程中，非常容易在锥形图形的侧壁进行 AlN 成核和生长。并且，不同侧壁成核 AlN 晶粒的取向不一致，这会导致各成核岛之间难以相互合并形成单晶薄膜。所以常采用凹坑形图形化蓝宝石衬底进行 AlN 外延生长。对于 AlN 的外延生长，需要缩小图形化衬底的图形尺寸，以弥补其横向生长迁移能力的不足。一般采用周期不大于 1000nm 的图形化衬底进行 AlN 外延层的生长。

本节以图形周期为 1000nm，凹坑直径为 900nm，凹坑深度 200nm 的凹坑形纳米图形化蓝宝石衬底（NPSS）为例，对 NPSS 在外延生长过程中的作用进行说明。为了避免 AlN 在凹坑底部的生长，在凹坑的底部制作了深度为 300nm，直径为 200nm 的深坑，如图 10.6 所示。

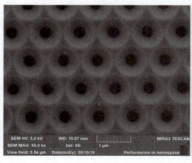
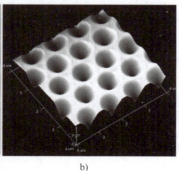

a)　　　　　　　　　　　　　　　　b)

图 10.6　NPSS 的形貌

a）SEM 形貌　b）AFM 形貌

为了在 NPSS 上生长高质量 AlN 外延层，首先在 NPSS 上溅射沉积厚度为 20nm 的 AlN 成核层。然后将具有溅射 AlN 成核层的 NPSS 放入改进后的高温 MOCVD 反应腔中进行 AlN 外延层的生长。生长过程采用氢气（H_2）为载气，三甲基铝（TMAl）为 Al 源，氨气（NH_3）为 N 源。

AlN 外延层的生长过程为：①衬底升温到 850℃ 热处理 5 分钟；②升高温度到 1200℃，设定 V／Ⅲ 比为 3350，生长厚度为 150nm 的高温 AlN 外延层（HT-AlN1）；③降低生长温度到 960℃，设定 V／Ⅲ 比为 3350，生长厚度为 300nm 的低温 AlN 外延层（LT-AlN）；④升高生长温度到 1200℃，采用脉冲氨气横向外延生长法生长厚度为 450nm 的 AlN 外延层（PALE-AlN）；⑤降低 NH_3 流量，设定 V／Ⅲ 比为 190，生长厚度为 2.1μm 的高温 AlN 外延层（HT-AlN2）。整个生长过程的压强均为 50 mbar，总气体流量为 66slm。在具有溅射 AlN 成核层的 NPSS 上生长 AlN 外延层的结构简图，以及脉冲氨气横向外延生长法生长 AlN 的过程简图如图 10.7 所示。

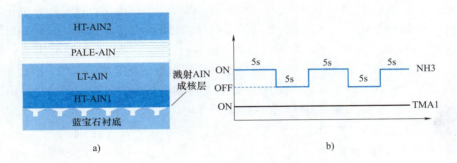

图 10.7　生长 AlN 的结构和过程简图
a）具有溅射 AlN 成核层的 NPSS 上生长 AlN 外延层的结构简图
b）脉冲氨气横向外延生长法生长 AlN 的过程简图

图 10.8 所示为平片蓝宝石衬底（FSS）和 NPSS 上生长 AlN 在 HT-AlN1、LT-AlN、PALE-AlN 和 HT-AlN2 阶段的表面 SEM 形貌。图 10.8a、c、e、g 所示为 FSS 上生长 AlN 在 HT-AlN1、LT-AlN、PALE-AlN 和 HT-AlN2 阶段的表面 SEM 形貌。图 10.8b、d、f、h 所示为 NPSS 上生长 AlN 在 HT-AlN1、LT-AlN、PALE-AlN 和 HT-AlN2 阶段的表面 SEM 形貌。在 HT-AlN1 生长阶段，随着生长温度升高，AlN 倾向于 2D 生长模式。然而，高 V／Ⅲ 比则促使 AlN 倾向于 3D 生长模式。FSS 上生长 HT-AlN1 呈现出一种介于 3D 和 2D 生长模式之间，形成具有 c 面 [0001] 的 AlN 岛，如图 10.8a 所示。同样，在 NPSS 上生长的 AlN 也具有 c 面 [0001] 的去向，形成 AlN 网状结构，如图 10.8b 所示。值得注意的是凹坑图形侧壁有少量的 AlN 生长，而底部深坑区域则完全没有 AlN 生长。HT-AlN1 的形貌为 LT-AlN 的 3D 生长提供了模板作用。在 LT-AlN 生长阶段，低温和高 V／Ⅲ 条件均有利于 AlN 的 3D 模式生长。因此 AlN 表面形貌均呈现出清晰的 3D 形貌，如图 10.8c 和 d 所示。这种 3D 生长模式是降低Ⅲ-Ⅴ化合物外延生长过程中位错密度的一种常用方法。通过形成倾斜的侧壁，位错在镜像力的作用下会发生弯曲，从而阻止了它们沿 c 方向的延伸，达到了降低位错缺陷的目的。

采用脉冲氨气横向外延生长法进行 AlN 的生长可以加快 AlN 外延层的 3D 生长模式向

2D 生长模式转变，实现 NPSS 图形上网格状 AlN 外延层的快速合并。LT-AlN 生长阶段后，进入 PALE-AlN 生长阶段。该阶段中，NPSS 上的 AlN 外延层再次呈现出 c 面，表明 AlN 外延层进入 2D 生长模式，如图 10.8f 所示。而 FSS 上 AlN 外延层也实现了由 3D 生长模式到 2D 生长模式的转变。经过 PALE-AlN 的生长，AlN 外延层进入 2D 生长模式，然后进入 HT-AlN2 生长阶段，该阶段高温和低 V/Ⅲ 的条件，有利于 AlN 外延层的 2D 生长模式。经过厚度为 $1.8\mu m$ 的 HT-AlN2 生长，NPSS 上 AlN 外延层基本完成合并，得到表面平整的 AlN 外延层，如图 10.8h 所示。从图 10.8g 和 h 中也可以观察到，AlN 外延层存在台阶面，这是由于衬底斜切导致的 AlN 生长台面。

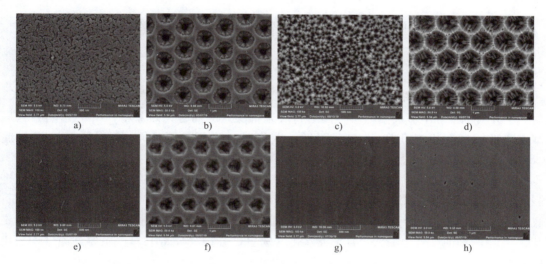

图 10.8　FSS 和 NPSS 上生长 AlN 在 HT-AlN1、LT-AlN、PALE-AlN 和 HT-AlN2 阶段的表面 SEM 形貌

图 10.9 所示为凹坑形 NPSS 上生长 AlN 外延层的断面 TEM 图。参考 FSS 上不同生长阶段的 AlN 层的厚度，可以将 NPSS 上生长 AlN 层厚度划分为四个部分，分别对应于 HT-AlN1、LT-AlN、PALE-AlN 和 HT-AlN2。在 HT-AlN1 生长阶段，位错开始向两侧发生弯曲。在 PALE-AlN 生长阶段，AlN 由 3D 生长模式向 2D 生长模式转变，如图 10.9 中 c 区域的近似矩形断面所示。在 PALE-AlN 生长阶段，3D 生长的倾斜镜像力作用下，垂直向上延伸的位错发生弯曲，并终止于晶粒生长侧壁，以此显著降低 AlN 外延层中的

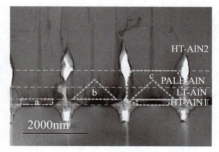

图 10.9　凹坑形 NPSS 上生长 AlN 外延层的断面 TEM 图

缺陷密度。在HT-AlN2 生长阶段，在高温低 V/Ⅲ 条件下，AlN 持续以 2D 模式生长，并相互接合，覆盖 NPSS 的凹坑区域。该阶段中，AlN 的位错进一步合并，位错密度逐渐降低，但是由于晶格匹配差异会在合并区域的两侧导致新位错的产生。

图 10.10 所示为 FSS 和 NPSS 上生长 AlN 外延层的位错缺陷密度和位错类型，包括螺型位错（S），刃型位错（E）和混合位错（M）。对比发现，相对于 FSS 上生长 AlN 外延层，

NPSS 上生长的 AlN 外延层中位错密度显著降低。

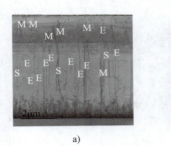

a)   b)

图 10.10   FSS 和 NPSS 上生长 AlN 外延层的位错缺陷密度和位错类型

2. SiO₂ 阵列图形衬底

前面提到 Al 原子的黏附性远大于 Ga 原子，导致 AlN 成核容易在锥形图形上进行生长，从而产生大量位错。本节提出另一种图形衬底来解决这一问题，即采用 SiO₂ 在蓝宝石衬底上制作图形，替代 PSS 上的蓝宝石图形。本节对具有图形化 SiO₂ 阵列的蓝宝石衬底（PSSA）作为 UV LED 的生长模板上生长 AlGaN 的行为进行说明。

PSS 的锥形图形常采用光刻技术和电感耦合等离子体（ICP）刻蚀技术相结合的方式进行制备。而制备 PSSA，则先采用等离子体增强化学气相沉积（PECVD）设备在平片蓝宝石衬底上沉积 $5\mu m$ 厚的 SiO₂ 薄膜，然后结合光刻和 ICP 刻蚀，得到图形化 SiO₂。ICP 干法刻蚀 SiO₂ 常用的刻蚀气体为氟碳化合物或氟化的碳氢化合物（如 CHF₃）。主要刻蚀过程的化学反应如下：

$$CHF_3 + e \rightarrow CHF_2 * + F * + e \qquad (10\text{-}18)$$

$$SiO_2 + CHF_2 * \rightarrow SiF_4 + HF + CO + CO_2 \qquad (10\text{-}19)$$

图 10.11 所示为 PSS 和 PSSA 上生长 AlGaN 的原位反射率曲线和温度曲线，生长阶段采用不同的背景颜色划分。AlGaN 生长过程可以分为五个阶段（S0、S1、S2、S3 和 S4）。S0 为生长起始阶段，S1 为 3D 生长阶段，这两个阶段中两种衬底上生长 AlGaN 均表现出非常低的反射率。在 S2 阶段中，温度从 1000℃升高到 1050℃，促进 AlGaN 的横向生长和 AlGaN 岛的相互合并，同时 AlGaN 薄膜的表面粗糙度降低，反射率略有升高。在该阶段中，PSS 上生长 AlGaN 的反射率明显高于 PSSA 上生长 AlGaN 的反射率。在 S3 阶段，高温促进了 3D 生长模式向 2D 生长模式的转变。在这个阶段，反射率随着表面粗糙度的降低而快速提高，并出现了 Fabry-Perot 干涉振荡。在该阶段的前半部分，PSS 上生长的 AlGaN 的反射率高于 PSSA 上生长的 AlGaN 的反射率。然而，在后半部分，PSS 上生长的 AlGaN 的反射率开始低于 PSSA 上生长的 AlGaN 的反射率，这表明两者在表面形貌转变上存在差异。进入 S4 阶段，PSS 和 PSSA 上生长得到了表面光滑的 AlGaN，反射率达到饱和，即反射率振荡曲线的最高点不再升高。在这个阶段，PSS 上生长的 AlGaN 的反射率明显低于 PSSA 上生长的 AlGaN 的反射率，这可能是因为 PSSA 上生长的 AlGaN 具有更光滑的表面。

图 10.12 为 PSS 和 PSSA 上不同生长阶段 AlGaN 外延层的平面 SEM 图，分别对应于图 10.11 中 S0、S1、S2 和 S3 阶段结束后的形貌。图 10.12a~d 所示为 PSS 上生长 AlGaN 不

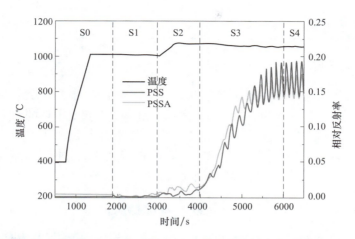

图 10.11　PSS 和 PSSA 上生长 AlGaN 的原位反射率曲线和温度曲线

同阶段的表面 SEM 图。图 10.12e～h 所示为 PSSA 上生长 AlGaN 不同阶段的表面 SEM 图。在起始阶段 S0，PSS 和 PSSA 两种衬底呈现出同一尺寸排列整齐的锥形图形阵列。然而，在 S1 和 S2 阶段，PSS 和 PSSA 上生长的 AlGaN 的形貌开始出现差异。S1 阶段，PSS 上的图形侧壁沉积有较多的 AlGaN 晶粒，而 PSSA 图形侧壁上沉积 AlGaN 晶粒相对较少。同时，PSS 上生长的 AlGaN 具有更大的 c 平面，这解释了在生长反射曲线上观察到 PSS 在 S1 结束阶段反射率相对较高的原因。进入 S2 阶段，PSSA 衬底上生长的 AlGaN 外延层顶端具有较小面积的（001）面，这表明在 3D 生长阶段，PSSA 相对于 PSS 使 AlGaN 更具有择优垂直方向生长。根据位错线能量最小化规则，一旦位错垂直延伸到倾斜表面，镜像力作用使位错开始产生弯曲，这有利于位错弯曲，降低位错密度。在 S4 阶段，PSS 基底上图形取向不同的 AlGaN 晶体阻碍了顶端（001）面的合并，导致表面存在没有完全合并的 V 形坑。相反，在 PSSA 上生长同样厚度 AlGaN 得到了光滑表面，这表明 PSSA 具有更优越的生长条件。

彩图展示

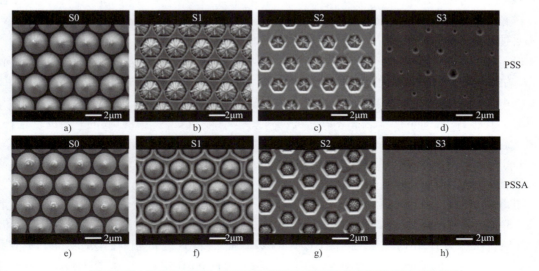

图 10.12　PSS 和 PSSA 上不同生长阶段 AlGaN 外延层的平面 SEM 图

10.2.2　成核层

1. 溅射 AlN 成核层

溅射 AlN 薄膜的原理是利用脉冲直流电场引发真空度约为 0.5Pa 的稀薄气体产生辉光放电，形成等离子体并电离出带正电荷的氩离子。氩离子在直流电场的作用下，轰击高纯铝靶材，使铝原子被溅射出来。这些铝原子迁移到衬底上并与氮原子结合，形成 AlN 薄膜。为了提高 AlN 薄膜与衬底的附着力，通常会对衬底进行加热，温度控制在 400~700℃之间。直流磁控溅射反应沉积 AlN 的原理示意图如图 10.13 所示。

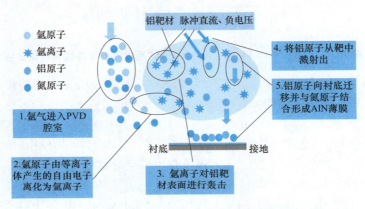

图 10.13　直流磁控溅射反应沉积 AlN 的原理示意图

溅射 AlN 薄膜具有 c 方向择优取向的特点，可以提高 GaN 外延层晶体质量，但机理目前尚未形成统一的认识。同时，基于溅射 AlN 成核层获得高晶体质量 GaN 外延层的技术还需要深入开发。下面将对比研究低温 GaN 成核层、低温 AlGaN 成核层和溅射 AlN 成核层对 GaN 生长行为的影响。其中，直流磁控溅射沉积 AlN 成核层的工艺条件为：以高纯铝（99.999%）为溅射靶材，在 650℃时通入 120sccm N_2，30sccm Ar 和 1sccm O_2，在图形化蓝宝石衬底上沉积 AlN 成核层。

通过观察不同成核层上生长的不同厚度 GaN 的表面形貌演变，可以发现以下趋势：

1）当没有成核层时，GaN 晶粒主要生长在 PSS 图形侧壁，而在蓝宝石衬底的 c 面没有生长。由于不同 GaN 晶粒的晶格取向不一致，无法相互合并形成 GaN 单晶薄膜，如图 10.14a~d 所示。

2）当使用低温 GaN 或低温 AlGaN 成核层时，GaN 不仅在蓝宝石衬底的 c 面进行生长，而且在蓝宝石图形的侧壁也会有少量的生长，如图 10.14e~h 和图 10.14i~l 所示。

3）当使用溅射 AlN 成核层时，GaN 在蓝宝石衬底的 c 面生长，而在蓝宝石图形的侧壁生长被抑制，如图 10.14m~p 所示。

图 10.15 所示为具有低温 GaN 成核层、低温 AlGaN 成核层和溅射 AlN 成核层的 PSS 上生长 GaN 的（002）和（102）晶面 XRD 的 ω 扫描摇摆曲线。低温 GaN 成核层、低温 AlGaN 成核层和溅射 AlN 成核层上生长 GaN（002）晶面 XRD 的 ω 扫描摇摆曲线半高宽分别为 268.6 arcsec、280.5 arcsec 和 270.4 arcsec，（102）晶面 XRD 的 ω 扫描摇摆曲线半高宽分别

为 262 arcsec、267 arcsec 和 208.2 arcsec。根据式 (9-4) 和式 (9-5)，低温 GaN 成核层、低温 Al-GaN 成核层和溅射 AlN 成核层上生长 GaN 的螺型位错密度分别为 $1.45\times10^8/cm^2$、$1.58\times10^8/cm^2$ 和 $1.47\times10^8/cm^2$。低温 GaN 成核层、低温 AlGaN 成核层和溅射 AlN 成核层上生长 GaN 的刃型位错密度分别为 $3.65\times10^8/cm^2$，$3.79\times10^8/cm^2$，和 $2.30\times10^8/cm^2$。可以看出，相对于低温 GaN 成核层和低温 AlGaN 成核层，溅射 AlN 成核层上生长 GaN 的刃型位错密度显著降低，而螺型位错密度几乎一样。

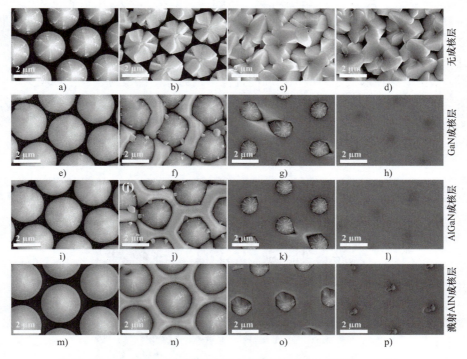

图 10.14　PSS 衬底上生长 GaN 厚度分别为 30nm、300nm、700nm
和 1000nm 的表面形貌演变 SEM 图

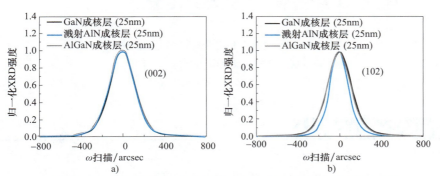

彩图展示

图 10.15　具有低温 GaN 成核层、低温 AlGaN 成核层和溅射 AlN
成核层的 PSS 上生长 GaN 的（002）和（102）晶面 XRD 的
ω 扫描摇摆曲线

2. 复合成核层

物理沉积方法制备的溅射 AlN 成核层，已被证明可以更有效地减少异质外延生长 GaN 缓冲层中的位错和残余应力。因此，这种成核层已广泛应用于Ⅲ族氮化物 LED 的大规模产业化生产。

复合成核层的制备流程为：使用磁控溅射设备，以 99.999% 的铝靶材作为磁控溅射的铝源，升温到 650℃，然后在蓝宝石衬底上溅射生长一层厚度约 10nm 厚的 AlN。随后将衬底转移到 MOCVD 的反应腔中，升温到 850℃后生长厚度约 5nm 厚的中温 GaN 层。图 10.16 所示为生长在溅射 AlN 成核层和复合成核层上的绿光 LED 外延层的 TEM 双束明场像，衍射矢量 $g = (0002)$ 和 $g = (11-20)$。通过分析不同衍射矢量下的 TEM 图像，发现绿光 LED 外延层中的位错主要存在形式是刃型位错和混合位错，而螺型位错的数量相对较少。同时，对比两种样品在相同衍射矢量下的 TEM 图像，发现生长在复合成核层上的绿光 LED 外延层中位错密度更低。因此，通过外延层横截面的 TEM 测试结果，证实了复合成核层能够比溅射 AlN 成核层更有效地降低 GaN 外延层中的位错密度。

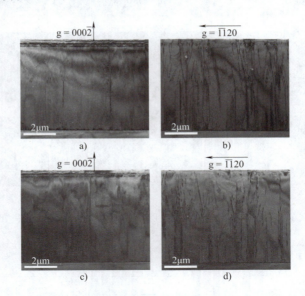

图 10.16　生长在溅射 AlN 成核层和复合成核层上的绿光 LED 外延层的 TEM 双束明场像

a)、b) 溅射 AlN 成核层　c)、d) 复合成核层

10.2.3　等电掺杂 GaN 缓冲层

在半导体器件中，等电掺杂是一种有效提升器件性能的方式。对Ⅲ-Ⅴ族半导体材料等电掺杂可以改善半导体器件的晶体质量以及光学和电学性能。本节以 UV LED 芯片为例，介绍等电掺杂 GaN 缓冲层对外延生长的影响。

在 c 面蓝宝石衬底上溅射 15nm 厚 AlN 成核层，然后采用 MOCVD 外延生长出等电 Al 掺杂的 2.5μm 厚的 GaN 缓冲层。TMGa、TMAl、TMIn、NH_3 分别作为 Ga、Al、In、N 源。

SiH_4 和 Cp_2Mg 分别作为 N 型掺杂和 P 型掺杂源。这些气体原料以氢气和氮气作为载气输送到 MOCVD 反应腔用来生长 $2.5\mu m$ 厚的 GaN 缓冲层。在 400mbar 的条件下，采用 TMAl 和 TMGa 的摩尔流量比 TMAl/（TMAl+TMGa）分别为 0、0.02 和 0.04（下文分别称为样品 A、样品 B 和样品 C），对 GaN 缓冲层进行等电掺杂。除了反应器中 TMAl 的流速不同外，等电 Al 掺杂的 GaN 缓冲层（样品 B、C）的生长条件几乎与未掺杂的 GaN 缓冲层（样品 A）相同。图 10.17 所示为生长在等电掺杂或未掺杂 GaN 缓冲层上的 UV LED 结构简图。

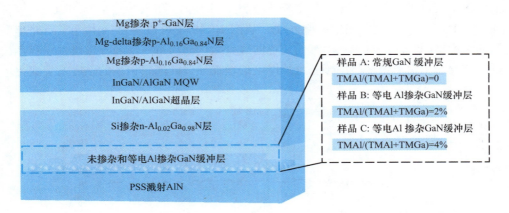

图 10.17　生长在等电掺杂或未掺杂 GaN 缓冲层上的 UV LED 结构简图

在 275℃下，以熔融 NaOH 为蚀刻剂制备 AFM 样品，得到等电掺杂 Al 的 GaN 缓冲层和未掺杂的 GaN 缓冲层的位错密度。图 10.18 所示为样品 A、样品 B 和样品 C 中刻蚀坑的 $5\mu m \times 5\mu m$ 的 AFM 图。样品 A、样品 B 和样品 C 中的刻蚀坑密度（EPD）分别为 $3.0\times10^8/cm^2$、$1.68\times10^8/cm^2$ 和 $2.16\times10^8/cm^2$。等电掺杂的 GaN 缓冲层中的 EPD 比未掺杂的 GaN 缓冲层少，然而，与样品 B 相比，样品 C 中过量掺入 Al 原子（0.77%）导致 EPD 增加。这表明存在一个 Al 掺杂量可以实现最佳的 GaN 薄膜晶体质量。先前也有研究表明使用具有与替代原子不同的原子半径的原子进行掺杂，可以对晶格施加不同的应变，从而能够减少 EPD。同时，等电掺杂 Al 导致位错密度的减少也可以通过溶液硬化效应来解释，其中杂质引起的局部应变能够抑制位错的产生、运动和增加。

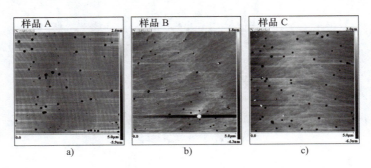

图 10.18　在 275℃下熔融 NaOH 刻蚀后刻蚀坑的 $5\mu m \times 5\mu m$ 的 AFM 图
a）样品 A　b）样品 B　c）样品 C

10.2.4   超晶格与 V 形坑结构

1. 超晶格应力释放层与 V 形坑结构

LED 外延中由于晶格常数的差异引起的面内应力会导致量子限制斯塔克效应和多量子阱有源区中较低的载流子注入效率，将会影响 LED 的光电性能。为释放量子阱中的应力，一般采取在生长量子阱前生长超晶格来释放应力。图 10.19 所示为当采用 MOCVD 生长出 LED 外延结构时，其生长温度和反射率曲线。从图 10.19 中可以看出，由于不同外延层生长所需要的温度不同，因此可以从温度的变化曲线大致判断出每一层的外延层顺序和生长时间。外延结构反射率上下振荡是由于外延片厚度的增加导致的薄膜干涉的强度发生变化。

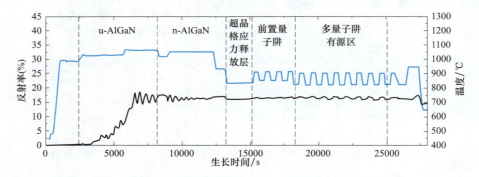

图 10.19   MOCVD 生长出 LED 外延结构的生长温度和反射率曲线

图 10.20 所示为 LED 外延结构的 TEM 图。从图 10.20a 中可以看出，在图形化蓝宝石衬底上生长的外延片中存在一些位错，这些位错是由于外延生长时蓝宝石和 AlGaN 材料之间的晶格常数和热膨胀系数失配所造成的。图 10.20b 所示为 LED 部分外延结构：超晶格应力释放层、前置量子阱层、多量子阱有源区以及电子阻挡层。图 10.20c 所示为超晶格应力释放层的 TEM 放大图，可以看出，所生长的超晶格应力释放层是由不同厚度的 AlGaN 层和 In-GaN 层组成。

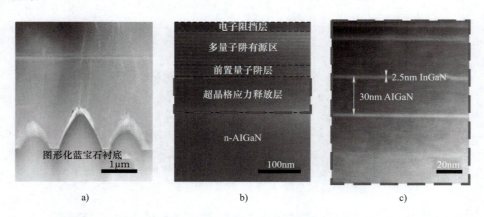

图 10.20   LED 外延结构的 TEM 图

a）图形化蓝宝石衬底 TEM 图   b）外延结构 TEM 图   c）超晶格应力释放层 TEM 图

对于具有高 In 组分量子阱的 LED，尤其是发光波长为绿光及以上波长的长波段 LED，引入 InGaN/GaN 超晶格后，会在 LED 外延结构中引入 V 形坑结构。这些 V 形坑呈倒金字塔状，六个侧面均为（10$\bar{1}$1）面。V 形坑会随着外延生长的过程从超晶格逐渐延伸至 InGaN/GaN 量子阱中，进而影响 LED 芯片的光电性能。此外，高 In 组分的 InGaN 材料处于亚稳态，In 组分的波动以及量子阱宽度波动会形成载流子局域态。这些载流子局域态位于量子阱的能量低谷内，抑制由缺陷产生的非辐射复合。另外，V 形坑的尖端与位错相连，量子阱中 V 形坑侧壁的 In 浓度小于（0001）面的 In 浓度。图 10.21 所示为在 $In_{0.04}Ga_{0.96}N/GaN$ 超晶格上外延生长的 $In_{0.25}Ga_{0.75}N/GaN$ 多量子阱的高角环形暗场-扫描透射电子显微镜（High-Angle Annular Dark Field-Scanning Transmission Electron Microscope，HAADF-STEM）的横截面图，在此图中，原子序数越大，原子呈现的图像越明亮。图 10.21 中明条形区域为 InGaN 量子阱，暗条形区域为 GaN 势垒层。图 10.21 右边的图片中显示了两个 V 形坑合并形成一个横截面为 W 形的缺陷。

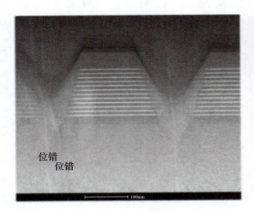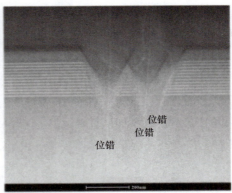

图 10.21　在 $In_{0.04}Ga_{0.96}N/GaN$ 超晶格上外延生长的 $In_{0.25}Ga_{0.75}N/GaN$ 多量子阱的 HAADF-STEM 横截面图

为了更好地展现出超晶格对高 In 组分量子阱的 LED 中的 V 形坑，以及光电性能的影响，以绿光 LED 为例，对比有无 $In_{0.04}Ga_{0.96}N/GaN$ 超晶格的 LED 外延。图 10.22 所示为有无超晶格的绿光 LED 的多量子阱表面的 AFM 和 SEM 图，其中 AFM 的扫描范围为 10μm×10μm。由图 10.22a、c 可得，无或有超晶格插入层的绿光 LED 多量子阱表面的 V 形坑密度分别为 $1.54×10^8/cm^2$ 和 $1.75×10^8/cm^2$。从图 10.22b、d 可得，无或有超晶格插入层的绿光 LED 多量子阱表面的 V 形坑直径分别为 99nm 和 280nm。由此可知，超晶格的插入，使得绿光 LED 多量子阱中的 V 形坑密度和直径都有所增加。V 形坑侧壁（10$\bar{1}$1）面多量子阱的厚度、In 组分小于（0001）面多量子阱的厚度、In 组分，其禁带宽度大于（0001）面多量子阱，导致与位错相连的 V 形坑会在位错周围形成能量势垒，抑制载流子横向扩散到位错中心。通过改变 InGaN/GaN 超晶格的周期对 V 形坑的尺寸进行调控，从而实现屏蔽位错的目的。

2. 超晶格预阱层

在 LED 多量子阱生长前，在超晶格应力释放层生长后，再生长一种与量子阱组分相近的超晶格结构，称为预阱层。预阱层结构也是一种缓冲层，可以释放多量子阱中的面内应

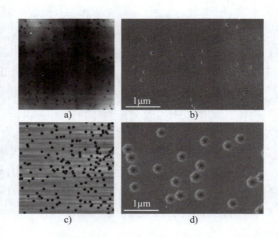

图 10.22　有无超晶格的绿光 LED 的多量子阱表面的 AFM 和 SEM 图

a)、b) 无超晶格插入层　c)、d) 有超晶格插入层

力。在高 In 组分的长波长 LED 中，采用预阱层可以有效地降低量子阱内的量子限制斯塔克效应并提高 LED 的发光效率。以黄光 LED 为例，有无预阱层的 LED 外延结构如图 10.23a 所示。对照组 LED 无预阱层，记作 LED Ⅰ；有预阱层的 LED，记作 LED Ⅱ。与前面的超晶格应力释放层不同，预阱层更像是一种量子阱结构，其不同层的厚度多为变化的。图 10.23b 所示为在 MOCVD 中外延生长 LED Ⅰ 和 LED Ⅱ 的温度随时间变化的曲线。两个 LED 芯片的尺寸均为 239μm×356μm。

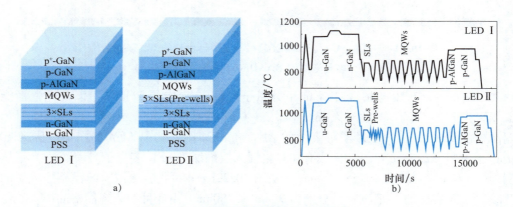

图 10.23　有无预阱层的 LED 外延结构

a) LED Ⅰ 和 LED Ⅱ 的外延结构图　b) 在 MOCVD 中外延生长 LED Ⅰ 和 LED Ⅱ 的温度随时间变化曲线

为了说明预阱层对 LED 的影响作用，分别对 LED Ⅰ 和 LED Ⅱ 采用微拉曼测量其拉曼光谱，如图 10.24a 所示。考虑到预阱层结构在 GaN 层和多量子阱之间，拉曼光谱的 $E_2(H)$ 模式更适合于评估多量子阱中的残余应力。在不受应力的情况下，拉曼光谱中 GaN 和 InGaN 的 $E_2(H)$ 模式峰值波长分别约为 569cm^{-1} 和 560cm^{-1}。从图 10.24a 中可以得到，LED Ⅰ 的 InGaN $E_2(H)$ 模式的拉曼光谱峰值波长约为 562.7cm^{-1}，而 LED Ⅱ 的 InGaN $E_2(H)$ 模式的拉曼光谱峰值波长则约为 559.9cm^{-1}。可知 LED Ⅱ 的量子阱几乎不受应力，由此可得预阱层

可以减弱量子阱中由晶格常数差异导致的应力。

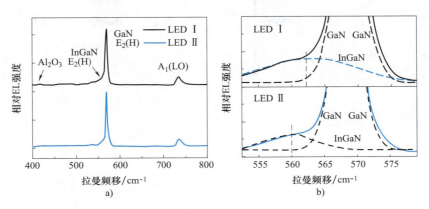

图 10.24　拉曼光谱

a）LED Ⅰ 和 LED Ⅱ 的拉曼光谱　b）两个 LED 拉曼光谱的 $E_2(H)$ 模式放大图

10.2.5　阶梯形量子阱

阶梯形量子阱的出现也是为了减少高 In 组分 LED 量子阱中的量子限制斯塔克效应。下面仍以黄光 LED 中的阶梯形量子阱为例进行介绍。两种黄光 LED 具有不同的量子阱，一个为方形量子阱（即量子阱中的 In 含量不变），一个为阶梯形量子阱（即 $In_xGa_{1-x}N$、$In_yGa_{1-y}N$、$In_xGa_{1-x}N$ 组成的量子阱），除此之外两个黄光 LED 的外延结构均保持不变，其结构简图如图 10.25a 所示。图 10.25b 所示为两种黄光 LED 在 MOCVD 中外延生长过程的原位温度转变曲线图。图 10.25c 和 d 所示为 InGaN 量子阱时生长温度和 TMIn 气体流速的变化情况。目前有两种生产 InGaN 阶梯形量子阱的方法：一种是保持 TMIn 气体流速不变，控制生长温度的变化；一种是保持生长温度不变，改变 TMIn 气体的流速。本节中采用第二种方法去实现阶梯形量子阱的生长。

图 10.26 所示为样品 A 和样品 B 的光致发光的衰减曲线。LED 的光致发光衰减机制与其发光区域的载流子局域态有关。量子阱中的 In 组分波动、阱厚度的波动以及点状 In 团簇都是导致产生多种局域态的原因。由于浅能级的载流子限制较弱，被热能激活的载流子很容易逃逸到深局域中心或非辐射中心，从而产生快速衰变过程。载流子在深局部中心的重组被认为是一个缓慢的衰减过程。光致发光（PL）强度被拟合为双分量指数衰减函数：

$$I(t) = A_1\exp\left(-\frac{t}{\tau_1}\right) + A_2\exp\left(-\frac{t}{\tau_2}\right) \tag{10-20}$$

式中，$I(t)$ 为 PL 在时间 t 下的强度；τ_1 和 τ_2 分别为快分量和慢分量的衰减时间。对于样品 A，τ_1 和 τ_2 的拟合结果分别为 1.71ns 和 10.03ns。而对于样品 B 来说，τ_1 和 τ_2 的拟合结果分别为 0.56ns 和 7.28ns。更短的衰减时间表明在阶梯形量子阱中载流子俘获缺陷数量减少，这同样也对应于样品 B 的发光波长的最高谱带的半高宽（Full Wide of Half Maximum，FWHM）更小。

利用 TEM 的高角度环形暗场（HAADF）成像和能量色散（EDX）映射对样品 A 和样品 B 晶体质量和原子分布进行表征，其表征结果如图 10.27 所示。EDX 元素图显示，In、Ga

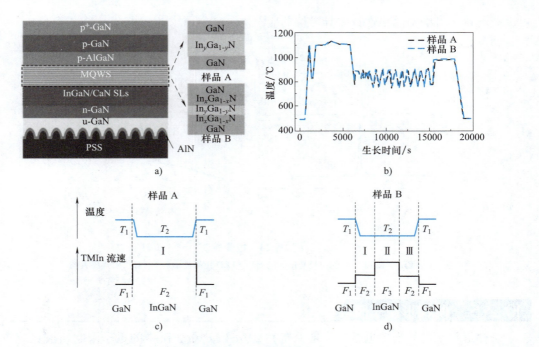

图 10.25　黄光 LED 分析
a）方形量子阱和阶梯形量子阱的黄光 LED 结构简图　b）两种黄光 LED 在 MOCVD 中外延生长过程的原位温度转变曲线图
c）InGaN 量子阱生长过程的温度变化曲线图　d）TMIn 气体流速变化曲线图

这两种元素的组成在阶梯形 InGaN 量子阱中比在方形 InGaN 量子阱中分布更均匀。这表明阶梯形量子阱结构有效地抑制了相分离，提高了量子阱中晶体的质量。在样品 B 中，可以观察到 InGaN 量子阱和 GaN 势垒之间的均匀厚度和分明的异质结构界面。在阶梯形量子阱结构中，低 In 含量的 InGaN 层可以减少晶格失配带来的压缩应力，从而实现更高的 In 掺入。阶梯形量子阱可以实现更好的晶体质量并提升 LED 的发光效率。

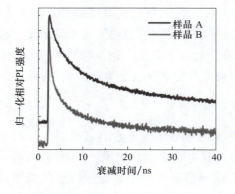

图 10.26　样品 A 和样品 B 的
光致发光的衰减曲线

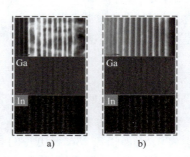

图 10.27　样品 A 和样品 B 活性区域的
TEM 以及 EDX 图
a）样品 A　b）样品 B

10.3　LED 芯片结构及制造工艺

10.3.1　水平结构 LED 芯片制造工艺

目前，常见的 GaN 基水平结构 LED 芯片主要采用蓝宝石作为衬底，并通过刻蚀来暴露 n-GaN 层以沉积 N 电极。图 10.28 所示为 GaN 基水平结构 LED 芯片的结构示意图。水平结构 LED 芯片的出光面位于电极侧，由于电极通常由不透明金属层构成，这会对从顶部出射的光造成严重的吸收损耗。此外，水平结构 LED 芯片的 P、N 电极位于外延层的同一侧，电流必须在芯片内部横向传输才能实现导通，导致电极附近出现电流拥挤现象，进一步增强电极的吸光作用，降低光提取效率。随着注入电流的增加，电流拥挤现象会进一步恶化，造成局部区域热量集中，从而降低 LED 芯片的可靠性。因此，尽管水平结构 LED 芯片制造简单且广泛应用于小功率 LED 芯片，但其光提取效率和可靠性方面仍存在一些限制。

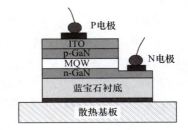

图 10.28　GaN 基水平结构 LED 芯片的结构示意图

水平结构 LED 芯片的制造工艺流程如下：

1）外延片清洗。首先使用硫酸（H_2SO_4）、过氧化氢（H_2O_2）和去离子水进行超声波清洗，时间和温度分别为 10min 和 60℃。然后，采用丙酮、无水乙醇和去离子水对外延片进行清洗。

2）外延 Mesa 结构的刻蚀。首先在 p-GaN 上旋涂均匀的光刻胶，并在烘箱中进行软烘处理，烘烤时间和温度分别为 10min 和 90℃。然后，通过曝光、显影和坚膜等操作来实现图案化光刻。利用三氯化硼（BCl_3）和氯气（Cl_2）混合气体的电感耦合等离子体刻蚀外延片，直到暴露出 n-GaN 层。最后，使用丙酮清洗除去表面光刻胶。

3）利用光刻和电子束蒸发技术在 p-GaN 上沉积一层透明导电的铟锡氧化物（ITO）层。

4）ITO 层退火处理。在氮气（N_2）氛围中进行退火操作以增强 ITO 层与 P 型欧姆接触。

5）使用光刻和电子束蒸发技术在 ITO 和 n-GaN 上分别沉积 P 型和 N 型金属电极，去除多余的金属电极后，使用丙酮洗涤以去除光刻胶。

6）对蓝宝石衬底背面进行机械减薄、研磨和化学机械抛光（CMP）处理，以实现衬底的减薄和平坦化。

10.3.2　倒装结构 LED 芯片制造工艺

将水平结构 LED 芯片倒置后，使用焊接技术将 LED 焊盘与散热基板进行连接，形成倒装结构 LED 芯片，其结构示意图如图 10.29 所示。相比于水平结构 LED 芯片，倒装结构 LED 芯片一方面可以提高芯片的光萃取效率，另一方面由于芯片与导热性良好的散热基板连接，具有优异的散热性能。

下面以具有 Ag/TiW/Pt/TiW/Pt/TiW/Pt 金属堆栈结构的倒装结构 LED 芯片（单层金属电极）为例，介绍倒装结构 LED 芯片的制造工艺流程，其制造工艺流程图如图 10.30 所示。

1）利用电感耦合等离子体刻蚀（ICP）技术对 LED 外延片进行刻蚀，一直刻蚀到 n-GaN，从而形成 N 型通孔阵列。

2）结合光刻工艺和离子束溅射工艺在 p-GaN 上溅射高反射率的 Ag 层，进一步在 Ag 上沉积 TiW/Pt/TiW/Pt/TiW/Pt 金属堆栈层。

3）在 N 型通孔阵列以及 Ag/TiW/Pt/TiW/Pt/TiW/Pt 金属堆栈层上沉积 Cr/Al/Ti/Pt/Au 金属层，结合光刻工艺及剥离工艺将金属层图形化形成插指状 N 电极。

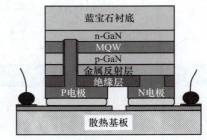

图 10.29　倒装结构 LED 芯片结构示意图

4）采用等离子体化学气相沉积技术在金属堆栈层上沉积分布布拉格反射器（Distributed Bragg Reflector，DBR），分布布拉格反射器的构造将在后面进一步介绍，然后采用 CHF_3、Ar、O_2 混合气体对 DBR 进行 ICP 刻蚀，刻蚀出 P 电极孔并去除插指状 N 型通孔阵列中的 DBR，形成 N 型接触孔。

5）采用电子束蒸发技术在 P 电极孔、N 型接触孔和 DBR 层上蒸镀 Cr/Al/Ti/Pt/Ti/Pt/Au 电极金属层，分别形成 P 电极与 N 电极。

6）最后采用 CMP 工艺将 LED 晶圆片减薄至约 $120\mu m$，通过激光对 LED 晶圆片进行切割划片，裂片之后形成尺寸为 $1140\mu m \times 1140\mu m$ 的芯片。

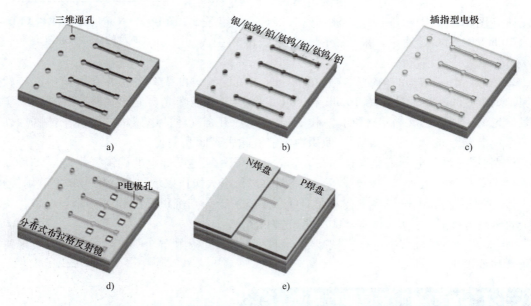

图 10.30　金属堆栈结构的倒装结构 LED 芯片（单层金属电极）制造工艺流程示意图

10.3.3　垂直结构 LED 芯片制造工艺

垂直结构 LED 芯片的结构示意图如图 10.31 所示。从图 10.31 中可以看出，垂直结构 LED 芯片的两电极分别位于外延层的两侧。电流在垂直结构 LED 芯片中垂直传输多于电流的横向传输，这样极大地提高了芯片的电流扩展均匀性。常见的垂直结构 LED 芯片一般生长于导电衬底（如碳化硅衬底、硅衬底）或不导电的衬底（如蓝宝石衬底）。当衬底为绝缘材料时，需要采用特定的工艺技术将衬底剥离。目前硅衬底的价格成本较低，但生长在硅衬底上的GaN 外延层存在较大的位错密度，并且硅材料对光的吸收作用很强。此外，目前的硅衬底技术还不够成熟，因此尚未广泛应用于 LED 市场。由于衬底材料的不成熟，因此现在垂直结构 LED 芯片主要的制备方法是使用衬底剥离技术，而目前常使用的衬底剥离技术主要是激光剥离技术和化学腐蚀剥离技术。垂直结构 LED 芯片具备良好的散热性能和电流扩展性能，因此在大功率 LED 芯片领域具有良好的应用前景。

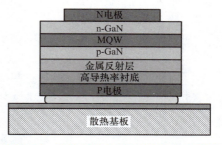

图 10.31　垂直结构 LED 芯片结构示意图

垂直结构 LED 芯片的制造工艺流程如下：

1）外延片清洗。首先用硫酸：过氧化氢：水＝5：1：1 的溶液进行超声清洗 10min，去离子水清洗 5min，以去除黏附在 LED 外延片表面的有机物；再先后在丙酮溶液以及无水乙醇溶液中各超声清洗 10min，去除 LED 外延片表面的油脂及其他杂质，去离子水清洗 5min，去除无水乙醇；最后在 100℃的烘箱中烘烤 5min，蒸发外延片表面吸附的水分。

2）电流阻挡层的沉积。使用 PECVD 方法在 LED 外延片的 p-GaN 上沉积一层 SiO_2 作为电流阻挡层，其厚度为 80nm。然后结合光刻及刻蚀技术，使用缓冲氧化刻蚀液（BOE）对 SiO_2 进行图案化制备。

3）P 型欧姆接触金属电极制作。首先进行光刻工艺，使用负胶（N4340）作掩模材料。采用电子束蒸发技术在 p-GaN 上蒸镀一层 Ag/TiW/Pt/Ti/Pt/Ti/Pt/Ti/Pt/Ti/Pt/Ti（100nm/80nm/200nm/200nm），真空度为 $1.4×10^{-6}$ Pa。然后在 600℃进行快速热退火以促进 Ag/p-GaN 欧姆接触。

4）键合。在 p-Si 晶圆上沉积一个 Ti/Pt/Au（50nm/50nm/1200nm）薄膜，并在 LED 晶圆上沉积一层厚度为 2.5μm 的 In 层（键合层）。然后，在 230℃、2000kg 压力下，将整个 LED 晶圆片热压键合到厚度为 150μm 的 Si 基板上 40min。

5）激光剥离。使用 KrF 准分子激光器（波长为 248nm，能量密度为 0.9J/cm^2）将蓝宝石图形衬底与 GaN 外延层分离，暴露出 u-GaN 层，并使用 HCl：H_2O＝1：1 的溶液去除残留在 GaN 表面的 Ga 金属。

6）u-GaN 层刻蚀。使用 ICP 技术刻蚀 u-GaN 以暴露出 n-GaN 层，将半球形凹痕转移到 n-GaN 层的表面上。

7）N 电极制作。使用电子束蒸发设备在粗化的 n-GaN 表面和 p-Si 晶片的背面分别沉积了一个 Cr/Pt/Au（20nm/50nm/1.5μm）薄膜，作为 N 电极和 P 电极，并通过金属剥离去除光刻胶上的金属层。

8）LED 芯片 Mesa 刻蚀。以正胶为掩模，采用 ICP 技术刻蚀形成台面，形成相对独立的芯粒单元。

9）SiO_2 侧壁保护层沉积。利用等离子体增强化学气相沉积在外延片表面沉积一层厚度为 1μm 的 SiO_2，再结合光刻工艺和 SiO_2 刻蚀液在芯片侧壁形成 SiO_2 保护层。SiO_2 保护层可以有效降低反向漏电流。

最后，制造出尺寸为 $1000\mu m \times 1000\mu m$ 的垂直结构 LED 芯片，其峰值波长为 453nm。图 10.32 所示为垂直结构 LED 芯片的制造工艺流程示意图。

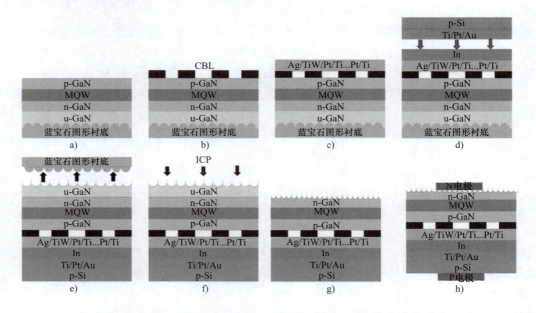

图 10.32　垂直结构 LED 芯片的制造工艺流程示意图

a）清洗 LED 外延层　b）沉积 SiO_2 电流阻挡层　c）沉积 Ag/TiW/Pt/Ti/Pt/Ti/Pt/Ti/Pt/Ti/Pt/Ti 金属反射器　d）键合
e）激光剥离蓝宝石图形衬底　f）ICP 刻蚀 u-GaN 直至暴露 n-GaN　g）n-GaN 表面粗化　h）沉积 N 电极和 P 电极

10.3.4　图形化 SiO_2 电流阻挡层

为了有效地抑制 P 电极处的电流拥挤现象，一种可行的方法是在 ITO 和 p-GaN 层之间引入电流阻挡层。通过设置电流阻挡层，能够有效地阻碍电流在 P 电极以及 P 焊盘的垂直传导，从而迫使电流在 P 电极和 P 焊盘周围进行横向传输，以改善 P 电极处的电流拥挤现象。在传统的 LED 芯片制备过程中，需要采用两层独立的 SiO_2 薄膜来作为电流阻挡层和钝化层。而在现代的 LED 芯片制备过程中，将单层图形化 SiO_2 电流阻挡层置于 ITO 透明导电层的上方，这样可以有效改善电极处的电流扩展效应，从而提高 LED 芯片的光电性能。同时，这一单层 SiO_2 薄膜还能够充当钝化层，因此可以代替传统的两层 SiO_2 薄膜，简化了 LED 芯片的制备过程。

图 10.33 所示为三款 LED 芯片的 SEM 顶视图和三维结构示意图，芯片的尺寸均为 $280\mu m \times 825\mu m$。LED Ⅰ 沉积有 SiO_2 钝化层但没有 SiO_2 电流阻挡层；LED Ⅱ 制备有图形化 SiO_2 电流阻挡层；与 LED Ⅱ 相比，LED Ⅲ 在 P 电极下方的 ITO 区域具有周期性图形。

具有图形化 ITO 和 SiO_2 电流阻挡层的 LED Ⅲ 的制造工艺流程如下：

1）采用 BCl_3/Cl_2 基化学气相 ICP 刻蚀的方法，有选择性地刻蚀 GaN 外延层，直至暴露出 n-GaN 层。

2）利用电子束蒸发技术，在 p-GaN 层上沉积 230nm 厚的 ITO 透明导电层。然后，通过光刻和湿法刻蚀的方式，在 ITO 层上形成周期性的圆孔状图形，这些圆孔状图形位于电极下方。

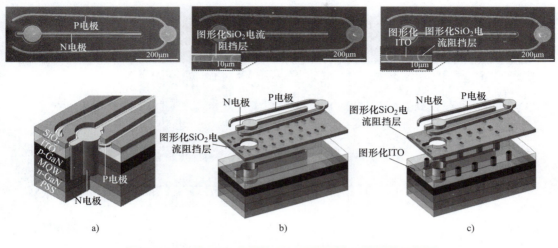

图 10.33　三款 LED 芯片的 SEM 顶视图和三维结构示意图

a）LED Ⅰ　b）LED Ⅱ　c）LED Ⅲ

3）利用 PECVD 技术，在图形化 ITO 透明导电层上沉积 200nm 厚的 SiO$_2$ 薄膜，并借助光刻和 BOE 湿法刻蚀技术，在 SiO$_2$ 薄膜上形成周期性的通孔结构。这些通孔能够形成电流通道，连接电极、导电层和 n-GaN 层。

4）利用电子束蒸发技术沉积 N 电极和 P 电极，电极均为 Cr/Al/Ti/Pt/Ti/Pt/Au 多层金属堆栈。然后，在 300℃ 的温度下进行退火处理，持续 16min，以提高 LED 芯片的欧姆接触性能。

5）采用研磨抛光技术将 LED 外延片减薄至 150μm，并通过激光切割的方式将芯片切割成 280μm×825μm 的尺寸。

图 10.34a、b 所示分别为 LED Ⅲ 在 N 电极和 P 电极处的横截面 TEM 图。从图 10.34a、b 中可以清晰看出，N、P 电极均由 Cr/Al/Ti/Pt/Ti/Pt/Au 多层金属堆栈组成，图形化 SiO$_2$ 电流阻挡层位于 N 电极下方，其中 Al 金属层作为反射层，减小金属电极对光的吸收，从而提高 LED 芯片的光萃取效率。但是由于金属 Al 与 n-GaN 之间的黏附性较差，所以在 Al 和 n-GaN 间沉积 0.5nm 厚的 Cr 金属层，提高金属 Al 与 n-GaN 之间的黏附性，增加芯片的可靠性。图 10.34c、d 所示分别为 LED Ⅲ 沿 A—A 方向和 B—B 方向的能量色散 X 射线（Energy Dispersion X-ray，EDX）分析图。由 EDX 分析图可知，元素分布均匀且符合设计要求。

进一步采用积分球和半导体参数分析仪（Keysight B2901A）测量得到三款 LED 芯片的电流-电压曲线和光输出功率、外量子效率随注入电流变化的曲线，如图 10.35 所示。由于在 LED Ⅱ 和 LED Ⅲ 中都引入了不导电的图形化 SiO$_2$ 电流阻挡层，因此当注入电流相同时，LED Ⅱ 和 LED Ⅲ 的正向电压略高于 LED Ⅰ。此外，采用图形化 SiO$_2$ 电流阻挡层的设计使得 LED Ⅱ 比 LED Ⅰ 具有更好的电流扩展性能，进而导致 LED Ⅱ 的外量子效率比 LED Ⅰ 提高了 9.1%。同时，LED Ⅲ 还在其结构中引入了图形化 ITO 透明导电层，这可以减小不透明金属 P 电极对光的吸收，从而提高 LED Ⅲ 芯片的光输出功率。因此，LED Ⅲ 的外量子效率比 LED Ⅰ 提高了 13.8%。这些结果表明，通过引入图形化 SiO$_2$ 电流阻挡层，使 LED 芯片的性能得到了显著的改善，并显示出较高的应用潜力。

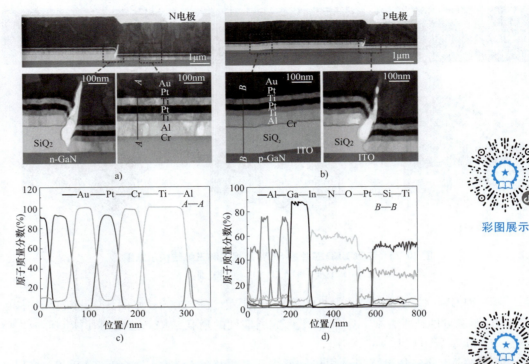

图 10.34　LED Ⅲ电极处的横截面 TEM 图和沿不同方向的能量色散 X 射线分析图
a）N 电极　b）P 电极　c）A—A 方向　d）B—B 方向

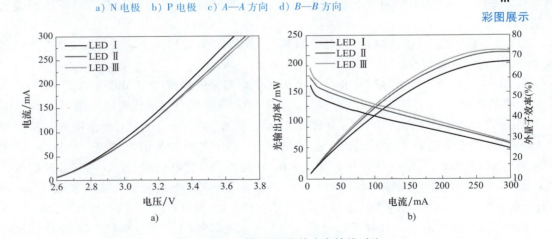

图 10.35　三款 LED 芯片光电性能对比
a）LED Ⅰ、LED Ⅱ和 LED Ⅲ的电流-电压曲线　b）LED Ⅰ、LED Ⅱ和 LED Ⅲ的光输出功率和
外量子效率随注入电流变化的曲线

10.3.5　图形化 ITO 电流扩展层

在 p-GaN 层上蒸镀一层 ITO 作为电流扩展层，可以有效提高水平结构 LED 芯片的电流扩展性能。由于 ITO 与空气的折射率存在较大差异，因此光线在 ITO 和空气的交界面上会发生全反射现象。这种现象会导致 LED 芯片有源区中产生的光子无法被有效地提取到芯片的

外部。通过采用湿法刻蚀或干法刻蚀技术，可以对 ITO 透明导电层进行蚀刻，形成具有微米级或纳米级周期性或随机分布的图案，从而增强界面处光的散射效应，提高 LED 芯片的光萃取效率。然而，这种图形化处理过程会增加 ITO 的方块电阻，并降低紫外 LED 芯片的电流扩展能力。为解决这一问题，提出了使用双层 ITO 的方法。其中，第一层 ITO 作为电流扩展层，需要经过热退火与 p-GaN 形成低电阻欧姆接触；第二层 ITO 作为光提取层，利用激光直写技术在其表面形成周期性孔结构，以进一步提高紫外 LED 芯片的光萃取效率。通过保留原有的单层 ITO 作为电流扩展层，并引入另一层 ITO 作为光提取层，双层 ITO 结构能有效提升紫外 LED 芯片的光萃取效率。

图 10.36a 所示为具有双层图形化 ITO 的 UV LED 的结构示意图。图 10.36b 所示为具有双层图形化 ITO 的 UV LED 的剖面图。图 10.36c 所示为制造的 UV LED 芯片的顶部扫描电子显微镜（SEM）图像。

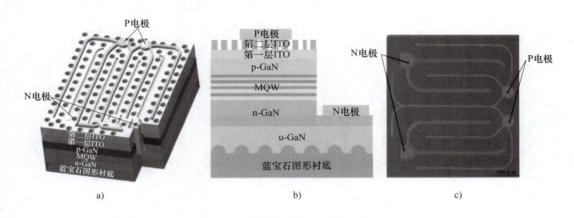

图 10.36　双层图形化 ITO 的 UV LED
a）结构示意图　b）剖面图　c）顶部 SEM 图

双层图形化 ITO 结构的详细制备过程如下：

1）清洗石英玻璃。首先将石英玻璃浸泡在丙酮中以去除有机物，然后使用无水乙醇溶解残留的丙酮，并用去离子水溶解残留的无水乙醇。最后，利用干燥的氮气枪将石英玻璃片吹干，确保彻底清洁。

2）沉积第一层 ITO。在石英玻璃片上沉积一层厚度为 30nm 的 ITO 层。在制造 LED 芯片的工艺中，ITO 层需要通过退火促进与 p-GaN 层形成欧姆接触。为了保证准确性，在沉积 30nm 厚的 ITO 层后，同样对其进行退火处理。

3）沉积第二层 ITO。首先沉积厚度为 120nm 的第二层 ITO。然后进行光刻工艺，先在第二层 ITO 表面旋涂光刻胶。光刻胶和稀释剂比例为 1∶0.5，转速为 4000r/min，匀胶时间为 1min。之后，在加热台上以 90℃加热 2min，以去除光刻胶中的水分。

4）激光直写曝光。将激光束的焦点定位到光刻胶层表面。然后设置激光直写系统的曝光参数，包括激光剂量、扫描速度和步进距离。激光剂量设置为 $100mJ/cm^2$，扫描速度为 200mm/s，步进距离为 200nm。曝光一个 50mm×50mm 的区域大约需要 10h。

5）显影。将样品浸没在显影液中约 1min，然后在去离子水中清洗，并用氮气枪吹干样片表面的水分。

6）ITO 层刻蚀。采用湿法刻蚀方法，将干燥后的 ITO 样片浸泡在盐酸和硝酸混合溶液中，配比为盐酸∶硝酸∶水 = 50∶3∶50。刻蚀后，ITO 会与蚀刻剂发生化学反应，只有光刻胶覆盖的位置不会被刻蚀，从而形成预定的图形化 ITO 结构。

7）刻蚀后的样片先用去离子水冲洗，去除表面残留的蚀刻剂，然后浸泡在丙酮中去除残余光刻胶。

图 10.37 所示为三种不同尺寸和周期的图形化 ITO 结构的原子力显微镜图。图 10.37a 所示为直径 3μm、周期 5μm 的图形化 ITO 结构；图 10.37b 所示为直径 3μm、周期 7μm 的图形化 ITO 结构；图 10.37c 所示为直径 5μm、周期 10μm 的图形化 ITO 结构。图 10.37a 和 b 中的图形轮廓较为粗糙，视觉上并非完整的圆形。这是由于激光直写系统的步进距离较大所导致的。为确保过程的准确性，三种不同尺寸和周期的图形化 ITO 结构需要在相同的曝光参数下完成曝光过程。相比之下，由于图 10.37c 所示的图形化 ITO 结构尺寸增大，步进距离对轮廓的影响降低，因此图形的轮廓在视觉上更加平滑。

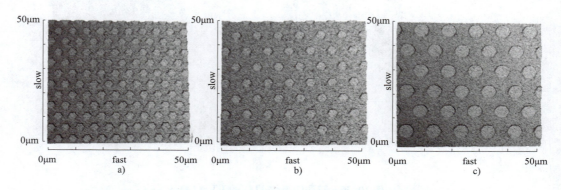

图 10.37　三种不同尺寸和周期的图形化 ITO 结构的原子力显微镜图

在 LED 外延片上制备图形化 ITO 的工艺流程与在石英玻璃基底上制备图形化 ITO 的流程有所不同。由于盐酸和硝酸混合溶液也会腐蚀 LED 外延片，因此需要采用干法刻蚀的方式来实现图形化 ITO 电流扩展层的制备。图 10.38 所示为具有未图形化 ITO 与图形化 ITO 的 LED 芯片的光输出功率与注入电流关系。在相同注入电流下，具有图形化 ITO 的 LED 芯片的光输出功率始终高于具有未图形化 ITO 的 LED 芯片，验证了周期性图形化 ITO 能够有效提高近紫外 LED 芯片的出光效率。

彩图展示

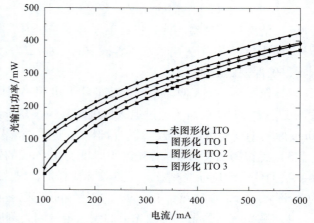

图 10.38　LED 芯片光输出功率与注入电流的关系

10.3.6　金属线网格透明导电电极

ITO 导电层被广泛应用在蓝光和绿光 LED 中。然而，ITO 在紫外波段的透光率急剧下降，已不再适合应用于紫外 LED 中。因此寻找适合的透明导电层对于发展高功率紫外 LED 芯片至关重要。使用激光直写技术能够制备用于紫外 LED 芯片的 Ni/Au 线网格透明导电电极。

激光直写 Ni/Au 线网格的工艺流程涵盖了匀胶、前烘、曝光、后烘和显影等关键步骤。图 10.39 所示为激光直写制备线网格流程图，首先进行匀胶，即在基底上均匀涂覆光刻胶。对于制备 Ni/Au 线网格结构所使用的 S1800 系列光刻胶，需注意要获得均匀厚度的光刻胶层，可以采用旋转涂胶方式进行匀胶。匀胶机通常设置 2 挡转速，首先在低速挡（转速一般为 600r/min）下，使光刻胶在基底上均匀分散开，匀胶时间为 10~20s，然后切换到高速挡。高速挡的转速直接影响到匀胶后光刻胶的厚度，同时匀胶时间也会对光刻胶厚度产生影响。对于 S1800 系列光刻胶而言，建议将高速挡转速设置为 4000r/min，并将匀胶时间设定为 1min，以获得 1.3μm 左右的光刻胶厚度。接下来是对光刻胶进行前烘的过程，旨在去除多余的溶剂，并增强光刻胶与基底的黏附性。前烘温度和时间分别设定为 90℃ 和 1min。曝光阶段包括将经过匀胶的基底放置在激光直写系统的真空吸盘上进行激光直写加工。通过抽真空将基底吸附在真空吸盘上，并调节激光直写设备的光学模块的高度，使激光束焦点位于光刻胶表面。然后，通过光学模块的步进运动和底部伺服控制平台的扫描运动，交替进行激光直写的曝光过程。若使用负胶，则曝光后通常需要经过后烘再进行显影。S1800 系列光刻胶则无需后烘，可直接进行显影。将基底浸没在预先配置好的显影剂中约 20s，在显影剂中，曝光区域的光刻胶将被溶解掉。通过显微镜可以观察到在光刻胶层表面形成了预先设计的网格图案。

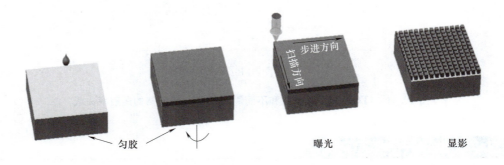

匀胶　　　　　　　　　　曝光　　　　　　显影

步进方向
扫描方向

图 10.39　激光直写制备线网格流程图

制备具有 Ni/Au 线网格透明导电电极的紫外 LED 的工艺流程包含以下步骤：

1）采用了 BCl_3/Cl_2 混合气体的 ICP 蚀刻技术刻蚀 GaN 外延层，直至暴露出 n-GaN 层。

2）使用激光直写技术，在 p-GaN 光刻胶层上形成网格状凹槽结构。

3）使用电子束蒸发工艺在光刻胶层上沉积 Ni（3nm）和 Au（3nm），并通过去胶工艺去除剩余的光刻胶层，从而在 p-GaN 层上形成周期性的 Ni（3nm）/Au（3nm）线网格结构。

通过激光直写技术在 UV LED 上制作的不同周期的 Ni/Au 线网格透明导电电极如图

10.40 所示。图 10.40a 所示为制造的带有 Ni/Au 线网格的 UV LED 的 SEM 顶部图像。图 10.40b、c 和 d 所示周期分别为 1.5μm、2μm 和 6μm 的 Ni/Au 线网格透明导电电极的俯视 SEM 图像。在三种不同周期下，Ni/Au 线网格的线宽均为 600nm。

通过测量 ITO、Ni/Au 薄膜和 Ni/Au 线网格的透射率可以分析它们在紫外光谱区域的吸收特性。图 10.41 所示为 ITO、Ni/Au 薄膜和不同周期 Ni/Au 线网格的透射率曲线，从图 10.41 中可以观察到 ITO 表现出对紫外光的强烈吸收特性。在紫外波长区域，Ni/Au 线网格的透射率高于 ITO 和 Ni/Au 薄膜。此外，在不同周期的 Ni/Au 线网格结构中，随着 Ni/Au 线网格周期的增加，Ni/Au 线网格的透射率逐渐提高。

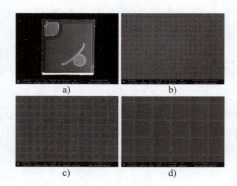

图 10.40 带有 Ni/Au 线网格的 UV LED 芯片和不同周期的 Ni/Au 线网格透明导电电极的 SEM 图

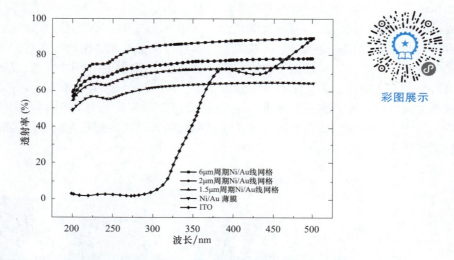

图 10.41 ITO、Ni/Au 薄膜和不同周期 Ni/Au 线网格的透射率曲线

彩图展示

10.3.7 纳米尺度棱镜结构

采用基于四甲基氢氧化铵的湿法刻蚀方法，可以在水平结构 LED 芯片发光面上制备纳米尺度棱镜结构，从而提高水平结构 Mini-LED 芯片的光萃取效率。图 10.42 所示为经过 5min、10min 和 20min TMAH 刻蚀后，沿［11-20］晶向的 Mini-LED 芯片侧壁 SEM 平面图和横截面图。从图 10.42 中可以看出，TMAH 腐蚀液会使芯片侧壁上形成三棱柱状棱镜结构，随着 TMAH 刻蚀时间的变化，三棱柱状棱镜的尺寸大小也会随之变化。当 TMAH 刻蚀时间为 5min 或者 10min 时，棱镜结构尺寸在较大的范围内波动，从纳米级到几个微米不等。而当 TMAH 刻蚀时间为 20min 时，芯片侧壁的棱镜结构更加均匀，平均尺寸约为 550nm。

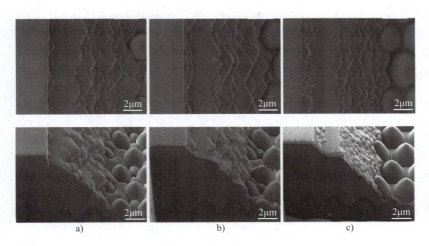

图 10.42　经过不同时间 TMAH 刻蚀后沿［11-20］晶向的 Mini-LED
芯片侧壁 SEM 平面图和横截面图

a）5min　b）10min　c）20min

10.3.8　反射镜技术

1. 不同介质交界面的反射和透射情况

首先讨论在正入射条件下，光波在不同介质表面的反射率和透射率，假设介质 a 的折射率为 n_1，介质 b 的折射率为 n_2，当单色平面光波从介质 a 正入射到介质 a 和介质 b 的交界面时，定义反射率 R 为反射光强与入射光强的比值，透射率 T 为折射光强与入射光强的比值。通过求解正入射条件下的复振幅反射比 r 和复振幅透射比 t，最终可求得反射率 R 和透射率 T 的表达式。

图 10.43 所示为正入射条件下复振幅的正向规定，E 表示电磁波入射时光电振动复振幅，E' 表示电磁波反射时光电振动复振幅，E'' 表示电磁波折射时光电振动复振幅，H 表示电磁波入射时光磁振动复振幅，H' 表示电磁波反射时光磁振动复振幅，H'' 表示电磁波折射时光磁振动复振幅，平面光波满足式（10-21）：

$$\sqrt{\varepsilon_0 \varepsilon_r} E = \sqrt{\mu_0 \mu_r} H \qquad (10\text{-}21)$$

式中，ε_0 为真空中的介电常量；μ_0 为真空中的磁导率；ε_r 为光波在所处介质中的相对介电常量；μ_r 为光波在所处介质中的相对磁导率。对于非铁磁性介质而言，μ_r 取值为 1。又因为 $n = \sqrt{\varepsilon_r}$，所以式（10-22）可变化为

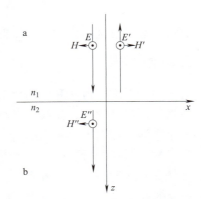

图 10.43　正入射条件下复振幅
的正向规定

$$H = n\sqrt{\frac{\varepsilon_0}{\mu_0}} E \qquad (10\text{-}22)$$

在介质交界面上，光波的电和磁振动分量需要满足切向分量连续的边界条件关系，即

$$\begin{cases} E+E'=E'' \\ -H+H'=-H'' \end{cases} \tag{10-23}$$

结合式（10-22）和式（10-23），可以求解得到式（10-24）：

$$\begin{cases} H=n_1\sqrt{\dfrac{\varepsilon_0}{\mu_0}}E \\[3mm] H'=n_1\sqrt{\dfrac{\varepsilon_0}{\mu_0}}E' \\[3mm] H''=n_2\sqrt{\dfrac{\varepsilon_0}{\mu_0}}E'' \end{cases} \tag{10-24}$$

结合式（10-23）和式（10-24），可以得到式（10-25）和式（10-26）：

$$E+E'=E'' \tag{10-25}$$

$$-n_1E+n_1E'=-n_2E'' \tag{10-26}$$

通过对式（10-25）和式（10-26）进行求解，可以解出在光线正入射条件下，复振幅反射比 r 和复振幅透射比 t 的大小分别为

$$r=\frac{E'}{E}=\frac{n_1-n_2}{n_1+n_2} \tag{10-27}$$

$$t=\frac{E''}{E}=\frac{2n_1}{n_1+n_2} \tag{10-28}$$

由此可以计算得到反射率 R 和透射率 T 的表达式：

$$R=\frac{I'}{I}=r^2=\left(\frac{n_1-n_2}{n_1+n_2}\right)^2 \tag{10-29}$$

$$T=\frac{I''}{I}=t^2=\left(\frac{2n_1}{n_1+n_2}\right)^2 \tag{10-30}$$

式中，I、I' 和 I'' 分别为入射光、反射光和折射光的光强。

2. 单层增反膜

进一步，考虑在衬底和外侧介质之间存在一折射率为 n 的单层膜，分析单层膜内光线的反射及透射情况，此时，光线会在单层膜内上下表面发生多次反射以及透射，这些光线会形成多光束干涉，如图 10.44 所示。

定义衬底材料的折射率为 n_g，单层膜外层介质的折射率为 n_0，单层膜的厚度为 h。当光线从外侧介质入射到单层膜表面时，光线入射角为 i_0，光线折射角为 θ，此时复振幅透射比为 t_1，复振幅反射比为 r_1；当光线从单层膜入射到外侧介质时，此时复振幅透射比为 t_1'，复振幅反射比为 r_1'；当光线从单层膜入射到衬底表面时，折射角为 i_g，此时复振幅透射比为 t_2，复振幅反射比为 r_2。

在单层膜内，两束相邻的反射光线之间的相位差 δ 为

$$\delta=\frac{2\pi}{\lambda}\Delta=\frac{2\pi}{\lambda}2nh\cos\theta \tag{10-31}$$

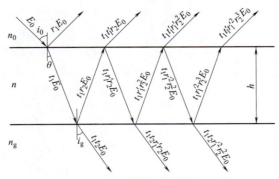

图 10.44　单层膜界面的多光束干涉

将单层膜内反射光线的复振幅进行叠加，可以得到合反射光复振幅：

$$E_{\mathrm{R}} = \left(r_1 + \frac{t_1 t_1' r_2 \mathrm{e}^{i\delta}}{1 - r_1' r_2 \mathrm{e}^{i\delta}} \right) E_0 \qquad (10\text{-}32)$$

式中，E_{R} 为合反射光复振幅。

根据斯托克斯公式，r_1、r_1'、t_1 和 t_1' 的表达式为

$$r_1' = -r_1 \qquad (10\text{-}33)$$

$$t_1 t_1' = 1 - r_1^2 \qquad (10\text{-}34)$$

结合式（10-32）、式（10-33）和式（10-34），得

$$E_{\mathrm{R}} = \frac{r_1 + r_2 \mathrm{e}^{i\delta}}{1 + r_1 r_2 \mathrm{e}^{i\delta}} E_0 \qquad (10\text{-}35)$$

由此可得薄膜反射光强 I_{R} 与入射光强 I_0 的关系为

$$\frac{I_{\mathrm{R}}}{I_0} = \frac{E_{\mathrm{R}} E_{\mathrm{R}}^*}{E_0^2} = \frac{(r_1 + r_2 \mathrm{e}^{i\delta})(r_1 + r_2 \mathrm{e}^{-i\delta})}{(1 + r_1 r_2 \mathrm{e}^{i\delta})(1 + r_1 r_2 \mathrm{e}^{-i\delta})} = \frac{r_1^2 + 2 r_1 r_2 \cos\delta + r_2^2}{1 + 2 r_1 r_2 \cos\delta + r_1^2 r_2^2} \qquad (10\text{-}36)$$

当 $\dfrac{\mathrm{d}I_{\mathrm{R}}}{\mathrm{d}\delta} = 0$ 时，即 $\delta = K\pi$，$K = 0,\ 1,\ 2,\ \cdots$，薄膜反射光强取极值，在入射光正入射到单层膜时，$\delta = \dfrac{4\pi nh}{\lambda}$。因此，当薄膜光学厚度 nh 为 $\dfrac{\lambda}{4}$ 的整数倍时，I_{R} 取极值，即

$$nh = \frac{K\lambda}{4}, K = 0, 1, 2, \cdots \qquad (10\text{-}37)$$

在正入射条件下，根据式（10-27），复振幅反射比 r_1、r_2 可表示为

$$r_1 = \frac{n_0 - n}{n_0 + n} \qquad (10\text{-}38)$$

$$r_2 = \frac{n - n_{\mathrm{g}}}{n + n_{\mathrm{g}}} \qquad (10\text{-}39)$$

结合式（10-37）、式（10-38）和式（10-39），可以求得在正入射条件下，薄膜反射光强与入射光强之间的比值：

$$\frac{I_{\mathrm{R}}}{I_0} = \frac{(n_0 - n_{\mathrm{g}})^2 \cos^2 \dfrac{\delta}{2} + \left(\dfrac{n_0 n_{\mathrm{g}}}{n} - n \right)^2 \sin^2 \dfrac{\delta}{2}}{(n_0 + n_{\mathrm{g}})^2 \cos^2 \dfrac{\delta}{2} + \left(\dfrac{n_0 n_{\mathrm{g}}}{n} + n \right)^2 \sin^2 \dfrac{\delta}{2}} \qquad (10\text{-}40)$$

当 nh 为 $\frac{\lambda}{4}$ 的奇数倍时，可将式（10-40）化简为

$$\frac{I_R}{I_0} = \left(\frac{n_0 n_g - n^2}{n_0 n_g + n^2} \right)^2 \qquad (10\text{-}41)$$

当 nh 为 $\frac{\lambda}{4}$ 的偶数倍时，可将式（10-40）化简为

$$\frac{I_R}{I_0} = \left(\frac{n_0 - n_g}{n_0 + n_g} \right)^2 \qquad (10\text{-}42)$$

图 10.45 所示为当 $n_0 = 1.0$，$n_g = 1.5$ 时，对于不同折射率 n 的单层膜材料，反射光强与入射光强之比 $\frac{I_R}{I_0}$ 随着光学厚度 nh 的变化曲线。

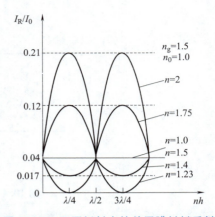

图 10.45 不同折射率的单层膜材料反射光强与入射光强之比随着光学厚度的变化曲线

根据图 10.45 可以得到以下结论：

1）当 $n > n_g$ 时，单层膜的反射率较未镀单层膜时高，反射率增加，具有增反效果，称为增反膜；且当 nh 为 $\frac{\lambda}{4}$ 或 nh 为 $\frac{\lambda}{4}$ 的奇数倍时，有最好的增反效果。单层膜材料折射率与衬底折射率差距越大，增反效果越好。

2）当 $n = n_0$ 或 $n = n_g$ 时，由式（10-40）可知反射率为定值。

3）当 nh 为 $\frac{\lambda}{4}$ 的偶数倍时，无论该薄膜折射率为多大，该薄膜的反射率与未镀膜时相同。

3. 多层介质反射膜

在衬底上镀高折射率且光学厚度满足 $\frac{\lambda}{4}$ 奇数倍的光学薄膜具有增强反射率的效果，而且随着薄膜材料折射率的增大，增反效果也随之增强。但是单层增反膜的折射率有限，所以其反射率大小无法提高到 90% 以上。因此，为了提高介质膜的反射率，采用多层介质膜的设计，如图 10.46 所示，它是由光学厚度 nh 为 $\frac{\lambda}{4}$ 的高折射率膜 H 和光学厚度为 $\frac{\lambda}{4}$ 的低折射率膜 L 交替组成的膜系，且具有高反射率、低吸收率的特点。

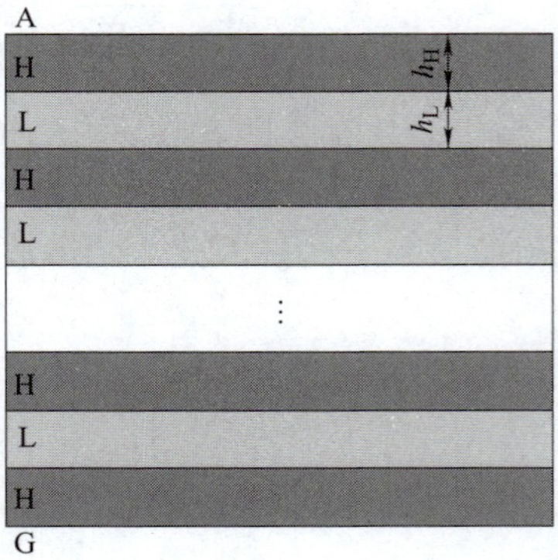

图 10.46 多层介质膜示意图
（图中 G 表示衬底，A 表示介质，h_H 表示高折射率薄膜厚度，h_L 表示低折射率薄膜厚度）

4. 分布布拉格反射器

分布布拉格反射器作为一种特殊的多层介质反射膜，广泛应用于包括发光二极管、垂直腔发射器、激光二极管等半导体光电器件。它是由一种高折射率材料和一种低折射率材料交替排列组成的周期性薄膜，目前最常用的是四分之一反射器，又被称为单堆栈 DBR，即每

层材料的光学厚度为 1/4 的中心反射波长，该波长对应于需提升反射率的波长，组成 DBR 的两种材料的折射率差异越大，DBR 的反射率越高。改变 DBR 的材料以及调整 DBR 各膜层的厚度可以使 DBR 在目标波长范围的反射率达到 97% 以上。

图 10.47 所示为 DBR 的结构示意图和截面 SEM 图。相比于银、铝、金等金属反射器，DBR 具有反射率高、基本不吸光、稳定性好的优点，目前组成 DBR 的材料主要包括两种：电介质材料和半导体材料。半导体材料的 DBR 可以采用 MOCVD 等外延生长设备进行生长，具有导电性，但是半导体材料之间的折射率差异较小，为了实现高反射率，往往需要更多周期的 DBR。对于电介质材料的 DBR，他们的折射率差异大，使用较少周期的 DBR 即可实现高反射率的效果，因此目前在 LED 芯片中，主要采用的是 TiO_2/SiO_2 DBR、Ti_3O_5/SiO_2 DBR 和 Ta_2O_5/SiO_2 DBR 结构，TiO_2、Ta_2O_5 和 Ti_3O_5 的折射率分别为 2.48、2.36 和 2.37，SiO_2 的折射率为 1.46。

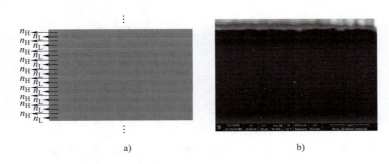

图 10.47　DBR 的结构示意图和截面 SEM 图
a）结构示意图　b）截面 SEM 图

DBR 的参数主要有中心波长、最大反射率和反射带宽。DBR 的折射率、材料厚度与中心波长的关系满足式（10-43）：

$$n_h t_h = n_l t_l = \frac{\lambda}{4} \tag{10-43}$$

式中，n_h 和 t_h 分别为高折射率材料的折射率和厚度；n_l 和 t_l 分别为低折射率材料的折射率和厚度。

DBR 的最大反射率可以通过式（10-44）计算：

$$R_{max} = \left[\frac{1 - \dfrac{n_s n_0}{n_h^2}\left(\dfrac{n_l}{n_h}\right)^{2N}}{1 + \dfrac{n_s n_0}{n_h^2}\left(\dfrac{n_l}{n_h}\right)^{2N}} \right]^2 \tag{10-44}$$

式中，n_s 为衬底的折射率；n_0 为 DBR 膜系周围环境的折射率。

DBR 的反射带宽可以通过式（10-45）计算：

$$\Delta\lambda = \lambda \frac{2}{\pi}\arcsin\left(\frac{n_h - n_l}{n_h + n_l}\right) \tag{10-45}$$

从式（10-44）和式（10-45）可以得出以下结论：两种材料的折射率相差越大，DBR 膜系的反射率和反射带宽越大；DBR 膜系的周期数越多，反射率越高。

下面分别介绍不同种类的 DBR 及其反射特性：

（1）单堆栈 DBR 以 TiO_2/SiO_2 单堆栈 DBR 为例，设计的单堆栈 DBR 的中心波长为 465nm，根据式（10-43）可计算出 TiO_2 和 SiO_2 的厚度分别为 79.5nm 和 47.4nm，采用光学膜系仿真软件分析周期数对单堆栈 DBR 反射特性的影响，仿真得到的反射率曲线如图 10.48 所示。从图 10.48 中可以看出，DBR 的反射率先随着 TiO_2/SiO_2 周期数的增加而迅速增加；当周期数增加到 4 之后，反射率增速变慢；当周期数达到 7 时，DBR 的反射率几乎接近 100%。

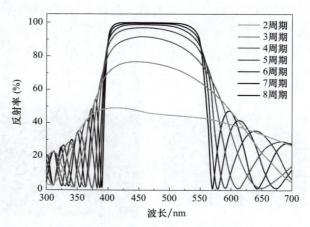

图 10.48 不同周期数下的单堆栈 DBR 反射率曲线（正入射条件下）

（2）双堆栈 DBR 研究发现通过将两个中心波长不同的单堆栈 DBR 堆叠形成双堆栈 DBR 可以有效增加反射带宽，以用作 LED 的底部反射器。以中心波长分别为 500nm 和 600nm 的双堆栈 DBR 为例，根据式（10-43）计算出不同中心波长的 DBR 堆栈对应的电介质层的厚度，当中心波长为 500nm 时，TiO_2/SiO_2 电介质层的厚度分别为 51.61nm 和 85.68nm；当中心波长为 600nm 时，TiO_2/SiO_2 电介质层的厚度分别为 63.8nm 和 103.31nm。单堆栈 DBR 和双堆栈 DBR 的反射率对比如图 10.49 所示。双堆栈 DBR 由两个单堆栈 DBR 组成，这意味着 8 周期的 TiO_2/SiO_2 双堆栈 DBR 与 16 周期的 TiO_2/SiO_2 单堆栈 DBR 的电介质层数相同。与单堆栈 DBR 相比，双堆栈 DBR 表现出更高的反射率和更大的反射带宽。当 TiO_2/SiO_2 电介质层数相同时，双堆栈 DBR 显示出比单堆栈 DBR 更高的反射率。同时，双堆栈 DBR 的最大反射带宽达到 272nm，比单堆栈 DBR 的反射带宽 170nm 大 102nm。理论上，因为双堆栈 DBR 有 2 个中心波长，因此双堆栈 DBR 的反射带宽应该是两个单堆栈 DBR 的反射带宽之和，所以双堆栈 DBR 的反射带宽应该是 340nm。但是设计的两个中心波长的距离是 100nm，这导致两个单堆栈 DBR 的反射带宽重叠，降低了双堆栈 DBR 的总反射带宽。

（3）复合 DBR 在 DBR 的底部，沉积诸如银、铝、金或镍的金属层可以进一步增加反射率，从而形成复合 DBR。模拟研究了四种金属膜对复合 DBR 反射率的影响。图 10.50 所示为在单堆栈 DBR 底部分别蒸镀 Al、Ni、Ag、Au 以及不蒸镀任何金属的单堆栈 DBR 的反射率曲线，从图 10.50 中可以看出，Ag 薄膜的反射率最高，其反射带宽和反射率高于其他金属薄膜和未蒸镀金属薄膜的单堆栈 DBR。在短波长区域，蒸镀 Au 的单堆栈 DBR 的反射

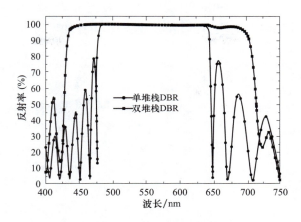

图 10.49　单堆栈 DBR 和双堆栈 DBR 的反射率对比

率下降较快，低于蒸镀 Ag 和 Al 的单堆栈 DBR 的反射率，但是其反射率依旧高于未蒸镀金属的单堆栈 DBR。在反射带宽方面，具有金属反射层的单堆栈 DBR 的反射带宽明显高于没有金属层的单堆栈 DBR。这表明在单堆栈 DBR 底部增加金属层能够明显增加 DBR 的反射带宽。

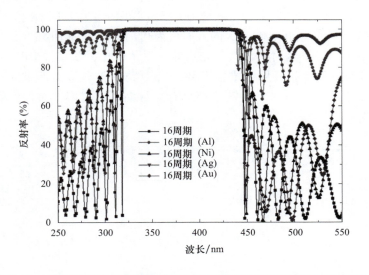

彩图展示

图 10.50　单堆栈 DBR 不蒸镀金属和不同金属组合的复合 DBR 的反射率曲线

（4）全角 DBR　通过对 DBR 中每一对电介质层的厚度进行离散化设计，可以极大的增加 DBR 的反射带宽，减少其角度依赖性，根据这种设计准则设计出的 DBR 称为全角 DBR。单、双堆栈 DBR 的角度依赖性问题是由窄反射带宽和中心波长间距过大造成的。图 10.51a 和图 10.51b 所示分别为双堆栈 DBR 和全角 DBR 在不同入射光角度下的反射率曲线，图中的蓝色矩形和绿色矩形分别代表蓝光和绿光波段。为了解决双堆栈 DBR 的角度依赖性问题，对各对电介质层的厚度进行离散化设计，增加中心波长在光波段 Ⅰ、Ⅱ、Ⅲ 的 DBR 堆栈数来减少双堆栈 DBR 的角度依赖性。一方面，增加中心波长在光波段 Ⅱ 的 DBR 堆栈数，减少了短中心波长和长中心波长的间距，从而抑制在光波段 Ⅱ 的反射率下降。另一方面，增加中心波长在光波段 I 和光波段 III 的 DBR 堆栈数增大了反射带宽。从图 10.51 中可以看出，相比于双堆栈 DBR，全角 DBR 具有更少的角度依赖性和更宽的反射带宽。

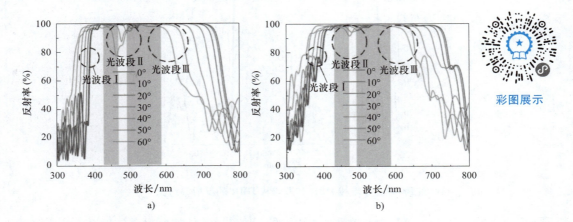

图 10.51　双堆栈 DBR 和全角 DBR 在不同入射光角度下的反射率曲线
a）双堆栈 DBR　b）全角 DBR

（5）广角 DBR　基于双堆栈 DBR，通过增加子堆栈数目，设计了一种反射带宽覆盖红、绿、蓝光波段的广角 DBR。图 10.52 所示为双堆栈 DBR 和广角 DBR 在不同入射光角度下的反射率曲线。从图 10.52a 中可以看出，当光线的入射角为 0° 时，双堆栈 DBR 在整个可见光波长范围内都具有较高的反射率，然而随着入射光线的入射角增加，双堆栈 DBR 的反射率在蓝、绿光波段范围内急剧下降，这表明双堆栈 DBR 在蓝、绿光波段具有严重的角度依赖性。但是对于广角 DBR，其在红、绿、蓝光波段都具有非常高的反射率，而且反射率几乎不随入射角的增大而下降。

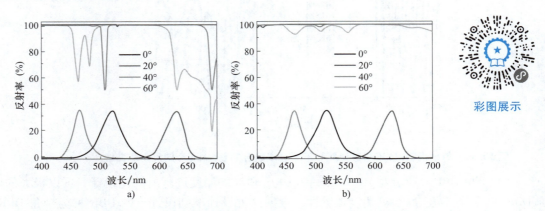

图 10.52　双堆栈 DBR 和广角 DBR 在不同入射光角度下的反射率曲线
a）双堆栈 DBR　b）广角 DBR

（6）全方位反射镜　全方位反射镜（Omni-Directional Reflector，ODR）是一种经常被用来增加光学器件反射率的结构，全方位反射镜有三层结构，最上面一层由高折射率材料组成，中间层由低折射率材料组成，最底层是金属层，中间层的低折射率材料的厚度由入射波的中心波长决定，中间层厚度的计算公式与 DBR 每层厚度的计算公式相同，全方位反射镜和复合 DBR 的差别在于全方位反射镜最上面一层高折射率材料的厚度是没有限制的。同时，对全方位反射镜的反射率影响非常大的一个因素是最上面一层的折射率和中间层的折射率必须相差较大。全方位反射镜的结构示意图如图 10.53 所示。

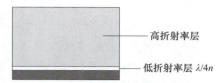

高折射率层

低折射率层 $\lambda/4n$

图 10.53　全方位反射镜结构示意图

10.3.9　三维通孔电极

在优化倒装结构 LED 芯片的电极结构时，主要考虑如何合理布置 N 电极。最初，倒装结构 LED 芯片的 N 电极采用了叉指型结构，但这种结构导致了有源层的发光面积严重损失。然而，随着三维通孔电极结构的出现，芯片的有源层发光面积得到了显著提升，并开始广泛应用于倒装结构 LED 芯片中。与间断式叉指结构电极类似，三维通孔电极结构的 N 电极无需在 n-GaN 层实现互连，而是直接利用大面积的 N 焊盘将各个孤立的小电极连接起来，从而有效增加了有源层的发光面积。此外，三维通孔电极更容易实现电极间距离处处相等的目标，从而使电流分布更加均匀。

图 10.54 所示为 ITO/DBR 双金属层三维通孔电极倒装结构 LED 芯片的详细制造流程图，其制造工艺流程如下：

1）在进行清洗外延片后，采用 ICP 干法刻蚀技术对 p-GaN 和 MQW 进行刻蚀，直至刻蚀到 n-GaN 层形成三维 N 型通孔。

2）利用电子束蒸发设备蒸镀 ITO 透明导电层，并使用 ITO 刻蚀液去除 N 型通孔中多余的 ITO。

3）在 ITO 上交替沉积 SiO_2/TiO_2 形成 DBR，接着采用混合气体 $CHF_3/Ar/O_2$ 刻蚀 DBR，暴露出 P 型接触孔，并同时去除 N 型通孔中多余的 DBR，从而形成 N 接触孔。

4）在 P 接触孔、N 接触孔以及 DBR 上沉积第一层 Cr/Al/Ti/Pt/Au 金属层，并通过剥离工艺去除部分 Cr/Al/Ti/Pt/Au 金属层，以形成隔离槽。

5）采用 PECVD 技术在第一层金属层上沉积 SiO_2 绝缘层，并通过 BOE 湿法刻蚀工艺在 SiO_2 绝缘层上形成 N 电极互连孔与 P 电极互连孔。

6）采用电子束蒸发设备，在 SiO_2 绝缘层、N 电极互连孔以及 P 电极互连孔上进行第二层金属层的蒸镀，包括 Cr/Al/Ti/Pt/Au。随后，通过剥离工艺去除部分金属层，以实现形成 N 焊盘和 P 焊盘的目的。

图 10.55 所示为 Ni/Ag 双金属层三维通孔电极倒装结构 LED 芯片的详细制造流程图，其制造工艺流程如下：

1）在进行清洗外延片后，采用 ICP 干法刻蚀技术对 p-GaN 和 MQW 进行刻蚀，直至刻蚀到 n-GaN 层形成三维 N 型通孔。

2）利用电子束蒸发技术在 p-GaN 上蒸镀 Ni/Ag 形成 P 电极，然后在 450℃高温 N_2 环境中退火 20min，使 p-GaN 与 Ni/Ag 形成欧姆接触。

3）利用 PECVD 在 Ni/Ag 金属层和 N 型通孔上沉积一层 SiO_2 绝缘层，接着采用光刻和湿法刻蚀技术去除 Ni/Ag 金属层和 N 型通孔底部的 SiO_2 绝缘层，只留下 N 型通孔侧壁的 SiO_2 绝缘层。

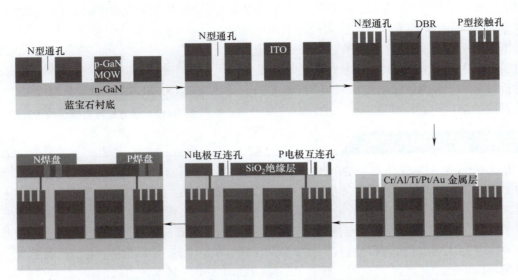

图 10.54　ITO/DBR 双金属层三维通孔电极倒装结构 LED 芯片的详细制造流程图

4）在 Ni/Ag 金属层和 N 型通孔上沉积第一层 Cr/Al/Ti/Pt/Au 金属层。

5）采用 PECVD 技术在第一层金属层上沉积 SiO₂ 绝缘层，并通过光刻和湿法刻蚀技术在 SiO₂ 绝缘层上形成 N、P 电极接触孔。

6）采用电子束蒸发设备在 SiO₂ 绝缘层、N 电极接触孔与 P 电极接触孔上蒸镀第二层 Cr/Al/Ti/Pt/Au 金属层，形成 N、P 焊盘。

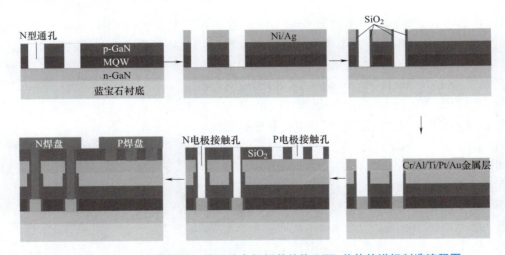

图 10.55　Ni/Ag 双金属层三维通孔电极倒装结构 LED 芯片的详细制造流程图

图 10.56a 和 b 所示分别为 ITO/DBR 和 Ni/Ag 双金属层三维通孔电极倒装结构 LED 芯片在工作时的电流路径示意图。图 10.56c 所示为 ITO/DBR 双金属层三维通孔电极倒装结构 LED 芯片的顶部 SEM 图，由于 DBR 的绝缘特性，ITO/DBR 倒装结构 LED 芯片中的 DBR 上刻蚀有连通 ITO 的 P 接触孔，三个 N 接触孔对称分布在芯片中间，一系列 P 接触孔以环形均匀的排列在 N 接触孔周围，有效的减小 P、N 电极之间的电流扩展距离，从而增加 LED

芯片的电流扩展能力。图 10.56d 所示为 Ni/Ag 双金属层三维通孔电极倒装结构 LED 芯片的顶部 SEM 图，N 接触孔分布在芯片左侧，P 接触孔分布在芯片右侧。图 10.56e 所示为 ITO/DBR 双金属层三维通孔电极倒装结构 LED 芯片在图 10.56c 中 A—A 区域标识的 P 电极横截面 SEM 图，图 10.56f 所示为 Ni/Ag 双金属层三维通孔电极倒装结构 LED 芯片在图 10.56d 中 B—B 区域标识的 P 电极横截面 SEM 图。

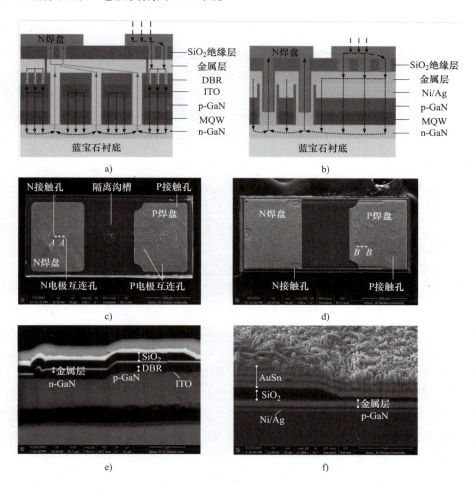

图 10.56　ITO/DBR 和 Ni/Ag 双金属层三维通孔电极倒装结构 LED 芯片

图 10.57a 所示为 ITO/DBR 和 Ni/Ag 双金属层三维通孔电极倒装结构 LED 芯片的 I-V 特性曲线图。与 ITO/DBR 倒装结构 LED 芯片相比，由于 Ni/Ag 具有较高的电导率，导致 Ni/Ag 倒装结构 LED 芯片的正向电压更低。图 10.57b 所示为 ITO/DBR 和 Ni/Ag 双金属层三维通孔电极倒装结构 LED 芯片光输出功率和外量子效率与注入电流的关系曲线。由于 ITO/DBR 的反射率高于 Ni/Ag，导致 ITO/DBR 倒装结构 LED 芯片具有更高的光提取效率。

10.3.10　表面粗化技术

对于垂直结构 LED 芯片，表面粗化一般使用干法刻蚀或湿法刻蚀。与干法刻蚀相比，湿法刻蚀具有工艺简单、低损伤和低成本等优势。目前，KOH、NaOH、TMAH、H_3PO_4、

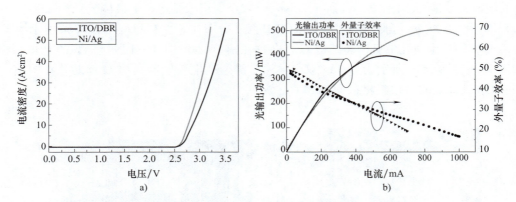

图 10.57   ITO/DBR 和 Ni/Ag 双金属层三维通孔电极倒装结构 LED 芯片对比
a) LED 芯片 Ⅰ-Ⅴ曲线   b) LED 芯片光输出功率和外量子效率与注入电流关系曲线

HCl 等溶液被广泛应用于 GaN 材料的湿法刻蚀。在不同的溶液中，GaN 外延薄膜的腐蚀行为不同，产生的微结构也不同。不同的微结构可以增加将光子散射到空气中的概率，从而提升垂直结构 LED 芯片的光提取效率。通过使用不同的腐蚀溶液对垂直结构 LED 外延片进行腐蚀，可以实现外延片表面的粗化。最后，制备垂直结构 LED 芯片，并与水平结构 LED 芯片和倒装结构 LED 芯片进行光萃取效率的比较。

GaN 材料的化学性质受其极性面影响，在不同溶液中呈现出不同的腐蚀特性。对于制备垂直结构 LED 芯片而言，使用 MOCVD 在蓝宝石衬底（0001）面上生长 GaN 薄膜，该薄膜是 Ga 极性面 GaN。剥离蓝宝石衬底后将会使 N 极性面 GaN 暴露，并且侧面是 m 面和 a 面。在本节中，采用 KOH、H_3PO_4 和 TMAH 等溶液对 GaN 外延片进行湿法刻蚀，并通过 SEM 观察刻蚀后的形貌。

在进行刻蚀粗化之前，需要对 LED 外延片进行清洗，以去除表面的污染物。

1）清洗。首先对 LED 外延片进行清洗，使用 H_2SO_4：H_2O_2 = 5：1 的酸性混合溶液以及去离子水，去除表面黏附的有机物；接着使用 H_2O：H_2O_2：NH_4OH = 5：2：1 的碱性溶液以及去离子水清洗，去除表面留有的颗粒。再采用 H_2O：H_2O_2：HCl = 7：2：1 的酸性溶液清洗，去除污染外延片的金属物。

2）烘干。清洗之后需要对外延片进行脱水烘烤，在真空氛围、180℃ 条件下进行烘烤，去除外延片表面残留的水分。

3）标号。将清洗好的外延片标号并放入片盒中，以备后续的腐蚀和观测。

4）配置溶液。取 11.2 克的 KOH 并将其溶于 200 mL 的水中，将配成 1mol/L 的 KOH 溶液。将 H_3PO_4 与一定的水按照比例配置形成磷酸溶液。将 TMAH 与水按照质量比为 1：3 的配比制作质量分数为 12.5% 的 TMAH 溶液。

5）加热。将配置完成的溶液放入小烧杯中，再放置于大玻璃皿中进行水浴加热至指定温度。

6）腐蚀。将制作完成的样品放入已加热的溶液中，同时开始计时，腐蚀到一定时间后，将样品取出。

7）清洗样品。等到样品冷却后，在超声波清洗装置中依次使用丙酮、乙醇、去离子水超声清洗样品 10min，之后使用氮气将样品吹干。

8）最后通过扫描电子显微镜观察湿法刻蚀外延片后形成的表面形貌，将刻蚀后以及未刻蚀的外延片制造成发光器件。

图 10.58a 和 b 所示分别为在 55℃下，经过 15min 和 30min H_3PO_4 溶液腐蚀后的垂直结构 LED 芯片 GaN 外延片表面形貌的 SEM 图像。使用激光剥离技术剥离蓝宝石图形化衬底后，在 u-GaN 表面上形成凹坑。随后，在剥离 u-GaN 之后，由于 ICP 刻蚀过程中在不同位置的刻蚀高度是一样的，半球形凹坑转移到了 n-GaN 表面上。从图 10.58 中可以看出，在 55℃下，H_3PO_4 溶液对 GaN 外延片没有产生明显的腐蚀行为。即使将腐蚀时间延长至 30min，仍然未观察到明显的腐蚀形貌。图 10.58c 和 d 所示分别为在 90℃下，经过 15min 和 30min H_3PO_4 溶液腐蚀后的垂直结构 LED 芯片 GaN 外延片表面形貌的 SEM 图像。通过将温度提高至 90℃，H_3PO_4 溶液在凹坑旁边的平面部分形成了六棱锥微结构。并且，在腐蚀时间延长至 30min 后，剥离形成的凹坑被腐蚀掉，六棱锥微结构也被腐蚀成了十二棱锥微结

图 10.58　垂直结构 LED 芯片 GaN
外延片腐蚀形貌 SEM 图（一）
a）55℃下 H_3PO_4 溶液腐蚀 15min　b）55℃下 H_3PO_4
溶液腐蚀 30min　c）90℃下 H_3PO_4 溶液腐蚀 15min
d）90℃下 H_3PO_4 溶液腐蚀 30min

构。这可能是由于 GaN 晶格的六重对称性导致了两组刻面形成十二棱锥微结构。

图 10.59a 和 b 所示分别为在 55℃下，经过 15min 和 30min KOH 溶液腐蚀后的垂直结构 LED 芯片 GaN 外延片表面形貌的 SEM 图像。从图 10.59 中可以看出，在 55℃下，15min 腐蚀后，GaN 外延片表面形成了随机分布的六棱锥微结构。随着时间增加至 30min，圆锥孔逐渐变小，六棱锥微结构逐渐增大，表面粗糙面积扩大。在湿法刻蚀过程中，GaN 与腐蚀试剂之间的反应受到热力学和动力学的约束。因此 H_3PO_4 溶液腐蚀 GaN 外延片 N 极性面所需的温度高于 KOH 溶液的腐蚀温度。此外，由于热 H_3PO_4 溶液腐蚀具有更强的动力学限制，因此在热 H_3PO_4 溶液腐蚀 GaN 时会观察到形成了更多不同刻面和倾斜角度。

图 10.59　垂直结构 LED 芯片 GaN 外延片腐蚀形貌 SEM 图（二）
a）55℃下 KOH 溶液腐蚀 15min　b）55℃下 KOH 溶液腐蚀 30min

与使用 KOH 溶液相比，使用 TMAH 溶液可以实现化学稳定的腐蚀工艺。图 10.60a 和 b 所示分别为在 85℃下，经过 15min 和 30min TMAH 溶液腐蚀后的垂直结构 LED 芯片 GaN 外

延片表面形貌的 SEM 图像。从图 10.60 中可以看出，在 ［1$\bar{2}$10］方向侧壁上出现了三棱柱微结构，但在 p-GaN 顶面以及 ［1$\bar{1}$00］方向侧壁上并未出现该结构。随着腐蚀时间的增加，m 平面侧壁上该三棱柱微结构尺寸和密度发生变化，逐渐合并成更大的结构。但在 30min 后该三棱柱微结构的密度逐渐降低最后消失。

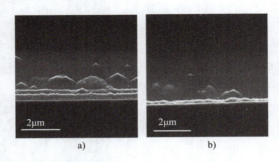

图 10.60　垂直结构 LED 芯片 GaN 外延片腐蚀形貌 SEM 图（三）
a）85℃下 TMAH 溶液腐蚀 15min　b）85℃下 TMAH 溶液腐蚀 30min

习题

1. 根据载流子复合机制，给出提升 LED 内量子效率的方法。
2. 简述图形化蓝宝石衬底对外延生长的作用。
3. 简述不同成核层的结构以及作用。
4. 超晶格常作为外延的应力释放层，简述其原理。
5. 简述水平结构 LED 芯片的制备流程。
6. 简述垂直结构 LED 芯片的制备流程。
7. SiO$_2$ 可以作为电流阻挡层，简述其原理。
8. 为什么图形化 ITO 能增大水平结构 LED 的光输出功率？
9. 什么是分布布拉格反射器？它有什么特点？
10. 全角 DBR 相对于双堆栈 DBR 而言，有什么优点？

参 考 文 献

［1］ ZHOU S，WANG S，LIU S，et al. High power GaN-based LEDs with low optical loss electrode structure ［J］. Optics & Laser Technology，2013，54：321-325.

［2］ ZHANG Y，LV Q，ZHENG C，et al. Recombination pathways and hole leakage behavior in InGaN/GaN multiple quantum wells with V-shaped pits ［J］. Superlattices and Microstructures，2019，136：106284.

［3］ SCHUBERT E F. Light-Emitting Diodes ［M］. Cambridge：Cambridge University Press，2018.

［4］ CHO J，SCHUBERT E F，KIM J K. Efficiency droop in light-emitting diodes：challenges and countermeasures ［J］. Laser & Photonics Reviews，2013，7（3）：408-421.

［5］ SHELEG A U，SAVASTENKO V A. Determination of elastic constants of hexagonal crystals from measured values of dynamic atomic displacements ［J］. Inorganic Materials，1979，15（1）：1257-1260.

［6］ TANG B，HU H，WAN H，et al. Growth of high-quality AlN films on sapphire substrate by introducing voids through growth-mode modification ［J］. Applied Surface Science，2020，518（15）：146218.

［7］ HU H，TANG B，WAN H，et al. Boosted ultraviolet electroluminescence of InGaN/AlGaN quantum structures grown on high-index contrast patterned sapphire with silica array［J］. Nano Energy，2020，69：104427.

［8］ HU H，ZHOU S，LIU X，et al. Effects of GaN/AlGaN/Sputtered AlN nucleation layers on performance of GaN-based ultraviolet light-emitting diodes［J］. Scientific Reports，2017，7（1）：44627.

［9］ TANG B，GONG L，HU H，et al. Toward efficient long-wavelength Ⅲ-nitride emitters using a hybrid nucleation layer［J］. Optics Express，2021，29（17）：27404-27415.

［10］ ZHOU S，XU H，HU H，et al. High quality GaN buffer layer by isoelectronic doping and its application to 365nm InGaN/AlGaN ultraviolet light-emitting diodes［J］. Applied Surface Science，2019，471：231-238.

［11］ QIAN Y，DU P，LIU P，et al. Performance enhancement of ultraviolet light-emitting diodes by manipulating Al composition of InGaN/AlGaN superlattice strain release layer［J］. Journal of Applied Physics，2022，131（9）：213-215.

［12］ ZHOU S，LIU X，YAN H，et al. The effect of nanometre-scale V-pits on electronic and optical properties and efficiency droop of GaN-based green light-emitting diodes［J］. Scientific Reports，2018，8（1）：11053.

［13］ LIU M，ZHAO J，ZHOU S，et al. An InGaN/GaN superlattice to enhance the performance of green LEDs：Exploring the role of V-Pits［J］. Nanomaterials，2018，8（7）：450.

［14］ ZHOU S，LIU X. Effect of V-pits embedded InGaN/GaN superlattices on optical and electrical properties of GaN-based green light-emitting diodes［J］. Physica Status Solidi A，2017，214（5）：1600782.

［15］ 刘星童. GaN 基三维倒装 LED 芯片设计与制造技术研究［D］. 武汉：武汉大学，2019.

［16］ 赵杰. 高出光效率垂直结构 LED 芯片设计与制备［D］. 武汉：武汉大学，2020.

［17］ 刘梦玲. 高电流扩展性 GaN 基 LED 芯片设计与制造技术［D］. 武汉：武汉大学，2019.

［18］ ZHAO J，DING X，MIAO J，et al. Improvement in Light Output of Ultraviolet Light-Emitting Diodes with Patterned Double-Layer ITO by Laser Direct Writing［J］. Nanomaterials，2019，9（2）：42-44.

［19］ GUI C，DING X，ZHOU S，et al. Nanoscale Ni/Au wire grids as transparent conductive electrodes in ultraviolet light-emitting diodes by laser direct writing［J］. Optics and Laser Technology，2018，104：117-124.

［20］ TANG B，MIAO J，LIU Y，et al. Insights into the influence of sidewall morphology on the light extraction efficiency of mini-LEDs［J］. IEEE Photonics Journal，2019，11（4）：1-7.

［21］ DING X，GUI C，HU H，et al. Reflectance bandwidth and efficiency improvement of light-emitting diodes with double-distributed Bragg reflector［J］. Applied Optics，2017，56（15）：4375-4380.

［22］ SHI L，ZHAO X，DU P，et al. Enhanced performance of GaN-based visible flip-chip mini-LEDs with highly reflective full-angle distributed Bragg reflectors［J］. Optics Express，2021，29（25）：42276-42286.

第**11**章 SiC 压阻式压力传感器

微机电系统（Microelectromechanical System，MEMS）已经广泛应用于网络与通信、汽车电子、航空航天、石油化工、消费电子、智能制造等领域。2019 年，MEMS 压力传感器在我国 MEMS 传感器行业主要器件中占比 19.2%。在汽车电子、航空航天、石油化工和地热勘探等领域，MEMS 压力传感器具有尤为广泛的应用，如气缸压力传感器、进气压力传感器、油箱压力传感器、尿素压力传感器等。现有的 MEMS 压力传感器多采用 Si 材料，利用不同掺杂类型的压敏电阻和衬底形成的 PN 结来实现电流隔离。然而，由于 Si 材料的禁带宽度较窄，在环境温度升高至 200℃以上时，Si 的载流子浓度会升高，从而导致器件在无压力作用下也有电信号输出，严重影响器件的电学性能。碳化硅（SiC）是第三代半导体的代表材料，具有宽禁带、高热导率、高击穿电场强度等优异的物理性能以及良好的力学性能和化学稳定性，是制造恶劣环境下工作器件和大功率电子器件的理想材料，具有良好的应用前景。本章以 SiC 压阻式压力传感器为例，对其设计与制造工艺进行详细的介绍。

11.1 SiC 压阻式压力传感器工作原理

压力传感器的工作原理是敏感元件在受到压力作用下发生形变，从而引起声、光、电等参数的变化，通过信号调制电路对这些参数进行处理，获取所需的信息，压力传感器工作原理示意图如图 11.1 所示。在这个过程中，电参数的变化主要是由于材料自身性质的变化所引起的，包括电阻率、电阻、电荷和电容等参数的变化。声、光参数的变化则指敏感元件在形变后，输出信号相对于输入信号发生的变化，包括频率、相位、强度等参数的变化。这些参数的变化可以用来反映受测压力的大小或变化情况。

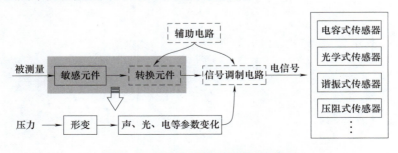

图 11.1 压力传感器工作原理示意图

压阻式压力传感器是利用 SiC 的压阻效应制造而成的一种传感器。它有很多优点，如结构简单、灵敏度高、精度高、线性度好以及动态响应好等。此外，由于压阻式压力传感器输出电压信号，可以简化后续信号调制电路，因此在 MEMS 压力传感器中得到广泛研究。然而，压阻式压力传感器存在一个缺点，即其输出信号易受温度影响，可能会产生温度漂移，因此需要对温度进行校准。

图 11.2a 所示为一种典型的压阻式压力传感器结构示意图，它由四个部分构成：SiC 敏感膜片、SiC 压敏电阻、欧姆接触金属层以及压力参考腔。其中，SiC 压敏电阻通常为等阻值的四个电阻，分别分布在 SiC 敏感膜片的中心或边缘。四个压敏电阻通过金属电路首尾串联成惠斯通电桥，其示意图如图 11.2b 所示。当外界压力为 0 时，惠斯通电桥处于平衡状态，对外输出电压为 0。而当 SiC 敏感膜片受到压力并发生形变时，压敏电阻的阻值随之改变，从而破坏了惠斯通电桥的平衡状态，对外输出的电信号发生变化。因此，可以通过电信号的变化量得到 SiC 敏感膜片的形变量，进一步通过 SiC 材料的应力应变关系可以计算出外部压力。根据测量电路可得输出电压为

$$U_o = \frac{R_1 R_3 - R_2 R_4}{(R_1 + R_2)(R_3 + R_4)} E \tag{11-1}$$

由式（11-1）可知，传感器的输出信号主要取决于四个桥臂电阻的阻值及变化大小。

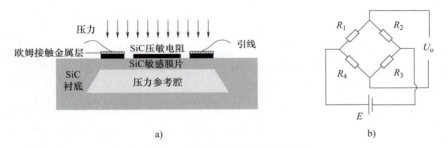

图 11.2　压阻式压力传感器
a）压阻式压力传感器结构示意图　b）惠斯通电桥示意图

SiC 压阻式压力传感器的工作主要依靠 SiC 的压阻效应，即对于半导体材料，它的某一晶面受到压力或拉力时，其晶格将产生变形，导致其能带产生变化，进而导致材料电阻率的变化。下面对 4H-SiC 材料的压阻效应进行分析。

图 11.3 所示为 4H-SiC 电阻结构示意图，设 4H-SiC 材料的长、宽和厚度分别为 l、b 和 h，其横截面积为 S，电阻率为 ρ，则其电阻为

$$R = \rho \frac{l}{S} = \rho \frac{l}{bh} \tag{11-2}$$

取对数得

$$\ln R = \ln \rho + \ln l - \ln b - \ln h \tag{11-3}$$

微分后得

$$\frac{\mathrm{d}R}{R} = \frac{\mathrm{d}\rho}{\rho} + \frac{\mathrm{d}l}{l} - \frac{\mathrm{d}b}{b} - \frac{\mathrm{d}h}{h} \tag{11-4}$$

式中，$\frac{\mathrm{d}l}{l}$ 为材料的轴线方向应变，称为纵向应变 ε_l；$\frac{\mathrm{d}b}{b}$ 和 $\frac{\mathrm{d}h}{h}$ 分别为横向应变 ε_t 和切向应变

ε_s。根据材料力学可知横向应变、切向应变与纵向应变之间的关系为

$$\varepsilon_t = \varepsilon_s = -\mu\varepsilon_l \tag{11-5}$$

式中，μ 为泊松比。因此，式（11-4）变为

$$\frac{\mathrm{d}R}{R} = \frac{\mathrm{d}\rho}{\rho} + \varepsilon_l + 2\mu\varepsilon_l = \frac{\mathrm{d}\rho}{\rho} + (1+2\mu)\varepsilon_l \tag{11-6}$$

对于半导体材料而言，$\dfrac{\mathrm{d}\rho}{\rho} = \pi\sigma$，由于 $(1+2\mu)\varepsilon_l$ 远小于 $\dfrac{\mathrm{d}\rho}{\rho}$，可忽略不计，因此有

$$\frac{\mathrm{d}R}{R} = \frac{\mathrm{d}\rho}{\rho} = \pi\sigma \tag{11-7}$$

式中，π 为材料的压阻系数；σ 为材料所受应力。

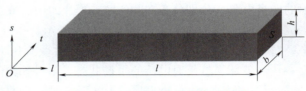

图 11. 3　4H-SiC 电阻结构示意图

图 11.4a 所示为 4H-SiC 材料内任意一处的应力状态示意图，σ_1、σ_2、σ_3 分别表示三个方向上的正应力，σ_{12}、σ_{13}、σ_{21}、σ_{23}、σ_{31}、σ_{32} 分别表示三个互相垂直面内的切应力。通过切应力互等定理可知：

$$\begin{cases} \sigma_{23} = \sigma_{32} = \sigma_4 \\ \sigma_{13} = \sigma_{31} = \sigma_5 \\ \sigma_{12} = \sigma_{21} = \sigma_6 \end{cases} \tag{11-8}$$

故 4H-SiC 内任意一处的应力状态可用三个正应力 σ_1、σ_2、σ_3 和三个切应力 σ_4、σ_5、σ_6 来表示，这 6 个独立分量均会引起电阻率的相对变化，电阻率的变化量可分别用 δ_1、δ_2、δ_3、δ_4、δ_5、δ_6 表示。

图 11.4b 所示为 4H-SiC 晶圆（0001）晶面坐标系示意图，4H-SiC 材料的晶圆坐标系由 x_1、x_2 和 x_3 三个正交轴构成，分别对应于基本压阻系数。图 11.4c 所示为 4H-SiC 材料中纵向压阻效应和横向压阻效应的示意图。当电流 I 在 x_1 方向流动时，x_1 方向上的正应力 σ_1 会引起电阻率变化，这种现象称为正向压阻效应。其中，σ_1 表示 x_1 方向的纵向应力，其压阻系数被称为纵向压阻系数 π_{11}。除此之外，x_1 方向以外的其他两个方向（即 x_2 和 x_3 方向）上的正应力 σ_2 和 σ_3 在 x_1 方向上也会引起电阻率变化，这种现象被称为横向压阻效应。对应的压阻系数分别被称为横向压阻系数 π_{12} 和 π_{13}。此外，切应力 σ_4、σ_5 和 σ_6 也可以在 x_1 方向上产生电阻率变化，这种现象被称为剪切压阻效应，相应的压阻系数分别称为剪切压阻系数 π_{14}、π_{15} 和 π_{16}。

因此可得到在坐标系 $x_1 x_2 x_3$ 下，电阻率的相对变化、压阻系数以及应力三者之间的关系：

$$\begin{pmatrix} \delta_1 \\ \delta_2 \\ \delta_3 \\ \delta_4 \\ \delta_5 \\ \delta_6 \end{pmatrix} = \begin{pmatrix} \pi_{11} & \pi_{12} & \pi_{13} & \pi_{14} & \pi_{15} & \pi_{16} \\ \pi_{21} & \pi_{22} & \pi_{23} & \pi_{24} & \pi_{25} & \pi_{26} \\ \pi_{31} & \pi_{32} & \pi_{33} & \pi_{34} & \pi_{35} & \pi_{36} \\ \pi_{41} & \pi_{42} & \pi_{43} & \pi_{44} & \pi_{45} & \pi_{46} \\ \pi_{51} & \pi_{52} & \pi_{53} & \pi_{54} & \pi_{55} & \pi_{56} \\ \pi_{61} & \pi_{62} & \pi_{63} & \pi_{64} & \pi_{65} & \pi_{66} \end{pmatrix} \begin{pmatrix} \sigma_1 \\ \sigma_2 \\ \sigma_3 \\ \sigma_4 \\ \sigma_5 \\ \sigma_6 \end{pmatrix} \tag{11-9}$$

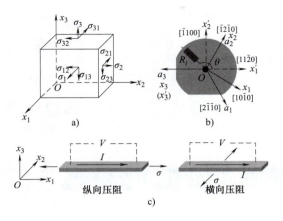

图 11.4　4H-SiC 材料的压阻效应

a）4H-SiC 材料内任意一处应力状态示意图　b）4H-SiC 材料晶圆（0001）晶面坐标系示意图

c）4H-SiC 材料纵向和横向压阻效应示意图

由于切应力不产生正向压阻效应，故有

$$\pi_{14}=\pi_{15}=\pi_{16}=\pi_{24}=\pi_{25}=\pi_{26}=\pi_{34}=\pi_{35}=\pi_{36}=0 \tag{11-10}$$

同理，正应力不产生剪切压阻效应，故有

$$\pi_{41}=\pi_{42}=\pi_{43}=\pi_{51}=\pi_{52}=\pi_{53}=\pi_{61}=\pi_{62}=\pi_{63}=0 \tag{11-11}$$

切应力只在剪切平面内产生压阻效应，而不在其他平面产生压阻效应，故有

$$\pi_{45}=\pi_{46}=\pi_{54}=\pi_{56}=\pi_{64}=\pi_{65}=0 \tag{11-12}$$

由于 4H-SiC 材料在（0001）面上不同晶向的压阻系数为各项同性，故有

$$\begin{cases} \pi_{11}=\pi_{22} \\ \pi_{12}=\pi_{21} \\ \pi_{13}=\pi_{23} \\ \pi_{31}=\pi_{32} \\ \pi_{44}=\pi_{55} \end{cases} \tag{11-13}$$

结合式（11-9）、式（11-12）及 4H-SiC 材料在（0001）面上不同晶向压阻系数各向同性的性质可知，在坐标系 $x_1'x_2'x_3'$ 下，电阻率的相对变化、压阻系数以及应力三者之间的关系可以表示为

$$\begin{pmatrix} \delta_1 \\ \delta_2 \\ \delta_3 \\ \delta_4 \\ \delta_5 \\ \delta_6 \end{pmatrix} = \begin{pmatrix} \pi_{11} & \pi_{12} & \pi_{13} & 0 & 0 & 0 \\ \pi_{12} & \pi_{11} & \pi_{13} & 0 & 0 & 0 \\ \pi_{31} & \pi_{31} & \pi_{33} & 0 & 0 & 0 \\ 0 & 0 & 0 & \pi_{44} & 0 & 0 \\ 0 & 0 & 0 & 0 & \pi_{44} & 0 \\ 0 & 0 & 0 & 0 & 0 & \pi_{66} \end{pmatrix} \begin{pmatrix} \sigma_1 \\ \sigma_2 \\ \sigma_3 \\ \sigma_4 \\ \sigma_5 \\ \sigma_6 \end{pmatrix} \tag{11-14}$$

根据式（11-14）、欧姆定律和张量变换公式可得，在坐标系 $x_1'x_2'x_3'$ 下与 x_1' 方向夹角为 θ 的电阻 R_i 的相对变化为

$$\frac{\mathrm{d}R_i}{R_i}=(\pi_{11}\sigma_1+\pi_{12}\sigma_2)\cos^2\theta+(\pi_{12}\sigma_1+\pi_{11}\sigma_2)\sin^2\theta+\pi_{66}\sigma_6\sin2\theta+\pi_{13}\sigma_3 \qquad (11\text{-}15)$$

由式（11-15）可知，4H-SiC 敏感膜片的表面应力分布对于 4H-SiC 压敏电阻的排布十分关键。

11.2　SiC 压阻式压力传感器设计与制造

11.2.1　SiC 压阻式压力传感器结构设计与分析

1. 4H-SiC 敏感膜片设计

图 11.5a 所示为 4H-SiC 敏感膜片的截面示意图。根据弹性力学的相关知识，两个平行面及垂直于平行面的柱面所包围的物体，其厚度 h 远小于平行面尺寸 L 时被称为平板。当 $h/L>1/5$ 时，称为厚板；当 $h/L<1/80$ 时，称为薄膜；当 $1/80\leqslant h/L\leqslant1/5$ 时，称为薄板。4H-SiC 敏感膜片一般属于薄板范畴。当外部载荷全部垂直于中面时，薄板发生弯曲变形，将中面上各点在垂直于中面方向的位移称为挠度。根据材料力学的知识可知，4H-SiC 敏感膜片的弯曲刚度 D 和挠度 ω 分别为

$$\begin{cases} D=\dfrac{Eh^3}{12(1-\mu^2)} \\[4mm] \omega=\dfrac{p\left(\dfrac{L}{2}\right)^4}{64D}\left[1-\dfrac{x^2}{\left(\dfrac{L}{2}\right)^2}\right]^2 \end{cases} \qquad (11\text{-}16)$$

式中，E 为 4H-SiC 敏感膜片的弹性模量，在（0001）面内各向同性；μ 为 4H-SiC 的泊松比；p 为外部载荷；x 为计算点到中心点的距离。

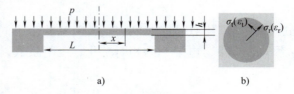

图 11.5　敏感膜片
a）敏感膜片截面示意图　b）敏感膜片顶部示意图

薄板变形理论要求其最大挠度不能超过薄板厚度的 1/5。当薄板的形变远小于其厚度时，薄板上各点的纵向应力 σ_r 和横向应力 σ_t（图 11.6）为

$$\begin{cases} \sigma_r=\dfrac{3p}{8h^2}\left[-(\mu+1)\left(\dfrac{L}{2}\right)^2+(\mu+3)x^2\right] \\[4mm] \sigma_t=\dfrac{3p}{8h^2}\left[-(\mu+1)\left(\dfrac{L}{2}\right)^2+(3\mu+1)x^2\right] \end{cases} \qquad (11\text{-}17)$$

薄板内任意一点的径向应变 ε_r 和切向应变 ε_t 为

$$\begin{cases} \varepsilon_r = \dfrac{3p}{8h^2E}(1-\mu^2)\left[\left(\dfrac{L}{2}\right)^2-3x^2\right] \\ \varepsilon_t = \dfrac{3p}{8h^2E}(1-\mu^2)\left[\left(\dfrac{L}{2}\right)^2-x^2\right] \end{cases} \qquad (11\text{-}18)$$

图 11.6 所示为 4H-SiC 敏感膜片应力分布图。最大应力发生在敏感膜片的边缘，其大小为

$$\sigma_r = \sigma_t = \dfrac{3p}{4}\left(\dfrac{L}{2h}\right)^2 \qquad (11\text{-}19)$$

针对本节所设计的 4H-SiC 压力传感器，其尺寸为 2500μm×2500μm，敏感膜片的特征尺寸 L 为 1600μm。4H-SiC 材料的弹性模量 E、泊松比 μ 和许用应力 $[\sigma]$ 分别为 $E=488\text{GPa}$、$\mu=$

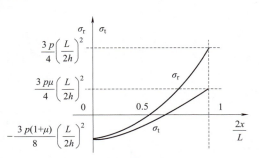

图 11.6　4H-SiC 敏感膜片应力分布图

0.21、$[\sigma]=1\text{GPa}$。此外，在发动机内的气缸中，最大压力通常可达到 $p_{max}=10\text{MPa}$，并且气缸内的最高温度可达到 600℃。则根据其最大正应力及薄板小变形理论可得

$$\begin{cases} \omega_{max} = \dfrac{3p_{max}\left(\dfrac{L}{2}\right)^4(1-\mu^2)}{16Eh^3} < \dfrac{1}{5}h \\ \dfrac{3p_{max}}{4h^2}\left(\dfrac{L}{2}\right)^2 < \dfrac{[\sigma]}{n} \end{cases} \qquad (11\text{-}20)$$

式中，n 为安全系数。由于 SiC 为脆性材料，此处取 $n=2$。将参数代入式（11-20）可得

$$\begin{cases} h>52.37\mu\text{m} \\ h>97.98\mu\text{m} \end{cases} \qquad (11\text{-}21)$$

故取敏感膜片厚度为 $h=100\mu\text{m}$。

利用 COMSOL Multiphysics 软件（在第 12 章详细介绍）对 4H-SiC 敏感膜片进行结构力学仿真分析，在 10MPa 压力下其三向应力状态和体积应变分布如图 11.7 所示。从图 11.7 中可以看出，敏感膜片主要受到 x 方向的正应力（即纵向应力）和 y 方向的正应力（即横向应力），这符合材料力学中将薄壁件作为二向应力状态的设定。位置从敏感膜片四周向中心逐渐减小为 0 之后再反向增大的过程中，存在最大纵向拉伸应力和压应力。同时，敏感膜片的横向应力以压应力为主，从四周向中心逐渐增大，且在敏感膜片中心处达到最大值。值得注意的是，该最大值与纵向应力的最大压应力值相等。此外，敏感膜片的体积应变分布规律与纵向应力分布规律一致。因此将 4H-SiC 敏感膜片简化为二相应力状态后，式（11-15）可简化为

$$\dfrac{\mathrm{d}R_i}{R_i} = (\pi_{11}\sigma_1+\pi_{12}\sigma_2)\cos^2\theta+(\pi_{12}\sigma_1+\pi_{11}\sigma_2)\sin^2\theta \qquad (11\text{-}22)$$

图 11.8 所示为 4H-SiC 敏感膜片的四种形状，分别是 C 形圆膜、带有质量块的 E 形圆膜、C 形方膜和带有质量块的 E 形方膜。其中，α 表示敏感膜片与衬底侧壁之间的夹角，β 表示质量块侧壁与敏感膜片之间的夹角，d 表示质量块的直径或者边长。在进行敏感膜片的

结构设计时，需要综合考虑其静态特性和动态特性。下面利用 COMSOL Multiphysics 软件进行 4H-SiC 敏感膜片结构力学分析、模态分析、谐响应分析和瞬态动力学分析。通过这些仿真分析的结果，可以对比不同结构参数的敏感膜片在静态特性和动态特性方面的差异。

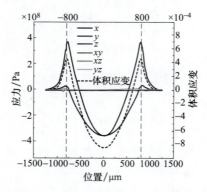

彩图展示

图 11.7　10MPa 压力下 4H-SiC 敏感膜片三向应力状态和体积应变分布

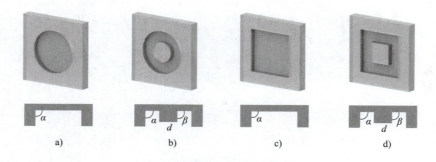

图 11.8　敏感膜片的四种形状
a）C 形圆膜　b）E 形圆膜　c）C 形方膜　d）E 形方膜

（1）结构力学分析　结构力学分析是用于评估敏感膜片的应力分布情况，并基于仿真结果对结构进行优化的方法。目的是避免出现容易损坏结构的应力集中区域。由式（11-22）可知 4H-SiC 敏感膜片表面应力分布与压敏电阻的相对变化有直接关系，而这将直接影响到传感器的灵敏度。

图 11.9 所示为 10MPa 压力下四种结构的敏感膜片的应力分布情况。方形敏感膜片相比于圆形敏感膜片存在更多的结构突变区域，这导致了更为严重的应力集中现象。具体而言，相较于 C 形圆膜，C 形方膜截面和上表面的最大应力值分别增加了 53.15% 和 36.65%。而相较于 E 形圆膜，E 形方膜截面和上表面的最大应力值分别增加了 47.95% 和 26.52%。根据式（11-22）可知，如果将压敏电阻安置在这些应力集中区域，可能会增加电阻相对变化值，从而提高传感器的灵敏度。然而，这种应力集中也会降低 4H-SiC 压力传感器的工作可靠性。

因此下面只对比不同 α、d 和 β 参数的 C 形圆膜的特性，具体参数如下：敏感膜片与衬底侧壁夹角 α 分别为 90°、105°、120° 和 135°，质量块直径 d 分别为 0μm、250μm、500μm 和 750μm，质量块侧壁与敏感膜片夹角 β 分别为 90°、105°、120° 和 135°。

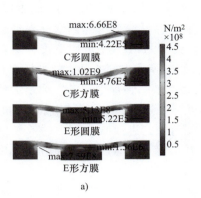
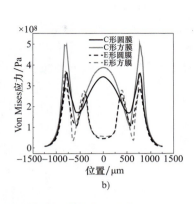

彩图展示

图 11.9　10MPa 压力下四种结构的敏感膜片应力分布

a）截面应力分布　b）上表面应力分布

图 11.10 所示为在 10MPa 压力下，夹角 α 对 C 形圆膜应力分布的影响。从图 11.10a 中可以看出，敏感膜片的最大应力发生在膜片与侧壁交界处，而最小应力则出现在 SiC 衬底底部。随着夹角 α 的增大，敏感膜片的最大应力整体呈逐渐减小的趋势。这是因为夹角 α 的增加使得衬底侧壁与敏感膜片的过渡更加平缓，有利于释放拐角处的应力集中，类似于结构力学中拐角倒圆角的效果，因此最大应力逐渐减小。从图 11.10b 中可以看出，随着夹角 α 的增加，区域①和区域③的应力逐渐增加，而区域②的应力逐渐减小。这是因为夹角 α 的增加缓解了敏感膜片与衬底侧壁拐角处的应力集中，但同时增加了敏感膜片水平方向的跨度，导致中心处的挠度和应变增加，进而应力也随之增加。当夹角 α 从 90° 增加到 135° 时，敏感膜片边缘处的最大应力减小了 8.46%，而中心区域的最大应力增加了 11.25%。

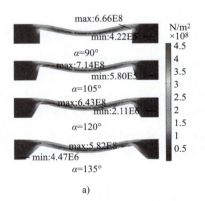
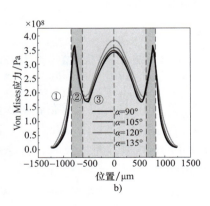

彩图展示

图 11.10　10MPa 压力下夹角 α 对 C 形圆膜应力分布的影响

a）截面应力分布　b）上表面应力分布

由上面的分析可知，通过适当调节敏感膜片与衬底侧壁的夹角 α，可以带来多种益处。首先，这种调节可以有效减小应力集中，并提升传感器在工作时的可靠性。其次，夹角 α 对敏感膜片上表面的应力分布影响较小。根据式（11-22）可知，压敏电阻相对变化值基本保持不变，这意味着传感器的灵敏度基本不受影响。

图 11.11 所示为在 10MPa 压力下，质量块的直径 d 对 E 形圆膜应力分布的影响。从图 11.11a 中可以看出，敏感膜片的最大应力仍然位于敏感膜片与衬底侧壁交界处，最小应力出现在 SiC 衬底底部，这与之前的讨论结果一致。从图 11.11b 中可以看出，随着质量块直径 d 的增大，敏感膜片区域的应力整体减小，并且敏感膜片中部的最大应力从中心位置转移到质量块两侧。通过增大质量块直径 d，能够显著减小敏感膜片中部的应力最大值。这是因为质量块的存在增加了敏感膜片结构上的突变区域，导致应力集中区域增加；同时，质量块的作用类似于加强筋，尺寸越大，加强筋的跨度就越大，进而减小应力的效果也更加明显。当质量块直径 d 从 0 增加到 750μm 时，敏感膜片边缘、质量块边缘和敏感膜片中心的最大应力值分别降低了 18.83%、21.57% 和 86.32%。

因此，通过适当增加质量块直径 d，可以有效减小敏感膜片上的应力集中，提高压力传感器的可靠性。然而，由于质量块的存在，敏感膜片表面的应力分布状态会发生改变，并且整体应力也会有一定程度的降低。根据式（11-22）可知，压敏电阻的相对变化值可能会受到一定影响。如果传感器采用带有大尺寸质量块的敏感膜片，就需要进一步进行仿真分析，以优化压敏电阻在敏感膜片上的布置方式。

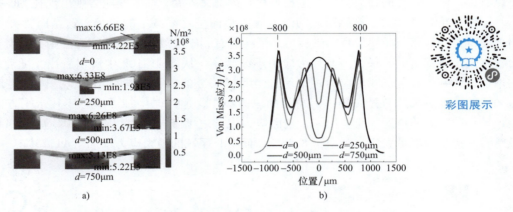

彩图展示

图 11.11　10MPa 压力下质量块直径 d 对 E 形圆膜应力分布的影响
a）截面应力分布　b）上表面应力分布

图 11.12 所示为在 10MPa 压力下，夹角 β 对质量块尺寸 $d=250\mu m$ 和 $d=750\mu m$ 的 E 形圆膜应力分布的影响。从图 11.12 中可以看出，夹角 β 对敏感膜片截面和上表面的应力分布的影响和质量块直径 d 的影响规律是一致的。随着夹角 β 的增大，质量块的跨度也会增大，但截面尺寸变化的趋势更加平缓。特别是当质量块直径 $d=250\mu m$ 时，即质量块较小且仅占敏感膜片径向尺寸的 15.63%。夹角 β 对敏感膜片表面应力分布的影响主要集中在质量块上方，尤其对敏感膜片中心部分的影响最为显著。当夹角 β 从 90° 增加到 135° 时，敏感膜片中心区域的最大应力值下降了 66.75%，而质量块边缘和敏感膜片边缘的最大应力值分别下降了 14.86% 和 10.26%。当质量块尺寸 $d=750\mu m$ 时，质量块较大且占敏感膜片径向尺寸的 46.88%。夹角 β 对敏感膜片表面应力分布的影响主要集中在质量块和敏感膜片边缘，几乎没有对质量块中心部分的应力产生影响。当夹角 β 从 90° 增加到 135° 时，质量块和敏感膜片边缘的应力最大值分别下降了 45.70% 和 28.41%。

因此，通过适当调节质量块侧壁与敏感膜片的夹角 β，可以有效减小敏感膜片的应力集中，并改变敏感膜片表面的应力分布状态。此外，夹角 β 的变化对不同尺寸质量块敏感膜片的应力分布影响也不尽相同。因此，在传感器设计中采用带有质量块的敏感膜片时，需要综合考虑质量块尺寸和侧壁倾角的影响，以实现高灵敏度。

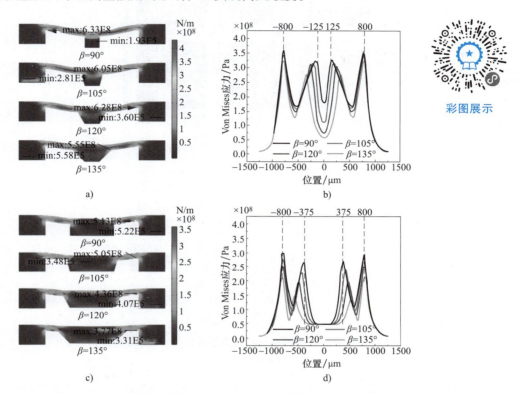

彩图展示

图 11.12　10MPa 压力下夹角 β 对带有不同尺寸质量块的 E 形圆膜应力分布的影响
a) $d=250\mu m$ 时截面应力分布　b) $d=250\mu m$ 时上表面应力分布　c) $d=750\mu m$ 时截面应力分布
d) $d=750\mu m$ 时上表面应力分布

（2）模态分析和谐响应分析　由于 4H-SiC 压阻式压力传感器工作时处于压力快速变化的环境中，因此必须进行模态仿真以分析其固有频率和振型。图 11.13 所示为 $\alpha=0$、$d=0$ 的敏感膜片的模态分析和谐响应分析，由图 11.13 可知前六阶模态对应的固有频率分别为 0.818MHz、1.642MHz、1.644MHz、2.626MHz、2.634MHz、2.976MHz，并且相应的振动源数量分别是 1 个、2 个、2 个、4 个、4 个、1 个。由于敏感膜片结构的对称性，振动源也呈对称分布。从图 11.13b 中可以看出，在 10MPa 压力下，当敏感膜片以不同频率进行受迫简谐振动时，会在一阶固有频率和六阶固有频率附近发生共振现象。此时，对应的位移幅值（Z 分量）分别为 3416.36μm 和 609.66μm，而应变张量（ZZ 分量）则分别为 0.52 和 0.41。需要注意的是，挠度已经远远超过了敏感膜片的厚度 h，这表示敏感膜片已经处于破坏状态，因此小挠度理论不再适用。因此，在实际应用中，为了避免敏感膜片的破坏，需要使 4H-SiC 压阻式压力传感器的工作频率尽可能远离敏感膜片的一阶和六阶固有频率。

图 11.14a 所示为夹角 α 对敏感膜片固有频率的影响。图 11.14b 所示为质量块直径 d 对敏感膜片固有频率的影响。图 11.14c、d 所示为夹角 β 对带有质量块直径分别为 250μm 和 750μm 的敏感膜片固有频率的影响。从图 11.14a 中可以看出，随着 α 从 90° 逐渐增大到

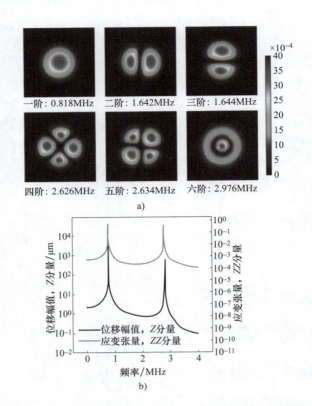

一阶: 0.818MHz   二阶: 1.642MHz   三阶: 1.644MHz

四阶: 2.626MHz   五阶: 2.634MHz   六阶: 2.976MHz

a)

b)

图 11.13 $\alpha = 0$、$d = 0$ 的敏感膜片的模态分析和谐响应分析

a) 模态分析 b) 谐响应分析

135°，敏感膜片的各阶固有频率均逐渐减小。从图 11.14b 中可以看出，随着 d 从 0 逐渐增大到 750μm，敏感膜片一至三阶固有频率逐渐减小，而四至六阶固有频率则逐渐增大。从图 11.14c 中可以看出，对于带有小尺寸质量块（$d = 250$μm）的敏感膜片而言，随着 β 从 90°逐渐增大到 135°，敏感膜片的各阶固有频率均逐渐增大。从图 11.14d 中可以看出，对于带有大尺寸质量块（$d = 750$μm）的敏感膜片而言，随着 β 从 90°逐渐增大到 135°，敏感膜片一至三阶固有频率逐渐增大，而四至六阶固有频率则逐渐减小。

综合图 11.14 中 α、d、β 参数不同取值情况，可以发现无论结构参数如何变化，敏感膜片的固有频率均大于 0.5MHz。值得注意的是，汽车发动机最高转速通常在 6000r/min（即 100r/s），而气缸内的压力变化最高频率仅在 50Hz 左右，远小于敏感膜片的固有频率。因此，在工作状态下，4H-SiC 敏感膜片不会与汽车发动机的气缸内压力变化发生共振。

（3）瞬态动力学分析 瞬态动力学分析是用来确定结构在随时间变化的载荷作用下的动态响应。本节主要研究敏感膜片在 10MPa 的冲击载荷下，位移 Z 分量的动态变化，如图 11.15 所示。从图 11.15 中可以看出，敏感膜片的动态响应呈现衰减振荡，其位移 Z 分量在稳定值的±2%范围内进行振荡，逐渐趋于稳定状态。将从敏感膜片受到冲击载荷开始，到其位移 Z 分量趋于稳定所经历的时间，定义为敏感膜片的稳定时间（t_w），同时，将在振荡开始后，超出稳定值的最大位移与稳定值之间的差值称为最大偏差（δ_w），稳定时间越短表明动态响应速度越快。

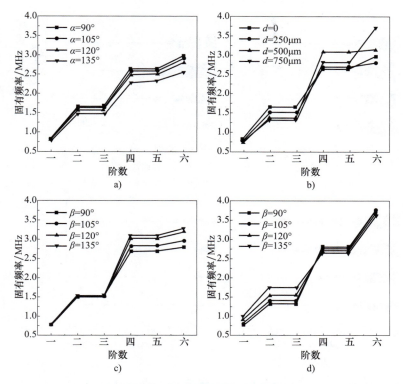

彩图展示

图 11.14　α、d、β 参数对敏感膜片固有频率的影响

图 11.16a 和图 11.17a 所示为夹角 α 分别对敏感膜片瞬态响应和动力学参数的影响。图 11.16b 和图 11.17b 所示为质量块直径 d 分别对敏感膜片瞬态响应和动力学参数的影响。图 11.16c、d 所示为夹角 β 对带有质量块直径分别为 $250\mu m$ 和 $750\mu m$ 的敏感膜片瞬态响应的影响。图 11.17c、d 所示为夹角 β 对带有质量块直径分别为 $250\mu m$ 和 $750\mu m$ 的敏感膜片动力学参数的影响。从图 11.16a 和图 11.17a 中可以看出，当 α 从 90° 逐渐增大到 135° 时，敏感膜片的稳定时间、位移 Z 分量稳定值和最大偏差值都呈现逐渐增大的趋势，这主要是由于敏感膜片的横向跨度增大导致的。从图 11.16b 和图 11.17b 中

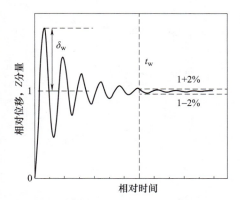

图 11.15　敏感膜片在 10MPa 冲击载荷下位移 Z 分量的动态变化

可以看出，当 d 从 0 逐渐增大到 $750\mu m$ 时，敏感膜片的稳定时间、位移 Z 分量稳定值和最大偏差值先增大后减小，其变化规律比较复杂。从图 11.16c 和图 11.17c 中可以看出，对于带有小尺寸质量块（$d=250\mu m$）的敏感膜片而言，随着 β 从 90° 逐渐增大到 135°，敏感膜片的稳定时间先增大后减小，位移 Z 分量稳定值和最大偏差值则呈现逐渐减小的趋势。从图 11.16d 和图 11.17d 中可以看出，对于带有大尺寸质量块（$d=750\mu m$）的敏感膜片而言，随着 β 从 90° 逐渐增大到 135°，敏感膜片的稳定时间、位移 Z 分量稳定值和最大偏差值都呈现逐渐减小的趋势。

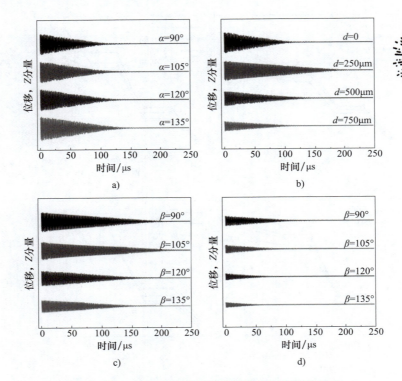

图 11.16 α、d、β 参数对敏感膜片瞬态响应的影响

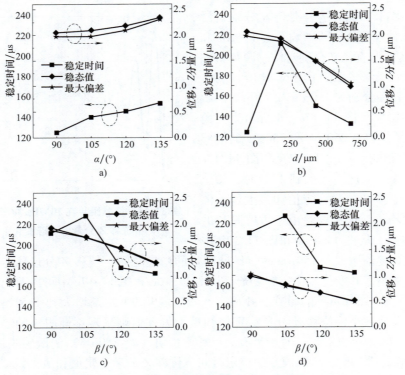

图 11.17 α、d、β 参数对敏感膜片动力学参数的影响

敏感膜片位移 Z 分量稳定值的变化与质量块对敏感膜片结构的应力分布有关，其变化原因与结构应力分布的变化原因一致。而敏感膜片稳定时间和最大偏差值的变化主要与质量块的惯性有关，随着质量块尺寸的增大，敏感膜片的惯性越大，衰减振荡的阻尼比也越大，即保持稳定的能力越强。因此，敏感膜片的稳定时间和最大偏差值随质量块尺寸的增大而逐渐减小。

综合来看，各种结构的敏感膜片的稳定时间均在 $250\mu s$ 以下，而气缸内压力变化最高频率通常在 $50Hz$，在每个周期内可采集 80 个压力数据，每秒钟可采集 4000 个压力数据，能满足工业测试的要求。

2. 4H-SiC 压敏电阻分布设计

4 英寸 4H-SiC 外延片的整体厚度为 $350\mu m$，结构示意图如图 11.18 所示。在 N 型 4H-SiC 衬底上，分别依次外延生长 $5\mu m$ 厚的 P 型 4H-SiC 外延层和 $2\mu m$ 厚的 N 型 4H-SiC 外延层。N 型 4H-SiC 衬底、N 型 4H-SiC 外延层和 P 型 4H-SiC 外延层的掺杂浓度分别为 $1\times10^{18}\,cm^{-3}$、$3\times10^{18}\,cm^{-3}$ 和 $1\times10^{19}\,cm^{-3}$。采用微纳加工工艺将顶部的 N 型 4H-SiC 外延层加工成一条宽度为 $17\mu m$、长度为 $280\mu m$ 的压敏电阻条，并使用金属电路连接形成惠斯通电桥。P 型 4H-SiC 外延层与表面的 N 型 4H-SiC 外延层形成 PN 结，起到抑制从顶部惠斯通电桥到 N 型 4H-SiC 衬底的反向漏电流的作用。通过使用 ST-2258C 型四探针测试仪测量，得到 N 型 4H-SiC 外延层的电阻率为 $0.03\Omega\cdot cm$。根据电阻率计算公式，可以得到 4H-SiC 压敏电阻的电阻值为 $R_0 = 2.5k\Omega$。

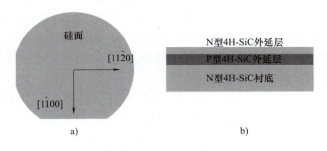

图 11.18　4H-SiC 外延片结构示意图
a）俯视图　b）截面图

由于压阻式压力传感器对温度较为敏感，为减小传感器输出信号的热灵敏度漂移，需要采取有效的冷却措施，并尽可能降低压敏电阻本身的热量产生。在一般情况下，惠斯通电桥的桥臂电流设定为 $1mA$，而桥臂电阻的阻值为 $2.5k\Omega$，因此干路电流为 $2mA$，而输入电压为 $5V$。

针对（0001）面上的 N 型 4H-SiC 材料，其不同晶向的压阻系数呈各向同性。具体而言，纵向压阻系数 π_{11} 为 $-3.3\times10^{-11}\,Pa^{-1}$，横向压阻系数 π_{12} 为 $6.1\times10^{-11}\,Pa^{-1}$。值得注意的是，横向压阻系数几乎是纵向压阻系数的两倍。因此，在布置压敏电阻时，应充分利用其横向压阻特性。图 11.19 所示为 C 形和 E 形圆膜（以 $\alpha=0$，$d=250\mu m$，$\beta=135°$ 的敏感膜片为例）表面径向和切向的应力分布情况。从图 11.19a 中可以看出，在 C 形圆膜中，最大径向和切向拉伸应力出现在敏感膜片的边缘位置，而最大径向和切向压应力则分布在敏感膜片的中心区域。从图 11.19b 中可以看出，在 E 形圆膜中，最大径向和切向拉伸应力同样分布在敏感膜片的边缘位置，而最大径向和切向压应力则分布在质量块边缘。需要特别注意的是，C 形和 E 形圆膜的最大切向拉伸应力相对于最大径向拉伸应力都非常小，可以近似忽略不计。另外，C 形圆膜的最大切向压应力与最大径向压应力基本相等，而 E 形圆膜的最大切向压应力相对于最大径向压应力减小了约 35%。

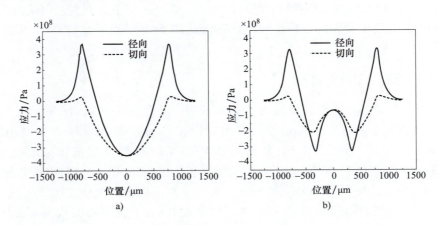

图 11.19　C 形和 E 形圆膜表面径向和切向的应力分布
a）C 形　b）E 形

图 11.20 所示为压敏电阻条在 C 形和 E 形圆膜上的 4 种不同排布方式。结合 4H-SiC 在（0001）面上的压阻系数及敏感膜片表面的应力分布，可推测图 11.20 中 8 种压敏电阻条在 10MPa 压力下电阻值的变化，其结果见表 11.1。为达到更好的效果，可以将压敏电阻条沿切向布置在敏感膜片边缘来充分利用其横向压阻系数；或者将压敏电阻条沿径向布置在敏感膜片边缘来充分利用其纵向压阻系数。

由于敏感膜片边缘和中心区域的应力变化斜率不同，考虑压敏电阻条长度的影响，R_{i2}、R_{i3} 和 R_{i4} 电阻值变化的大小不能直接比较。同样地，R_{i6} 和 R_{i7} 电阻值变化的大小也不能直接比较。对于电阻 R_{i8}，由于其径向压应力对应着负压阻系数 π_{11}，这会导致电阻值增大；而切向压应力对应正压阻系数 π_{12}，这会导致电阻值减小，而且径向压应力值大于切向压应力值，π_{11} 小于 π_{12}。因此，需要进一步使用仿真软件进行分析。

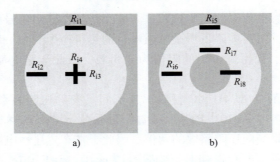

图 11.20　压敏电阻条的排布方式
a）C 形圆膜　b）E 形圆膜

表 11.1　8 种压敏电阻条在 10MPa 压力下电阻值的变化情况分析

类型	编号	位置	方向	径向		切向		电阻值变化
				应力	压阻系数	应力	压阻系数	
C 形圆膜	R_{i1}	膜片边缘	切向	拉	π_{12}	~0	π_{11}	增大
	R_{i2}	膜片边缘	径向	拉	π_{11}	~0	π_{12}	减小
	R_{i3}	膜片中心	径向	压	π_{11}	压	π_{12}	减小
	R_{i4}	膜片中心	径向	压	π_{11}	压	π_{12}	减小
E 形圆膜	R_{i5}	膜片边缘	切向	拉	π_{12}	~0	π_{11}	增大
	R_{i6}	膜片边缘	径向	拉	π_{11}	~0	π_{12}	减小
	R_{i7}	质量块边缘	切向	压	π_{12}	压	π_{11}	减小
	R_{i8}	质量块边缘	径向	压	π_{11}	压	π_{12}	未知

　　根据表 11.1 的分析结果，可以得到如图 11.21 所示的 6 种压敏电阻条排布方式。图 11.21a~c 所示为 C 形圆膜上压敏电阻条的 3 种排布方式，分别标记为方式 a、方式 b 和方式 c；图 11.21d~f 所示为 E 形圆膜上压敏电阻条的 3 种排布方式，分别标记为方式 d、方式 e 和方式 f。根据之前的分析，方式 a 或方式 b 可能是具有 C 形圆膜的压力传感器中灵敏度最高的压敏电阻条排布方式，方式 d 或方式 e 可能是具有 E 形圆膜的压力传感器中灵敏度最高的压敏电阻条排布方式，而方式 c 和方式 f 则可用于验证先前提出的理论。

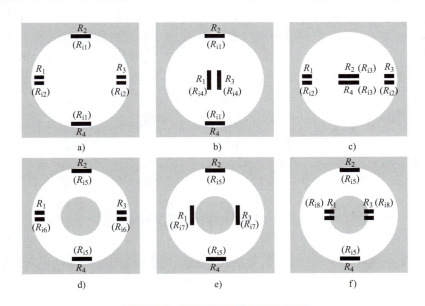

图 11.21　6 种压敏电阻条排布方式

　　借助 COMSOL Multiphysics 软件，对具有不同压敏电阻条排布方式的 C 形和 E 形圆膜压力传感器进行灵敏度仿真，结果如图 11.22 所示。同时，进一步分析图 11.20 中 8 种压敏电阻条的电阻值随压力变化的情况，结果如图 11.23 所示。这些结果与表 11.1 中推测的结果一致，其中 R_{i8} 随着压力的增大略微减小。在 2mA 干路驱动电流下，具有 C 形圆膜的压力传感器上各种压敏电阻条排布方式对应的灵敏度分别为 7.91mV/MPa（方式 a）、7.61mV/MPa（方式 b）、0.30mV/MPa（方式 c）。对于具有 E 形圆膜的压力传感器，其上各种压敏电阻条排布方式的灵敏度分别为 6.90mV/MPa（方式 d）、7.46mV/MPa（方式 e）和 4.98mV/MPa（方式 f）。从结果可以看出，对于具有 C 形圆膜的压力传感器而言，方式 a 和方式 b 的灵敏度最高，方式 c 的灵敏度最低；而对于具有 E 形圆膜的压力传感器而言，方式 e 的灵敏度最高，其次是方式 d 的灵敏度，方式 f 的灵敏度最低。

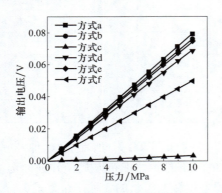

彩图展示

图 11.22　具有不同压敏电阻条排布方式的 C 形和
E 形圆膜压力传感器的灵敏度仿真

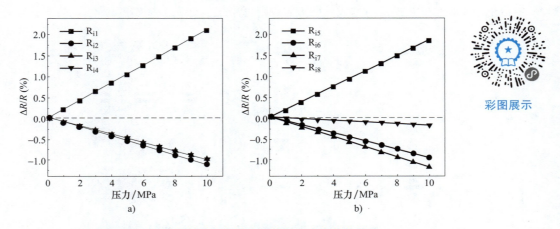

彩图展示

图 11.23　8 种压敏电阻条的电阻值随压力变化的情况
a）C 形圆膜　b）E 形圆膜

　　采用方式 a 作为具有 C 形圆膜的压力传感器的压敏电阻条排布方式，在不同的结构参数 α、d、β 下，对传感器灵敏度进行比较，如图 11.24 所示。图 11.24a 所示为夹角 α 对传感器灵敏度的影响。图 11.24b 所示为质量块直径 d 对传感器灵敏度的影响。图 11.24c、d 所示为夹角 β 对带有质量块直径分别为 250μm 和 750μm 的传感器灵敏度的影响。从图 11.24a 中可以看出，随着 α 从 90°逐渐增大到 135°，传感器的灵敏度基本保持不变；从图 11.24 中可以看出，随着 d 从 0 逐渐增大到 750μm，传感器的灵敏度先增大后减小。当质量块直径 d 分别为 500μm 和 750μm 时，与 $d=0$ 相比，传感器的灵敏度分别增加了 5.65% 和减少了 5.12%。从图 11.24c 中可以看出，当质量块直径 d 为 250μm 时，质量块尺寸较小，夹角 β

对传感器灵敏度的影响与质量块直径 d 对传感器灵敏度的影响具有类似的趋势。在这种情况下，β 为 105°和 135°的传感器的灵敏度分别比 β 为 90°的传感器灵敏度增加了 2.44%和减少了 4.11%。然而，从图 11.24d 中可以看出，当质量块直径 d 为 750μm 时，质量块尺寸较大，传感器的灵敏度随着 β 的增加逐渐减小。与 β 为 90°的传感器相比，β 为 135°的传感器的灵敏度减少了 45.43%。

根据上面的仿真结果可知，夹角 α 对于结构的应力大小和传感器的灵敏度没有明显影响；增大质量块直径 d 可以减小结构的应力，并且在一定程度上增加传感器的灵敏度；增大夹角 β 可以降低结构的应力，但会减小传感器的灵敏度，特别是对于具有大尺寸质量块的 E 形敏感膜片传感器而言。

因此，当传感器采用 C 形敏感膜片时，只需选择合适的 α 值，并相应地采用方式 a 或方式 b 的压敏电阻条排布方式；而当传感器采用 E 形敏感膜片时，选择 $d=250\mu m$ 的质量块，并根据微纳加工方式选择合适的 β 值，对应的压敏电阻条排布方式为方式 e。

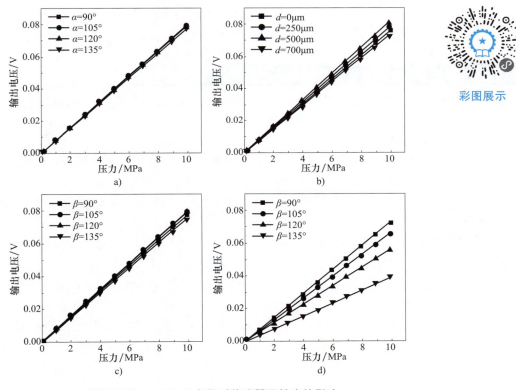

图 11.24　α、d、β 参数对传感器灵敏度的影响

4H-SiC 压力传感器的主要结构为 4H-SiC 敏感膜片和压敏电阻条。在将压敏电阻条连接成惠斯通电桥时，需要通过在 4H-SiC 表面沉积图形化金属来实现。为了避免金属与衬底形成欧姆接触，只让电流流经惠斯通电桥，需要在 4H-SiC 和金属层之间沉积 SiO_2 绝缘层，并去除压敏电阻条两端的 SiO_2，以便形成与金属层连接的接触窗口。接着需要在金属层表面沉积 SiO_2 绝缘层，以保护电路，并去除电极区域的 SiO_2，使其与外部电路连接。此外，为了确保传感器敏感膜片的形变完全来自外部压力，必须将带有空腔的 4H-SiC 衬底与另一块

4H-SiC 衬底键合在一起。由于 E 形敏感膜片需要对其质量块进行刻蚀减薄，因此为了简化工艺，本节采用 C 形敏感膜片，其结构示意图如图 11.25 所示。

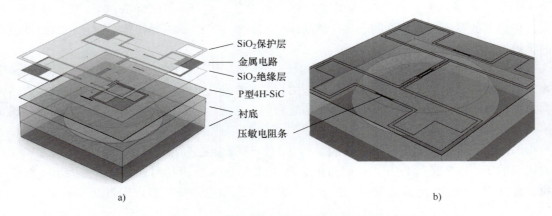

a)　　　　　　　　　　　　　　　　　　　　b)

图 11.25　4H-SiC 压力传感器结构示意图

a）爆炸图　b）局部放大图

11.2.2　4H-SiC 压力传感器制造工艺流程

根据 4H-SiC 压力传感器的结构，其工艺流程如下，4H-SiC 压力传感器制造流程如图 11.26 所示。

1）对外延片进行清洗处理。

2）使用光刻和反应离子刻蚀（RIE）工艺，在 N 型 4H-SiC 层上刻蚀形成压敏电阻，刻蚀深度为 2.5μm。所采用的光刻胶为 ROL-7133，掩模版如图 11.27a 所示。

3）采用等离子体增强化学气相沉积（PECVD）技术，在样品表面沉积厚度为 200nm 的 SiO_2 绝缘层。

4）使用光刻和电感耦合等离子体刻蚀（ICP）工艺，将 SiO_2 绝缘层刻蚀至 N 型 4H-SiC 层，形成接触窗口。所采用的光刻胶为 AZ5214，掩模版如图 11.27b 所示。

5）在样品表面沉积厚度为 20nm 的 Ni、30nm 的 Ti 和 150nm 的 Au 的欧姆接触金属体系。

6）使用光刻和离子束外延（IBE）工艺，以 AZ5214 型光刻胶作为掩模，将金属层进行图形化处理，掩模版如图 11.27c 所示。

7）在 N_2 环境中以 950℃的温度进行 1min 的快速热退火，以形成金属 Ni 与 N 型 4H-SiC 层的欧姆接触。

8）在金属表面沉积厚度为 200nm 的 SiO_2 层，以保护金属电路。

9）使用飞秒激光对 4H-SiC 衬底背面进行烧蚀处理，形成敏感膜片。

10）采用光刻和剥离工艺，在上述 4H-SiC 衬底背面和另一块 4H-SiC 衬底表面沉积厚度为 20nm 的 Cr 和 1000nm 的 Au 金属层。所采用的光刻胶为 ROL-7133，掩模版如图 11.27d 所示。

11）将第 10）步中的两块衬底进行键合，形成绝压空腔。

12）使用光刻和 ICP 工艺，以 AZ5214 型光刻胶作为掩模，刻蚀 SiO_2 保护层，暴露出金属电极以便键合引线连接外部电路，掩模版如图 11.27e 所示。

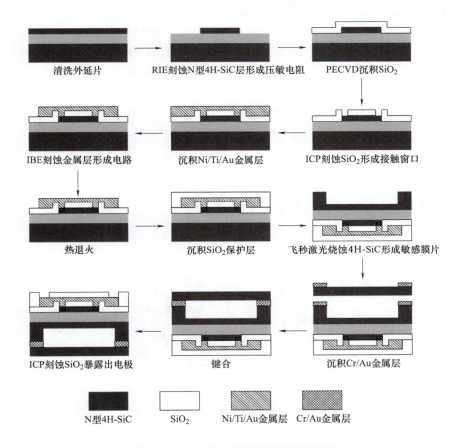

图 11.26　4H-SiC 压力传感器制造流程图

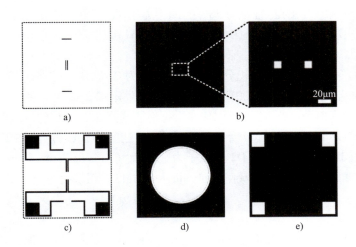

图 11.27　4H-SiC 压力传感器的光刻掩模版示意图

11.2.3 4H-SiC 的浅刻蚀工艺研究

在制造 4H-SiC 压力传感器时，为了形成压敏电阻条和敏感膜片，需要对 N 型 4H-SiC 层和 4H-SiC 衬底背部进行刻蚀。在实验中，选用 SF_6 和 O_2 作为刻蚀气体，并使用 Ni 作为刻蚀掩模，采用 RIE 技术对 4H-SiC 进行刻蚀。重点关注刻蚀时间、O_2 含量、腔体压强和射频功率这几个 RIE 工艺参数，并分析它们对 4H-SiC 刻蚀速率和表面粗糙度的影响。

采用北京天科合达半导体股份有限公司生产的测试级 N 型掺杂 4H-SiC 衬底进行实验，其参数见表 11.2。

表 11.2　4H-SiC 衬底参数

参数	值
直径	$99.5 \sim 100mm$
厚度	$350\mu m$
表面粗糙度	Si 面：$\leqslant 0.5nm$；C 面：$\leqslant 1nm$
导电类型	N 型
掺杂类型	氮 N_2
掺杂浓度	$1 \times 10^{19} cm^{-3}$
晶向	C 向$<11\bar{2}0>4°\pm0.5°$
电阻率	$0.015 \sim 0.028\Omega \cdot cm$

采用金刚石刀具将 4H-SiC 晶圆切割成 13mm×13mm 的小片。压敏电阻条的浅刻蚀工艺流程如图 11.28 所示，具体包括 4H-SiC 衬底清洗、涂胶、曝光、显影、薄膜沉积、剥离、RIE 等步骤。步骤 1 清洗已经在第 5 章说明。步骤 2 中采用 ROL-7133 光刻胶，前转转速 600r/min，持续 9s，后转转速 4000r/min，持续 60s。ROL-7133 光刻胶烘烤参数如下：105℃ 前烘 90s，105℃ 后烘 90s。步骤 3 中采用 H94-27 型光刻机，I-line 曝光强度为 2 mW/cm^2，曝光时间为 20s。步骤 4 中显影剂为 2.38% 的四甲基氢氧化铵（TMAH 溶液），显影时间为 20s。步骤 5 中采用电子束蒸发系统在 4H-SiC 上沉积 Ni 金属层，作为 RIE 刻蚀掩模。步骤 6 中采用丙酮等有机溶液溶解光刻胶。步骤 7 中采用 RIE 工艺刻蚀 4H-SiC，刻蚀气体为 SF_6 和 O_2，气体总流量为 360sccm，O_2 体积分数的调节范围为 0~70%，腔体压强的调节范围为 4~10Pa，射频功率调节范围为 200~400W。在步骤 8 中采用稀盐酸去除残余 Ni 掩模。为了计算 4H-SiC 的刻蚀速率以及 RIE 对 Ni 和 4H-SiC 的刻蚀选择比，在步骤 6、步骤 7 以及步骤 8 完成后均采用 KLA-Tencor AlphaStep 台阶仪测量台阶高度，测量示意图如图 11.29 所示。步骤 8 完成后，采用 JPK NanoWizard D2 型原子力显微镜（Atomic Force Microscope，AFM）测量 4H-SiC 被刻蚀表面的均方根（Root Mean Square，RMS）粗糙度 Sq。

1. 刻蚀时间

实验中 SF_6、O_2 流量分别为 300sccm、60sccm，腔体压强为 9Pa，射频功率为 300W，并且实验温度保持在 20℃。在不同刻蚀时间（200s、400s 和 600s）下，通过测量图 11.29 中所示的三个高度差，可以计算出 4H-SiC 衬底的刻蚀速率 v_{SiC}，Ni 掩模的刻蚀速率 v_{Ni} 以及

RIE 对 Ni 和 4H-SiC 的刻蚀选择比 δ，计算公式如下：

$$\begin{cases} v_{SiC} = \dfrac{h_{SiC}}{t_0} = \dfrac{h_3}{t_0} \\[2mm] v_{Ni} = \dfrac{h_{Ni}}{t_0} = \dfrac{h_1 - (h_2 - h_3)}{t_0} \\[2mm] \delta = \dfrac{v_{SiC}}{v_{Ni}} = \dfrac{h_3}{h_1 - (h_2 - h_3)} \end{cases} \qquad (11\text{-}23)$$

式中，h_{SiC}、h_{Ni} 分别为 4H-SiC 衬底和 Ni 掩模的刻蚀厚度；h_1、h_2 和 h_3 分别为图 11.29 所示的三个台阶高度；t_0 为刻蚀时间。图 11.30 所示为不同刻蚀时间下台阶高度 h_3 的测量曲线。图 11.31 所示为不同刻蚀时间下 4H-SiC 衬底刻蚀表面的 SEM 图。图 11.32 所示为 4H-SiC 衬底的刻蚀速率 v_{SiC}、Ni 掩模的刻蚀速率 v_{Ni} 以及 RIE 对 Ni 和 4H-SiC 的刻蚀选择比 δ 随时间变化曲线。实验数据表明，随着刻蚀时间的增加，4H-SiC 的刻蚀速率逐渐增大，Ni 掩模刻蚀速率一开始增大，后来趋于稳定。此外，RIE 对 Ni 和 4H-SiC 的刻蚀选择比随着刻蚀时间的增加而增大。

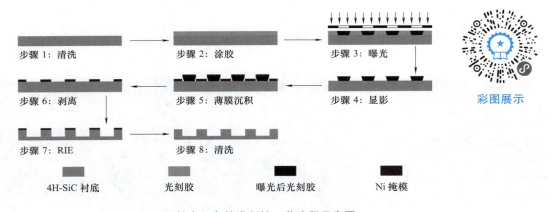

图 11.28　压敏电阻条的浅刻蚀工艺流程示意图

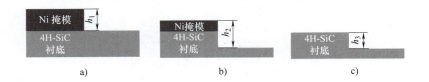

图 11.29　台阶高度测量示意图

a）刻蚀前，Ni 掩模与 4H-SiC 衬底之间的台阶高度 h_1　　b）刻蚀后，Ni 掩模与 4H-SiC 刻蚀表面之间的台阶高度 h_2
c）去掉掩模后，4H-SiC 未刻蚀表面与 4H-SiC 刻蚀表面之间的台阶高度 h_3

　　由于 4H-SiC 衬底在刻蚀前表面可能存在某种有机杂质，例如步骤 6 剥离工艺完成后残留在 4H-SiC 衬底表面的光刻胶等，因此 4H-SiC 刻蚀速率和表面质量会随着刻蚀时间的变化而发生变化。这些残留光刻胶对于 4H-SiC 的刻蚀速率和表面粗糙度产生了显著影响，导致实际测量的台阶高度 h_1、h_2 和 h_3 与理想情况（图 11.29）存在差异，更接近于图 11.33 所示的情况。此时式（11-23）变为

$$\begin{cases} v'_{\text{SiC}} = \dfrac{h'_{\text{SiC}}}{t'_0} = \dfrac{h_3}{t_0 - t_{\text{Pr}}} \\[3mm] v'_{\text{Ni}} = \dfrac{h'_{\text{Ni}}}{t'_0} = \dfrac{h_1 + h_{\text{Pr}} - (h_2 - h_3)}{t_0} \\[3mm] \delta' = \dfrac{v'_{\text{SiC}}}{v'_{\text{Ni}}} = \dfrac{t_0 h_3}{t_0 \left[h_1 - (h_2 - h_3) \right] + (t'_0 h_{\text{Pr}} - t_{\text{Pr}} h'_{\text{Ni}})} \end{cases} \qquad (11\text{-}24)$$

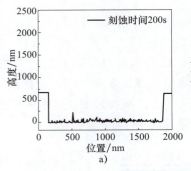
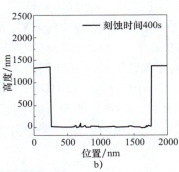
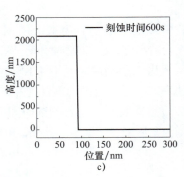

图 11.30　不同刻蚀时间下台阶高度 h_3 的测量曲线

a) 200s　b) 400s　c) 600s

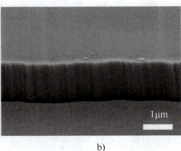

图 11.31　不同刻蚀时间下 4H-SiC 衬底刻蚀表面的 SEM 图

a) 200s　b) 400s　c) 600s

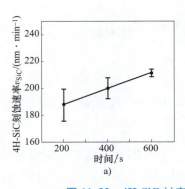
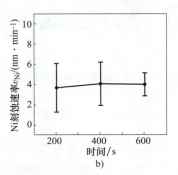
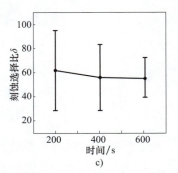

图 11.32　4H-SiC 衬底的刻蚀速率 v_{SiC}、Ni 掩模的刻蚀速率 v_{Ni} 以及 RIE 对 Ni 和

4H-SiC 刻蚀选择比 δ 随时间变化曲线

a) v_{SiC} 随时间变化曲线　b) v_{Ni} 随时间变化曲线　c) δ 随时间变化曲线

式中，v'_{SiC}、v'_{Ni} 分别为 4H-SiC 衬底和 Ni 掩模的实际刻蚀速率；t'_0 为 4H-SiC 衬底的实际刻蚀时间；h_{Pr} 为 4H-SiC 衬底表面有机杂质的厚度；t_{Pr} 为刻蚀有机杂质的时间；h'_{Ni} 为 Ni 掩模的实际刻蚀厚度；δ' 为实际刻蚀选择比。根据式（11-24）可知，通过式（11-23）计算得到的 4H-SiC 衬底和 Ni 掩模的刻蚀速率计算值相对于实际值偏小，并且随着刻蚀时间的增加，这种偏差逐渐减小。此外，由于有机杂质厚度 h_{Pr} 和刻蚀有机杂质时间 t_{Pr} 都是随机变量，因此 4H-SiC 衬底、Ni 掩模的刻蚀速率以及 RIE 对 Ni 和 4H-SiC 的刻蚀选择比都存在较大的波动。

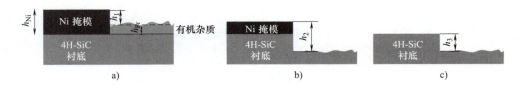

图 11.33　台阶高度测量的实际情况示意图

a）剥离后台阶高度 h_1　b）RIE 刻蚀后台阶高度 h_2　c）去除掩模后台阶高度 h_3

为了解决这一问题，可以在 RIE 刻蚀之前增加氧等离子体清洗工艺来降低有机杂质的影响。设置 O_2 流量为 300sccm，腔体压强为 1.25Pa，射频功率为 100W，温度为 20℃，清洗时间为 500s。图 11.34 所示为增加清洗工艺后的 4H-SiC 衬底的刻蚀速率 v'_{SiC}、Ni 掩模的刻蚀速率 v'_{Ni} 以及 RIE 对 Ni 和 4H-SiC 的刻蚀选择比 δ' 随时间变化的曲线。图 11.35 所示为增加清洗工艺后不同刻蚀时间下 4H-SiC 衬底被刻蚀表面的 SEM 图。从图 11.34 和图 11.35 中可以看出，采用这种改进工艺后，4H-SiC 衬底刻蚀速率 v'_{SiC} 约为 220nm/min，Ni 掩模刻蚀速率 v'_{Ni} 约为 4nm/min，RIE 对 Ni 和 4H-SiC 的刻蚀选择比 δ' 约为 55，并且随着刻蚀时间的增加，4H-SiC 衬底表面无刻蚀残留物产生。

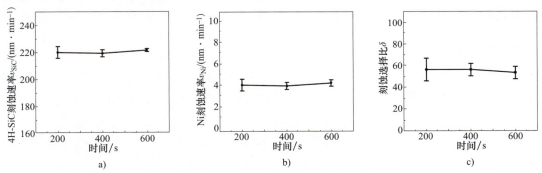

图 11.34　增加清洗工艺后的 4H-SiC 衬底的刻蚀速率 v'_{SiC}、Ni 掩模的刻蚀速率 v'_{Ni} 以及

RIE 对 Ni 和 4H-SiC 的刻蚀选择比 δ' 随时间变化曲线

a）v'_{SiC} 随时间变化曲线　b）v'_{Ni} 随时间变化曲线　c）δ' 随时间变化曲线

2. O_2 含量

实验中设置 RIE 刻蚀气体为 SF_6 和 O_2，气体总流量为 360sccm，腔体压强为 9Pa，射频功率为 300W，并且实验温度保持在 20℃，O_2 含量从 0% 逐渐增加到 70%。图 11.36 所示为 O_2 含量对 4H-SiC 刻蚀速率和刻蚀表面 RMS 粗糙度的影响。

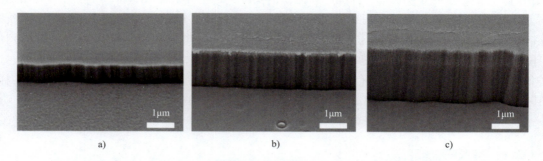

图 11. 35　增加清洗工艺后不同刻蚀时间下 4H-SiC 衬底被刻蚀表面的 SEM 图

a) 200s　b) 400s　c) 600s

从图 11. 36 中可以看出，在 SF_6 和 O_2 等离子体刻蚀工艺中，随着 O_2 含量的增加，4H-SiC 刻蚀速率呈现先增大后减小的趋势，刻蚀表面 RMS 粗糙度呈现先减小后增大的趋势。具体而言，当 O_2 含量为 8.3% 时，4H-SiC 的刻蚀速率最大为 245.7nm/min，刻蚀表面 RMS 粗糙度最小为 1.43nm。在 O_2 含量在 0% ~ 8.3% 范围内，O_2 的加入既可以促进 SF_6 与 4H-SiC 反应生成挥发性产物，进而加速 4H-SiC 材料的刻蚀，同时也可以避免形成非挥发性产物微掩模，从而降低 4H-SiC 刻蚀表面 RMS 粗糙度。但是，随

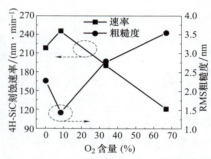

图 11. 36　O_2 含量对 4H-SiC 刻蚀速率和
刻蚀表面 RMS 粗糙度的影响

着 O_2 含量的继续增加，SF_6 浓度逐渐降低，4H-SiC 刻蚀速率随 F 基等离子体浓度的降低而减小。此外，随着 O_2 含量的增加，刻蚀偏压逐渐增大，导致物理刻蚀加快，增加了 4H-SiC 刻蚀表面 RMS 粗糙度。

3. 腔体压强

实验中设置 SF_6 和 O_2 流量分别为 330sccm、30sccm，腔体压强从 4Pa 逐渐增加到 9.8Pa，射频功率为 300W，温度为 20℃。图 11. 37 所示为腔体压强对 4H-SiC 刻蚀速率和刻

蚀表面 RMS 粗糙度的影响。从图 11. 37 中可以看出，当腔体压强为 4Pa 时，4H-SiC 刻蚀速率最大为 292.3nm/min，4H-SiC 刻蚀表面 RMS 粗糙度最小为 0.56nm。这一现象可以解释为随着腔体压强的增加，分子的平均自由行程减小，导致等离子体与被刻蚀表面发生碰撞的概率增加。因此，刻蚀过程的方向性减弱。此外，随着腔体压强的增加，刻蚀偏压也减小，进一步降低了 4H-SiC 的刻蚀方向性。因此，随着腔体压强的增加，4H-SiC 刻蚀速率逐渐降低，其表面 RMS 粗糙度逐渐增大。

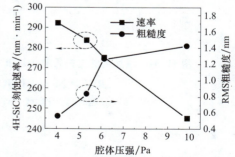

图 11. 37　腔体压强对 4H-SiC 刻蚀速率
和刻蚀表面 RMS 粗糙度的影响

4. 射频功率

实验中设置 SF_6 和 O_2 流量分别为 330sccm、30sccm，腔体压强为 4Pa，射频功率从 200W 逐渐增加到 400W，温度为 20℃。图 11.38 所示为射频功率对 4H-SiC 刻蚀速率和刻蚀表面 RMS 粗糙度的影响。从图 11.38 中可以看出，随着射频功率的增加，4H-SiC 刻蚀速率呈现逐渐增大的趋势，但增长速率逐渐减缓。同时，刻蚀表面 RMS 粗糙度则表现出先减小后增大的趋势。具体来说，当射频功率达到 400W 时，4H-SiC 刻蚀速率最大为 309.1nm/min；而当射频功率为 300W 时，4H-SiC 刻蚀表面 RMS 粗糙度最小为 0.56nm。对于射频功率低于 300W 的情况，4H-SiC 材料的化学刻蚀起主导作用。随着射频功率的增加，SF_6 和 O_2 电离率增大，等离子体密度增加，导致 4H-SiC 刻蚀速率增大，刻蚀表面 RMS 粗糙度减小。然而，随着射频功率继续增加，等离子体电离率的变化幅度减小，刻蚀速率的增长逐渐减慢。同时，随着射频功率的增加，刻蚀偏压也逐渐增大，从而加强了物理刻蚀对 4H-SiC 刻蚀速率和刻蚀表面 RMS 粗糙度的影响。因此，当射频功率超过 300W 后，4H-SiC 刻蚀速率和刻蚀表面 RMS 粗糙度均呈现缓慢增大的趋势。

根据以上一系列实验结果以及优化工艺参数，当 SF_6 和 O_2 的流量分别设置为 330sccm、30sccm，腔体压强为 4Pa，射频功率为 300W 时，4H-SiC 刻蚀速率可达到 292.3nm/min，同时刻蚀表面 RMS 粗糙度维持在 0.56nm 水平。基于这一工艺条件，成功制备了图 11.39 所示的压敏电阻条。

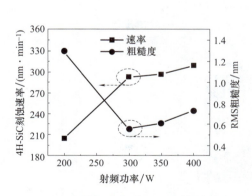

图 11.38　射频功率对 4H-SiC 刻蚀速率和刻蚀表面 RMS 粗糙度的影响

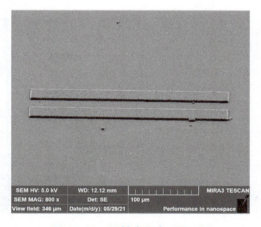

图 11.39　压敏电阻条 SEM 图

11.2.4　4H-SiC 的深刻蚀工艺研究

由于 4H-SiC 敏感膜片的刻蚀深度高达 250μm，而等离子体刻蚀效率较低，因此可以采用飞秒激光技术来进行 4H-SiC 衬底背面的烧蚀。本节探究不同飞秒激光加工参数对 4H-SiC 的烧蚀速率和表面形貌的影响，包括深度方向的步进间距、扫描路径方向、单脉冲能量以及扫描间距等参数。

实验采用测试级 N 型掺杂 4H-SiC 衬底，其详细参数见表 11.2。在对敏感膜片进行飞秒激光加工之前，将 4H-SiC 晶圆切割成了 20mm×20mm 的小片。实验装置原理如图 11.40 所示。使用 190fs Yb：KGW-based（Pharos，Light Conversion）飞秒激光（1028nm）微纳加工系统对 4H-SiC 衬底的 c 面（000$\bar{1}$）面进行烧蚀，飞秒激光系统的技术规格见表 11.3。实验中使用了 5 倍显微镜，数值孔径 NA 为 0.14mm。飞秒激光的偏振方向与 x 轴垂直，在焦平面上，激光光斑半径为 13μm。所有实验均在 20℃ 的空气环境下进行，加工残留物通过辅助泵抽取。激光参数和平台移动路径均由电脑控制。

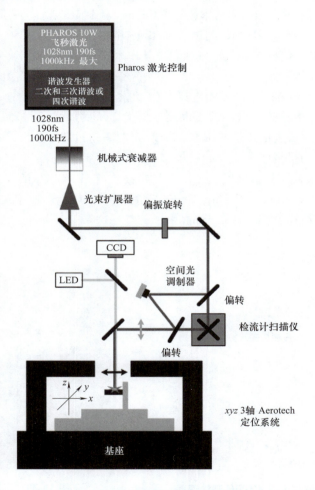

图 11.40　飞秒激光实验装置原理示意图

表 11.3　飞秒激光系统技术规格

技术指标	值	技术指标	值
波长	1028nm	最大功率	10W
脉冲宽度	190fs	数值孔径	0.14mm
最大频率	1000kHz	光束质量	因子 $M^2 \leqslant 1.24$

　　图 11.41 所示为飞秒激光加工 4H-SiC 敏感膜片盲孔示意图以及飞秒激光扫描路径和材料去除方式示意图，图 11.41 中标记了一些关键参数，如激光扫描路径与激光偏振方向的夹

角 θ，扫描线间距 Δd，深度方向的步进间距 ΔH。实验中尝试了两种不同的扫描路径，即平行线扫描和同心圆扫描（图 11.41b 和图 11.41c），并使用了圆柱形和圆台形两种材料去除方式（图 11.41d 和图 11.41e）。将样品安装在 xyz 3 定位系统上，该系统具有高精度的平台移动能力（精度<0.25μm）。激光焦平面保持固定，通过移动三轴定位平台逐层去除 4H-SiC，直到盲孔达到所需深度。完成加工后，使用无水乙醇和浓度为 20% 的氢氟酸进行超声清洗 5 分钟，并用去离子水冲洗干净，最后用 N_2 吹干。为了评估加工效果，使用光学轮廓仪测量被加工表面的烧蚀深度 H 和表面 RMS 粗糙度 Sq。采用场发射扫描电子显微镜对被加工表面的形貌进行表征。

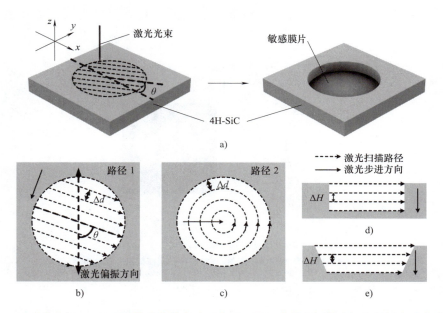

图 11.41 飞秒激光加工 4H-SiC 敏感膜片盲孔示意图以及飞秒激光扫描路径和材料去除方式示意图
a）盲孔示意图 b）平行线扫描 c）同心圆扫描 d）圆柱形材料去除方式 e）圆台形材料去除方式

1. 飞秒激光能量分布

飞秒激光光束是高斯光束，高斯光束是指光束横截面的电场振幅或者光强分布是高斯函数的光束，如图 11.42 所示。图 11.42 中 w_0 为光束束腰半径；z 为离束腰的距离；$w(z)$ 为电场振幅是轴上幅值的 $1/e$ 时的半径，称为光斑尺寸；$2w(z)$ 称为光斑直径；r 为光束横截面内离光轴的距离。

高斯光束横截面的电场振幅或光强分布符合高斯函数的特征。光束的横截面呈现出典型的高斯分布形态，如图 11.42b 所示。在光束横截面内，高斯光束的电场振幅 $E(r)$ 和光强 $I(r)$ 分别为

$$\begin{cases} E(r) = E_0(z)\,\mathrm{e}^{-\frac{r^2}{w(z)^2}} \\ I(r) = I_0(z)\,\mathrm{e}^{-\frac{2r^2}{w(z)^2}} \end{cases} \tag{11-25}$$

式中，$E_0(z)$、$I_0(z)$ 分别为 $r=0$ 处的电场振幅和光强。高斯光束在经过传输后，每个横截面的强度分布仍然呈现高斯分布形态，但是沿着光轴方向，光束的强度轮廓宽度会发生变化。具体来说，在光束的最窄位置——束腰处，光束的宽度最小，直径为 $2w_0$，此时光束的波前为平面波。光斑尺寸沿着光轴变化的规律如下：

$$\begin{cases} w(z) = w_0 \sqrt{1+\left(\dfrac{z}{z_R}\right)^2} \\ z_R = \dfrac{\pi w_0^2}{\lambda} \end{cases} \tag{11-26}$$

式中，z_R 为瑞利长度；λ 为激光波长。在瑞利长度处，光斑面积为束腰面积的 2 倍，即 $w(z_R) = \sqrt{2} w_0$。

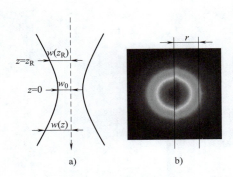

彩图展示

图 11.42 高斯光束

a）飞秒激光纵截面轮廓示意图 b）飞秒激光横截面光强分布图

在半径 t 范围内的桶中功率（PIB，一种光束质量的度量方式）$P(t)$ 为

$$P(t) = \int_0^t 2\pi r I(r)\,\mathrm{d}r = \frac{\pi}{2} w(z)^2 I_0(z) \left(1 - \mathrm{e}^{-2\frac{t^2}{w(z)^2}}\right) \tag{11-27}$$

则总功率 P_t 为

$$P_t = \lim_{r\to\infty} \frac{\pi}{2} w(z)^2 I_0(z) \left(1 - \mathrm{e}^{-2\frac{r^2}{w(z)^2}}\right) = \frac{\pi}{2} w(z)^2 I_0(z) \tag{11-28}$$

根据能量守恒定律，不同横截面内的桶中功率相等，即

$$P_t = \frac{\pi}{2} w_0^2 I_0 \tag{11-29}$$

因此，高斯光束总功率为束腰处最大光强与面积的乘积的一半。由式（11-27）可知：

$$I_0(z) = \frac{2P_t}{\pi w(z)^2} \tag{11-30}$$

因此，在飞秒激光传播路径上光强的一般分布应该为

$$I(z,r) = \frac{2P_t}{\pi w(z)^2} \mathrm{e}^{-\frac{2r^2}{w(z)^2}} = \frac{2P_t}{\pi w_0^2\left[1+\left(\frac{z}{z_R}\right)^2\right]} \mathrm{e}^{-\frac{2r^2}{w_0^2\left[1+\left(\frac{z}{z_R}\right)^2\right]}} \tag{11-31}$$

图 11.43 所示为飞秒激光传播路径上不同横截面内的光强分布图和桶中功率分布图，其

中以 $w(z)=100\times w_0$ 处的 z 值为脱焦位置。从图 11.43 中可以看出，随着横截面逐渐远离束腰位置，激光光斑能量逐渐发散，桶中功率的增长速度逐渐变慢。在 $z=z_R$ 的横截面内，其峰值光强为束腰位置峰值光强的一半。

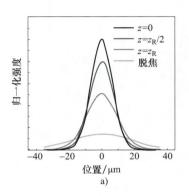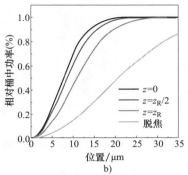

彩图展示

图 11.43　飞秒激光传播路径上不同横截面内的光强分布图和桶中功率分布图
a）光强分布图　b）桶中功率分布图

由于扫描线间距 Δd 小于光斑直径，因此在进行下一次扫描时，其路径会与前一次扫描路径在同一横截面内部分重叠，这就会导致不同时间上光斑能量的重合。基于此原因，4H-SiC 在同一横截面内的叠加光强可以由式（11-32）表达，图 11.44 所示为飞秒激光在同一横截面内的叠加光强分布图。

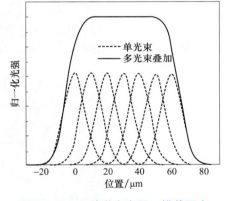

图 11.44　飞秒激光在同一横截面内的叠加光强分布图

$$\sum_{i=0}^{n} I(z,r+\Delta di) = \sum_{i=0}^{n} \frac{2P_t}{\pi w_0^2\left[1+\left(\dfrac{z}{z_R}\right)^2\right]} e^{-\frac{2(r-\Delta di)^2}{w_0^2\left[1+\left(\frac{z}{z_R}\right)^2\right]}}$$

（11-32）

2. 烧蚀残留物去除

图 11.45a 所示为使用 $30\mu J$ 单脉冲能量、$2\mu m$ 扫描间隔和单圈加工后的样品（称为"样品 1"）光学显微镜图像。从图 11.45a 中可以清楚地看到，加工后的样品表面存在着大面积的烧蚀残留物。为了移除这些残留物，需要进行无水乙醇冲洗和超声处理。图 11.45b 和 c 所示分别为样品 1 在经过 5s 无水乙醇冲洗和 10s 无水乙醇超声后的光学显微镜图像。从图 11.45b 和 c 中可以观察到，在 5s 无水乙醇冲洗后，烧蚀残留物开始产生裂纹并分成多个碎片，并且一些碎片通过无水乙醇的冲洗被剥离。这说明烧蚀残留物只是简单地附着在样品表面，黏附力并不强，而不是以共晶形式存在于 SiC 表面。在进行 10s 的无水乙醇超声处理后，样品表面的碎屑基本被去除。为确保烧蚀残留物完全从样品表面去除，并去除可能在 SiC 表面再结晶的 SiO_2，在实验中的样品依次采用无水乙醇和浓度为 20% 的氢氟酸进行超声清洗，每个步骤持续 5min，然后进行 30s 的去离子水冲洗，最后使用 N_2 将样品吹干。图 11.45d 所示为清洗完成后的样品光学显微镜图像。图 11.46 所示为加工之前和清洗完成后的 4H-SiC 材料表面的 EDS 能谱图。从图 11.46 中可以看出，在加工完成并经过 5min 无水

乙醇超声清洗后，样品表面的氧原子含量明显增加，表明在烧蚀过程中产生了 SiO_2。而在经过浓度为 20% 的氢氟酸超声清洗 5min 后，氧元素消失，碳原子含量略微增加，硅原子含量略微降低，说明 SiO_2 已完全去除。

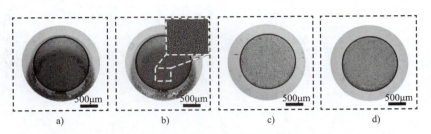

a)　　　　　　　b)　　　　　　　c)　　　　　　　d)

图 11.45　样品 1 光学显微镜图像

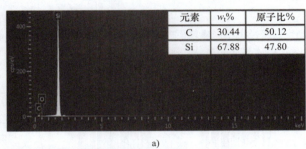

元素	$w_t\%$	原子比%
C	30.44	50.12
Si	67.88	47.80

a)

元素	$w_t\%$	原子比%
C	15.61	26.52
Si	62.28	45.27
O	22.11	28.21

b)

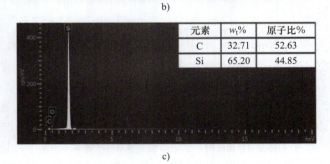

元素	$w_t\%$	原子比%
C	32.71	52.63
Si	65.20	44.85

c)

图 11.46　4H-SiC 材料表面 EDS 能谱图

a）加工之前　b）无水乙醇超声清洗 5min 之后　c）浓度为 20% 的氢氟酸超声清洗 5min 之后

3. 激光烧蚀 4H-SiC 的表面形貌

为了研究激光重复扫描加工 4H-SiC 材料后的表面形貌变化，需要进行实验来分析飞秒激光单次扫描后的样品表面形貌。在实验中，使用飞秒激光加工系统，并将样品固定在 xyz 3 轴运动平台上。样品的 [11$\bar{2}$0] 晶向与 x 轴平行。飞秒激光依次从 $-x$ 向 $+x$、从 $+y$ 向 $-y$ 方向进行扫描。单脉冲能量设置为 10μJ。图 11.47a 所示为单次线扫描后样品被加工表面 SEM 图。随后，将样品旋转 90°，使得样品的 [11$\bar{2}$0] 晶向与 x 轴垂直。飞秒激光扫描方向与前述相同。图 11.47b 所示为在此条件下样品被加工表面 SEM 图。从图 11.47 中可以看出，飞秒激光加工后，4H-SiC 样品表面出现了平行于 x 轴方向的激光诱导条纹和垂直于 x 轴方向的微沟槽。微沟槽的宽度约为 800nm。值得注意的是，激光诱导条纹的方向和微沟槽的方向与样品的晶向无关，而是分别垂直和平行于激光的偏振方向。

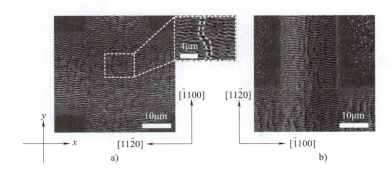

图 11.47　飞秒激光沿 4H-SiC 不同晶向单次线扫描后样品被加工表面 SEM 图

a）飞秒激光加工系统的 x 轴与 4H-SiC 的 [11$\bar{2}$0] 晶向平行

b）飞秒激光加工系统的 x 轴与 4H-SiC 的 [11$\bar{2}$0] 晶向垂直

4. 深度方向步进间距

实验中设置飞秒激光的单脉冲能量为 30μJ，扫描线间距 $\Delta d = 20\mu m$。采用路径 1 扫描加工 4H-SiC。激光扫描路径与激光偏振方向的夹角 θ 设置为 90°。图 11.48a 所示为单圈烧蚀后样品表面的 SEM 图。使用轮廓仪测得单圈烧蚀深度为 2.9μm。然后设置 $\Delta H = 2.9\mu m$ 和 $\Delta H = 15\mu m$，并采用图 11.41d 所示的材料去除方式，分别对 4H-SiC 衬底进行 26 圈加工，这些样品被标记为样品 2 和样品 3。预期烧蚀深度为 2.9μm×26 = 75.4μm。在加工完成后，样品表面形貌分别如图 11.48b 和图 11.48c 所示。

从图 11.48b 和 c 中可以观察到一些重要现象。一方面，发现样品 2 的烧蚀深度相比预期值偏大，超过预期的 15.6%。此外，在样品 2 的加工表面出现了孔洞，孔洞的密度约为 434 个/mm²，并且孔洞的直径大致在 13μm 左右。另一方面，样品 3 的烧蚀深度相比预期值偏小，低于预期的 10.2%。然而，与样品 2 不同的是，样品 3 的加工表面并未出现孔洞。

这些观察结果可以通过加工平台上移，导致样品 3 被加工表面逐渐远离飞秒激光束腰位置来解释。由于 $\Delta H = 15\mu m$ 大于初始值 2.9μm，随着加工平台的上移，样品 3 被加工表面逐渐远离了飞秒激光束腰位置。这导致被烧蚀表面的激光光强从束腰位置处的光强分布（图 11.42a 中 $z = 0$）逐渐过渡到瑞利长度位置处的光强分布（图 11.42a 中 $z = z_R$），激光能量逐渐分散。当加工到 26 圈时，样品 3 被加工表面距离束腰位置的距离为（15μm−2.9μm）×26 = 314.6μm，

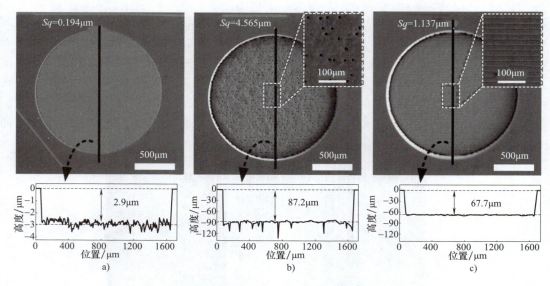

图 11.48　4H-SiC 被加工表面 SEM 图

a）单圈烧蚀　b）样品 2　c）样品 3

小于瑞利长度位置 516.5μm。这意味着在加工过程中，样品 3 被烧蚀表面的最大光强仍然大于>50%I_0，并且激光光强在瑞利长度范围内可近似看作线性变化。因此，样品 3 的烧蚀深度小于预期值。

当扫描线间距 $\Delta d = 20\mu m$ 时，由于 Δd 小于激光光斑尺寸，导致前后两次线扫描路径存在重合区域，不同横截面内的激光叠加光强如图 11.49 所示。在采用束腰位置的光斑进行加工时，两次扫描的叠加光强的波峰位于各自扫描路径中心，而波谷则位于两次扫描路径的中间。此时，波峰和波谷之间的光强差异显著，导致样品 2 被加工表面高度出现较大的波动。根据观察结果，这种波动可能与样品 2 上孔洞的产生有关，并且进一步导致了样品 2 烧蚀深度超过预期值。随着加工光斑逐渐移动到 $z = z_R$ 位置，波峰与波谷之间的光强差逐渐减小，并且波峰逐渐由各自扫描路径中心转移到重叠区域。在这个过程中，激光能量逐渐分散，导致样品 3 被加工表面的表面粗糙度较小。

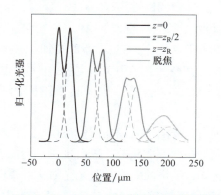

彩图展示

图 11.49　当 $\Delta d = 20\mu m$ 时，不同横截面的激光叠加光强图

在相同的激光参数下，通过控制激光加工的圈数来研究样品 2 中孔洞产生的机理。图 11.50 所示为不同加工圈数的 4H-SiC 被加工表面 SEM 图，从图 11.50 中可以看出，当加工圈数逐渐增加时，样品表面微沟槽的数量和尺寸逐渐增加。当加工圈数为 10 圈时，开始出现尺寸约为 5μm 的凹坑，随着加工圈数的增加，凹坑数量和尺寸逐渐增大，并最终形成孔洞。由于凹坑尺寸远大于微沟槽尺寸，因此在加工过程中，随着加工圈数的进一步增加，微沟槽与凹坑重叠的概率远大于与其他微沟槽的重叠概率，从而导致凹坑尺寸进一步增大并最终形成孔洞。此外，凹坑数量的增长也随孔洞尺寸的增大而变得缓慢。因此，在飞秒激光加工 4H-SiC 样品时，需要尽可能实现加工表面的激光能量均匀分布，并降低微沟槽之间的重叠概率。

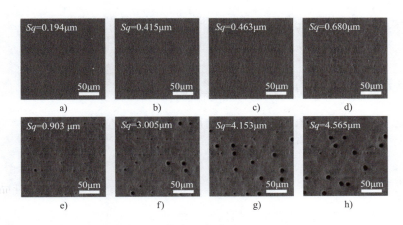

图 11.50　不同加工圈数的 4H-SiC 被加工表面 SEM 图
a）1 圈　b）3 圈　c）5 圈　d）8 圈　e）10 圈　f）15 圈　g）20 圈　h）26 圈

5. 扫描路径

实验中设置飞秒激光的单脉冲能量为 30μJ，扫描线间距 $\Delta d = 20\mu m$，深度方向步进间距 $\Delta H = 2.9\mu m$。分别采用路径 1 和路径 2 进行扫描加工 4H-SiC 样品，其中激光扫描路径与激光偏振方向的夹角 θ 依次设置为 90°、60°、30° 和 0°，加工圈数为 10 圈。图 11.51 所示为扫描路径对被加工表面形貌的影响。从图 11.51 中可以看出，随着 θ 的减小，样品表面 RMS 粗糙度值 Sq 逐渐增大，同时表面孔洞的数量也逐渐增加。这一现象的原因在于，随着 θ 的减小，微沟槽与激光的扫描路径之间的夹角逐渐减小，从而增大了微沟槽重叠的概率，导致样品表面出现孔洞。对于采用同心圆扫描路径的样品，当激光光斑相对于圆心从 $+x$ 向 $+y$ 方向运动时，其激光扫描路径与激光偏振方向的夹角 θ 逐渐从 0° 变为 90°，微沟槽重叠的概率逐渐降低。因此，采用同心圆扫描方式加工的样品表面的孔洞主要集中在圆心左右两侧 45° 的扇形区域内，而圆心上下两侧 45° 的扇形区域内几乎没有孔洞。此外，圆心左右两侧表面 RMS 粗糙度值 Sq 与 $\theta = 0°$ 样品的表面 RMS 粗糙度值 Sq 接近，而圆心上下两侧的表面 RMS 粗糙度值 Sq 与 $\theta = 90°$ 样品的表面 RMS 粗糙度值 Sq 接近。因此，在使用飞秒激光加工 4H-SiC 时，建议使激光扫描路径垂直于激光偏振方向，即确保微沟槽方向与扫描方向垂直，以降低微沟槽之间重叠的概率，从而进一步减小孔洞形成的概率。

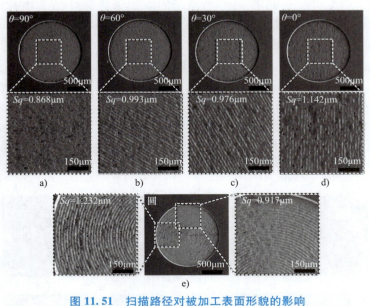

图 11.51   扫描路径对被加工表面形貌的影响
a）平行线扫描 $\theta = 90°$ b）平行线扫描 $\theta = 60°$ c）平行线扫描 $\theta = 30°$
d）平行线扫描 $\theta = 0°$ e）同心圆扫描

6. 单脉冲能量

实验中对飞秒激光的单脉冲能量和扫描线间距进行了不同程度的调节，以探究这些参数对 4H-SiC 加工效果的影响。单脉冲能量分别设置为 5μJ、10μJ、15μJ、20μJ、25μJ、30μJ，扫描线间距 Δd 分别设置为 20μm、15μm、10μm、8μm、5μm、4μm、3μm、2μm。采用路径 1 对 4H-SiC 进行单圈扫描加工，激光扫描路径与激光偏振方向的夹角 θ 设置为 90°，并测量烧蚀深度和表面 RMS 粗糙度。图 11.52a 和图 11.52c 所示为 4H-SiC 的烧蚀深度和表面 RMS 粗糙度随单脉冲能量和扫描线间距的变化情况。图 11.52b 和图 11.52d 所示分别为不同单脉冲能量下光强随空间位置分布的变化情况和在同一横截面内不同单脉冲能量下的叠加光强分布。随着单脉冲能量的增大，激光光强随激光单脉冲能量的增加呈现线性增大的趋势。同时，叠加光强的波峰与波谷之间的光强差也逐渐增大，光强分布更加不均匀。这种不均匀的光强分布会导致表面 RMS 粗糙度随着单脉冲能量的增加逐渐增大。

进一步分析激光单脉冲能量对单位烧蚀深度的 RMS 粗糙度（Sq/H）的影响，如图 11.53 所示。图 11.52d 中的 $\dfrac{I_i}{I_{max}}$ 表示不同单脉冲能量下同一横截面内各个位置的光强与最大光强的比值。由于光强与烧蚀深度呈正相关，因此 $\dfrac{I_i}{I_{max}}$ 的分布可以近似反映单位光强的烧蚀深度和烧蚀形貌。从图 11.52d 中可以看出，在同一横截面内，不同单脉冲能量下的 $\dfrac{I_i}{I_{max}}$ 分布趋势一致，即不同单脉冲能量下的单位光强烧蚀深度和烧蚀形貌基本一致。因此，当扫描线间距为 5μm、4μm、3μm、2μm 时，Sq/H 基本保持不变。然而，当扫描线间距为 20μm、15μm、10μm、8μm 时，且单脉冲能量较小时，单圈烧蚀深度较小，导致对应的 Sq/H 值受扫描路径上的微沟槽影响而偏大。随着单脉冲能量的增加，单圈烧蚀深度逐渐增大，微沟槽的影响逐渐减小，因此 Sq/H 值逐渐趋于稳定。

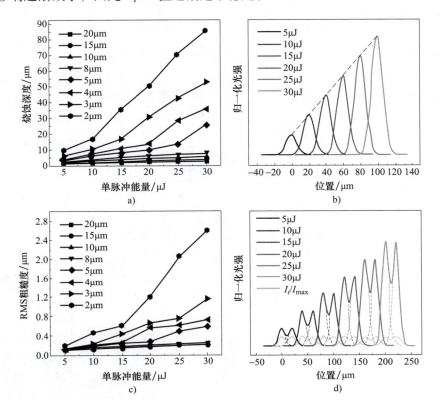

彩图展示

图 11.52　激光单脉冲能量对 4H-SiC 加工效果的影响

a）烧蚀深度　b）激光光强　c）RMS 粗糙度　d）激光叠加光强

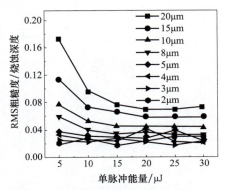

彩图展示

图 11.53　激光单脉冲能量对单位烧蚀深度的 RMS 粗糙度的影响

7. 扫描线间距

将变量改为扫描线间距 Δd，扫描线间距对 4H-SiC 加工效果的影响如图 11.54 所示。从图 11.54b 中可以看出，同一横截面内激光的叠加光强随着扫描线间距的增大呈指数下降趋势，这符合式（11-32）的规律，说明烧蚀深度随着扫描线间距的增大也会呈指数下降趋势。

图 11.54e 所示为不同扫描线间距下的 $\frac{I_i}{I_{max}}$ 分布情况，可以观察到随着扫描线间距的增加，

$\frac{I_i}{I_{max}}$ 的最大光强逐渐产生波动，即样品烧蚀表面的波动逐渐增大，因此 Sq/H 值随着扫描线间

距的增加也会逐渐增大。图 11.54f～i 所示为当扫描线间距 $\Delta d = 20\mu m$、
$10\mu m$、$5\mu m$、$2\mu m$ 时 4H-SiC 样品被加工表面 SEM 图。可以看出，随着扫
描线间距的减小，被加工表面的微沟槽逐渐减少，这说明缩小扫描线间距
能够平滑样品被加工表面，并减小表面产生孔洞缺陷的概率。因此在飞秒
激光加工 4H-SiC 时，应采用较小的扫描线间距。

彩图展示

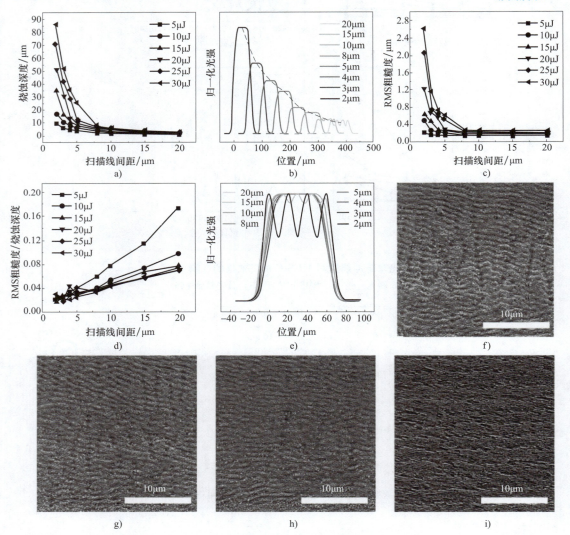

图 11.54　扫描线间距对 4H-SiC 加工效果的影响

a）烧蚀深度　b）激光叠加光强　c）RMS 粗糙度　d）单位烧蚀深度的 RMS 粗糙度

e）$\frac{I_i}{I_{max}}$ 分布情况　f）$\Delta d = 20\mu m$ 时被加工表面 SEM 图　g）$\Delta d = 10\mu m$ 时被加工表面 SEM 图

h）$\Delta d = 5\mu m$ 时被加工表面 SEM 图　i）$\Delta d = 2\mu m$ 时被加工表面 SEM 图

　　根据一系列实验探究，最终采用飞秒激光扫描线间距为 2μm，并选取路径 1 进行 4H-SiC 加工，其中 $\theta = 90°$。通过控制飞秒激光单脉冲能量和加工圈数，可以实现加工任意深度的盲孔。预期的加工盲孔深度为 250μm，当飞秒激光单脉冲能量设定为 30μJ 时，单圈的烧蚀深度为 85.3μm，因此只需加工 3 圈即可达到预期深度，预期误差为 +2.4%。在实际加工中，采用了图 11.41d 和图 11.41e 所示的材料去除方式。加工时间分别为 9min 9s 和 10min 3s，结果如图 11.55 所示。从图 11.55 中可以看出，4H-SiC 的加工深度分别为 244.2μm 和 245.4μm，与预期深度相比，实际加工误差分别为 -2.32% 和 -1.84%。因此通过采用圆台形材料去除方式，可以有效减小 4H-SiC 敏感膜片与侧壁之间的沟槽深度，同时保证传感器的力学性能和灵敏度不受影响。

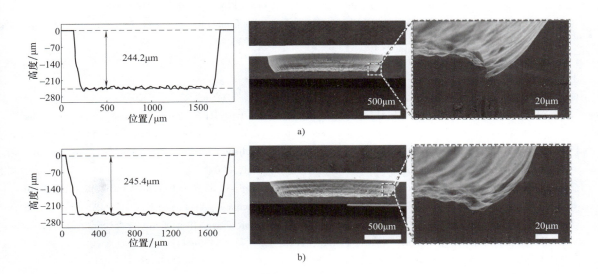

图 11.55　采用两种材料去除方式加工后的结果对比
a）圆柱形材料去除方式　b）圆台形材料去除方式

习题

1. 简述压力传感器的工作原理。
2. 压力传感器一般分为哪几种？
3. 压阻式压力传感器相比于其他压力传感器的优势是什么？
4. 压阻式压力传感器主要由哪几个部分组成？
5. 压阻式压力传感器敏感膜片有哪些类型？
6. 简述敏感膜片的应力分布与哪些因素有关。如何减小敏感膜片应力集中？

参 考 文 献

[1] 蒯剑，马天翼. MEMS 迎物联网浪潮，国产化加速 [R]. 上海：东方证券研究所，2020.
[2] 程娟. 压力传感器在汽车上的应用 [J]. 汽车电器，2018，(03)：55-56.
[3] 黄漫国，邹兴，郭占社，等. 高温大压力传感器研究现状与发展趋势 [J]. 测控技术，2020，39 (04)：1-5.

［4］ÇALDIRAN Z，DENIZ A R，MEHMET COŞKUN F，et al. I-V-T（current-voltage-temperature）characteristics of the Au／Anthraquinone／p-Si／Al junction device［J］. Journal of Alloys and Compounds，2014，584：652-657.

［5］董志超，雷程，梁庭，等. SOI 高温压力传感器无引线倒装式封装研究［J］. 传感器与微系统，2021，40（11）：65-68.

［6］MIDDELBURG L M，ZEIJL H W V，VOLLEBREGT S，et al. Toward a self-sensing piezoresistive pressure sensor for all-SiC monolithic integration［J］. IEEE Sensors Journal，2020，20（19）：11265-11274.

［7］万泽洪. 压阻式 SiC 高温压力传感器设计与制造工艺研究［D］. 武汉：武汉大学，2022.

［8］NGUYEN T K，PHAN H P，DINH T，et al. Isotropic piezoresistance of p-type 4H-SiC in（0001）plane［J］. Applied Physics Letters，2018，113（1）：12104.

［9］NAKAMURA K，TORIYAMA T，SUGIYAMA S. First-principles simulation on piezoresistivity in alpha and beta silicon carbide nanosheets［J］. Japanese Journal of Applied Physics，2011，50：06GE05.

［10］CHEN J，SUHLING J C，JAEGER R C. Measurement of the Temperature Dependence of the Piezoresistive Coefficients of 4H Silicon Carbide［C］. New York：IEEE，2020.

［11］曹正威，尹玉刚，许姣，等. 4H-SiC MEMS 高温电容式压力敏感元件设计［J］. 纳米技术与精密工程，2015，13（03）：179-185.

［12］严子林. 碳化硅高温压力传感器设计与工艺实验研究［D］. 北京：清华大学，2011.

［13］FANG X，WU C，ZHAO Y，et al. A 350℃ piezoresistive n-type 4H-SiC pressure sensor for hydraulic and pneumatic pressure tests［J］. Journal of Micromechanics and Microengineering，2020，30（5）：55009.

［14］DANDEKAR D P，BARTKOWSKI P T. Tensile strengths of silicon carbide（SiC）under shock loading［R］. Aberdeen：Army Research Laboratory Aberdeen Proving Gound，2001.

［15］JACKSON K M. Fracture strength，elastic modulus and Poisson's ratio of polycrystalline 3C thin-film silicon carbide found by microsample tensile testing［J］. Sensors and Actuators A：Physical，2005，125（1）：34-40.

［16］TIAN B，SHANG H，WANG D，et al. Investigation on piezoresistive effect of n-type 4H-SiC based on all-SiC pressure sensors［J］. IEEE Sensors Journal，2022，22（7）：6435-6441.

［17］叶大华. 高斯光束特性分析及其应用［J］. 激光技术，2019，43（01）：142-146.

第**12**章　器件仿真软件

12.1　SimuLED

SimuLED 是一种三维光学仿真软件，其包含 SiLENSe、SpecLED 和 RATRO 模块。SiLENSe 模块主要针对Ⅲ族氮化物外延层的优化设计，它基于一维模型计算极化场、电场、能带结构、载流子浓度及分布、辐射复合速率、IQE 和电致发光光谱等重要参数。SpecLED 模块主要针对三维芯片结构的优化设计，基于 SiLENSe 模块获得的计算结果计算量子阱有源层温度和电流密度分布，被广泛用于优化器件结构、电极几何形状等。RATRO 模块基于 SpecLED 模块获得的 LED 芯片有源区的非均匀发光强度分布数据，采用光线追迹法计算芯片 LEE、光输出功率等。下面对 SiLENSe 模块进行简要介绍。

12.1.1　SiLENSe 仿真

1. SiLENSe 仿真的基本原理

SiLENSe 模块是基于直接带隙纤锌矿结构化合物半导体（Ⅲ族氮化物和Ⅲ族氧化物）LED 和激光器的工作原理建立模型。该模块可以仿真异质结在不同偏压下的能带结构、电子和空穴传输、非辐射复合和辐射复合以及发光光谱。还可以使用该模块来计算一定偏压下通过二极管的电流密度、发光效率和结构中的电场分布。SiLENSe 模块算法采用具有与薛定谔方程、泊松方程自洽的迁移-扩散电子与空穴输运方程，同时考虑电子与空穴的相互作用影响。

（1）外延结构参数计算　LED 的外延结构是通过 MOCVD 等方式外延生长在异质衬底（如蓝宝石）或者同质衬底上的。对于异质衬底或者不同组分外延结构之间，由于晶格常数的差异会导致外延层受到应力，应力又会导致外延层受到压缩或者拉伸从而引起晶格常数的改变以及极化电场的产生。SiLENSe 模块充分考虑外延生长过程中新生长的外延层受到底层对其晶格的影响。图 12.1 所示为考虑一个由任意的 $Al_x In_y Ga_{1-x-y} N$ 四元化物组成的外延层，其面内晶格常数为 a_s，其生长在面内晶格常数为 c_s 的底层上。同时，假定外延层和底层化合物在不受应力状态下的面内晶格常数分别为 a_E 和 c_E，根据沿着 z 轴外延生长的化合物组分和费伽德定律得

$$a_E = a_{InN}y + a_{AlN}x + a_{GaN}(1-x-y) \tag{12-1}$$

$$c_E = c_{InN}y + c_{AlN}x + c_{GaN}(1-x-y) \tag{12-2}$$

式中，a_{AlN}、a_{InN} 和 a_{GaN} 分别为 AlN、InN 和 GaN 的晶格常数；x 和 y 分别为 $Al_xIn_yGa_{1-x-y}N$ 四元化物中 AlN 和 InN 的摩尔分数。然而，由于外延层和底层之间的应力作用，实际上的晶格常数分别为

$$a_R(z) = (1-\xi)a_s + \xi a_E(z) \tag{12-3}$$

$$c_R(z) = (1-\xi)c_s + \xi c_E(z) \tag{12-4}$$

式中，ξ 为由用户定义的外延层应力弛豫度，范围在 0~1；a_s 为正在生长外延层的前一层约实际晶格常数。当某一外延层的 ξ 设定为 0 时，意味着该外延层的晶格常数等于上一层的晶格常数；相对的，当某一外延层的 ξ 设定为 1 时，意味着该外延层的晶格常数不受底层晶格常数的影响。在默认情况下，第一层外延结构被假定为完全弛豫的，即具有未受应力的晶格常数。不过，在 SiLENSe 仿真过程中，可以手动指定第一层开始时的晶格常数。

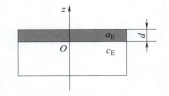

图 12.1　生长在底层上的外延层

　　沿 x 轴和 y 轴的晶格失配被定义为

$$\eta_a = \frac{a_E - a_R}{a_E} \tag{12-5}$$

$$\eta_c = \frac{c_E - c_R}{c_E} \tag{12-6}$$

$$\eta_y = \eta_a\cos^2\theta + \eta_c\sin^2\theta \tag{12-7}$$

　　（2）载流子浓度计算　SiLENSe 在计算载流子浓度时，利用费米-狄拉克统计法来计算电子和空穴在热平衡时的分布规律，可以通过式（12-8）和式（12-9）计算得到电子和空穴的浓度：

$$n = N_C F_{\frac{1}{2}}\left(\frac{F_n - E_C + q\varphi}{kT}\right) \tag{12-8}$$

$$p = N_V F_{\frac{1}{2}}\left(\frac{E_V - F_p - q\varphi}{kT}\right) \tag{12-9}$$

式中，q 为电荷量；k 为玻尔兹曼常数；T 为开尔文温度；E_C 为导带底能级；E_V 为价带顶能级；F_n 和 F_p 分别是电子和空穴的准费米能级；φ 为静电势；$F_{\frac{1}{2}}$ 为 $v = \frac{1}{2}$ 的费米积分 F_v；N_C 和 N_V 分别为导带和价带的有效态密度，通过式（12-10）和式（12-11）计算得到：

$$N_C = 2\left(\frac{m_n^{av}kT}{2\pi\hbar^2}\right)^{\frac{3}{2}} \tag{12-10}$$

$$N_V = 2\left(\frac{m_p^{av}kT}{2\pi\hbar^2}\right)^{\frac{3}{2}} \tag{12-11}$$

式中，$\hbar$ 为普朗克常量；m_n^{av} 和 m_p^{av} 分别为平均电子有效质量和平均空穴有效质量。

　　在求解泊松方程时，空间电荷主要由三部分组成，包括自由载流子、离化的受主和施主以及缺陷电荷。考虑到Ⅲ族氮化物中施主和受主的不完全离化，在仿真过程中采用式（12-12）

和式（12-13）计算离化的施主浓度（N_D^+）和受主浓度（N_A^-）：

$$N_D^+ = \cfrac{N_D}{1+g_D\exp\left(\cfrac{F_n-E_C+E_D+q\varphi}{kT}\right)} \tag{12-12}$$

$$N_A^- = \cfrac{N_A}{1+g_A\exp\left(\cfrac{E_V+E_A-F_p-q\varphi}{kT}\right)} \tag{12-13}$$

式中，E_D 和 E_A 分别为施主和受主的活化能；g_D 和 g_A 分别为施主和受主简并因子，在本节的计算中，取值分别为 2 和 4。

SiLENSe 模块可以根据Ⅲ族氮化物材料的晶格常数、压电常数、弹性常数、自发极化计算出外延的极化场强度，电势（φ）沿 z 轴（［0001］方向）的分布则可由泊松方程计算得到：

$$\frac{d}{dz}\left(P_z^0-\varepsilon_0\varepsilon_{33}\frac{d\varphi}{dz}\right)=q\left(N_D^+-N_A^-+p-n\right) \tag{12-14}$$

式中，P_z^0 为沿［0001］方向的极化强度；ε_0 为真空介电常数；ε_{33} 为静态介电常数；N_D^+ 为电离施主浓度；N_A^- 为电离受主浓度；p 为空穴浓度；n 为电子浓度。

（3）漂移-扩散模型　漂移-扩散模型是描述半导体中载流子运动规律的经典模型。该模型应用广泛，通过结合泊松方程和载流子连续性方程可以用来计算半导体器件内的电势和载流子浓度分布。一维泊松方程的公式如下：

$$\mathrm{div}\left(\varepsilon\nabla\varphi\right)=-\rho \tag{12-15}$$

$$\vec{E}=-\nabla\varphi \tag{12-16}$$

式中，ε 为介电常数；φ 为静电势；ρ 为空间电荷密度。

载流子连续性方程包括以下两个公式：

$$\frac{\partial n}{\partial t}=\frac{1}{q}\mathrm{div}\vec{j_n}+G_n-R_n \tag{12-17}$$

$$\frac{\partial p}{\partial t}=-\frac{1}{q}\mathrm{div}\vec{j_p}+G_p-R_p \tag{12-18}$$

式中，G_n 和 G_p 分别为电子和空穴的产生率；R_n 和 R_p 分别为电子和空穴的复合率；j_n 为电子的电流密度；j_p 为空穴的电流密度。

在漂移-扩散模型中，式（12-17）和式（12-18）中电子的电流密度（j_n）和空穴的电流密度（j_p）是扩散电流和漂移电流密度之和，因此漂移-扩散模型中的传输方程为

$$\vec{j_n}=qn\mu_n\vec{E_n}+qD_n\nabla n \tag{12-19}$$

$$\vec{j_p}=qn\mu_p\vec{E_p}-qD_p\nabla p \tag{12-20}$$

式中，n 和 p 分别是电子和空穴的浓度；D_n、E_n 和 μ_n 分别为电子的扩散系数、有效电场强度和迁移率；D_p、E_p 和 μ_p 分别为空穴的扩散系数、有效电场强度和迁移率。

（4）LED 器件的辐射复合以及内量子效率计算　内量子效率计算公式为

$$IQE=R^{\mathrm{rad}}/R \tag{12-21}$$

$$R=R^{\mathrm{rad}}+R^{\mathrm{SRH}}+R^{\mathrm{Auger}} \tag{12-22}$$

式中，R^{rad} 和 R^{Auger} 分别为辐射复合和俄歇复合；R^{SRH} 为异质结所有缺陷类型构成的非辐射复

合（Shockley-Read-Hall，SRH）。对于Ⅲ族氮化物材料而言，位错是重要的非辐射复合通道。

电子和空穴的双分子辐射复合速率为

$$R^{\mathrm{rad}} = Bnp\left[1-\exp\left(-\frac{F_{\mathrm{n}}-F_{\mathrm{p}}}{kT}\right)\right] \tag{12-23}$$

式中，B 为与温度 T 相关的复合常数，$B\propto T^{\gamma}$，γ 为自定义参数，对于量子阱的二维载流子模型 γ 等于 -1 是一个合理值。

根据 SRH 方法，计算深能级复合速率为

$$R^{\mathrm{SRH}} = \left(\frac{\tau_{\mathrm{n}}^{\mathrm{tot}}}{n}+\frac{\tau_{\mathrm{p}}^{\mathrm{tot}}}{p}\right)^{-1}\left[1-\exp\left(-\frac{F_{\mathrm{n}}-F_{\mathrm{p}}}{kT}\right)\right] \tag{12-24}$$

式中，$\tau_{\mathrm{n}}^{\mathrm{tot}}$ 和 $\tau_{\mathrm{p}}^{\mathrm{tot}}$ 为总体载流子寿命，包括位错和其他缺陷的贡献，即：

$$\tau_{\mathrm{n,p}}^{\mathrm{tot}} = \left(\frac{f_{\mathrm{n,p}}}{\tau_{\mathrm{n,p}}^{\mathrm{dis}}}+\frac{1}{\tau_{\mathrm{n,p}}^{\mathrm{def}}}\right)^{-1} \tag{12-25}$$

式中，$\tau_{\mathrm{n,p}}^{\mathrm{def}}$ 为位错之外的载流子寿命其由使用者直接设定；$f_{\mathrm{n,p}}$ 来自组分波动模型，描述位错核心非辐射复合中非限制载流子的比例，对于无组分波动的模型，$f_{\mathrm{n,p}}$ 等于 1；$\tau_{\mathrm{n,p}}^{\mathrm{dis}}$ 为位错相关的载流子寿命，通过式（12-26）计算：

$$\tau_{\mathrm{n,p}}^{\mathrm{dis}} = \frac{1}{4\pi D_{\mathrm{n,p}}N_{\mathrm{dis}}}\left[\ln\left(\frac{1}{\pi a^2 N_{\mathrm{dis}}}\right)-\frac{3}{2}+\frac{2D_{\mathrm{n,p}}}{aV_{\mathrm{n,p}}}\right] \tag{12-26}$$

式中，$D_{\mathrm{n,p}}$ 为电子或空穴的扩散系数；N_{dis} 为位错密度；a 为面内晶格常数（位错半径）；$V_{\mathrm{n,p}}$ 为载流子热速率。

俄歇复合的速率为

$$R^{\mathrm{Auger}} = (C_{\mathrm{n}}n+C_{\mathrm{p}}p)np\left[1-\exp\left(-\frac{F_{\mathrm{n}}-F_{\mathrm{p}}}{kT}\right)\right] \tag{12-27}$$

式中，C_{n} 和 C_{p} 为与温度 T 相关的俄歇复合系数，$C_{\mathrm{n}}\propto T^{\gamma}$，$C_{\mathrm{p}}\propto T^{\gamma}$，$\gamma$ 为自定义参数（默认值为 $\gamma=0$）。

（5）LED 的电压计算　SiLENSe 模块通过前面计算得到的电子和空穴的电流密度，同时，假定 N 型电极和 P 型电极均与 LED 形成欧姆接触，就可以得到 LED 电压的计算公式：

$$V_{\mathrm{tot}} = U_{\mathrm{b}}(j)+j(R_{\mathrm{s}}A+\rho_{\mathrm{n}}+\rho_{\mathrm{p}}) \tag{12-28}$$

$$I = jA \tag{12-29}$$

$$j = j_{\mathrm{n}}+j_{\mathrm{p}} \tag{12-30}$$

式中，U_{b} 为施加在结构上的偏压；j 为电子和空穴流对应总电流，两者之间存在相互依赖关系；A 为电流流过的面积；ρ_{n} 和 ρ_{p} 分别为 N 和 P 型电极欧姆接触的电阻；R_{s} 为 LED 结构电流横向扩展的串联电阻。

（6）LED 辐射光谱计算　在 SiLENSe 模块中只考虑量子阱活性区限制电子和空穴的辐射复合。光学模块对电子和空穴采用 Schrödinger 方程，其势能由泊松方程和漂移-扩散输运方程的自洽解确定。LED 辐射光谱计算包含以下步骤：

1）通过电子和空穴的薛定谔方程解，计算限制态能量和相应的波函数。在光学仿真模块，8×8 Kane Hamiltonian 中考虑了Ⅲ族氮化物材料价带的复杂结构。假定在布里渊区中心价带的重空穴、轻空穴和能级劈裂与内建电场无关。基于此假设，价带子带的剖面彼此相

等，并且可以从耦合泊松方程和漂移-扩散输运方程的求解中获得。

2）计算每对电子和空穴态的发光光谱和辐射复合速率，然后对所有状态加权。对于多量子阱（Multiquantum Well，MQW）结构，总光谱由单个量子阱（Quantum Well，QW）的贡献加权得到。第 i 个电子能级与第 j 个空穴能级（子带 $h = HH$，LH，CH 分别为重穴穴带、轻空穴带和自旋-轨道耦合空穴带）间跃迁产生的自发辐射贡献为

$$w_{sp}^{i,h,j}(\omega) = \frac{2\pi}{\hbar}\left(\frac{q}{m_0 c}\right)^2 |A_0|^2 \int \frac{\mathrm{d}^2 k}{(2\pi)^2} |\langle \Psi_i^e | \Psi_j^h \rangle|^2 \overline{|P_h|^2} f_i^e(k) f_j^h(k) \delta\left[\hbar\omega - (E_i^e - E_j^h) - \frac{\hbar^2 k^2}{2\mu_s^\parallel}\right] \eta_j^h(\hbar\omega) \tag{12-31}$$

$$\langle \Psi_i^e | \Psi_j^h \rangle = \int_{-\infty}^{+\infty} \Psi_i^e(z) \Psi_j^h(z) \mathrm{d}z \tag{12-32}$$

式中，m_0 为真空电子质量；c 为真空光速；$\mu_s^\parallel$ 为面内折合有效质量；k 为面内动量；ω 为角频率；$\langle \Psi_i^e | \Psi_j^h \rangle$ 为 z 方向电子与空穴波函数的重叠部分的积分；E_i^e 和 E_j^h 分别为电子和空穴的能级；$|A_0|^2$ 为单位体积中归一化为一个光子的矢量势的系数；$\overline{|P_h|^2}$ 为价带子带间相互作用动量矩阵元素的平方；η_j^h 为组分波动修正的约化态密度。积分项是对整个平面内动量 k 进行积分。

对全部电子和空穴能级对的加权得到总的 QW 发光光谱：

$$w_{sp}^{tot}(\omega) = C \sum_{h = HH, LH, CH} \sum_{i,j} w_{sp}^{i,h,j}(\omega) \tag{12-33}$$

式中，C 为归一化因子。

（7）电子和空穴的波函数计算　电子和空穴的波函数可由一维薛定谔方程计算得到：

$$-\frac{\hbar}{2m_n^\perp}\frac{\mathrm{d}^2 \Psi_V}{\mathrm{d}z^2} + U_C^{eff} \Psi_V = E_V \Psi_V \tag{12-34}$$

$$-\frac{\hbar}{2m_{p,s}^\perp}\frac{\mathrm{d}^2 \Psi_{V,s}}{\mathrm{d}z^2} + U_{V,s}^{eff} \Psi_{V,s} = E_{V,s} \Psi_{V,s} \tag{12-35}$$

式中，$\hbar$ 为约化普朗克常量；$m_n^\perp$ 和 $m_{p,s}^\perp$ 分别为电子和空穴（包括轻空穴、重空穴和晶体场劈裂空穴）沿 [0001] 方向的有效质量；U^{eff} 为量子阱有效势垒；E_V 为能级；$E_{V,s}$ 为重空穴能级；Ψ 为相应的载流子波函数。

2. SiLENSe 仿真模块操作流程

使用 SiLENSe 模块进行器件仿真时，主要可以分为以下几个步骤：

1）材料数据库选择。打开 SiLENSe 模块首先将出现一个模态窗口，提示选择具有材料属性的数据库文件。SiLENSe 模块提供两种默认数据库，纤锌矿对称的 AlInGaN 和 MgZnO 材料体系。SiLENSe 仿真模块初始窗口如图 12.2 所示。SiLENSe 模块区分了固定成分的材料（如 GaN、AlN、InN）及其合金，其中组分可以随着一个或多个自由度连续变化（如 $Al_x Ga_{1-x} N$、$In_x Ga_{1-x} N$、$Al_x In_y Ga_{1-x-y} N$），三元和四元合金的材料属性是通过固定成分材料的性能和弯曲参数来计算的。

2）异质结构建模。在"异质结构"选项卡中根据仿真需要添加膜层，然后逐层编辑属性，设置每层的材料组分、厚度、掺杂浓度、电子空穴迁移率等基本参数，需要注意的是，InGaN 量子阱层要设定为有源区，图 12.3 所示为 SiLENSe 模块异质结构建模窗口。

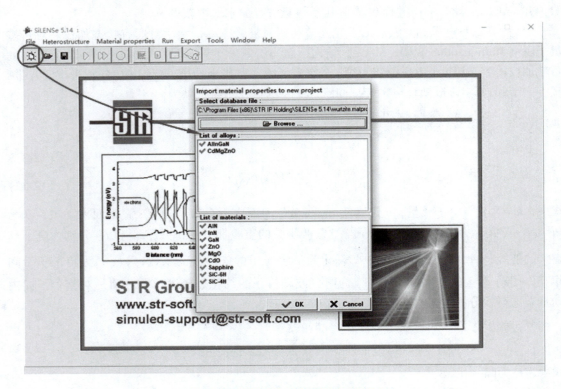

图 12.2　SiLENSe 仿真模块初始窗口

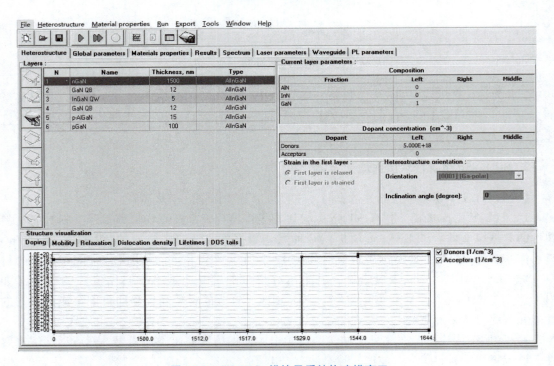

图 12.3　SiLENSe 模块异质结构建模窗口

3）设置全局参数。设置器件的材料结构的极性取向、晶格常数、迭代次数和温度等条件，异质结构的极化方向提供了 0°～90°的变化范围，默认情况下，假定第一异质结构层是驰豫的，即具有自然晶格常数。如果仿真结果不收敛，可以增加仿真的迭代次数，一般不超过 1000 次。

4）运行仿真。可以设置在单个偏压值或某一偏压范围下运行 SiLENSe 模块，在计算过程中，会出现一个求解器窗口，显示电子和空穴电流密度图。仿真运行结束后可以在"结果"选项卡查看模拟结果，包括能带图、极化电场图、载流子浓度图等，如图 12.4 所示。

5）导出数据。打开已完成仿真的详细结果表，勾选需要进行分析的数据，选择"Export"命令以 ASCII 格式进行导出。

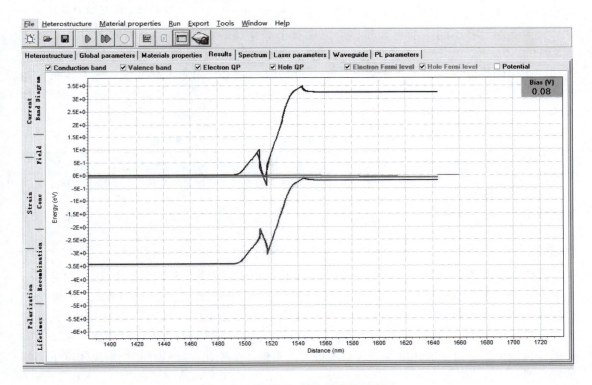

图 12.4　SiLENSe 模块仿真结果窗口

3. SiLENSe 仿真在光电子器件中的应用

在 LED 芯片的制备之前，可以使用 SiLENSe 模块来设计其能带结构，进而优化其光电性能。具体来说，通过改变材料组分、掺杂以及器件结构，可以调整材料的禁带宽度和晶格常数，并改变器件的能带结构和极化电场的大小及分布。这样，就可以控制电子和空穴的注入以及复合过程，最终实现对 LED 光电特性如发光波长、发光强度和内量子效率等的调控。下面以绿光 LED 芯片为例，介绍如何使用 SiLENSe 模块对 LED 芯片进行结构设计。

对于绿光等长波段的 LED 芯片来说，由于量子阱中 In 组分的增高，量子阱（Quantum Well，QW）和量子势垒（Quantum Barrier，QB）之间的晶格常数差异加剧，从而导致量子阱中的极化电场增加，量子限制斯塔克效应越发严重。为了抑制量子限制斯塔克效应，改善量子阱中电子和空穴的分布，采用改变量子阱两侧 QB 层中的掺杂浓度的方式，可以实现绿光 LED 光电性能的改善。绿光 LED 芯片的外延结构如图 12.5 所示，具体包括：$1.5\mu m$ 厚的 n-GaN 层，其中 Si 掺杂浓度为 $5\times10^{18}cm^{-3}$，有源区由厚度为 5nm 的 $In_{0.3}Ga_{0.7}N$ 量子阱层夹在两层 12nm 厚，具有不同掺杂水平的 GaN 量子势垒层中，厚度为 15nm 的 $p-Al_{0.1}Ga_{0.9}N$ 电子阻挡层，其中 Mg 掺杂浓度为 $1\times10^{19}cm^{-3}$，厚度为 100nm 的 p-GaN 层，Mg 掺杂浓度为 $5\times10^{19}cm^{-3}$。器件的工作温度设置为 300K，电子和空穴的迁移率分别设置为 $100cm^2/V \cdot s$ 和 $10cm^2/V \cdot s$，SRH 非辐射复合寿命设置为 1ns，导带和价带之间的能带偏移比为 70/30。

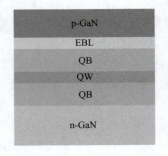

图 12.5　绿光 LED 芯片的外延结构

　　设置 5 组具有不同掺杂类型和掺杂浓度量子势垒层的绿光 LED 芯片结构，对于 LED-1，量子阱两侧的量子势垒层未掺杂；对于 LED-2 至 LED-5，对量子阱两侧靠近 N 区域的量子势垒（下）进行 N 型掺杂，对量子阱两侧靠近 P 区域的量子势垒（上）进行 P 型掺杂，掺杂浓度分别为 $1\times10^{18}cm^{-3}$，$3\times10^{18}cm^{-3}$，$5\times10^{18}cm^{-3}$，$7\times10^{18}cm^{-3}$，见表 12.1。

表 12.1　绿光 LED 芯片量子势垒层掺杂类型及浓度信息

	LED-1	LED-2	LED-3	LED-4	LED-5
QB（上）	未掺杂	P 型掺杂 $1\times10^{18}cm^{-3}$	P 型掺杂 $3\times10^{18}cm^{-3}$	P 型掺杂 $5\times10^{18}cm^{-3}$	P 型掺杂 $7\times10^{18}cm^{-3}$
QB（下）	未掺杂	N 型掺杂 $1\times10^{18}cm^{-3}$	N 型掺杂 $3\times10^{18}cm^{-3}$	N 型掺杂 $5\times10^{18}cm^{-3}$	N 型掺杂 $7\times10^{18}cm^{-3}$

　　在电流密度统一为 $20A/cm^2$ 的情况下，SiLENSe 仿真得到的上述 5 组 LED 芯片的归一化 EL 光谱如图 12.6 所示，LED-1 至 LED-5 芯片的峰值发光波长分别为 561.5nm、558.7nm、553.7nm、548.8nm 和 541.8nm。当两个量子势垒层的掺杂浓度由 0 上升至 $7\times10^{18}cm^{-3}$，峰值发光波长发生了 19.3nm 的蓝移，随着掺杂浓度的增加，峰值发光波长具有明显的单调下降的趋势，这可能是由于极化电场的改变使得有效带隙发生变化，导致在相同电流密度下，峰值发光波长随掺杂浓度的增加而蓝移。图 12.7 所示为在 $20A/cm^2$ 电流密度下，5 组 LED 芯片 QW 区域的能带图和电子-空穴波函数分布图。从图 12.7 中可以看出，随着掺杂浓度的上升，LED 的导带与价带不断占据更高的能级，表现为导带与价带的上升。同时，电子与空穴的波函数也不断占据能量更高的量子态，从而影响到有效带隙的变化，并最终改变发光性能，表现为 LED 峰值发光波长的蓝移，这种现象被称为载流子在局域能态的能带填充效应。来自导带第一束缚能级 e_1 与来自价带第一束缚能级 h_1 之间的载流子带间跃迁，是 EL 光谱中主要发光峰的来源，进一步比较 5 组 LED 的 e_1 与 h_1 能级之间的有效带隙，经过计算发现 LED-1 至 LED-5 的有效带隙 E_g 分别为 2.15eV、2.163eV、2.187eV、2.212eV 和 2.238eV，对应的发光波长为 576.7nm、573.3nm、567nm、560.6nm 和 554.1nm。由 e_1 与 h_1 之间的有效带隙计算得到的发光波长总体上也呈现递减的趋势，但是对比图 12.6 中的峰值发光波长可以发现，5 组 LED 计算得到的发光波长总是大于电致发光（Electroluminescence，EL）光谱中的峰值发光波长，这可能是由于来自其他能态的电子空穴之间的跃迁复合（如 e_1 与 h_2、

e_2 与 h_1 和 e_2 与 h_2 等），这些能态的电子空穴之间的能量差大于 e_1 与 h_1 之间的有效带隙，由此带来的带间跃迁发光波长更小，因此 EL 光谱中的峰值发光波长总小于 e_1 与 h_1 有效带隙对应的发光波长。

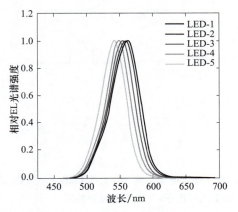

彩图展示

图 12.6　在 20A/cm² 电流密度下，5 组 LED 芯片的归一化 EL 光谱

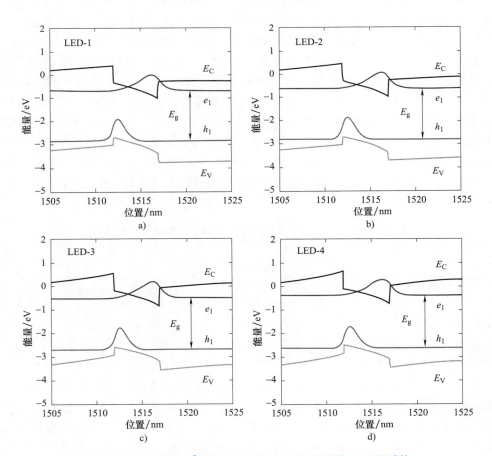

图 12.7　在 20A/cm² 电流密度下，5 组 LED 芯片 QW 区域的
能带图和电子-空穴波函数分布图

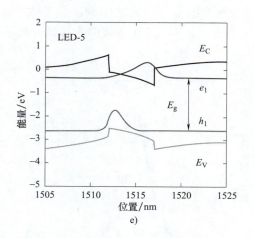

彩图展示

图 12.7　在 20A/cm² 电流密度下，5 组 LED 芯片 QW 区域的
能带图和电子-空穴波函数分布图（续）

在自发和压电极化导致的量子限制斯塔克效应（QCSE）的作用下，电子和空穴的波函数反方向移动，降低二者之间的重叠积分。在 LED-1 至 LED-5 中，随着掺杂水平的提升，e_1 与 h_1 之间的波函数重叠积分有略微增加，如图 12.7 所示。为了定量研究载流子波函数的重叠情况，表 12.2 提供了 5 组绿光 LED 芯片的 QW 区域波函数重叠积分的计算值。随着掺杂水平的上升，三种带间跃迁重叠积分逐渐增加，其中 e_1 与 h_1 之间的波函数重叠积分由 1.4% 上升至 4.7%，e_1 与 h_2 之间的波函数重叠积分由 8.3% 上升至 16.1%，e_2 与 h_1 之间的波函数重叠积分由 29.1% 上升至 51.3%。由前面的 SiLENSe 仿真基本原理中 LED 辐射光谱部分可知，载流子波函数重叠积分是影响 LED 发光性能的重要因素，波函数重叠程度越高，电子和空穴复合产生光子的概率就越高，LED 的发光效率就越高。5 组绿光 LED 芯片的归一化量子效率曲线图如图 12.8 所示，LED 的 IQE 随掺杂浓度的增加而上升。

表 12.2　5 组绿光 LED 芯片的 QW 区域波函数重叠积分计算值

	LED-1	LED-2	LED-3	LED-4	LED-5
$<e_1 h_1>$	1.4%	1.6%	2.3%	3.3%	4.7%
$<e_1 h_2>$	8.3%	9.4%	11.3%	13.5%	16.1%
$<e_2 h_1>$	29.1%	31.9%	37.6%	44.2%	51.3%
总计	38.8%	42.9%	51.2%	61%	72.1%

绿光 LED 芯片量子阱内的掺杂浓度的升高导致极化电场降低，电子-空穴的波函数重叠积分提高，这对于 LED 芯片的内量子效率提升有直接帮助。图 12.8 提供了五组 LED 芯片的内量子效率随电流密度变化的曲线图。从图中可以看出，工作电流密度下，虽然五组芯片的内量子效率随电流密度的增大而逐渐降低，但是 LED-5 芯片的内量子效率一直保持最大。

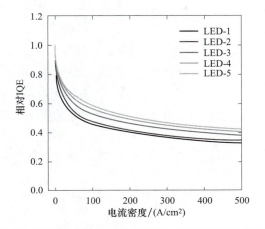

彩图展示

图 12.8　5 组绿光 LED 芯片的归一化量子效率曲线图

12.1.2　SpecLED 电-热耦合仿真

建立 LED 芯片电-热耦合仿真模型的基本原理如下：首先，通过设置 LED 外延层各层结构参数和材料参数，将 LED 芯片简化为一维结构，以泊松方程为基础，通过迭代计算得到变温度下的有源层电流电压关系曲线；然后，考虑芯片的实际尺寸，建立芯片的三维电-热耦合模型，以载流子连续方程和热传导方程为基础，通过结构和材料参数设置、有源层特性曲线导入和恰当的边界条件定义，计算得到芯片各处的电流密度及温度分布等数据。

本节通过建立 LED 芯片的三维电-热耦合模型（该模型综合考虑 LED 芯片中的电流扩展、热的产生和传递过程，使用 SpecLED 模块分析注入电流在 LED 芯片中的扩展过程）分析发生在 LED 芯片中的电流聚集效应。仿真过程如下：首先将 LED 芯片有源区作为一维结构计算出电流密度与有源区偏置电压以及内量子效率与电流密度之间的关系，然后建立芯片的三维电-热耦合模型，将第一步的计算结果作为三维模型的输入数据，并根据一定的边界条件来计算 LED 芯片有源区的电流密度及温度分布情况。LED 芯片三维模型中包括以下各层材料：蓝宝石衬底、u-GaN 层、n-GaN 层、有源层、p-Al$_x$Ga$_{1-x}$N 电子阻挡层、p-GaN 层、ITO 透明导电薄膜以及金属电极。

1. LED 芯片有源区一维特性

由于 LED 芯片有源区的厚度比其他各层材料的厚度要小得多，因此当对有源区内载流子的注入和复合进行建模时可以将其视为一个单独的一维问题进行分析求解。LED 芯片有源区中的电势分布由泊松方程描述：

$$\frac{d}{dz}\left(P_z^0 - \varepsilon_0\varepsilon_r \frac{dV}{dz}\right) = q(N_D^+ - N_A^- + p - n) \tag{12-36}$$

式中，P_z^0 为自发辐射偏振矢量；ε_0 为真空介电常数；ε_r 为相对介电常数；V 为有源区电势；N_D^+ 为电离施主浓度；N_A^- 为电离受主浓度；p 为空穴浓度；n 为电子浓度。电子和空穴浓度遵循费米-狄拉克分布，表达式为

$$n = N_C F_{1/2}\left(\frac{F_n - E_C + qV}{kT}\right) \tag{12-37}$$

$$p = N_V F_{1/2}\left(\frac{E_V - F_p - qV}{kT}\right) \tag{12-38}$$

$$N_C = 2\left(m_n^{av} kT/(2\pi\hbar^2)\right)^{3/2}, \quad N_V = 2\left(m_p^{av} kT/(2\pi\hbar^2)\right)^{3/2} \tag{12-39}$$

式中，$F_{1/2}(\xi)$ 为费米积分；N_C 和 N_V 分别为电子和空穴密度，可直接由式 $N_C = 2(m_n^{av} kT/(2\pi\hbar^2))^{3/2}$ 和 $N_V = 2(m_p^{av} kT/(2\pi\hbar^2))^{3/2}$ 求得，m_n^{av} 和 m_p^{av} 分别为电子和空穴平均有效质量；F_n 和 F_p 分别为电子和空穴准费米能级；E_C 和 E_V 分别为导带底和价带顶能量；k 为玻耳兹曼常量；T 为热力学温度。

电离施主浓度 N_D^+ 和电离受主浓度 N_A^- 与杂质浓度 N_D 和 N_A 满足下列关系式：

$$N_D^+ = \frac{N_D}{1 + g_D \exp\left(\dfrac{F_n - E_C + E_D + qV}{kT}\right)} \tag{12-40}$$

$$N_A^- = \frac{N_A}{1 + g_A \exp\left(\dfrac{E_V + E_A - F_p - qV}{kT}\right)} \tag{12-41}$$

式中，E_D 和 E_A 分别为施主和受主的电离能；g_D 和 g_A 分别为电子和空穴的简并度。

对 $n = n_i \exp\left[(E_F - E_i)/kT\right]$ 求导，可得

$$\frac{dn}{dz} = \frac{n}{kT}\left(\frac{dF_n}{dz} - \frac{dE_i}{dz}\right) \tag{12-42}$$

由于本征费米能级 E_i 的变化与电子势能 $-qV$ 的变化一致，有

$$\frac{dE_i}{dz} = -q\frac{dV}{dz} = qE_{In} \tag{12-43}$$

式中，E_{In} 为内建电场强度。半导体中，电子电流密度为漂移电流密度和扩散电流密度之和，即

$$j_n = nq\mu_n E_{In} + qD_n \frac{dn}{dz} \tag{12-44}$$

将 $D_n = \dfrac{kT}{q}\mu_n$、式 (12-42)、式 (12-43) 代入式 (12-44)，可得电子电流密度表达式为

$$j_n = n\mu_n \frac{dF_n}{dz} \tag{12-45}$$

同理，可得空穴电流密度表达式为

$$j_p = p\mu_p \frac{dF_p}{dz} \tag{12-46}$$

式中，μ_n 和 μ_p 分别为电子迁移率和空穴迁移率。

芯片总电流密度表达式为

$$j = j_n + j_p = n\mu_n \frac{dF_n}{dz} + p\mu_p \frac{dF_p}{dz} \tag{12-47}$$

根据式 (12-47) 进行迭代计算，可以得到特定电压下的电流密度值，针对不同温度经多次偏压计算，则可得到不同温度下有源区电流密度与电压的关系曲线，如图 12.9 所示。

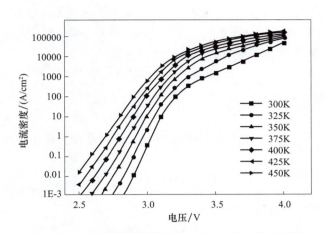

图 12.9 不同温度下有源区电流密度与电压关系曲线

2. LED 芯片三维电流扩展特性

注入电流在 LED 芯片三维模型各层材料中的电流密度分布可以通过如下方程表示：

$$\boldsymbol{J} = (\boldsymbol{\sigma}/q) \nabla E_F \tag{12-48}$$

$$\boldsymbol{\sigma} = q\mu N_i^{\pm} \tag{12-49}$$

$$\boldsymbol{\mu} = \begin{pmatrix} \mu_{\perp} & 0 & 0 \\ 0 & \mu_{\perp} & 0 \\ 0 & 0 & \mu_{/\!/} \end{pmatrix} \tag{12-50}$$

式中，$\boldsymbol{J}$ 为电流密度；$\boldsymbol{\sigma}$ 为材料的电导率张量；$\boldsymbol{\mu}$ 为考虑到可能存在平面内（$\mu_{\perp}$）和法线方向（$\mu_{/\!/}$）载流子迁移率差异的迁移率张量；q 为电子电荷；$N_i^{\pm}$ 为施主或受主掺杂的离化率；E_F 为对应的载流子的准费米能级。

假设金属-半导体接触为理想的欧姆接触，即接触电阻率在接触面上各处相同并且不随注入电流的变化而变化，P 电极焊盘的电势为 φ，N 电极焊盘的电势为 0，则有

$$\nabla E_F = -q \nabla \varphi \tag{12-51}$$

由于 LED 芯片三维模型所包含的各层材料中，除芯片有源层之外的其他区域的载流子的复合可以忽略，即

$$\nabla \cdot \boldsymbol{J} = 0 \tag{12-52}$$

结合式（12-51）和式（12-52）得

$$\nabla(\boldsymbol{\sigma} \nabla E_F) = 0 \text{ 或 } \nabla(\boldsymbol{\sigma} \nabla \varphi) = 0 \tag{12-53}$$

根据一定的边界条件求解式（12-53）即可得到 LED 芯片各层的电流密度分布情况。下面给出该方程的边界条件。

1）有不同电导率的两种材料的边界条件：

$$E_{F1} = E_{F2} \tag{12-54}$$

$$\boldsymbol{n} \cdot (\boldsymbol{\sigma} \nabla E_{F1} - \boldsymbol{\sigma} \nabla E_{F2}) = 0 \tag{12-55}$$

2）有源层边界条件：

$$\boldsymbol{n} \cdot \boldsymbol{\sigma}_p \nabla E_F^p = \boldsymbol{n} \cdot \boldsymbol{\sigma}_n \nabla E_F^n = J_z(E_F^n - E_F^p) \tag{12-56}$$

式中，J_z 为垂直方向的电流密度；边界的法向矢量 $\boldsymbol{n}$ 是由 p 层指向 n 层。

3）GaN 半导体与金属电极的边界条件。假设 E_F^s 和 E_F^m 分别是 GaN 半导体材料和金属电极中电子或空穴的准费米能级，则有如下边界条件方程：

$$\boldsymbol{n} \cdot \boldsymbol{\sigma}_s \nabla \varphi_s = (E_F^m - E_F^s)/\rho_c \qquad (12\text{-}57)$$

式中，$\boldsymbol{\sigma}_s$ 为 GaN 材料的电导率张量；φ_s 为 GaN 材料的电势；ρ_c 为 GaN 与金属电极欧姆接触的比接触电阻率。

4）绝缘介质与 GaN 半导体材料的边界条件。由于在绝缘介质中无电流，因此有如下边界条件方程：

$$\boldsymbol{n} \cdot \nabla E_F = 0 \qquad (12\text{-}58)$$

3. LED 芯片中热的产生和传递

LED 芯片中的三维热传递过程可以通过如下方程描述：

$$C \frac{\partial T}{\partial t} = \nabla(K \nabla T) + q \qquad (12\text{-}59)$$

当 LED 芯片中的热传递过程达到稳态时，式（12-59）可表示为

$$\nabla(K \nabla T) + q = 0 \qquad (12\text{-}60)$$

式中，K 为芯片各层材料的热导率；T 为温度；q 为取决于电流密度的局部热源热量。

GaN、InN 和 AlN 这三种二元化合物材料的热导率分别为 177W/（m·K）、45W/（m·K）和 210W/（m·K）。对于 $In_xGa_{1-x}N$、$Al_xGa_{1-x}N$ 三元合金材料，其热导率的计算公式为

$$\frac{1}{k(x)} = \frac{x}{k_{AB}} + \frac{1-x}{k_{AC}} + x(1-x) C_{ABC} \qquad (12\text{-}61)$$

式中，k_{AB} 和 k_{AC} 是三元合金材料中二元化合物的热导率；C_{ABC} 为弯曲系数。

由于 $In_xGa_{1-x}N$/GaN 多量子阱内存在界面效应，导致其热导率不同于体材料的热导率。而且 $In_xGa_{1-x}N$/GaN 多量子阱材料的热导率具有各向异性，其在水平方向的热导率（k_L）和垂直方向的热导率（k_V）分别为

$$k_L = \frac{d_1 k_1 + d_2 k_2}{d_1 + d_2}, k_V = \frac{d_1 + d_2}{d_1/k_1 + d_2/k_2} \qquad (12\text{-}62)$$

式中，d_1 和 d_2 分别为 $In_xGa_{1-x}N$ 量子阱层和 GaN 势垒层的厚度；k_1 和 k_2 分别为 $In_xGa_{1-x}N$ 体材料和 GaN 体材料的热导率。

LED 芯片中产生的热量主要来源于两个方面，一方面是 LED 芯片有源区内非辐射复合以及光子重吸收所产生的热量，另一方面是注入电流经过高阻 p-GaN 材料以及欧姆接触电阻产生的焦耳热。施加在 LED 芯片有源区的电功率，减去有源区产生的光功率，即可得到有源区产生的热功率，其计算公式为

$$q_a(x,y) = j_z(x,y) U(x,y) - \frac{j_z(x,y)}{q} \hbar\omega \eta_{inj}(x,y) \eta_{ext} \qquad (12\text{-}63)$$

式中，$j_z(x,y)$ 为有源区的局部电流密度；$U(x,y)$ 为施加在有源区的偏置电压；$\hbar$ 为普朗克常量；ω 为光子的角频率；$\eta_{inj}(x,y)$ 为有源区的局部内量子效率；η_{ext} 为光萃取效率。

通过焦耳定律可以计算 GaN 材料的体电阻所产生的热功率，其计算公式为

$$q_{\mathrm{j}} = j^2(x,y,z)/\sigma(x,y,z) \tag{12-64}$$

式中，$j(x,y,z)$ 和 $\sigma(x,y,z)$ 分别为 LED 芯片的三维电流密度分布和电导率分布。LED 芯片中 P 型欧姆接触电阻和 N 型欧姆接触电阻产生的热量是焦耳热的另一个来源，其计算公式为

$$q_{\mathrm{n}} = \rho_{\mathrm{c-n}} j_z^2, q_{\mathrm{p}} = \rho_{\mathrm{c-p}} j_z^2 \tag{12-65}$$

式中，$\rho_{\mathrm{c-n}}$ 和 $\rho_{\mathrm{c-p}}$ 分别为 N 型欧姆接触电阻和 P 型欧姆接触电阻。根据一定的边界条件求解式（12-63）、式（12-64）和式（12-65）即可得出电流密度与有源区偏置电压之间的关系、LED 芯片内量子效率与电流密度之间的关系、LED 芯片三维模型中各层材料的电流密度及温度分布情况。

4. 电流扩展仿真设置

打开 SpecLED 模块，进入如图 12.10 所示窗口，首先需要选择仿真 LED 芯片的类型，包括水平结构 LED 芯片、带有衬底的水平结构 LED 芯片、垂直结构 LED 芯片和带有衬底的垂直结构 LED 芯片，如图 12.10a～d 所示。选择一种仿真 LED 芯片的类型之后就会进入参数设置对话框，如图 12.10e 所示。下面以水平结构 LED 芯片为例介绍后续设置。在这个对话框将指定 n 型和 p 型半导体层、mesa 厚度、电极厚度、焊盘厚度和衬底厚度。除此之外还可以选择性设置电流扩展层和电流阻挡层。

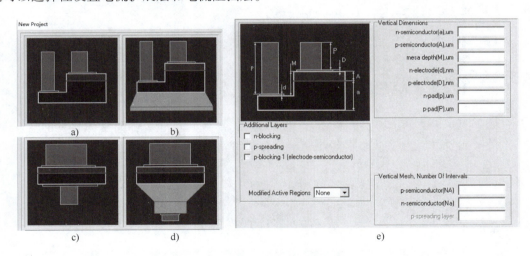

图 12.10　SpecLED 模块界面

a）水平结构 LED 芯片　b）带有衬底的水平结构 LED 芯片　c）垂直结构 LED 芯片
d）带有衬底的垂直结构 LED 芯片　e）水平结构 LED 芯片参数设置对话框

图 12.11a 所示为打开 SpecLED 模块后的窗口，在这里将对水平结构 LED 芯片进行二维建模。要指定 LED 芯片结构形状，需要绘制从上到下投射到基面上的 LED 芯片层轮廓，即需将 mesa 形状、电极、焊盘、电流扩展层和电流阻挡层等结构投影到基面上。在图 12.11a 所示的区域①中可以对直线等线条进行合并拆分等操作。图 12.11b 所示为对所有结构进行网格划分，在这里可以选择一条最短的线条，在区域②中进行设置，将这个线条划分成几个点，然后适用于所有线条，即可将整个模型划分完成。

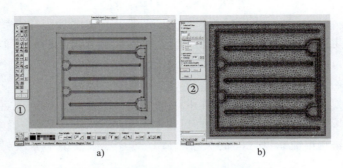

图 12.11　SpecLED 模块操作界面

a）建模窗口　b）画网格窗口

之后将对水平结构 LED 芯片的每一层指定结构，需注意的是 p-wire 必须在 p-pad 上面，p-pad 必须在 p-electrode 上面，p-electrode 必须在 p-semiconductor 上面，对于 n 侧同样适用。可选的 p 扩散层应位于 p-semiconductor 体内部。图 12.12 所示为指定每层水平结构 LED 芯片的结构。图 12.13 所示为建立的水平结构 LED 芯片三维模型。

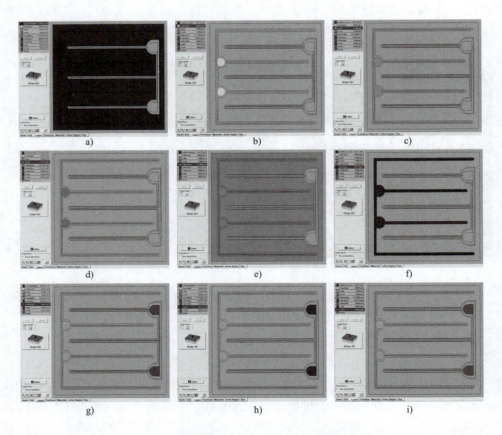

图 12.12　指定每层水平结构 LED 芯片的结构

a）p-semiconductor　b）p-electrode　c）p-pad　d）p-wire　e）p-spreading
f）p-blocking 1　g）n-electrode　h）n-pad　i）n-wire

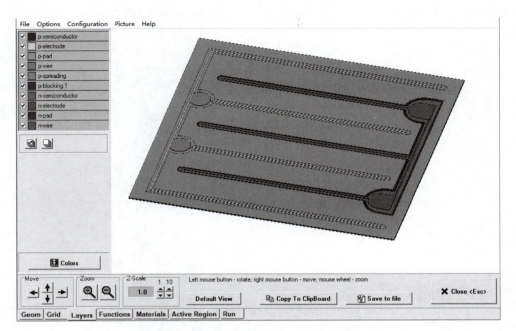

图 12.13　建立的水平结构 LED 芯片三维模型

图 12.14a 所示为水平结构 LED 芯片的材料设置对话框，包括 p-semiconductor、p-electrode、p-pad、p-wire、p-spreading、n-electrode、n-pad 和 n-wire 等材料。需要设置的材料参数有电导率、热导率、载流子迁移速率等。材料设置好之后就可以设置有源区属性，如图 12.14b 所示，这里的有源区设置可以根据情况自己输入，也可以导入 SiLENSe 仿真结果。然后就进入仿真收敛设置对话框如图 12.15 所示。在这里选择指定层的材料，设置计算模式，是否隔热仿真或者电热耦合仿真，以及设置接触电阻，包括设置给定一个电流下的仿真或者多个电流下的仿真。最后检查设置完成就可以开始运行。

5. 电流仿真结果分析

对于水平结构 GaN 基 LED 芯片，由于蓝宝石衬底不导电，因此 N 电极和 P 电极在 LED 芯片的同侧。由于 ITO 透明导电层的方块电阻较大，注入电流会在水平结构 LED 芯片的 P 电极附近聚集。这种电流聚集现象导致 LED 芯片发光不均匀，并增加金属电极对光的吸收，从而降低光萃取效率。在大功率 LED 芯片中，注入电流的横向扩展路径更长，电流聚集问题更为严重。因此，在设计大功率 LED 芯片的电极图形时，需要进行优化，以实现注入电流的均匀扩展。

通过 SpecLED 模块仿真分析不同电极图形对 1mm×1mm 大功率水平结构 LED 芯片有源区的电流密度分布的影响。图 12.16 所示为在 350mA 注入电流下，具有不同电极形状的大功率 LED 芯片有源区电流密度分布示意图。在图 12.16a 中，N 电极和 P 电极数目分别为 4 和 3，此时电流密度的最大值为 86.31A/cm²，最小值为 9.27A/cm²。当 P 电极数目增加到 5 时，大功率 LED 芯片的电流扩展性能明显得到改善，其电流密度的最大值从 86.31A/cm² 减小到 78.91A/cm²，如图 12.16b 所示。进一步地，当 N 电极数目增加到 6 时，大功率 LED

芯片的电流扩展性能得到进一步改善，电流密度最大值减小至 $69.02\mathrm{A/cm^2}$，如图 12.16c 所示。

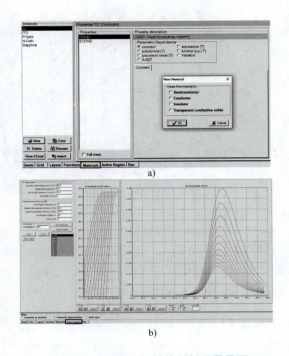

a)

b)

图 12.14 SpecLED 模块材料设置界面

a）水平结构 LED 芯片的材料设置对话框 b）有源区设置

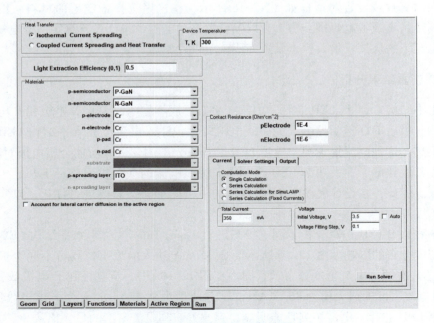

图 12.15 仿真收敛设置对话框

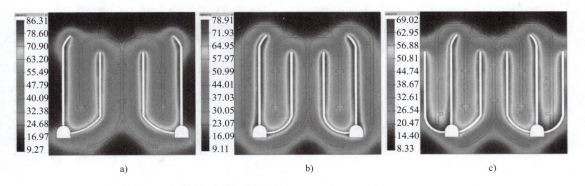

图 12.16　在 350mA 注入电流下，具有不同电极形状的大功率 LED 芯片
有源区电流密度分布示意图

　　通过上述的仿真结果可知，改变电极的数目可以改善大功率 LED 芯片的电流扩展性能。然而，在优化芯片电极形状时，还应考虑 P 电极的吸光和 N 电极对芯片有源区面积的损失。当增加 P 电极的数目时，P 电极面积增大，吸收光的作用也会增强，这将降低大功率 LED 芯片的光萃取效率。由于 N 电极需沉积在 n-GaN 层表面，因此在沉积 N 电极之前需要进行刻蚀，这将减小有源区面积。因此，增加 N 电极插指数目会导致有源区面积的损失增加。综上所述，在优化设计大功率 LED 芯片的电极结构时，需要综合考虑电流扩展性能、金属电极吸光以及有源区面积损失等因素。

12.2　Silvaco TCAD

　　Silvaco 软件在半导体仿真领域应用广泛，其主要包括 TCAD、Analog/AMS/RF、Custom IC CAD、Interconnect Modeling 和 Digital CAD 等软件。TCAD 是 Technology Computer Aided Design 的缩写，是半导体工艺仿真以及器件仿真软件。在商用的 TCAD 软件中，Silvaco TCAD 具有 ATHENA 和 ATLAS，Synopsys 公司的 TSuprem 和 Medici 以及 ISE 公司（已被 Synopsys 公司收购）的 Dios 和 Dessis 等模块。Silvaco TCAD 主要的集成环境为 Deckbuild，用户可在此界面灵活地调用工艺仿真器、器件仿真器以及可视化工具等模块。Silvaco TCAD 有 Linux 版本和 Windows 版本，其中，在 Linux 版本下有更多的图形用户界面（Graphical User Interface，GUI），方便用户选择参数，然后自动转化成相应的程序，而 Windows 版本则需要编程实现。下面将对目前最常用的 Windows 版本的 Silvaco TCAD 软件进行介绍。

12.2.1　Silvaco TCAD 数值计算

　　Silvaco TCAD 中的数值计算是基于一系列的物理模型及其方程，这些方程又是基于成熟的固体物理和半导体物理理论并以被学界、产业界接纳的经验公式为基础。在 Silvaco TCAD 数值计算过程中，所采用的方程是有具体物理意义的，因而需要根据不同的情况选择不同的物理模型和方程进行计算。下面介绍器件仿真时主要用到的物理模型和方程。

　　1）基本半导体方程：泊松方程、载流子连续性方程、传输方程（漂移-扩散传输模型和能量平衡传输模型）和位移电流方程等。

2）载流子统计的基本理论：费米-狄拉克统计理论、玻尔兹曼统计理论、状态有效密度理论、能带理论和禁带变窄理论等。

3）不完全电离（低温仿真或重掺杂）理论、缺陷或陷阱造成的空间电荷理论等。

4）边界物理：欧姆接触、肖特基接触、浮接触、电流边界、绝缘体接触、上拉元件接触、分布电阻接触和能量平衡边界等。

5）物理模型：迁移率模型、载流子生成-复合模型、碰撞电离模型、带-带遂穿模型、栅极电流模型、器件级的可靠性模型、铁电梯介电常数模型、外延应力模型、压力影响硅带隙模型、应力硅电场迁移率模型和纤锌矿材料极化模型等。

6）光电子模型：生成-复合模型、增益模型和光学指数模型等。

7）磁场下载流子传输模型。

8）各向异性介电常数模型。

例如 LED 发光器件的仿真就常用到基本半导体方程、载流子统计基本理论，欧姆接触、肖特基接触理论等；常用的模型有迁移率模型、外延应力模型和纤锌矿材料极化模型等。对于重掺杂的隧道结常用的有不完全电离理论和带-带遂穿模型等。

12.2.2 Silvaco TCAD 主要组件

Silvaco TCAD 可以实现一维、二维和三维的工艺仿真，以及二维和三维的器件仿真。主要的仿真功能以及相应的模块如下。

工艺仿真：

一维——ATHENA 1D，SSuprem3。

二维——ATHENA，SSuprem4，MC Implant，Elite，MC Deposit/Etch，Optolith。

三维——Victory Process，Vitory Cell。

器件仿真：

二维——ATLAS，S-pisces，Blaze，MC Device，Giga，MixedMode，Quantum，Ferro，Magnetic，TFT，LED，Luminous，Laser，VCSEL，Organic Display，Organic Solar，Noise，Mercury。

三维——Victory Device，Device 3D，Giga 3D，Luminous 3D，Quantum 3D，TFT 3D，Magnetic 3D，Thermal 3D，MixedMode 3D。

交互式工具：

Deckbuild，Maskviews，DevEdit，Tonyplot，Tonyplot 3D。

Silvaco TCAD 的仿真流程图如图 12.17 所示，一般是由工艺仿真器或器件编辑器 ATHENA 得到器件结构，然后通过器件仿真器 ATLAS 求解相应的特性，仿真得到的结构再由可视化工具 Tonyplot 或者 Tonyplot3D 显示出来或显示在实时输出窗口中。命令文件的输入和各个仿真器的调用都是在集成环境 Deckbuild 中完成的。

（1）Deckbuild Silvaco TCAD 中各个仿真组件均可以在集成环境 Deckbuild 的界面进行调用，图 12.18 所示为 Silvaco TCAD 的 Deckbuild 初始窗口。Deckbuild 的功能主要有：输入和编辑仿真文件；查看仿真输出并对其进行控制；提供仿真器间的自动转换；提供工艺优化以快速而准确地获取仿真参数；内建的提取功能对仿真得到的特性进行提取；内建的显示功能对结构的图像输出；可以从器件的仿真结果中提取对应的 SPICE 模型参数。

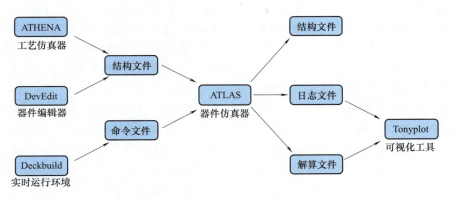

图 12.17　Silvaco TCAD 仿真流程图

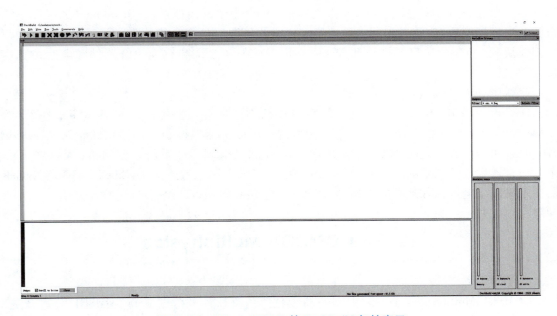

图 12.18　Silvaco TCAD 的 Deckbuild 初始窗口

（2）Tonyplot 可视化工具　Tonyplot 用于展示结构，包括一维、二维结构，三维结构的展示则需要使用 Tonyplot 3D。Tonyplot 可展示多种类型，包括几何结构和物理量的分布等，也可以展示器件仿真所得到的曲线。

Tonyplot 可以将展示结果导出为图片，也可将结构中的物理量的分布导出成数据文件，以便用户能清楚地获取仿真的结果数据。此外，Tonyplot 还提供动画制作等功能，支持将各步工艺的图像结果制作成动画，以便观察工艺的动态效果。

（3）ATHENA 工艺仿真器　ATHENA 工艺仿真器可用于工艺开发和优化半导体制造工艺。ATHENA 工艺仿真器提供一个易于使用的、模块化的、可扩展的平台，能对半导体工艺关键制造步骤（离子注入、扩散、刻蚀、沉积、光刻以及氧化等）进行快速精确的模拟。ATHENA 工艺仿真器的主要模块有 SSuprem、二维硅工艺仿真器、蒙特卡洛注入。可以仿真包括 CMOS、Bipolar、SiGe、SOI、Ⅲ-Ⅴ组氮化物、光电子以及功率器件等的结构，并精确预测器件结构中的几何参数、掺杂分布和应力等。通过优化设计参数，ATHENA 工艺仿真器能够使器件的速度、产量、击穿、泄漏电流和可靠性达到最佳组合。

（4）ATLAS 器件仿真器　ATLAS 器件仿真器可以模拟半导体器件的电学、光学和热学行为。ATLAS 提供一个基于物理的、使用简便的、模块化的、可扩展的平台，用以分析所有二维和三维模式下半导体器件的直流、交流和时域响应。

ATLAS 器件仿真器可以仿真硅化物、Ⅲ-Ⅴ、Ⅱ-Ⅵ、Ⅳ-Ⅳ 或聚合有机物等各种材料。可以仿真的器件类型很多，如 CMOS、双极、高压功率、VCSEL、TFT、光电子、激光、LED、CCD、传感器、熔丝、铁电材料、NVM、SOI、HEMT、Fin 和 HBT 等器件。

ATLAS 器件仿真器的主要模块有 S-Pisces（二维硅器件模拟器）、Device 3D（三维硅器件模拟器）、Blaze 2D/3D（高级材料的二维和三维器件模拟器）、TFT 2D/3D（无定型和多晶体二维和三维模拟器）、VCSEL 模拟器、Laser（半导体激光二极管模拟器）、Luminous 2D/3D（光电子器件模块）、Ferro（铁电场相关的介电常数模拟器）、Quantum（二维和三维量子效应模拟模块）、Giga 2D/3D（二维和三维非等温器件模拟模块）、Noise（半导体噪声模拟模块）、ATLAS 注释器模块和 MixedMode 2D/3D（二维和三维组合器件和电路仿真模块）等。

（5）DevEdit 2D/3D 器件编辑器

DevEdit 2D/3D 器件编辑器可以编辑器件结构，具有很多优点，如 DevEdit 2D/3D 的"区域"是由一系列特定位置的"点"构成的，可以灵活地控制器件结构的轮廓。DevEdit 2D/3D 还可以对在工艺仿真中得到的结构基础上进行编辑，如重新划分网格；将 ATHENA 工艺仿真器生成的二维剖面往 z 方向扩展，得到三维结构。另外，DevEdit 2D/3D 器件编辑器在定义复杂电极（如通孔）时较 ATHENA 工艺仿真器和 ATLAS 器件仿真器方便。

12.3　COMSOL Multiphysics

COMSOL Multiphysics 是一款大型的高级数值仿真软件，由瑞典的 COMSOL 公司开发，广泛应用于各个领域的科学研究以及工程计算，被当今世界科学家称为"第一款真正的任意多物理场直接耦合分析软件"，适用于模拟科学和工程领域的各种物理过程。COMSOL Multiphysics 软件以高效的计算性能和杰出的多场直接耦合分析能力实现了任意多物理场的高度精确的数值仿真，广泛应用于声学、生物科学、化学反应、电磁学、流体动力学、燃料电池、地球科学、热传导、微系统、微波工程、光学、光子学、多孔介质、量子力学、射频、半导体、结构力学、传动现象、波的传播等领域。

12.3.1　COMSOL Multiphysics 软件介绍

图 12.19 所示为 COMSOL Multiphysics 软件的窗口布局。COMSOL Multiphysics 软件为物理建模和仿真提供了完整的集成环境，用户可以根据自己的需要对软件的窗口进行大小调整、移动、锁定和浮动。当窗口关闭时，软件将会自动保存用户对布局进行的所有调整，并且在下次打开时可以直接使用。

快速工具栏：迅速进入功能选项，
如文件打开、保存、撤销、重做、
复制、粘贴、删除

功能区：通过功能区标签中
的按钮或下拉菜单可以控制
建模流程的所有步骤

模型开发器

模型树：在模型树中可
以纵观整个建模过程，
包括整个建模的功能、
操作和求解、结果等
信息

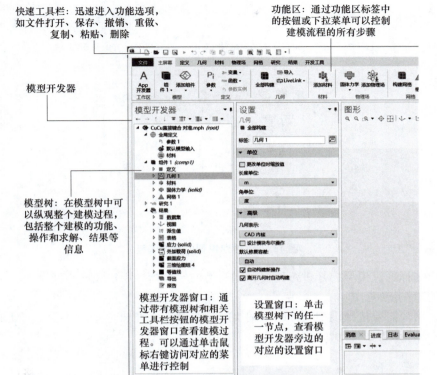

模型开发器窗口：通
过带有模型树和相关
工具栏按钮的模型开
发器窗口查看建模过
程。可以通过单击鼠
标右键访问对应的菜
单进行控制

设置窗口：单击
模型树下的任一
一节点，查看模
型开发器旁边的
对应的设置窗口

图形窗口工具栏

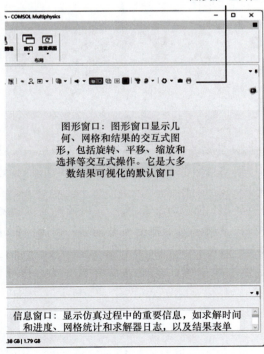

图形窗口：图形窗口显示几
何、网格和结果的交互式图
形，包括旋转、平移、缩放和
选择等交互式操作。它是大多
数结果可视化的默认窗口

信息窗口：显示仿真过程中的重要信息，如求解时间
和进度、网格统计和求解器日志，以及结果表单

图 12. 19　COMSOL Multiphysics 软件的窗口布局

1. 模型创建

用户可以通过模型向导或者空模型来创建模型，如图 12.20 所示。

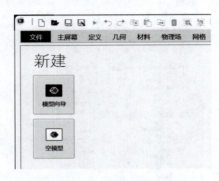

图 12.20 创建模型的两种途径

若用户选择通过模型向导进行建模，则模型向导会指导用户完成空间维度、物理场和研究类型等的建模流程。

首先，用户需要选择模型组件的空间维度如三维、二维轴对称、二维、一维轴对称、一维或零维，如图 12.21 所示。

图 12.21 选择模型的空间维度

然后，添加一个或多个物理场，如图 12.22 所示。它们是由一些物理场接口分支构成的树状结构，以便于随时调用。这些分支并不是直接对应于产品模块，当软件安装完成后，在软件窗口中就添加了这些分支接口。

接下来选择模型的研究类型，如图 12.23 所示，以便确定求解器或计算时的求解设定。

最后单击求解，软件窗口上就会显示根据模型向导的设定而创建的模型树。若用户选择通过空模型进行建模，COMSOL Multiphysics 软件则会先建立一个不包含组件和求解的模型文件。用户可以通过右键单击模型树，添加包含空间维度、物理接口和求解信息的模型组件。

2. 仿真基本流程

COMSOL Multiphysics 软件与大多数有限元仿真软件一样，基本操作包括建模、定义材料、添加边界条件、网格划分、求解和后处理几个部分。

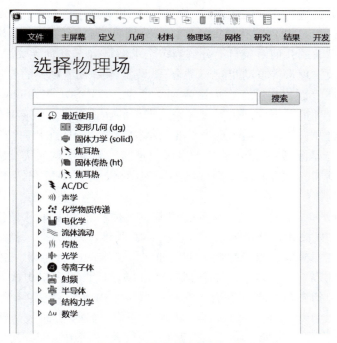

图 12. 22　添加模型的物理场

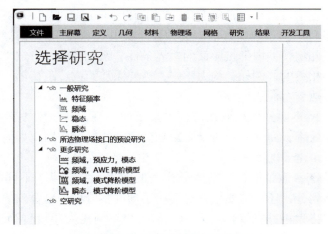

图 12. 23　选择模型的研究类型

（1）建模　COMSOL Multiphysics 软件支持软件内手动建立模型以及从外部导入模型。若要在软件内进行建模，则用户需要在模型开发器窗口的模型树中单击"组件-几何"按钮进行建模操作。若要从外部导入几何模型，则需要在主屏幕的工具栏中单击"导入"按钮。在"导入"的"设置"对话框中单击"浏览"按钮即可选择需要导入的几何模型文件。将三维CAD 文件导入 COMSOL Multiphysics 软件非常简单，由于导入操作的设置已调整为适用于大部分情况，因此，只需单击一个按钮即可导入大多数文件。在导入几何模型的过程中，软件会检查其中是否存在错误并自动进行修复，该操作还会移除导入容差范围内的小特征。

COMSOL Multiphysics 软件提供丰富的工具，供用户在图形化界面中构建自己的几何模型。另外，用户可以通过镜像、复制、移动、比例缩放等工具对几何对象进行高级操作，还可以通过布尔运算方式进行几何结构之间的切割、合并等操作。

COMSOL Multiphysics 软件中有两种几何体，分别是组合几何体（默认）和装配体。所谓的组合几何体指重叠的几何对象自动分解为多个求解域（与几何无关），其内部界面上的几何结构、网格以及物理量等自动相互"黏合"。装配体则表示重叠的几何对象之间没有构成关系，因此从本质上而言，不存在内部界面。通常，COMSOL Multiphysics 软件默认使用组合几何体，因为这种情况下内部边界可以采用默认的连续边界。但有时候模型的几何结构比较复杂，使用组合几何体时容易出现内部几何结构错误。例如在几何结构的各个部分有较大的差异（如薄壳与厚板等），采用简化的方法模拟膜、壳等结构时需要设定该简化边界为阻抗型边界条件，不同的求解域需要剖分成不同的网格，采用 ALE 框架模拟旋转运动等的情况下，可使用装配体。

COMSOL Multiphysics 软件提供一系列创建基本几何特征和基本几何操作的方法，基本几何特征包括 3D 的圆柱体、圆锥体、球、立方体、圆锥、六面体、参数化曲线、四面体、圆环、多边形、棱锥、椭球、点、螺旋、贝氏曲线，二维的圆、椭圆、正方形、矩形、点、贝氏曲线和一维的间隔、点。每个基本几何特征可以通过设置窗口更改其大小、位置等参数；基本几何操作包括布尔运算（联合、交集、差集、构成）、变换（复制、旋转、比例、移动、镜像、阵列）、转换（转换为实体、转换为曲面、转换为曲线、转换为点、转换为 COMSOL 对象）、工作面（拉伸、旋转、扫掠）、装配体（使用装配、建立对）等。模型建立好后，用户可以单击"组件-材料"按钮，从软件自带的材料库中添加所需要的材料，然后在所添加材料的设置窗口中指定几何实体并赋予其用于仿真的各种材料属性。

（2）定义边界条件　模型建立好后，必须要定义几何模型和环境之间接触面的边界条件，当然也可以设定几何模型内部接触面的边界条件。系统默认的可定义的边界条件是与模型中所添加的物理场相关的，例如结构力学中，需要添加约束、载荷等，热分析中需要添加温度载荷、绝热、传热、对流边界等。

（3）网格划分　网格划分是有限元仿真中重要的一环，从技术方面考虑，网格的数量影响到求解的精度和效率，而网格的质量则影响到求解的精度，因此如何平衡网格的数量与模型求解的精度是一个重要的问题。

COMSOL Multiphysics 软件能够自动划分模型的网格，并提供了不同的细化等级。当然对于复杂模型的网格划分，还是需要用户对模型手动调整以划分出合理的网格。图 12.24 所示为在模型树中对网格大小进行操作的界面。当用户将网格大小设置为预定义后单击"全部构建"按钮，此时软件将对整个模型自动进行网格划分。若用户想添加其他的网格操作，则需要在模型树中右键单击"网格"按钮并添加相应的分支。

COMSOL Multiphysics 软件中的网格划分过程由网格序列来定义，网格序列包括操作特征和属性特征等。其中，操作特征指的是网格类型、复制网格、细化网格或转换网格等，而属性特征则是指网格类型所对应的尺寸、分布和比例等。因此，当创建一个网格时，首先需要定义的是操作特征，用来创建或修改对应几何的网格划分。然后在操作特征下通常需要增加局部属性特征，可通过单击鼠标右键添加局部属性特征，选择的局部属性特征就会出现在操作特征节点下的对应子节点上，而局部属性特征节点会自动覆盖全局属性节点，尤其是当选择同样的目标时。表 12.3 列出了网格操作特征名称与说明，表 12.4 列出了网格属性特征名称与说明。

图 12.24　在模型树中对网格大小进行操作的界面

表 12.3　网格操作特征名称与说明

名称	说明	名称	说明
自由剖分四面体网格	创建非结构化四面体网格	复制边	在两个边之间复制网格
扫掠	创建扫掠网格	转换	转换网格单元
边界层网格	创建边界层网格剖分	细化	细化网格
自由剖分三角形网格	创建非结构化三角形网格	参考	参考其他网格序列
自由剖分四边形网格	创建非结构化四边形网格	导入	导入网格
映射	创建映射网格	边	创建边网格剖分
复制面	在两个面之间复制网格	—	—

表 12.4　网格属性特征名称与说明

名称	说明	名称	说明
尺寸	网格尺寸属性	比例	网格单元尺寸缩放
分布	网格分布属性	边映射	复制网格操作时边映射
边组	映射网格操作时边组属性	一点映射	复制网格操作时一点映射
边界层属性	边界层网格属性	二点映射	复制网格操作时二点映射

（4）求解　COMSOL Multiphysics 软件中的一般研究类型有稳态、瞬态、频域和特征频

域等。不论是求解稳态问题还是瞬态问题，求解器主要会涉及几何模型在离散格点的线性方程组的求解。COMSOL Multiphysics 软件的求解器对该问题的求解主要包括直接求解器（Direct Solver）和迭代求解器（Iterative Solver）。直接求解器具备求解速度快、精度高等优势，同时空间复杂度也更高，对于大型问题通常需要并行计算进行求解。而迭代求解器求解耗时更长，但所占用的计算资源较低。

（5）后处理 COMSOL Multiphysics 软件可以生成一维绘图组（点、线、全局数据图、表图等）、二维绘图组（表面图、云图、流线、箭头、粒子追踪等）、三维绘图组（切片图、云图、表面图、边界或求解域图、流线、箭头、粒子追踪等）。此外，还可以进行任意点、曲线结果显示、积分后处理、生成动画、通过拉伸或旋转将低维度的结果显示成高维度图形等。

12.3.2 COMSOL Multiphysics 软件多物理场仿真

COMSOL Multiphysics 软件的多物理场耦合方法从传递现象、电磁场理论和固体力学等第一性原理出发，根据具体的仿真需求，用户可以条理清晰地将这些基本要素组合在一起来解决自己的问题。COMSOL Multiphysics 软件首先预置了完整的描述各种独立物理场的应用模式，并且这些应用模式可以轻易的耦合成各种应用模式，这就是建立多物理场模型的方法。用户可以通过设定偏微分方程项、边界条件和初始条件来实现各个物理场的耦合。COMSOL Multiphysics 软件具有"记事簿"的作用，确保应用模式对场变量和计算出的导出数有不同的命名方法。对于两个耦合的应用模式，COMSOL Multiphysics 软件通过构建稀疏矩阵的方法对每个模式象征性的建立有限元描述，其中也包括用户自定义的耦合项。有限元方法手工编程的难点在于刚度矩阵的建立，如果预置的应用模式中没有用户需要的类型，用户可以通过建立必要的系数形式、通用形式或弱形式的系统来描述其动力学过程。

COMSOL Multiphysics 软件拥有丰富的物理场模块，这些模块为工程制造等领域提供了专业的分析功能。图 12.25 所示为 COMSOL Multiphysics 软件包含的模块。

电磁	结构 & 声学	多功能
AC/DC 模块	结构力学模块	优化模块
RF 模块	非线性结构材料模块	不确定性量化模块
波动光学模块	复合材料模块	材料库
射线光学模块	岩土力学模块	粒子追踪模块
等离子体模块	疲劳模块	气液属性模块
半导体模块	转子动力学模块	
	多体动力学模块	
	MEMS模块	接口
	声学模块	LiveLink™ for MATLAB®
		LiveLink™ for Simulink®
流体 & 传热		LiveLink™ for Excel®
CFD 模块		
搅拌器模块	化工	CAD 导入模块
聚合物流动模块	化学反应工程模块	设计模块
微流体模块	电池模块	ECAD 导入模块
多孔介质流模块	燃料电池和电解槽模块	LiveLink™ for SOLIDWORKS®
地下水流模块	电镀模块	LiveLink™ for Inventor®
管道流模块	腐蚀模块	LiveLink™ for AutoCAD®
分子流模块	电化学模块	LiveLink™ for Revit®
金属加工模块		LiveLink™ for PTC Creo Parametric™
传热模块		LiveLink™ for PTC Pro/ENGINEER®
		LiveLink™ for Solid Edge®
		File Import for CATIA® V5

图 12.25 COMSOL Multiphysics 软件包含的模块

1. 半导体模块

设备工程师和物理学家借助于半导体模块来设计和理解半导体器件。多年来，由于开发原型器件和工艺的高昂成本，半导体器件的设计都与仿真工具密切相关。纳米技术和有机半导体的发展推动了众多新型器件的产生。这些领域的研究人员还借助仿真理解优化的基本原理并着手进行设计。在上述提及的各类系统中，多物理场效应至关重要，而 COMSOL Multiphysics 软件是研究这类效应的理想平台。

半导体模块可以在一维、二维或三维下对器件进行稳态或动态性能的建模分析，并结合了针对有源或无源器件的基于电路的建模功能。在频域分析中，可以进行直流和交流信号组合激励下的器件建模。软件中预置的半导体接口可用于对众多类型的半导体器件建模，同时可与其他物理接口直接耦合，如发热现象、电化学反应和光电效应。

软件内预定义的薛定谔方程接口和预定义的薛定谔-泊松方程多物理场接口可以模拟如量子阱、量子线和量子点等量子限域系统。半导体接口通过有限体积或有限元方法求解漂移-扩散方程和泊松方程，求解电势和电子、空穴浓度对应的耦合偏微分方程组（在有限元方法对数公式中求解其对数，或在准费米能级公式中求解其准费米能级）。在此物理场接口中指定对应的初始条件和边界条件非常方便。

COMSOL Multiphysics 软件在开发中就强调向用户提供不同特征下的物理场方程的功能，同时可以查看完整的底层方程形式，还可以非常灵活地在系统中添加用户定义的方程和表达式。例如，用户定义的迁移率模型可通过在用户定义特征中键入合适的表达式来轻松定义，无需输入脚本或代码。这些用户定义的迁移率模型可与软件中内置的预定义迁移率模型任意组合。当 COMSOL Multiphysics 软件对方程进行编译时，由这些用户定义的表达式生成的复杂耦合会自动包含在方程组中，这些方程之后会通过一系列先进的求解器进行求解。求解完成后，大量的后处理工具可用于查询数据，并自动生成预定义的绘图和相应显示器件响应。COMSOL Multiphysics 软件提供了极高的灵活性来计算广泛的物理量，包括预定义的量，如电子和空穴电流（包括漂移、扩散和热扩散电流分量）、电场和温度（通过简单易用的菜单提供），以及用户定义的任意表达式。

要对半导体器件进行建模，首先需要在软件中定义几何形体。然后，选择合适的材料并添加半导体接口。掺杂分布可以通过扩散方程计算、从第三方软件导入或在掺杂接口中输入经验数值。在物理场接口中指定初始条件和边界条件。接下来，定义网格并选择求解器。最后，通过大量绘图和计算工具对结果进行可视化。所有这些步骤均在直观的 COMSOL Desktop 图形用户界面中完成。

半导体模块可用于求解很多器件仿真问题。半导体接口可直接与其他物理场接口相互耦合，如电磁波接口（通过预置的半导体光电子学多物理场耦合）、固体传热接口和电路接口。与电路接口的耦合可以直接通过终端边界条件实现。图 12.26 所示为不同偏压下 PN 结二极管与电阻串联时的电子和空穴浓度分布，其中二极管器件模型与电路耦合产生整流作用。

众多半导体器件均可在半导体模块中进行模拟，包括 MOSFET（金属-氧化物-半导体场效应晶体管）、MESFET（金属-半导体场效应晶体管）、JFET（结型场效应晶体管）、二极管和双极晶体管。这些器件可在稳态、时域和频域进行分析（对于混合了直流信号和交流信号的情况，使用小信号分析研究类型）。

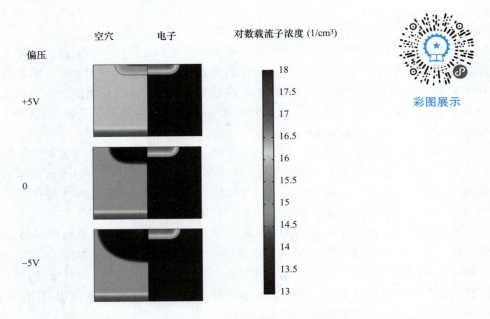

图 12.26　不同偏压下 PN 结二极管与电阻串联时的电子和空穴浓度分布

彩图展示

半导体接口中内置一系列预定义变量用来描述不同的电流分量，如电子和空穴电流，以及来自迁移和电场、扩散和热扩散的电流贡献。薛定谔方程接口可以模拟各类量子限域系统。图 12.27 所示为双势垒结构共振隧穿条件下不同能级产生的波函数。

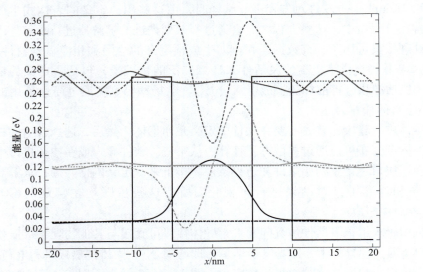

图 12.27　双势垒结构共振隧穿条件下不同能级产生的波函数

彩图展示

每个 COMSOL Multiphysics 软件物理场接口都是通过一些常微分或偏微分方程组，以及对应的初始和边界条件来描述相关物理现象的。添加到物理场接口中的每一个特征均对应方程组中的特定项或条件。这些特征一般与模型中的几何实体相关联，如体、边界、边或点。

图 12.28 所示为通过案例库中的 MOSFET 模型，展示半导体材料模型节点下的模型开发

器树结构和设置窗口。该节点通过在指定域上添加半导体方程来进行仿真。在模型输入栏中指定材料的温度，并且该温度可直接与传热接口相耦合来求解非等温问题，其中半导体接口会自动定义传热接口可以调用的热源项。在材料属性栏，可以指定不同区域的相对介电常数和带隙大小。其中材料属性可以设为其他模型因变量的函数形式，如温度。掺杂密度可以通过多重掺杂方式指定，可以结合高斯分布和用户定义的掺杂得到特定浓度分布。模型树中可以表示多个边界条件。欧姆接触边界条件一般用于非整流关联建模。薄绝缘栅特征用于对厚度为网格典型长度尺寸的栅极进行建模。此外，还可以用显式方程对栅极进行建模，以求解电介质中的泊松方程。

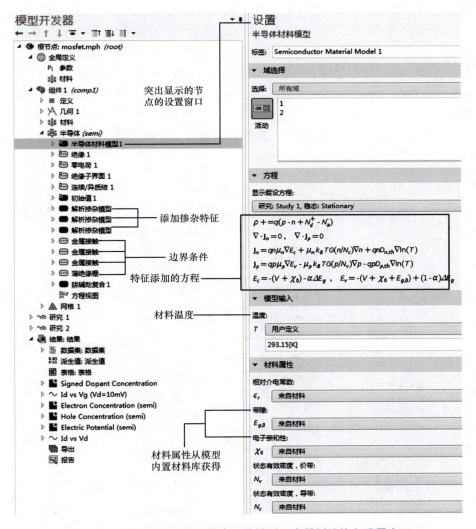

图 12.28　半导体材料模型节点下的模型开发器树结构和设置窗口

大多数仿真都是从半导体接口开始的。半导体模块同时还包含器件设计中遇到的不同物理场建模所需的物理场接口。开始新建模型时，这些物理场接口可以在模型向导中进行选择。

2. MEMS 模块

MEMS 模块可用于在二维和三维下模拟器件的静态和动态性能，并结合了针对有源和无源器件的基于电路的建模功能。在频域下，提供强大的工具用来模拟由交流和直流信号或力耦合驱动的器件。其中预定义的物理场接口统称为 MEMS 物理场接口，可以分析在 MEMS 传感器和执行器中发生的各种物理现象。MEMS 物理场接口可用于模拟结构力学、静电学、电流、压电现象、压阻效应、薄膜流体流动、传热和电路。这些物理场接口还可以任意耦合，以解决多物理场问题，MEMS 物理场接口还包括许多预定义的耦合特征，包括电机学（将静电力与结构力学相结合）、焦耳热、焦耳热和热膨胀以及流-固耦合（将流体流动与结构力学相结合）。

图 12.29 所示为模型开发器和所选"线弹性材料"特征节点的设置窗口。此节点添加了结构力学方程，用于对选定的域进行仿真分析。"线弹性材料"设置窗口中的多个设置表明，杨氏模量、泊松比和密度都继承自该域中指定的材料属性。这些材料属性可以设为模型中其他因变量的函数，如温度。模型树中还显示了"自由"和"固定"边界条件。默认情况下，"自由"边界条件会应用到模型中的所有表面，支持表面进行自由运动。"固定"边界条件用于约束固定表面。

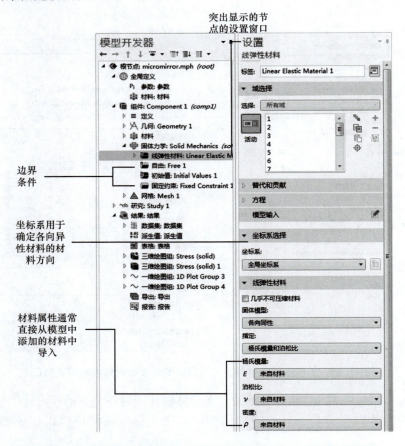

图 12.29　模型开发器和所选"线弹性材料"特征节点的设置窗口

MEMS 模块提供的物理场接口可用于模拟微系统设计中遇到的各种物理现象。在开始创建新模型时，可以从"模型向导"中选择这些物理场接口。由于 MEMS 是一个融合了多种学科的系统，因此这些物理场接口遍布在 COMSOL Multiphysics 软件支持的物理场类型的各个领域，并相应地出现在"模型向导"的多个分支中。

12.4　LightTools

LightTools 是一款用于光学仿真的软件，能够准确地追踪光线的路径。它可以在几分钟内模拟数百万条光线，大大提高了 LED 芯片设计的效率。使用该软件可以方便地建立光学系统中各种组件，如光源、透镜、反射镜和衍射结构，并直观地展示模型中各界面出现的光学现象，如折射、反射、全内反射、散射等。当对模型进行修改时，光线追踪会即时更新并提供相关的光学信息，如强度、照度、空间亮度和角度亮度等，同时还提供各种信息图表，包括线图表、剖切图、光栅图表、表面图表和真彩色光栅图等。这些图表有助于更深入地理解模型与光线路径之间的关系。LightTools 采用蒙特卡洛方法，该方法采用随机函数，可有效地描述从有源层任意发射的光子的路线，光与结构的相互作用只考虑几何光学，当微结构的尺寸远大于光的波长时，这种方法通常是有效的。蒙特卡洛方法被广泛应用于仿真 LED 芯片中的光线传播路径和计算光萃取效率，被认为是模拟 LED 中光传播最精确的方法之一。图 12.30 所示为 LightTools 的工作窗口及具有不同微结构的 LED 的光线追踪示意图。

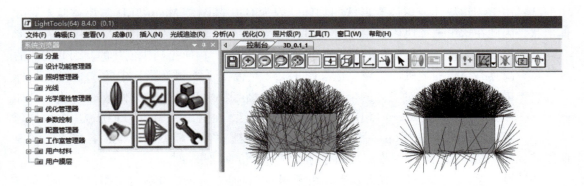

图 12.30　LightTools 工作窗口及具有不同微结构的 LED 的光线追迹示意图

12.4.1　LightTools 软件仿真模型

下面介绍利用 LightTools 软件对 Micro-LED 进行仿真分析。图 12.31 所示为四种类型的 Micro-LED：薄膜倒装 Micro-LED，倒装 Micro-LED，封装后的薄膜倒装 Micro-LED 和封装后的倒装 Micro-LED，尺寸均为 $80\mu m \times 80\mu m$。AlGaInP 基的红光薄膜倒装 Micro-LED 由多个结构组成，包括金属层、GaInP 刻蚀阻挡层、n+-GaAs 接触层、n-AlGaInP、n-AlInP 扩散阻挡层、GaInP 及 AlGaInP 多量子阱、p-AlInP 扩散阻挡层、p-AlGaInP 和 p-GaP 层。为了形成

AlGaInP 基的红光倒装 Micro-LED，将其胶合到蓝宝石衬底上。另外，GaN 基的绿光或蓝光倒装 Micro-LED 结构包含金属层、p-GaN 层、p-AlGaN 电子阻挡层、InGaN 及 GaN 多量子阱、InGaN 及 GaN 超晶格、n-GaN、μ-GaN 和蓝宝石衬底。

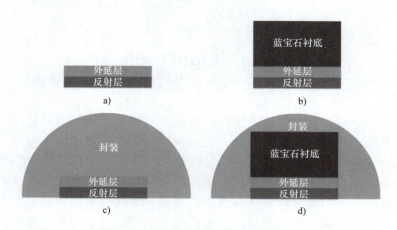

图 12.31　四种类型的 Micro-LED

a）薄膜倒装 Micro-LED　b）倒装 Micro-LED　c）封装后的薄膜倒装 Micro-LED
d）封装后的倒装 Micro-LED

　　下面以 GaN 基的绿光或蓝光倒装 Micro-LED 芯片为例介绍建模过程。使用 LightTools 软件对 Micro-LED 芯片进行建模如图 12.32 所示。首先选择元件，用于创建透镜等元件的工具，如图 12.32 中所示的①。单击元件之后出现二级菜单，选择三维物体，如图 12.32 中所示的②，用于创建块体、球体等形状的物体。因为 GaN 基倒装 Micro-LED 芯片类似于立方体形状，因此在这里选择块体来建立 Micro-LED 芯片模型，具体结构如图 12.32 中所示的形状③。选择形状③，在工作窗口上单击三下创建块状物体，由于是随机创建的，因此物体的长、宽、高具有很强的随机性。需要选择图 12.32 左边"系统浏览器"中的"金属层"标签，单击鼠标右键，可以对物体的坐标及长、宽、高等特性进行修改，修改之后的效果如图 12.32 所示。之后建立 Micro-LED 芯片中的其他各层。在这里将 Micro-LED 芯片中的外延层看作一整层，设置厚度为 6μm。需要注意的是，在建立各层模型的时候，各层之间需要使用胶合功能，以防止不同层模型之间存在空气干扰仿真结果。

　　各层模型设置好之后进行光源设置，由于 Micro-LED 芯片的发光源是一整层类似于立方体，因此在 LightTools 软件中光源模型设置为立方体。依次选择光线追踪、体积光源以及矩形块体积光源，如图 12.33a 所示。建立好光源模型之后，需要对光源模型的参数进行修改，单击鼠标右键光源列表中的体光源（其在系统浏览器中的照明管理器的列表中）可以对各种参数进行修改。其中需要注意的是，调整光源位置后将会出现光源与 Micro-LED 芯片模型中的外延层在几何位置上重合的情况，为避免出现错误，需要将光源浸没在 Micro-LED 芯片模型中的外延层中。其设置步骤如图 12.33b 所示，单击"浸没管理器"按钮，将体光源浸没在外延层中。

　　随后添加接收器用于接收仿真数据，其设置如图 12.34a 所示。依次选择光线追迹、接收器、无线远场接收器。之后进行材料创建，在"系统浏览器"中找到用户材料，单击鼠标右键后选择新建材料，可以设置材料的各种属性，如折射率和光学密度等，如图 12.34b 所示。

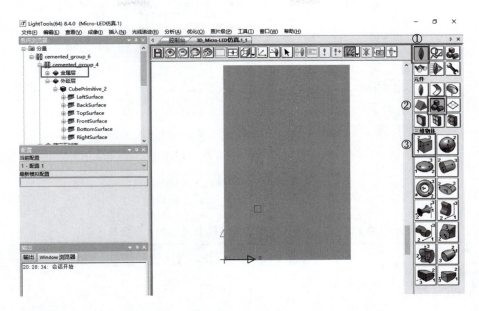

图 12.32　使用 LightTools 软件对 Micro-LED 芯片进行建模

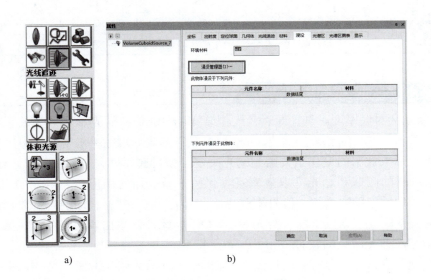

a)　　　　　　　　　　　　b)

图 12.33　LightTools 中光源设置
a）光源模型建立　b）光源参数修改

红、绿、蓝光 Micro-LED 各层的光学参数见表 12.5。红、绿、蓝光 Micro-LED 的中心波长分别为 622nm、527nm 和 470nm。倒装 Micro-LED 的底部设有反射层。封装材料为环氧树脂，折射率为 1.5。为了确保大多数光子能够逃逸到空气中而不会在封装中多次反射，封装采用直径为 10mm 的半球形，此时进入封装中的光子都可以直接出射到空气中。

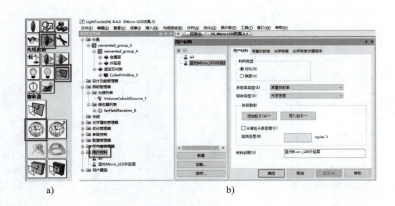

a) b)

图 12.34 LightTools 中接收器及材料设置

a) 添加无线远场接收器 b) 添加材料

表 12.5 红、绿、蓝光 Micro-LED 各层的光学参数

材料	厚度/μm	中心波长/nm	折射率 n	消光系数 k
红光 Micro-LED 外延层	6	622	3.3315	0.02
红光 Micro-LED 衬底	120	622	1.7664	0
绿光 Micro-LED 外延层	6	527	2.4263	0.003
绿光 Micro-LED 衬底	120	527	1.7721	0
蓝光 Micro-LED 外延层	6	470	2.4669	0.003
蓝光 Micro-LED 衬底	120	470	1.7771	0

12.4.2 LightTools 软件仿真结果

图 12.35a 所示为衬底厚度对红、绿、蓝光倒装 Micro-LED 各面光萃取效率的影响。从图 12.35 中可以看出，红、绿、蓝光倒装 Micro-LED 的顶部光萃取效率随着衬底厚度的增加几乎不变，说明光萃取效率的变化主要由侧壁光决定。当衬底厚度大于 28μm 时，红、绿、蓝光倒装 Micro-LED 的侧壁和总光萃取效率基本保持一致。而衬底厚度从 0 增加到 28μm 时，侧壁和总光萃取效率随之增加。值得注意的是，由于 AlGaInP 材料的消光系数较高，红光 Micro-LED 的光萃取效率远低于绿、蓝光 Micro-LED。此外，数据表明，蓝光倒装 Micro-LED 的光萃取效率比蓝光薄膜倒装 Micro-LED 高了 46.5%。

为了对这一现象进行计算分析，通过图 12.35b 和 c 所示的蓝光薄膜倒装 Micro-LED 和蓝光倒装 Micro-LED 芯片内部的各界面及全内反射临界角示意图进行说明。根据斯涅尔定律可以得到，在薄膜倒装 Micro-LED 芯片中，外延层-空气界面的全内反射临界角为 23.9°；而在倒装 Micro-LED 芯片中，外延层-蓝宝石衬底界面的全内反射临界角为 46.1°，蓝宝石衬底-空气界面的全内反射临界角为 34.2°。

根据计算，在这两种芯片的外延层中，只有入射角小于 23.9° 的光子才能从顶部出射。因此，衬底对顶部光萃取效率没有影响。然而，衬底厚度的增加会增加芯片的侧壁面积，从而导致更多的光子从侧壁出射。随着衬底厚度的增加，侧壁和总光萃取效率也随之增大，直到达到全内反射临界角限制的厚度。在达到该厚度之后，即使衬底厚度进一步增加，也不会有更多的光子从侧壁出射。

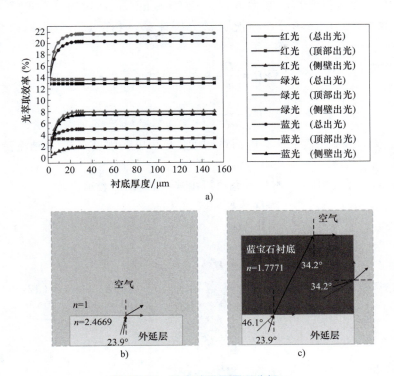

图 12.35　仿真结果及原理分析

a）衬底厚度对红、绿、蓝光倒装 Micro-LED 各面光萃取效率的影响

b）蓝光薄膜倒装 Micro-LED 芯片内部各界面及全内反射临界角示意图

c）蓝光倒装 Micro-LED 芯片内部各界面及全内反射临界角示意图

12.5　FDTD Solutions

12.5.1　FDTD Solutions 软件介绍

　　FDTD Solutions 是 Lumerical Solutions 公司开发的光学仿真软件，它基于 FDTD 方法模拟计算垂直结构 LED 芯片的光萃取效率。FDTD 方法是由 K. S. Yee 于 1966 年提出的一种电磁场数值解析方法，它可以对麦克斯韦方程进行近似求解。FDTD 方法对电磁场的磁场和电场分量在空间和时间上采用交替采样的离散方式，将含有时间变量的麦克斯韦旋度方程转化为差分方程，在时域上对麦克斯韦方程进行近似求解。借助计算机技术，FDTD Solutions 软件能够以伪色彩的方式直观的显示出电磁场随时间的演化过程，在处理结构复杂的电磁解析问题时具备明显的优势。随着计算机技术和算法的不断升级，FDTD 已成为电磁场计算领域的主要研究方法。

12.5.2　FDTD Solutions 软件基本原理

麦克斯韦方程是电磁波解析计算的基本方程，FDTD Solutions 通过对微分形式的麦克斯韦方程进行差分离散，来对电磁场分布情况进行分析计算。麦克斯韦方程的微分形式可写为

$$\begin{cases} \nabla \times \boldsymbol{H} = \dfrac{\partial \boldsymbol{D}}{\partial t} + \boldsymbol{J} \\ \nabla \times \boldsymbol{E} = -\dfrac{\partial \boldsymbol{B}}{\partial t} - \boldsymbol{J}_{\mathrm{m}} \end{cases} \tag{12-66}$$

式中，$\boldsymbol{H}$ 为磁场强度；$\boldsymbol{J}$ 为电流密度；$\boldsymbol{D}$ 为电通量密度；$\boldsymbol{E}$ 为电场强度；$\boldsymbol{J}_{\mathrm{m}}$ 为磁流密度；$\boldsymbol{B}$ 为磁通量密度。

当处于各向同性的线性介质中时，本构关系可以由式（12-67）表示：

$$\begin{cases} \boldsymbol{D} = \varepsilon \boldsymbol{E} \\ \boldsymbol{B} = \mu \boldsymbol{H} \\ \boldsymbol{J} = \sigma \boldsymbol{E} \\ \boldsymbol{J}_{\mathrm{m}} = \sigma_{\mathrm{m}} \boldsymbol{H} \end{cases} \tag{12-67}$$

式中，ε 为介质的介电常数；μ 为磁导系数；σ 为电导率；σ_{m} 为导磁率。式（12-66）可变形为

$$\begin{cases} \nabla \times \boldsymbol{H} = \varepsilon \dfrac{\partial \boldsymbol{E}}{\partial t} + \sigma \boldsymbol{E} \\ \nabla \times \boldsymbol{E} = -\mu \dfrac{\partial \boldsymbol{H}}{\partial t} - \sigma_{\mathrm{m}} \boldsymbol{H} \end{cases} \tag{12-68}$$

在真空环境中时，式（12-68）在直角坐标系中可以用式（12-69）和式（12-70）表示：

$$\begin{cases} \dfrac{\partial H_z}{\partial y} - \dfrac{\partial H_y}{\partial z} = \left(\sigma + \varepsilon \dfrac{\partial}{\partial t} \right) E_x \\ \dfrac{\partial H_x}{\partial z} - \dfrac{\partial H_z}{\partial x} = \left(\sigma + \varepsilon \dfrac{\partial}{\partial t} \right) E_y \\ \dfrac{\partial H_y}{\partial x} - \dfrac{\partial H_x}{\partial y} = \left(\sigma + \varepsilon \dfrac{\partial}{\partial t} \right) E_z \end{cases} \tag{12-69}$$

$$\begin{cases} \dfrac{\partial E_z}{\partial y} - \dfrac{\partial E_y}{\partial z} = -\left(\sigma_{\mathrm{m}} + \mu \dfrac{\partial}{\partial t} \right) H_x \\ \dfrac{\partial E_x}{\partial z} - \dfrac{\partial E_z}{\partial x} = -\left(\sigma_{\mathrm{m}} + \mu \dfrac{\partial}{\partial t} \right) H_y \\ \dfrac{\partial E_y}{\partial x} - \dfrac{\partial E_x}{\partial y} = -\left(\sigma_{\mathrm{m}} + \mu \dfrac{\partial}{\partial t} \right) H_z \end{cases} \tag{12-70}$$

为将式（12.69）和式（12.70）进行离散，K. S. Yee 在 1966 年提出了一种称为 Yee 元胞的合理电场和磁场节点的空间排布方式。在 Yee 元胞中，每个磁场分量周围环绕四个电场分量，而每个电场分量周围也环绕四个磁场分量，如图 12.36 所示。这种空间取样方式符合安培环路定理和法拉第感应定律，并适用于麦克斯韦方程的差分计算，能够准确描述电磁场

传播的特性。在时间轴上，电场和磁场交替采样，时间间隔为半个时间步长。这种取样方式可以将麦克斯韦旋度方程转化为显式差分方程，从而在时间上进行迭代求解。因此，在给定初始状态和边界条件的情况下，使用 FDTD 方法可以得到任意时间和空间点的电磁场数值。

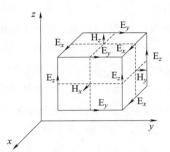

图 12.36　Yee 元胞图

根据 Yee 元胞结构，对式（12-69）和式（12-70）进行差分离散，用 $f(x,y,z,t)$ 表示 E 或 H 在直角坐标系中的某一分量，则在时间和空间上的离散可表示为

$$f(x,y,z,t)=f(i\Delta x,j\Delta y,k\Delta z,n\Delta t)=f^n(i,j,k) \quad (12\text{-}71)$$

对函数 $f(x,y,z,t)$ 关于时间和空间的偏导数取中心差分近似，可得

$$\left.\frac{\partial f(x,y,z,t)}{\partial x}\right|_{x=i\Delta x}\approx\frac{f^n\left(i+\frac{1}{2},j,k\right)-f^n\left(i-\frac{1}{2},j,k\right)}{\Delta x} \quad (12\text{-}72)$$

$$\left.\frac{\partial f(x,y,z,t)}{\partial y}\right|_{y=i\Delta y}\approx\frac{f^n\left(i,j+\frac{1}{2},k\right)-f^n\left(i,j-\frac{1}{2},k\right)}{\Delta y} \quad (12\text{-}73)$$

$$\left.\frac{\partial f(x,y,z,t)}{\partial z}\right|_{z=k\Delta z}\approx\frac{f^n\left(i,j,k+\frac{1}{2}\right)-f^n\left(i,j,k-\frac{1}{2}\right)}{\Delta z} \quad (12\text{-}74)$$

$$\left.\frac{\partial f(x,y,z,t)}{\partial t}\right|_{t=n\Delta t}\approx\frac{f^{n+\frac{1}{2}}(i,j,k)-f^{n-\frac{1}{2}}(i,j,k)}{\Delta t} \quad (12\text{-}75)$$

FDTD 算法的计算流程示意图如图 12.37 所示。

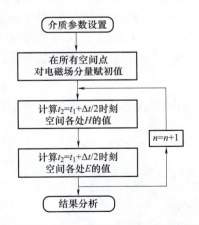

图 12.37　FDTD 算法的计算流程示意图

12.5.3　FDTD Solutions 软件仿真边界条件与激励源

当使用 FDTD 方法模拟解决电磁问题时，由于计算机的计算能力有限，所能模拟的空间有限。因此，为了限定计算区域，需要在边界处添加吸收边界条件。最常用的吸收边界条件是完美匹配层（Perfectly Matched Layer，PML），该吸收边界条件由 J. P. Berenger 于 1994 年

首次提出。在 FDTD Solutions 仿真中，PML 吸收边界实际上是一层有耗介质层，其波阻抗与相邻介质完全匹配，使入射电磁波可以无反射地进入 PML。同时，PML 会对电磁波产生强烈的吸收作用，在短时间内将电磁波完全吸收。

FDTD Solutions 仿真中另一个关键的因素是激励源的设置。根据空间角度进行分类，常见的激励源包括点源、线源和面源等。LED 芯片中的光源，是由电子空穴辐射复合产生的光子。因此，在模拟 LED 芯片辐射复合产生的光子时，我们可以采用电偶极子来进行模拟。电偶极子由两个间距很小的等量异号的点电荷构成，属于点源。实际上，在 LED 芯片的有源层中，会同时发生大量的电子空穴辐射复合，产生非相干的光子，这些光子具有不同的频率、相位和极化方向。然而，在 FDTD Solutions 仿真模型中，设置多个电偶极子源会导致干涉模式的产生。因此，选择单个电偶极子来模拟有源层的发光是比较合理的方法。

12.5.4　FDTD Solutions 软件仿真模型

下面主要介绍采用 3D FDTD 方法来研究垂直结构 LED 芯片的光萃取效率。垂直结构 LED 芯片的 FDTD 仿真模型结构示意图如图 12.38 所示。垂直结构 LED 芯片的结构简化为 Ag 金属反射层（100nm）、p-GaN 层（140nm）、MQW 层（100nm）和 n-GaN 层（2500nm）。由于 Ag 金属反射层对蓝光波段的反射率较高，故背面出光可忽略不计，因此键合金属层和硅衬底未设置在仿真模型中。由于超晶格结构和 MQW 结构材料与 GaN 材料相似，折射率变化小且厚度较薄，在简化仿真模型时省略了超晶格结构，将 MQW 层替换为均匀介质层。将 Ag 金属反射层的复折射率设置为 0.14+2.47i，在该参数下 Ag 金属反射层的反射率可以达到 90% 以上。GaN 材料的折射率设置为 2.45，吸收系数设置为 $20cm^{-1}$。MQW 层的吸收系数与 GaN 材料设置为一样，折射率设置为 2.49。使用单个电偶极子来模拟 LED 有源区中的电子空穴对复合发光，发光波长设置为 450nm。由于 InGaN 量子阱中产生的光子主要为横电模（Transverse Electric Mode，TEM），因此电偶极子的电场振荡方向设置为平行于 XY 平面。监视器位于 n-GaN 层上方一个波长处，收集通过探测平面的光的总功率，以避免界面效应造成误差。仿真模型尺寸为 14μm×14μm，仿真模型的边界条件设置为完美匹配层，完全吸收传播至仿真边界的电磁波。

彩图展示

图 12.38　垂直结构 LED 芯片的 FDTD 仿真模型结构示意图

12.5.5　FDTD Solutions 软件仿真结果分析

基于上述的垂直结构 LED 芯片仿真模型及参数设置，下面介绍不同的表面形貌对垂直结构 LED 芯片光萃取效率的影响。图 12.39a～c 所示为三种不同表面形貌的垂直结构 LED

芯片。图 12.39a 所示为平滑表面，即不具有任何微结构的垂直结构 LED 芯片；图 12.39b 所示为单一微米尺寸半球形凹坑结构，即具有单一微米尺寸微结构的垂直结构 LED 芯片，其中半球形直径设置为 1.4μm；图 12.39c 所示为复合微结构，包括微米尺寸的半球形凹坑和纳米尺寸的锥形结构，即具有复合微结构的垂直结构 LED 芯片，其中锥形高度设置为 400nm，底角为 60°。图 12.39d~f 所示为上述三种垂直结构 LED 芯片顶面的仿真光致电场强度分布图。从图 12.39d~f 中可以看出，表面没有微结构的垂直结构 LED 芯片顶面的电场强度最低；相比之下，表面具有复合微结构的垂直结构 LED 芯片顶面的电场强度最高，表明从有源区出射至芯片顶面空间的光功率最大。两者之间的主要差别原因在于存在全反射现象。对于表面不具备微结构的垂直结构 LED 芯片，大部分光子无法从顶面逃逸到空气中，电场强度较弱。而在表面具有微米尺寸微结构的垂直结构 LED 芯片中，微米尺寸的半球形凹坑结构使得部分光子可以通过凹坑侧壁出射至空气中，从而提高了光萃取效率约 123%。再次增加复合微结构，纳米尺寸的锥形结构对光具有散射作用，使出射光的角度产生随机性。因此，入射角大于全反射角的光线有一定概率逸出到空气中。这进一步提高了光萃取效率，相比表面具有单一微米尺寸微结构的垂直结构 LED 芯片，具有复合微结构的垂直结构 LED 芯片的光萃取效率增加了约 19%。

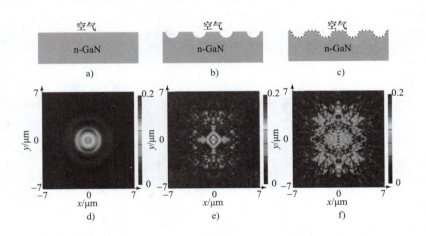

彩图展示

图 12.39　三种不同表面形貌的垂直结构 LED 芯片及相应顶面的仿真光致电场强度分布图

习题

1. SiLENSe 仿真中，设置一量子阱为 $In_{0.3}Ga_{0.7}N$，与其相邻的量子势垒为 GaN，假设 InN、GaN 材料在不受应力的状态下的面内晶格常数分别为 0.35nm、0.32nm，求量子阱材料在不受应力下的晶格常数，以及其生长在量子势垒（假设量子势垒初始时不受应力）上，量子阱的晶格常数是多少？假定应力弛豫度为 0.5。

2. LED 内量子效率 IQE 的计算可以用 ABC 模型表示，即 $IQE = Bn^2/(An + Bn^2 + Cn^3)$。假设载流子浓度为 $1×10^{18}cm^{-3}$，A 为 $1.0×10^7 s^{-1}$，B 为 $2.0×10^{-11}cm^3·s^{-1}$，C 为 $1.5×10^{-30}cm^6·s^{-1}$，求 LED 的 IQE。

3. 简述在 FDTD 仿真中，完美匹配层（PML）边界条件的作用。

参 考 文 献

［1］刘恩科，朱秉升，罗晋生，等. 半导体物理学 ［M］. 8 版. 北京：电子工业出版社，2023.

［2］CHUANG S L, CHANG C S. k·p method for strained wurtzite semiconductors ［J］. Physical Review B, 1996, 54 (4)：2491.

［3］CUI S, TAO G, GONG L, et al. In-composition graded quantum barriers for polarization manipulation in In-GaN-based yellow light-emitting diodes ［J］. Materials, 2022, 15 (23)：8649.

［4］BULASHEVICH K A, MYMRIN V F, KARPOV S Y, et al. Simulation of visible and ultra-violet group-Ⅲ nitride light emitting diodes ［J］. Journal of Computational Physics, 2006, 213 (1)：214-238.

［5］BOGDANOV M V, BULASHEVICH K A, EVSTRATOV I Y, et al. Coupled modeling of current spreading, thermal effects and light extraction in Ⅲ-nitride light-emitting diodes ［J］. Semiconductor Science and Technology, 2008, 23 (12)：125023.

［6］PAN J W, TSAI P J, CHANG K D, et al. Light extraction efficiency analysis of GaN-based light-emitting diodes with nanopatterned sapphire substrates ［J］. Applied Optics, 2013, 52 (7)：1358-1367.

［7］LEE T X, GAO K F, CHIEN W T, et al. Light extraction analysis of GaN-based light-emitting diodes with surface texture and/or patterned substrate ［J］. Optics Express, 2007, 15 (11)：6670-6676.

［8］YEE K. Numerical solution of initial boundaryvalue problems in volving Maxwell's equations in isotropic media ［J］. IEEE Transactions on Antennas and Propagation, 1966, 14 (3)：302-307.

［9］BERENGER J P. A perfectly matched layer for the absorption of electromagnetic waves ［J］. Journal of Computational Physics, 1994, 114 (2)：185-200.